Carl-Auer

Gemeinsam sind wir blöd!?

Fritz B. Simon

Die Intelligenz von Unternehmen, Managern und Märkten

Zweite Auflage, 2006

Über alle Rechte der deutschen Ausgabe verfügt Carl-Auer-Systeme
Verlag und Verlagsbuchhandlung GmbH; Heidelberg
Fotomechanische Wiedergabe nur mit Genehmigung des Verlages
Satz: Beate Ch. Ulrich
Umschlaggestaltung: Uwe Göbel, München
Printed in Germany
Druck und Bindung: Freiburger Graphische Betriebe, Freiburg i. Br.,
www.fgb.de

Zweite Auflage, 2006
ISBN 10: 3-89670-436-2
ISBN 13: 978-3-89670-436-8
© 2004, 2006 Carl-Auer-Systeme, Heidelberg

Die Deutsche Bibliothek verzeichnet diese Publikation
in der Deutschen Nationalbibliografie;
detaillierte bibliografische Daten sind im
Internet über http://dnb.ddb.de abrufbar.

Autor und Verlag haben sich bemüht, für alle Abbildungen die Rechte einzuholen.
Wo dies nicht gelungen ist, bitten wir Rechteinhaber, mit dem Verlag Kontakt aufzunehmen.

Informationen zu unserem gesamten Programm, unseren Autoren
und zum Verlag finden Sie unter: **www.carl-auer.de**.

Wenn Sie unseren Newsletter zu aktuellen Neuerscheinungen
und anderen Neuigkeiten abonnieren möchten, schicken Sie
einfach eine leere E-Mail an: **carl-auer-info-on@carl-auer.de**.

Carl-Auer Verlag
Häusserstr. 14
69115 Heidelberg
Tel. 0 62 21-64 38 0
Fax 0 62 21-64 38 22
E-Mail: info@carl-auer.de

Inhalt

Danksagung ... 9
Prolog ... 10

1. Zur Einführung:
Ein Geständnis, einige prinzipielle Erwägungen zum Thema Intelligenz und ein Experiment ... 11
1.1 Als Erstes: Das Geständnis ... 11
1.2 Intelligenz ... 14
Exkurs: Experiment 1 ... 20

2. Wozu Führung? ... 30
2.1 Zwei Geschichten ... 30
2.2 Die Orientierung an Personen ... 31
2.3 Die Orientierung an „Landkarten" und Zielen ... 34
2.4 Aufgabe von Führung:
Kreation eines intelligenten Unternehmens ... 36

3. Wozu Unternehmen? ... 41
3.1 Landkarten und Ziele ... 41
3.2 Virtuelle Einheiten ... 43
3.3 Das Unternehmen als autopoietisches System ... 48
3.4 Der Sinn des Unternehmens ... 51
Exkurs: Experiment 1 (Fortsetzung) ... 58

4. Eine kleine Alltagssoziologie für das Management ... 63
4.1 Welche Metaphern? ... 63
4.2 Spieler und Spiele – Akteure und Aktionen ... 67
Exkurs: Experiment 2 ... 71
4.3 Kopplung von Akteuren ... 74
4.4 Kopplung von Aktionen ... 78

4.5	Die Kopplung von Aktionen und Akteuren ... 80	
4.6	Losere und festere Kopplungen ... 82	
4.7	Macht und Ohnmacht – Das Prinzip der größeren Austauschbarkeit ... 95	
4.8	Die Beobachtung des Managements ... 103	
5.	**Die Erotik der Unternehmensgründung ... 108**	
5.1	Yahoo!, die Beatles und andere „Familienunternehmen" ... 108	
5.2	William Hewlett und David Packard (HP) ... 113	
5.3	Jerry Yang und David Filo ... 116	
5.4	Das Gleichheitsideal als Scheiterrisiko ... 118	
6.	**Von Leder zu Vileda – Die unbewusste Logik der Produktentwicklung (am Beispiel Freudenberg) ... 124**	
6.1	Der erste Entwicklungsschritt: Vom Lederhandel zur Gerberei ... 124	
6.2	Vom Simmerring zu den Ersatzstoffen ... 127	
6.3	Vom nationalen Wischtuch zu den internationalen Haushaltswaren ... 132	
6.4	Umgekehrte Traumarbeit ... 135	
7.	**In-Teamitäten ... 142**	
7.1	Team als Schweizer Offiziersmesser der Managementtheorie ... 142	
7.2	Zwischen Familie und Organisation ... 144	
7.3	Gleichheit versus Ungleichheit ... 146	
7.4	Außenbeziehungen ... 149	
7.5	Lebenszyklen ... 151	
7.6	Erfolgreiche Teams ... 153	
7.7	Das Hierarchieparadox ... 156	
7.8	Scheiterszenarien ... 158	
8.	**Jeder für sich und Gott gegen alle? ... 160** *Exkurs: Experiment 2 (Fortsetzung) ... 160*	
8.1	Der Mitarbeiter als Überlebenseinheit: „Ich-AG" und „Selbst-GmbH"? ... 161	
8.2	Die unterschiedliche Intelligenz von Märkten und Organisationen ... 165	
8.3	Polykontexturale Kompetenz ... 167	
8.4	Persönliche Identität und kulturelle Muster ... 169	

9.	**Rambo, Hitler, Osama und andere Persönlichkeiten ... 174**
9.1	Einige psychische Mechanismen der Komplexitätsbewältigung ... 174
9.2	Emotionale Schemata ... 175
9.3	Kognitive Schemata ... 177
9.4	Denken in Geschichten ... 178
9.5	Innere und äußere Komplexität ... 180
9.6	Interpersonelle Intelligenz ... 181
9.7	Nichts Großes ohne Größenwahn? ... 183
9.8	Welcher Führer wann? ... 189
10.	**Die Methoden des Jack Welch – systemisch gesehen ... 192**
10.1	Persönliche Identität und Fähigkeiten ... 192
10.2	Personenbezogene, familienartige Kommunikation ... 197
10.3	Kultur ... 199
10.4	Kleine Einheiten – Teams ... 203
10.5	Personalpolitik ... 206
10.6	Kapital und Arbeit ... 211
10.7	Paradoxien der Unternehmensführung ... 213
10.8	Weiterbildung als Management der Beobachtung ... 215
10.9	Strategie ... 218
10.10	Ritualisierte Jahresstrukturierung ... 220
11.	**Kultur? ... Wer? Wo? Was? ... 223**
11.1	Kulturelle Grenzenbildung: Die Unterscheidung Insider/Outsider ... 223 *Exkurs: Experiment 2 ... 228*
11.2	Grammatische Regeln ... 231
11.3	Informelle Regeln ... 235
11.4	Technische Regeln ... 236
11.5	Die Veränderung kultureller Muster ... 237
11.6	Nachtrag: Globalisierung als Amerikanisierung ... 246
12.	**Gezielte Veränderung – Ein Rezeptbuch ... 249** *Exkurs: Experiment 1 (Fortsetzung) ... 249*
12.1	Warum sich Organisationen nur von innen ändern lassen ... 250
12.2	Die Logik der Beobachtung und Kommunikation ... 253
12.3	Das Paradox der Zieldefinition ... 256

12.4	Zeitliche Ordnung ... 261	
12.5	Die Steuerung des Prozesses durch Fokussierung der Aufmerksamkeit ... 264	
12.6	Das Er-Finden von Lösungswegen ... 267	
12.7	Die Realisierung ... 270	

13. Hormonstöße – Großgruppeninterventionen ... 275

13.1	Wider die Theoriearmut ... 275
13.2	Was ist eine Gruppe? ... 276
13.3	Das Paradox der Großgruppe ... 281
13.4	Massenpsychologie ... 284
13.5	Großgruppen als Interventionsform ... 287

14. Mehr als nur eine Metapher: Manisch-depressive Märkte ... 292

14.1	Wie sinnvoll sind psychiatrische Metaphern zur Beschreibung wirtschaftlicher Sachverhalte und Prozesse? ... 292
14.2	Depression als Beschreibung und Erklärung von Verhalten ... 294
14.3	Erklärungen in unterschiedlichen Phänomenbereichen ... 295
14.4	Soziale Erklärungen... 296
14.5	Das manisch-depressive Muster... 297
14.6	Das depressive Muster ... 302
14.7	Zahlungen = Anerkennung (narzisstische Zufuhr) ... 303
14.8	Manisch-depressive Märkte ... 306
14.9	Interventionen ohne kausale Erklärungen ... 311

15. De-Konstruktion und Re-Konstruktion der Autorität von Management und Beratung ... 315

15.1	Der Mythos der Kontrolle ... 315
15.2	Autorität des Beraters vs. Autorität des Managers ... 318
15.3	Systemische Management- und Beratungsmodelle ... 321

Anmerkungen ... 325
Literatur ... 329
Über den Autor ... 333

Danksagung

Mein Dank gilt all meinen Beratungskunden und Klienten, Weiterbildungs- und Seminarteilnehmern, Studenten und Kollegen, die mich mit den Fragen konfrontiert haben und mir die Erfahrungen ermöglicht haben, mit denen sich dieses Buch beschäftigt. Allen voran ist aber Rudi Wimmer zu nennen, mit dem ich mir in den letzten Jahren nicht nur den Lehrstuhl für Führung und Organisation in Witten geteilt habe, sondern mit dem ich mich auch regelmäßig in Auseinandersetzungen über Fragen der System- und Organisationstheorie sowie der Praxis des Managements und der Beratung verwickeln konnte. Inspirierend waren sie vor allem deswegen, weil wir oft genug nicht einer Meinung waren (auch über einiges, was in diesem Buch steht).

Prolog

Vater: Was ist das denn für ein Mensch, der da zu euch in die Wohngemeinschaft gezogen ist?
Tochter: Student ...
Vater: Hat er darüber hinaus noch irgendwelche bemerkenswerten Eigenschaften?
Tochter: Langweiler ...
Vater: Wieso?
Tochter: Na, so 'n Normalo halt ...
Vater: Kannst du das für mich übersetzen?
Tochter: Na, ein typischer Betriebswirt halt ...

„Nichts ist spannender als Wirtschaft!"
Slogan eines großen deutschen Wirtschaftsmagazins

1. Zur Einführung: Ein Geständnis, einige prinzipielle Erwägungen zum Thema Intelligenz und ein Experiment

1.1 Als Erstes: Das Geständnis

Um es gleich und ohne Umschweife zu bekennen: Der Titel dieses Buches ist aus niederen Marketinggründen gewählt worden. Er soll – ganz schamlos – die Aufmerksamkeit des potenziellen Lesers auf sich ziehen. Das versuchen natürlich viele Autoren, denn nur wenige haben die Größe und Selbsterkenntnis, ihrem Buch bewusst einen Titel zu geben, der nicht nur die Wahrscheinlichkeit verringert, dass es gelesen wird, sondern sogar – was meist angebracht wäre – vor der Lektüre warnt. Die Methode, mit der hier gearbeitet wird, ist besonders hinterhältig, weil sie unbewusste, psychische Mechanismen des Lesers nutzt.

Handwerklich gesehen, ist sie folgendermaßen konstruiert: Sie weckt zunächst die Erinnerung an einen vertrauten, revolutionären Slogan, um so Anschluss an ein vorgegebenes Netzwerk von Assoziationen zu finden. Melodie und Rhythmus des Titels sind den meisten Leuten in unserem Kulturkreis, die alt genug sind, um in Führungspositionen zu sein, bekannt (und wenn es nur aus Fernsehsendungen über die 68er ist). Doch nach der einstimmenden Suggestion, der Satz sei bekannt, wird unerwartet mit seiner hoffnungsvollen Botschaft Schindluder getrieben ... Die Absicht ist, für den Bruchteil einer Sekunde beim Leser eine Erwartung zu wecken – der Anfang: „Gemeinsam sind wir ..." – um sie, mit nur minimaler Verzögerung, durch die Unterbrechung des Musters zu enttäuschen – „... blöd". Das Ausrufezeichen am Ende steht für einen gewissen trotzigen Stolz – auch er stammt aus der Originalversion –, mit dem diese Aussage zu hören ist. Das Fragezeichen bringt dann ein wenig Ambivalenz in das Ganze. Und schon wird vollkommen unklar, wie denn dieser Titel nun gemeint sein könnte.

Diese Vieldeutigkeit wird durch den Untertitel nur noch stärker. Intelligenz ist ein Begriff, der zur Bezeichnung einer (vermeintlichen) Eigenschaft von Individuen verwendet wird, nicht aber von Unternehmen oder gar Märkten. Hier handelt es sich offenbar um einen Kategorienfehler, eine unangemessene Metaphorik, die soziale Systeme wie Unternehmen und Märkte psychologisiert. Außerdem schafft der Untertitel, der Intelligenz als Thema des Buches ausweist, einen Widerspruch zum Haupttitel, der die Beschäftigung mit Blödheit verspricht …

Das gesamte Arrangement wirkt – ich habe es getestet – auf viele Leute provokativ, weckt ihre Neugier; zumindest wissen sie nicht, was das alles bedeuten soll. Und das ist auch gut so, denn um diese Unentschiedenheit geht es …

Die Aussage „Gemeinsam sind wir blöd!" erweist sich bei näherer Betrachtung weder in jedem Fall als richtig noch als falsch. Es ist keineswegs zwingend, dass Gemeinsamkeit stark macht oder blöd. Ob die Intelligenz eines sozialen Systems größer oder kleiner ist als die seiner Mitglieder hängt davon ab, wie Kommunikation organisiert ist, – und das gilt auch für die Stärke oder Schwäche des Systems. Es gibt genügend Unternehmen, die großartige, kollektive Leistungen vollbringen, obwohl die dort Arbeitenden nicht über herausragende Fähigkeiten verfügen oder auch nur einen Hauch von Genialität verbreiten, und es gibt Unternehmen, in denen eine Vielzahl überdurchschnittlich intelligenter, begabter oder cleverer Mitarbeiter sich gegenseitig lähmen und dafür sorgen, dass niemand sein Potenzial nutzt. Also: Der Haupttitel allein wäre falsch, weil er nur die eine Seite einer ambivalenten Situation benennt, bei der Risiko und Chance eine Einheit bilden. Die andere Seite der Ambivalenz soll durch den Untertitel ins Blickfeld gerückt werden. Beides, Intelligenz und Blödheit, sind die Seiten derselben Medaille, und das eine kann nicht ohne das andere verstanden werden. Wer darauf Einfluss nehmen will, ob sich ein Unternehmen, eine Abteilung, ein Team oder irgendeine andere organisierte, soziale Einheit in die eine oder die andere Richtung entwickelt, sollte sich mit den Mechanismen, die für die Weichenstellungen entscheidend sind, auskennen. Und mit diesen Mechanismen beschäftigt sich das vorliegende Buch.

Noch ein Wort zum Heischen um Aufmerksamkeit: Das Geständnis zu Beginn dieser Einleitung sollte keinesfalls als Entschuldigung verstanden werden. Ganz im Gegenteil: Soziale Systeme sind als Kommunikationssysteme zu verstehen. Sie funktionieren anders, als es uns die Alltagslogik nahe legt. Wenn Manager scheitern – und mit ihnen die von ihnen geleiteten Unternehmen –, dann meist deshalb, weil sie nicht wissen, nach welchen Prinzipien Kommunikationssysteme ihre Strukturen entwickeln und aufrechterhalten. Der Königsweg, in dieser Art von System steuernd Einfluss zu nehmen, führt über die Fokussierung der Aufmerksamkeit. Was nicht in die Aufmerksamkeit der Kommunikationsteilnehmer kommt, wird in der Organisation nicht beobachtet, und was nicht beobachtet wird, hat keine soziale Realität. Es bewirkt nichts, es provoziert nichts, nicht einmal Widerspruch. Das ist der Grund, warum Menschen, die auf irgendwelchen Fahndungslisten stehen, sich nur selten die Haare grün färben lassen. Wer unerkannt bleiben will, sollte sich möglichst unauffällig verhalten – graue Maus vor grauem Hintergrund. Ein Buch, das nicht gelesen wird, verstaubt im Regal, die geniale Idee eines Mitarbeiters, die nicht die Aufmerksamkeit der Firma erfährt, verpufft, und der das Überleben des Unternehmens gefährdende Irrglaube eines anderen, der alle fasziniert, führt sie gemeinsam in die Pleite.

Daher lauten die zentralen Fragen für das Management: Wer schaut wohin – und welcher blinde Fleck entsteht dadurch? Wer nimmt welche Phänomene wahr – und welche werden ausgeblendet? Wer bewertet was wie – und eben nicht umgekehrt oder anders? Wie kommen diese individuellen Beobachtungen in der Kommunikation des Unternehmens vor? Welche Entscheidungen werden dementsprechend wie getroffen – oder eben auch nicht? Und welche Handlungskonsequenzen haben diese Kommunikationsmuster, seien sie intern unter den Mitarbeitern oder extern im Umgang des Unternehmens mit Kunden, Öffentlichkeit, Politik usw.? Da soziale Systeme entstehen, wenn Beobachter andere Beobachter beim Beobachten beobachten und miteinander darüber kommunizieren, muss alles Management immer auch ein Management von Beobachtung sein, d. h. der Versuch, Aufmerksamkeit zu beeinflussen. Denn die gemeinsame Fokussierung der Aufmerksamkeit ist es, was ansonsten unabhängige Individuen miteinander verbindet, ihre Kommunikation ermöglicht und Gemeinsamkeit schafft. Man schaut auf dieselbe Stelle an der Wand, auf der ein mahnender Spruch erscheint (Power Point) und hat die Aktionen einer größeren Zahl von Akteuren für einen Moment koordiniert ...

Allerdings gibt es viele, sehr verschiedene Möglichkeiten, diese Aufmerksamkeit zu gewinnen. Einige sind mehr, andere weniger vornehm, seriös oder flippig, dezent oder ruppig. Das hat Folgen für die Selektion der Kommunikationspartner und -inhalte. Denn nicht alles, was wahrgenommen wird, wirkt für jeden attraktiv. Ganz im Gegenteil, Aufmerksamkeit zu gewinnen ist immer auch mit dem Risiko der Ablehnung verbunden. Die Art und Weise, wie man dies tut, schützt immer auch davor, von den falschen Leuten geschätzt oder gemocht zu werden und mit ihnen umgehen zu müssen. Doch kann die verwandte Methode auch paradoxe Wirkungen entfalten: wenn sie durch die Art, wie sie ins Blickfeld des Beobachters zu kommen versucht, Abscheu und Kommunikationsabbruch gerade bei denen provoziert, die angesprochen werden sollten. Management und Führung sind mit einer Unmenge ähnlicher Paradoxien konfrontiert. Sie führen oft genug dazu, dass das Gegenteil dessen erreicht wird, was eigentlich angestrebt wird.

Eine Gefahr, die mit dem Titel dieses Buches auch mit einer gewissen Wahrscheinlichkeit verbunden wäre, wenn … (aber jedes Buch bekommt die Leser, die es verdient).

1.2 Intelligenz

Die Verwendung psychologischer Begriffe zur Charakterisierung sozialer Prozesse erfreut sich seit langer Zeit einer gewissen Beliebtheit. „Depression" ist beispielsweise eine Diagnose, die nicht nur Psychiater verwenden, sondern auch Beobachter der gesamtwirtschaftlichen Lage. Relativ jung ist hingegen die Tendenz, auch von Organisationen und Unternehmen zu fordern, was sonst nur unverbesserliche Besserwisser von den ihnen ausgelieferten Schülern oder anderen Opfern verlangen: (mehr) zu lernen.

Auf den ersten Blick mag man solch einen Sprachgebrauch als metaphorisch abtun, doch beim zweiten Blick zeigt sich, dass es sich hier um mehr als nur simplifizierende Analogiebildungen handelt. Denn was psychische und soziale Prozesse verbindet – seien sie nun positiv bewertet wie Lernfähigkeit oder negativ wie Depression –, ist das Medium, in dem beide sich abspielen: die Welt des Sinns, der Bedeutungsgebung, der Beobachtung. Wenn ein Individuum denkt und fühlt, so unterscheidet es unterschiedliche Phänomene, es trifft eine Auswahl aus der Flut der sinnlich wahrnehmbaren Daten. Es bewertet sie als bekannt oder unbekannt, angenehm oder unangenehm, gut oder schlecht, schön oder hässlich, erstrebenswert, oder es versucht, sie zu vermeiden usw. – und schließlich erklärt es (sich) ihr Zustandekommen. An die eine Idee schließt eine andere an, aus Vorannahmen werden Folgerungen gezogen, und ihre emotionale Tönung bestimmt, wie weiter gedacht und gefühlt wird. Es handelt sich um einen Prozess, bei dem Gedanken an Gedanken, Erleben an Erleben anschließt und gegenwärtig Erlebtes und Gedachtes bewusst oder unbewusst mit Erinnertem verglichen wird (wobei hier nicht zwischen logisch-diskursiven und emotionalen Inhalten unterschieden werden kann). Auf diese Weise konstruiert jeder eine (= seine) Realität und trifft – nicht davon zu trennen – seine verhaltensbestimmenden Entscheidungen. Ziele können angestrebt und die Mittel dazu geprüft, bewertet, geordnet oder auch ganz neu erfunden werden. Die Fähigkeiten, mit Hilfe derartiger, hochkomplexer, ideeller Prozesse Probleme zu lösen und sich dabei der Umwelt oder die Umwelt sich anzupassen, bezeichnen Psychologen als „Intelligenz".[1]

Dasselbe geschieht im Prinzip innerhalb sozialer Systeme. Auch hier schließen Ideen an Ideen an, Gedanken an Gedanken, Gefühle an Gefühle, nur dass die Prozesse des Denkens und Fühlens die Gehirne bzw. die psychischen Systeme unterschiedlicher Personen benutzen. Ein Teilnehmer an der Kommunikation – nennen wir ihn originellerweise A – teilt einen Gedanken mit, und er – der Kommunikationsteilnehmer A wie der Gedanke – wird vom Kommunikationsteilnehmer B verstanden. B denkt den Gedanken As weiter, hat seine privaten Assoziationen dazu, zieht Folgerungen usw. Wenn er sie mitteilt, können sie von A, C, D, E und wer immer noch in den Genuss dieser Mitteilung kommen mag weiter verfolgt werden. In der Kommunikation zwischen Menschen entsteht ein interpersoneller Denkprozess, der im Prinzip nicht anders strukturiert ist als die intrapsychischen Prozesse der Kommunikationsteilnehmer. An die Stelle des lautlosen Selbstgesprächs zwischen den möglicherweise „vielen Seelen in einer Brust" bzw. ihren Konflikten tritt der interpersonelle Dialog und Konflikt. Die Grenzen und Begrenzungen des Individuums werden durch Kommunikation überschritten.

Der gravierendste Unterschied zwischen Einhirndenken und Mehrhirndenken (wobei hier mit „Denken" die Einheit aus Denken und Fühlen gemeint sein soll) besteht darin, dass der „Genpool", aus dem heraus sich die Gedanken und Gefühle entwickeln können, erheblich umfangreicher ist. Das intellektuelle Potenzial einer größeren Zahl von Individuen steht zur Verfügung und kann zur Problemlösung genutzt werden. Dass damit die Möglichkeiten, die ein Einzelner hat, weit übertroffen werden können, dürfte deutlich sein. An die Stelle der Einfalt kann (muss leider nicht) Vielfalt treten. Man inspiriert sich im Idealfall gegenseitig und regt sich an. Allerdings ist das nicht selbstverständlich, denn es gibt auch solche Phänomene wie die „Folie à deux" (trois, quatre …) bis hin zur Massenpsychose, wo die Teilnehmer an der Kommunikation sich gegenseitig in einer Weise „inspirieren" und „anregen", die distanzierten Beobachtern krankhaft oder eben, wie schon erwähnt, schlicht und einfach blöd erscheint.

„Wenn nicht bald eine Weiche kommt, sind wir verloren."

Abb. 1.1[2]

Der gesellschaftlich wichtigste Unterschied zwischen dem, was wir hier Einhirn- und Mehrhirndenken genannt haben, besteht darin, dass der Denkprozess vom einzelnen Kommunikationsteilnehmer relativ unabhängig wird oder zumindest werden kann. Wo das Weiterdenken nicht an ein spezifisches Individuum gebunden ist, sondern Ideen aufgrund ihrer Mitteilung auch von anderen vorangetrieben werden können, erhöht sich die Wahrscheinlichkeit, dass aus ihnen nicht nur neuartige Folgerungen gezogen werden, sondern dass sie auch realisiert werden.

Das ist es, was kulturelle Leistungen (am deutlichsten bei wissenschaftlichen Fortschritten zu beobachten) ganz generell erklärt. Es ist aber auch das, was den evolutionären Überlebensvorteil von Organisationen ausmacht. Sie können intellektuell und in ihrem Handeln nicht nur quantitativ die Begrenzungen von Individuen überschreiten, sondern auch qualitativ. Das Wissen und die Fantasie einer Vielzahl von Menschen mit unterschiedlichen Vorerfahrungen und Kompetenzen können, wenn sie in die Kommunikation gelangen, zu kreativen Problemlösungen führen, zu Grenzen sprengenden Innovationen. Konflikte zwischen unterschiedlichen Handlungszielen müssen nicht entschieden werden, sondern unterschiedliche Akteure können sie arbeitsteilig gleichzeitig und ambivalenzfrei verfolgen usw.

Richtet man die Aufmerksamkeit auf die geistig-emotionalen Prozesse, die sich innerhalb der Psyche eines Individuums und auch innerhalb eines sozialen Systems abspielen, so erscheint es durchaus angemessen, Begriffe wie Lernen, Depression oder Intelligenz auf beide Bereiche anzuwenden.

Bei der Intelligenz von Individuen wie von sozialen Systemen geht es um die Frage, ob bzw. wie es ihnen gelingt, ihre internen Sinn stiftenden und verarbeitenden Prozesse so zu organisieren, dass sie die jeweils anstehenden Probleme lösen können, entscheidungs- und handlungsfähig werden und so die Wahrscheinlichkeit ihres Überlebens in einer immer komplexer werdenden und sich schnell verändernden Welt steigern. Dass Unternehmen das nicht immer schaffen, ist bekannt. Ob die Probleme, die Manager lösen, tatsächlich die Probleme der Unternehmen sind, bedarf der Überprüfung. Und dass Märkte intelligent sind, sei hier – entgegen der weit verbreiteten Meinung von Marktfundamentalisten – schon einmal prophylaktisch bezweifelt ...

Das grundlegende Problem, vor dem jede Problemlösung steht – sozusagen das Problem des Problemlösens –, besteht darin, im Voraus nicht wissen zu können, welche Informationen zur Lösung wichtig und unverzichtbar sind und welche ungestraft ausgeblendet werden können. Deswegen können Lösungen auch nicht nach dem Ingenieurs- oder Expertenmodell konstruiert werden. Der problemlösende Ingenieur, der den Auftrag hat, eine Maschine mit einer bestimmten Funktion zu konstruieren, weiß, welche Elemente eine Maschine haben muss, damit sie diese Funktionen erfüllen kann. Im Management hingegen ist nur begrenzt vorherzusagen, welche Funktionen konkret erfüllt werden müssen, da oft nicht einmal die Probleme klar und eindeutig formuliert werden können. Daher kann auch nicht gewusst werden, welche Daten wichtig sind. Das ist auch der tiefere Grund, warum wir zur Zeit gerade den Niedergang der großen Beratungsunternehmen beobachten können.

Die Konstruktion des Weltbilds des Managers und des Unternehmens muss eher einem Suchprozess gleichen, der durch unterschiedliche Landschaften führt. Er ist nicht geradlinig, sondern verworren. Darin gleicht er den Suchbewegungen, die wir mit unseren Augen vornehmen, wenn wir einen unbekannten Gegenstand zu begreifen suchen.

In den folgenden beiden Abbildungen ist zunächst das Gesicht eines jungen Mädchens zu sehen, und das zweite Bild zeigt den Pfad der Augenbewegungen, die ein Mensch vornimmt, der dieses Bild mehrere Minuten lang betrachtet und zu „erkennen" versucht.[3]

Der verworrene Pfad führt an manchen Stellen immer wieder vorbei – an den Augen, der Nase, dem Mund –, sodass nach einiger Zeit die Gestalt der Suchbewegungen eine gewisse, formale Ähnlichkeit mit der Gestalt des Gesichtes gewinnt. Manche Eigenarten

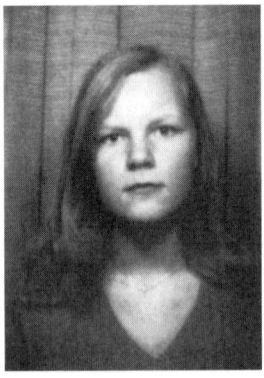
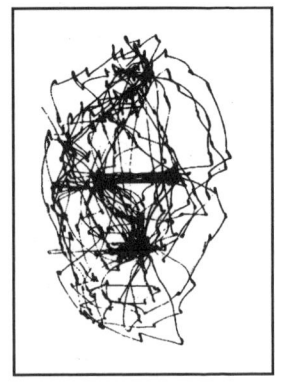

Abb. 1.2   *Abb. 1.3*

und Merkmale „springen ins Auge" (gelangen in den Fokus der Aufmerksamkeit), man geht von ihnen weg, kommt wieder zurück, ein Hin- und Herirren, bis sich schließlich aus all dem Wirrwarr ein konsistentes Bild ergibt. Dieser Prozess ist, trotz aller offenbaren Chaotik, nicht ziellos, sondern dem Gegenstand der Erkenntnis, vor allem aber dem eigenen Nichtwissen, was wichtig sein könnte, angemessen.

So verlaufen nicht nur die Kognitionsprozesse von Menschen, sondern auch von Unternehmen. Aus den Mustern der Verwirrung entstehen dann – wenn alles gut geht – intelligente Problemlösungen.

Noch ein Tipp: Ein Buch als Kommunikationsmedium zwischen Autor und Leser verführt den Leser, sich auf einen geradlinigen Prozess beim Lesen einzulassen, indem er Kapitel für Kapitel liest. Durch die Form des Buches wird stillschweigend suggeriert, so müssten auch Erkenntnis, Lernen, Wissenserwerb oder -vermittlung erfolgen. Das weiß natürlich auch jeder, der ein Buch schreibt (wenn es nicht gerade ein Lexikon ist). Im Prinzip wird das aber der Vielzahl von Lesern nicht gerecht, da ihr Bezug zum Thema, ihr Vorwissen, ihr Ausgangspunkt bei Beginn der Lektüre ja sehr unterschiedlich sein kann. Der eine braucht erst die theoretische Klärung von Vorannahmen, um sich dann der Praxis widmen zu können, der andere gewinnt sein Interesse an theoretischen Erwägungen und Erklärungen erst aus praktischen Fragestellungen. Ein Buch kann diesen unterschiedlichen Startbedingungen nie gerecht werden. Der Autor kann nur so etwas wie die Rolle eines Führers durch ein ihm bekanntes Terrain übernehmen, und der Leser muss ihm wohl oder übel erst einmal einen Vertrauensvorschuss geben. Im vorliegenden Buch wird versucht, in den ersten Kapiteln die theoretischen Grundlagen zu legen, um dann in den Folgekapiteln zu Einzelfragen zu kommen, die derzeit diskutiert werden und von pragmatischer Bedeutung sind. Im Prinzip könnten aber die einzelnen Kapitel separat gelesen werden, da sie sich jeweils mit einem abgeschlossenen Teilaspekt des Themas Intelligenz und Blödheit beschäftigen. Allerdings wird in den späteren, praxisbezogenen Kapiteln, vor allem in Kapitel 3 und 4, auf die theoretischen Vorüberlegungen Bezug genommen. Wer mit der Theorie autopoietischer Systeme gut vertraut ist, kann zum Beispiel das Kapitel 3 weglassen, ohne dadurch später in Verständnisschwierigkeiten zu kommen. Bei Kapitel 4, das eine gewisse Zumutung an die Theoriefreude des Lesers darstellt, ist das aber nicht so. Auch die Experimente, die gelegentlich eingefügt sind, sollten nicht ausgelassen werden. Menschen sind verschieden, und wer erst die Praxis braucht, um sie nachher mit Hilfe der Theorie zu begreifen, der kann sich seinen Weg durch das Buch auch allein suchen. Immerhin würde dann der Prozess des Lesens dafür sorgen, dass die Form, in der die Inhalte aufgenommen werden, zu den Inhalten passt. Wer von vorne nach hinten liest, braucht allerdings keine Sorge um zuviel Geradlinigkeit haben, für hinreichende Verwirrung dürfte auch so gesorgt sein.

Exkurs: Experiment 1 (Zur Logik evolutionärer Prozesse)
In den Wirtschaftswissenschaften gibt es ein marktwirtschaftliches Konzept, das unter dem Namen „better mousetrap theory"[4] in die Literatur eingegangen ist. Seine Aussage ist relativ einfach und leicht verständlich: Im Laufe der Zeit werden die Mechanismen des Marktes dazu führen, dass sich die bessere Mausefalle gegenüber der schlechteren durchsetzt. Es ist eine Art Produktdarwinismus, der hier angenommen wird, nach dem das „fitteste" Produkt, mehr oder weniger „naturgesetzlich" vorbestimmt, überlebt.

Diese hoffnungsvolle, auf die „unsichtbare Hand" oder, besser noch: die unbewusste Rationalität des Marktes setzende Vorannahme hat viele Anhänger, und sie dient Ideologen zur Begründung einer marktfundamentalistischen Politik. Sie ist aber trotz aller scheinbaren Plausibilität falsch.

Märkte sind Kommunikationssysteme, d. h., sie sind den Regelhaftigkeiten dieser Art von Systemen unterworfen. Und – da haben die Marktdarwinisten Recht – sie unterliegen evolutionären Prinzipien. Es sind selbstorganisierte Systeme, deren Strukturen durch Selektionsprozesse entstehen und aufrechterhalten werden. Wie die so entstehenden Ordnungen zu bewerten sind, entscheidet der jeweilige Beobachter nach seinen Kriterien, seinem Geschmack, seinem Glauben ...

Doch gehen wir einen Schritt zurück: zu Darwin. Er hat in seinem Werk die Prinzipien dargelegt, nach denen sich im Laufe der Geschichte der Erde die unterschiedlichen Arten ausdifferenziert und entwickelt haben. Einige (viele) sind inzwischen ausgestorben, während andere (genug) überlebt haben. Die Saurier, die einmal in unserem gigantischen Jurassic Park gewütet haben, waren beispielsweise nicht in der Lage, bis heute durchzuhalten, während die Ameisen, die es damals auch schon gab, offenbar ganz gut über die Runden gekommen sind (wie jeder Campingurlaub zeigt). Heißt das nun, dass die Ameisen in irgendeiner Weise „besser" sind als die Saurier? Die Antwort hängt davon ab, wen man fragt. Ameisen würden sie wahrscheinlich – chauvinistisch und staatstreu, wie sie nun einmal sind – bejahen ... Als Außenstehender müsste man wohl sagen, dass den Sauriern die hinreichende „biologische Intelligenz" gefehlt hat, um sich schnell genug den wahrscheinlich plötzlich veränderten Umweltbedingungen (Meteoriteneinschlag?) anzupassen oder ihre Umwelt(en) sich anzupassen.

Folgt man radikalen Biologen wie Humberto Maturana[5] in ihren Theorien, so sind Lebewesen als „kognitive Strukturen" und der Prozess des Lebens ganz generell als ein „Prozess der Kognition" zu verstehen. Die Art und Weise, wie biologische Prozesse organisiert sind, führt zu verhaltensbestimmenden Entscheidungen, die es ihnen ermöglichen, in einer gegebenen ökologischen Nische zu überleben. Durch ihre Verhaltensweisen „beschreiben" sie die Nische, d. h. die Umwelt, an die sie angepasst sind (wie die Augenbewegungen das Gesicht „beschreiben"). Im Blick auf die Steuerung des individuellen Verhaltens macht es aber keinen Unterschied, ob seine Ursache psychischen oder biologischen Prozessen zugeschrieben wird – beides ist von außen nicht direkt zu beobachten, beides sind Konstrukte von Beobachtern.

Was für die Entwicklung biologischer Strukturen (Organismen) gilt, gilt auch für die Entwicklung sozialer Strukturen (Märkte, Organisationen usw.). Auch sie sind evolutionären Mechanismen unterworfen. Auch bei ihnen geht es ums Überleben von Prozessmustern (nur eben sozialen statt biologischen) – und als Mittel zu diesem Zweck: um Problemlösungen, aktive oder passive Anpassung von Strukturen, Entscheidungskriterien usw.

Das Verdienst Darwins und der ihm folgenden Evolutionstheoretiker besteht darin, die charakteristische Logik evolutionärer Selektionsprozesse erhellt zu haben. Sie zu kennen und zu berücksichtigen, ist Voraussetzung für das Verständnis sozialer Prozesse, ob sie sich nun als Marktwirtschaft, als Kommunikation in einer Organisation, einem Unternehmen oder einer Familie abspielen. Und nur wer sich dieser Mechanismen bewusst ist und mit ihnen rechnet, ist in der Lage, intelligent und verantwortungsvoll zu handeln, sei es als Politiker, Manager, Mutter, Vater oder sonstiger Rollenträger.

Diese evolutionären Spielregeln bzw. ihre Wirkung unterscheiden sich *grundlegend* von allen Auswahl- und Entscheidungsprozessen, die Menschen zielgerichtet und absichtsvoll vornehmen – und nur zu oft sorgen sie dafür, dass aus gut gemeinten Entscheidungen Katastrophen resultieren. Sie sind der Grund dafür, dass zwischen Absicht und Wirkung in der Regel ein großer Unterschied besteht und das Gegenteil von „gut" leider nur zu oft „gut gemeint" ist.

Denn die Entwicklungsprinzipien evolutionärer Systeme sind nicht zielgerichtet, d. h., sie führen weder zur Selektion des „Besseren" noch zum Aussterben des „Schlechteren". Sie operieren immer nur in der Gegenwart und sind gegenüber ihrer eigenen Zukunft und ihrer Wirkung blind. Sie dienen daher spontan nie irgendeinem spezifischen Ziel und schon gar nicht irgendeinem „Fortschritt". So wie der Mensch und der Hund als biologische Systeme bislang überlebt und damit bewiesen haben, dass sie bis jetzt „fit" genug waren, um zu überleben, so haben die heute existierenden Organisationen bewiesen, dass sie bis jetzt „fit" genug waren, um zu überleben.

Fitness ist in diesem Sinne eine Alles-oder-nichts-Unterscheidung und nicht steigerbar, d. h., nicht der „Fitteste" überlebt, sondern das Überleben ist der Beweis der Fitness. Das gilt für Organismen gleichermaßen wie für Organisationen. Es gibt nicht die „richtige" Organisationsform für ein Unternehmen, ungeachtet der Meinung akademischer Betriebswirte und Organisationstheoretiker, sondern Unternehmen können mit den unterschiedlichsten internen Strukturen überleben. Und wenn sie es bis heute geschafft haben, so ist damit für die Zukunft noch nichts festgeschrieben. Die Verhaltensmuster, die heute das Überleben sichern, können morgen in den Abgrund führen.

Für den Umgang mit Systemen, die derartigen Entwicklungsprinzipien folgen, haben wir in unserem westlichen Denken nur wenige Analyseschemata, ja, wir sind uns dieser Mechanismen nicht einmal bewusst. Wir sind es gewohnt, zielgerichtet zu agieren, und messen unseren Erfolg an der Zielerreichung. Dass wir dabei in einer Welt stecken, die nach nichtzielgerichteten Prinzipien funktioniert, bemerken wir meist gar nicht. Dies ist aber, nüchtern betrachtet, ein ziemlich sicherer Weg zum Scheitern. Wer sich hingegen, z. B. als Manager, der Funktionsprinzipien solcher Systeme bewusst ist, kann sie ins Kalkül ziehen oder gar für seine Zwecke nutzen, seine Anstrengungen oder Kosten minimieren und trotzdem zum Ziel kommen.

Um es auf eine Formel zu bringen: Evolutionsprozesse sind nicht intelligent. Wer intelligent handeln will, muss ihre Mechanismen kennen, um trotzdem sinnvolle Ergebnisse zu erzielen.

Nach dieser langen Vorrede ein (Gedanken-)Experiment, um diese Mechanismen zu illustrieren und erfahrbar zu machen:[6]

Nehmen Sie eine Gruppe von ca. zwölf bis 20 Personen (es kommt auf eine mehr oder weniger nicht an, es sollten aber so viele sein, dass nicht jeder allen anderen seine Aufmerksamkeit gleichzeitig und in gleichem Maße widmen kann). Lassen Sie diese Personen einen Kreis bilden, sitzend oder stehend, das macht keinen Unterschied. Nun fordern Sie jeden auf, eine *dreistellige* Zahl zu nennen ...

Es ergibt sich eine Reihung, die so oder ähnlich lauten könnte: 156, 333, 469, 321, 112, 555, 123, 954, 658, 987, 955, 234, 888, 496, 189, 221, 734, 600, 376.

Der Möglichkeitsraum, d. h. die Menge der Zahlen, aus der eine Auswahl vorgenommen werden konnte, bestand aus den Zahlen 100 bis 999, und aus ihm ist nach vollkommen undurchschaubaren, individuellen Gründen von den Teilnehmern am Experiment eine Auswahl getroffen worden. Dies ist die Ausgangssituation.

Nun kann das Spiel beginnen. Sie erklären den Teilnehmern, dass es ihre Aufgabe ist, einen Ball (den Sie zufälligerweise gerade in der Hand haben) jeweils einem Mitspieler zuzuwerfen und dessen Nummer (gewissermaßen als Adresse) zu nennen. Der Empfänger nimmt den Ball und setzt das Spiel im selben Sinne fort, d. h., er wirft den Ball auch einem Mitspieler zu und nennt dessen Nummer. Jeder Spieler kann unbegrenzt oft angespielt werden. Wenn jemand den Ball erhält, dessen Nummer (Adresse) falsch genannt wurde, so hat er den Ball – wie bei der Post ja auch üblich – an den

---

[6] Ich habe dieses Experiment schon in dem gemeinsam mit der Beratergruppe CONECTA verfassten Buch *Radikale Marktwirtschaft* (1992) beschrieben; bislang habe ich kein besseres finden können, um die nichtzielgerichteten Prinzipien selbstorganisierter Systeme leicht und allgemeinverständlich zu illustrieren, deshalb: noch einmal und ausführlicher, weil es so schön war!

Absender zurück zu schicken. Werfen Sie den Ball irgendeinem Mitspieler zu und nennen Sie dessen Nummer, das Spiel beginnt.

Es empfiehlt sich nun, die Abfolge der Zahlen auf einem Flipchart zu protokollieren, um zu sehen, welche Muster sich entwickeln. Gegenüber dem Möglichkeitsraum 100 bis 999 hat bereits vor dem Beginn des Spiels eine erste Selektion von Zahlen stattgefunden, d. h., der Möglichkeitsraum ist weiter eingeschränkt.

Ein solches Protokoll könnte etwa die folgende Form annehmen: 156, 888, 376, 333, 555, 658, 555, 888, 156, 600, 954, 955, 888, 333, 156, 555, 888, 376, 333, 555, 376, 600, 954, 333, 156, 954, 955, 555, 333, 600, 955, 156, 600, 888, 333, 555, 600, 888, 600, 955, 954, 333, 376, 734, 888, 156, 888, 600, 555, 376 ...

Die Aufzeichnung der Historie der angespielten Adressen zeigt, dass es zu einer Auswahl aus der ursprünglich genannten Menge von Zahlen kommt. Nicht alle Möglichkeiten werden realisiert, manche Adresse wird nie angespielt. Dafür kommen andere immer wieder ins Spiel. Als Beispiel seien hier die 333 und die 888 genannt, die sieben- bzw. achtmal angespielt wurden:

156, *888*, 376, *333*, 555, 658, 555, *888*, 156, 600, 954, 955, *888*, *333*, 156, 555, *888*, 376, *333*, 555, 376, 600, 954, *333*, 156, 954, 955, 555, *333*, 600, 955, 156, 600, *888*, *333*, 555, 600, *888*, 600, 955, 954, *333*, 376, 734, *888*, 156, *888*, 600, 555, 376 ...

Gar nicht ins Spiel kamen die Adressen 469, 321, 112, 123, 987, 234, 496, 189, 221. Sie wurden nicht in den Club der Mitspieler aufgenommen. Entstanden ist ein Kommunikationsmuster, das zu einer Innen-außen-Unterscheidung zwischen „dazugehörig" und „nichtdazugehörig" führte, zur Selektion von Spielzügen (Anspielen einer Adresse) und Spielern, zur Zwei-Klassen-Gesellschaft. Ja, es gibt sogar noch Differenzierungen innerhalb derer, die dazugehören: 658 und 734 sind bislang nur einmal angespielt worden, und es bleibt abzuwarten, ob sie nicht aus dem Spiel „fallen".

Dieses Experiment illustriert die Logik der Selektion von Kommunikationsmustern, d. h. von sozialen Strukturen. Und es empfiehlt sich wirklich, es nicht allein bei dem hier dargestellten Gedankenexperiment zu lassen, sondern es tatsächlich zu inszenieren. Erst dann kann auch erlebt werden, in welch merkwürdiger Beziehung die individuellen psychischen Prozesse der Mitspieler und die Entstehung sozialer Muster stehen. Ein Mitspieler, der sich – vielleicht aufgrund seines phänomenalen Gedächtnisses – alle

Zahlen aller potenziellen Mitspieler gemerkt hat, wird nie sein Wissen sozial nutzbar machen können, wenn er nicht angespielt wird. Sein Potenzial bleibt unausgeschöpft. Ganz allgemein gilt, dass der Raum an Möglichkeiten, der durch die Kompetenzen der Mitspieler gegeben ist, durch die Selektion der tatsächlich angespielten bzw. nicht angespielten Mitspieler eingeengt wird. Eine Form der Komplexitätsreduktion, die ihren Preis hat (und natürlich auch ihre Vorteile). Im Extremfall, wenn ein Mitspieler sich keine Zahl außer seiner eigenen gemerkt hat, wird es möglicherweise zu einem in seiner Komplexität äußerst vereinfachten, autistischen Muster kommen, dem Kommunikationsabbruch: 954, 954, 954, 954, 954, 954, 954, 954 ...

Die Kommunikation ist in diesem Experiment zugegebenermaßen von sehr schlichter Art, frei von allen Inhalten, gewissermaßen auf die Weiterleitung eines unbeschriebenen Briefbogens reduziert. Es wird nichts mitgeteilt, außer der impliziten Information, dass mit manchen Teilnehmern kommuniziert wird und mit anderen nicht. Doch dies ist ja nicht so ungewöhnlich, schließlich gibt es in unserem gesellschaftlichen Leben eine Reihe derartiger Kommunikationsmuster (z. B. Kleiderordnungen oder Fachchinesisch), deren vorwiegende Wirkung – wenn nicht gar ihr Zweck – darin besteht, mitzuteilen, wer dazugehört und wer nicht.

Doch unabhängig von derartigen Analogien eröffnet die Inhaltsleere der hier vollzogenen Kommunikationen den Blick auf die „Mechanik" sozialer Musterentstehung. Aus der Perspektive des außen stehenden Beobachters (und jeder Teilnehmer am Spiel ist solch ein außen stehender Beobachter) können wir unterscheiden zwischen dem Muster der Kommunikation, das sich entwickelt (der Zahlenreihe) und dem, was sich möglicherweise in den Köpfen und Körpern der Mitspieler abspielt. Es sind unterschiedliche Phänomenbereiche, die nur dadurch miteinander verbunden sind, dass das Zahlenmuster (das System der Kommunikationen) die Mitspieler braucht, um zu entstehen und am Leben erhalten zu werden. Die Spieler sind *nicht* Elemente des Zahlenmusters – weder ihr Körper noch ihre Psyche –, sie sind nur die Zulieferer und Empfänger von Zahlen.

In der Terminologie der neueren Systemtheorie wird diese Form der Beziehung zwischen (tatsächlich gespieltem) Spiel und Spielern als System-Umwelt-Beziehung konzeptualisiert.[7] Dabei wird das

Kommunikationssystem – die sich in einem bestimmten Moment ereignenden Kommunikationen und Interaktionen – als soziales System betrachtet, die psychischen Systeme der Teilnehmer an der Kommunikation werden dagegen als dessen Umwelten (im Plural) konzeptualisiert.

Um es auf die uns hier interessierende Ebene des Unternehmens und des Managements zu bringen: Das soziale System „Unternehmen" besteht aus Kommunikationen und Interaktionen, nicht aber aus den Mitarbeitern der Firma. Das heißt aber nicht, dass das „Spiel" Unternehmen ohne diese Umwelten gespielt werden könnte: Wo keine Spieler mehr spielen, findet das Spiel nicht statt. Wie in unserem Zahlenexperiment existiert jedes soziale System nur, solange die Kommunikationen, die es charakterisieren, fortgesetzt werden.

Nun sind die Kommunikationen in realen sozialen Systemen, seien es nun Märkte oder Unternehmen, erheblich komplexer als in unserem Zahlenspiel. Doch auch dort sind sie den hier beobachtbaren Mechanismen unterworfen. Am wichtigsten dürfte dabei die merkwürdig widersprüchliche Rolle des einzelnen Mitspielers sein: Wer mitspielt (den Ball aufnimmt und weiterspielt) sorgt dafür, dass das Muster sich formt, in seiner Form erhalten bleibt und sich gegebenenfalls verändert. Er „verursacht" insofern das so entstehende Muster mit, d. h., er sollte sich die (Mit-)Verantwortung dafür zuschreiben, dass die Strukturen so sind, wie sie sind. Doch dieser „Schuld"-Zuschreibung steht entgegen, dass es nicht in seiner Macht steht, einseitig zu bestimmen oder zu kontrollieren, welches Muster entsteht. Sobald der Ball einen Adressaten (Akteur) erreicht hat, steht es in dessen autonomer Entscheidung, an wen er weitergespielt wird (Aktion). Dadurch, dass eine größere Zahl von Spielern sich beteiligt, entsteht ein Muster, das von keinem der handelnden Akteure festgelegt werden kann. Die Struktur, die sich so entwickelt, hat keinen außen stehenden Schöpfer, Organisator oder Manager, der sie geplant oder realisiert hat. Das System schafft sich und organisiert sich selbst …

Dass das Spiel der Teilnehmer am Spiel bedarf, ist nicht zu übersehen. Deren Eigenheiten bzw. Kompetenzen haben einen entscheidenden Einfluss auf die Musterbildung. Das beginnt bei ihrer Wahrnehmungs- und Merkfähigkeit. Die mag zwar zwischen den einzelnen Akteuren unterschiedlich sein, aber manche Zahlen haben einfach bessere Chancen be- und gemerkt zu werden. Sie haben besondere Eigenheiten, die sie aus der Masse der anderen hervorheben. Das gilt etwa für 888, 555, 333. Es sind „Schnapszahlen", die aufgrund ihrer Gleichförmigkeit besondere Aufmerksamkeit beanspruchen. Auch 600 ist auffälliger und einfacher zu merken als 658, 987 oder 496. Die Zahlen 123, 234 oder auch 321, die durch ihre Regelmäßigkeit auch eine gewisse Besonderheit darstellten, konnten offenbar nicht davon profitieren. Die Abweichung war wohl nicht groß genug, um im Gedächtnis – von wem auch immer – zu bleiben.

Eine andere Möglichkeit, die Aufmerksamkeit der Mitspieler zu gewinnen, bot die Prominenz, die 156 und 376 als erst- bzw. letztgenannte Zahl genossen. Ihre Position innerhalb der Sequenz war einmalig, auch wenn sie als Zahlen keine besonderen eigenen Qualitäten aufwiesen. Sie waren nur einfach zur rechten Zeit am rechten Platz.

Betrachten wir die Historie der Musterbildung und ihre Logik aus evolutionstheoretischer Perspektive, so beginnt die ganze Geschichte mit der *Variation* der dreistelligen Zahlen. Der Möglichkeitsraum ist abgesteckt. In einem zweiten Schritt kommt es zur *Selektion*. Sie ist zunächst von der Auffälligkeit (!) der möglichen Adressen im „Genpool" der Zahlen bestimmt. Sie erhöht die Wahrscheinlichkeit, ins Spiel zu kommen und im Spiel zu bleiben. Doch das ist nur der Beginn des Prozesses, obwohl es für manche Zahl auch schon das Ende ist. Denn nun kommt es – nach einer kurzen Zeit der Unsicherheit – zu einer *Stabilisierung*. Da nach Verkündung der Spielregel jeder weiß, worum es geht und „wie der Hase läuft", ist jeder bemüht, sich möglichst viele Zahlen zu merken. Die Wirkung ist folgende: Die Wahrscheinlichkeit, dass die Zahlen, die einmal genannt wurden, auch ein zweites Mal genannt werden, steigt. Und wenn das Spiel lange genug läuft, dann wird der Unterschied immer größer: Die Chance, dass diejenigen, die im Spiel sind, im Spiel bleiben, potenziert sich. Und die Chance, dass diejenigen, die noch nicht im Spiel sind, jemals ins Spiel kommen, sinkt gegen Null.

Wer 333 („bei Issos Keilerei") gewählt hat, hat besonders gute Chancen ins Spiel zu kommen. Diese Zahl ist mit vielfältigen Assoziationen verknüpft, dem unsäglichen Geschichtsunterricht in der Schule usw. Daran schließt sich die erste Lehre an, die aus diesem Spiel gezogen werden kann und sollte: Dass ein Spieler ins Spiel kommt, hat nichts mit seinen Eigenschaften zu tun, sondern mit denen der Kommunikation.

Wenn man „im Spiel sein" als Erfolg definiert, dann werden die Erfolgreichen immer erfolgreicher und die Erfolglosen immer erfolgloser. Das Matthäus-Prinzip „Denen, die haben, wird noch gegeben, denen, die nicht haben, wird noch genommen!"[8] ist am Wirken, oder biblisch ausgedrückt: „Der Teufel scheißt immer auf den größten Haufen." Die Stars einer jeden Branche werden immer berühmter, die No-Names bleiben, was sie sind. Der erste der Tennisweltrangliste erhält Honorare, die unverhältnismäßig höher sind als die des armen Würstchens auf dem 15. Platz. Die bekanntere Mausefalle oder die, die zuerst auf dem Markt ist, setzt sich durch und nicht die bessere (weil gar keiner von ihr weiß und den Vergleich anstellt).

Damit ist ein anderer Aspekt dieser Art Erfolgsstrategie verbunden: Wenn die 189 bzw. der Akteur, der sich diese Nummer ausgesucht hatte, angespielt wird, er aber fälschlich als 222 bezeichnet wird, so steht er vor der Frage, ob er diese Zuschreibung annehmen oder, der Regel entsprechend, den Ball an den Absender zurücksenden soll. Tut er dies, so ist er aus dem Spiel. Er kann nur darauf hoffen, dass sich irgendeine Person, die schon im Spiel ist, nicht nur an seine Zahl erinnert, sondern ihn auch noch anspielt – zwei Voraussetzungen, die erfüllt werden müssen und auf die er keinen direkten Einfluss hat. Nimmt er hingegen die fälschliche Zuschreibung 222 an, so ist er im Spiel. Andere werden sich an diese Zahl erinnern, und da sie zu den privilegierten Adressen gehört, hat er gute Chancen, häufig angespielt zu werden. Aber diese Gelegenheit kann er natürlich nur ergreifen, wenn er es ertragen kann, dass er nicht als 189 angesprochen wird oder ihm die „Eigenschaft" 189 zugeschrieben wird. Hier stellt sich die Frage nach seiner Identität, seiner Flexibilität oder seines Opportunismus, seiner Treue oder auch Rigidität, je nachdem, wie man es bewerten mag. Unabhängig davon gilt: Man kann in evolutionären Systemen auch aus den falschen Gründen Erfolg haben und, wenn man ihn hat, fragt das System nicht, ob zu Recht oder zu Unrecht (so viel als ungebetene Lebenshilfe).

Diese Mechanismen sind offensichtlich nicht von inhaltlichen oder qualitativen Zielen des sozialen Systems bestimmt. Sie sind ungerecht, haben nichts mit Leistung oder anderen Werten zu tun, die dem Beobachter wichtig sein mögen. Dessen ungeachtet führen sie dazu, dass Strukturen entstehen, die sich stabilisieren. Es entstehen Spielregeln. Wer lange genug zuschaut, weiß, wie das Spiel funktioniert, und kann mitspielen. Aktionen werden mit anderen Aktionen relativ fest gekoppelt, und wer einmal aus der Verlegenheit, eine Zahl nennen zu müssen, die 333 genannt hat, wird es beim nächsten Mal wahrscheinlich wieder tun – zumindest, wenn er alle anderen Adressen vergessen hat. Je einfacher die Spielregel, desto größer die Chance, Mitspieler zu rekrutieren. Und wenn das Spiel attraktiv genug ist, braucht es sich keine Sorgen zu machen, dass sich irgendwann niemand mehr findet, der mitspielt. Die Akteure sind dann austauschbar. Sie sind mit dem Spiel nur relativ lose gekoppelt. Wenn aber die Spielregel zu komplex ist und man eine mehrjährige Ausbildung braucht, um sie zu verstehen, so reduziert sich die Menge der potenziellen Mitspieler, d. h., sie sind weniger austauschbar, und das soziale System ist für seinen Erhalt von ihnen abhängig. Beide sind relativ fest miteinander gekoppelt.

Soziale Systeme sind aufgrund dieser über die Fokussierung der Aufmerksamkeit wirkenden Selektionsprinzipien prinzipiell extrem konservativ. Sie reproduzieren ihre Strukturen, und dies ist nicht etwa das Ergebnis einer „rechtsgerichteten" Verschwörung, sondern nur wahrscheinlich und funktioniert frei nach dem Motto: „Das haben wir schon immer so gemacht!" bzw. „Das haben wir noch nie so gemacht!".

Wer möchte, dass jenseits der Auffälligkeit andere Werte und Kriterien die Entwicklung sozialer Strukturen – sei es der Gesellschaft insgesamt, der Wirtschaft, eines Unternehmens, einer Abteilung, eines Teams, einer Familie usw. – bestimmen, der muss dafür sorgen, dass sie in den Fokus der Aufmerksamkeit gelangen ... (zumindest ist dies ein erster Schritt). Wer ein intelligentes soziales System aufbauen will, der muss sich Gedanken über die impliziten und expliziten Selektionskriterien der Kommunikation machen, die dazu nötig sind.

2. Wozu Führung?

2.1 Zwei Geschichten

Die erste Geschichte könnte heißen „Der Mythos vom charismatischen Führer", und es handelt sich angeblich um eine wahre Geschichte:

Eine Gruppe von Leuten kletterte in den Alpen auf einen Berg und verbrachte dort einen feuchtfröhlichen Tag, inklusive des unvermeidlichen, unwiderstehlich romantischen Sonnenuntergangs.

Als sie sich, unangemessen angeheitert, darauf besannen, dass sie auch wieder zurück müssen, war es bereits stockfinster, und sie fanden den Weg zurück nicht mehr.

Da erbarmte sich einer, der die hilflosen Blicke seiner Gefährten nicht mehr aushielt, und ging voran. Die anderen ließen sich dankbar bei der Hand nehmen, atmeten hörbar auf und folgten ihm – angesichts der Dunkelheit – mehr oder weniger blind vertrauend. Sie kamen heil unten an, obwohl ihr Führer auch nicht mehr sah und den Weg nicht besser kannte als sie. Trotzdem, oder gerade deswegen, wurde er am Ziel als heldenhafte Führungsfigur gefeiert.[9]

Die zweite Geschichte zeigt, wie gleich zu merken ist, ein weit weniger personenzentriertes Führungsverständnis. Ihr Titel könnte lauten „Die wissenschaftlich fundierte Führung". Sie spielt während des Ersten Weltkriegs, ebenfalls in den Alpen, und auch sie ist angeblich wahr:

Ein junger Leutnant einer kleinen, ungarischen Abteilung sandte einen Aufklärungstrupp in die Berge. Nach kurzer Zeit begann es zu schneien. Es schneite zwei Tage ohne Unterbrechung. Die Einheit kehrte nicht zurück. Der Leutnant litt unter der Furcht, er könne seine Leute in den Tod geschickt haben. Am dritten Tag kam die

Einheit jedoch zurück. Wo waren sie gewesen? Wie hatten sie zurückgefunden?

Bei der Befragung stellte sich heraus, dass auch sie gedacht hatten, sie seien verloren. Sie hatten sich bereits mit ihrem kalten Ende abgefunden. Aber dann, welch Glück, fand einer von ihnen eine Landkarte in seiner Rucksacktasche. Das beruhigte sie alle. Sie nahmen die Karte und warteten, bis der Schneesturm vorbei war. Dann marschierten sie los und fanden so – sich stets gemeinsam an der Karte orientierend – den Weg zurück.

Der Leutnant ließ sich die rettende Karte zeigen. Zu seinem Erstaunen stellte er fest, dass es sich um eine Karte der Pyrenäen handelte.[10]

2.2 Die Orientierung an Personen

Die erste Geschichte zeigt sehr gut und prägnant das Dilemma von Führungskräften und Managern. Ihnen wird die Verantwortung für etwas zugeschrieben, was sie nicht unter Kontrolle haben: das kollektive Verhalten eines sozialen Systems. Der Unterschied zwischen einer Wandergruppe und einem Mountainbike ist, dass man das Fahrrad, wenn man nur die Grundprinzipien der Mechanik kennt, einigermaßen lenken und steuern kann, auch wenn das Gelände unwegbar erscheint. Bei einer Gruppe ist das nicht so einfach möglich. Das heißt nicht, dass man keinen Einfluss auf sie und ihr Verhalten hat, doch dieser Einfluss funktioniert nicht wie bei einem technischen System im Sinne einer geradlinigen Ursache-Wirkung-Logik. Wird der Lenker des Fahrrads nach links gedreht, dann fährt das Fahrrad mit einer gewissen Wahrscheinlichkeit nach links. Sagt man den Mitgliedern der Wandergruppe: „Wir gehen nach links!", dann ist es keineswegs sicher, dass auch nur eines ihrer Mitglieder dieser Anweisung oder diesem Vorschlag folgt. Ob sich die Gruppe schließlich an die Vorgaben ihres Führers hält, ist das Resultat eines Kommunikationsprozesses mit vielerlei psychischen Voraussetzungen, nicht aber der individuellen Entscheidung des Führers. Oder anders gesagt: Wir haben es nicht allein mit der individuellen Entscheidung eines Hierarchen zu tun, sondern mit vielen individuellen Entscheidungen: denen der Teilnehmer der Wandergruppe.

Erklärungsbedürftig ist, warum sie sich als autonome Individuen aufeinander abgestimmt und koordiniert verhalten, wie ihnen von ihrem „Chef" vorgeschlagen wird. Denn mehr als ein Vorschlag ist es ja nicht; Macht, Zwang oder Gewalt kann er nicht anwenden. Üblicherweise wird dieser Frage nicht weiter nachgegangen, und stattdessen wird auf das „Charisma" des Führers verwiesen (was natürlich auch nichts erklärt, sondern nur die Frager ruhig stellt).

Bei unserer Wandergruppe sind die individuellen Gründe, dem selbsternannten Führer zu folgen, relativ leicht nachvollziehbar: Jeder verspricht sich in der Gruppe offenbar größere Chancen, heil ins Tal zu kommen (Überlebenschancen), als wenn er allein wäre. Manche Ziele sind eben nur als Ergebnis gemeinsamer Anstrengung zu erreichen. Dennoch hätte jeder sich auch allein auf die Suche nach dem rettenden Weg machen können. Aber wo man selbst keine Vorstellung davon hat, was zu tun ist, fühlt man eine gewisse Dankbarkeit dafür, wenn ein anderer die Führung übernimmt.

Neben der vergrößerten Erfolgschance kommt wohl noch hinzu, dass es im „schlimmsten Fall" auch tröstlicher erscheint, gemeinsam statt einsam, aber heldenhaft zu scheitern. Man kann sich, wenn man zusammen bleibt, nicht nur aneinander wärmen, sondern man braucht auch nicht fürchten, der Depp zu sein, der als einziger den falschen Weg gewählt hat: eine Art alpinistischen Benchmarkings.

In unserer Geschichte wie im richtigen Leben – in richtigen Unternehmen – entwickelt sich fast zwangsläufig der Rollenunterschied zwischen Führer und Geführten. Auf diese Weise wird das erreicht, was als eines der Charakteristika von Organisationen betrachtet werden kann: Es kommt zu einem koordinierten Verhalten einer Vielzahl von Individuen und Organisationseinheiten. Eine Führungsperson verkündet, wo es langgeht, und die Geführten folgen ihr. Ein Vorstand verkündet ein Umstrukturierungsprogramm, und es wird tatsächlich umstrukturiert. Entscheidungen werden getroffen, kommuniziert und umgesetzt.

Die praktizierte Spielregel, die sich so – ohne bewusst reflektiert und beschlossen zu sein – in unserer ersten Berggeschichte entwickelt hat, lautet:

Der Führer weiß, wo es langgeht. Wer ihm folgt, kommt ans Ziel.

In dieser Spielregel ist ein bestimmtes Beziehungsangebot impliziert. Es ist asymmetrisch, und es gibt zwei Positionen: die des vermeintlich Wissenden und die dessen, der nicht weiß. Aus diesem unterstellten Wissens- oder Kompetenzunterschied wird der Führungsanspruch oder das Führungsversprechen oder die Führungshoffnung abgeleitet. Dies ist die Vorannahme, wie sie idealtypisch einem traditionellen, autoritären Führungsmodell zugrunde liegt. Der Feldherr auf dem Hügel sieht mehr, hat den größeren Überblick, weiß mehr – und deshalb gibt er die Befehle ...

Solch ein personenorientiertes Führungsmodell bringt erhebliche Zeitvorteile mit sich. Wenn es schnell gehen muss und der Hierarch wirklich weiß, was zu tun ist, dürfte eine klar hierarchisch strukturierte Entscheidungsfindung und Kommunikation unschlagbar sein. Wenn bei einem chirurgischen Eingriff eine Arterie angeschnitten wird und das Blut sprudelt, dann kann man als Patient nur hoffen, dass nicht erst eine Konferenz einberufen wird, um die verschiedenen Handlungsoptionen zu diskutieren. Am günstigsten, weil am schnellsten, ist hier sogar eine extreme Kommunikationsverkürzung auf eine schnörkellose Codierung von Anordnungen und ihre Befolgung: „Tupfer, Klemme, Faden!"

In Notfallsituationen ist dies die Organisationsform der Wahl. Man kann geradezu als organisationstheoretisches Grundgesetz formulieren, dass Zeitruck zu hierarchischer Organisation führt.

Das dürfte einer der Gründe sein, warum Hierarchen, die sich in ihrer Autorität bedroht fühlen oder Auseinandersetzungen über ihre Rolle oder bestimmte Themen verhindern wollen, sich bemühen, Zeitdruck zu erzeugen oder zu suggerieren.

Als Risiko ist mit dieser Organisationsform verbunden, dass der Hierarch den Weg bestimmt, obwohl er in Wirklichkeit auch nicht besser weiß als die anderen, wo es langgeht. Dann ist die Gefahr, dass alle gemeinsam abstürzen, ziemlich groß. Die Reduktion der Intelligenz des Unternehmens, d. h. des verfügbaren Wissens und des kognitiven Potenzials, auf die einer einzigen Person, ist eine Form der „Beschränktheit", die unnötig ist – eine Art der Selbstkastration der Organisation, die sich in ihrer Potenz beschneidet.

Wenn man betrachtet, in welchem Territorium sich Unternehmen heutzutage zu bewegen haben, so sind Management und Führung mit einer Komplexität konfrontiert, die zu erfassen die Fähigkeiten eines Einzelnen eigentlich immer überfordert. Es ist also höchst unwahrscheinlich, dass einsame Entscheidungen heroischer Manager auf Dauer zu tragfähigen Ergebnissen führen. Langfristig kann dieses Modell als irrational und zum Untergang verdammt angesehen werden.

2.3 Die Orientierung an „Landkarten" und Zielen

Dass Führung nicht nur durch die Orientierung an einer Person vollzogen werden kann, zeigt die zweite Geschichte. Man kann sich auch auf gemeinsames und koordiniertes Handeln verständigen, wenn man dieselben oder ähnliche Vorannahmen über die Welt teilt. Dies gilt für Spähtrupps in den Alpen wie für global operierende Unternehmen.

Die Führungskompetenz wird dabei nicht einer Person, sondern einem unpersönlichen, objektiven Träger von Wissen zugeschrieben. Die Vorannahme der vermeintlich wissenschaftlichen, „toolorientierten", Führung ist:

Die richtige Methode hilft, den richtigen Weg zu finden. Wer sie anwendet, kommt ans Ziel.

Man braucht dann im Prinzip keine hierarchischen Beziehungen. Was alle eint und dafür sorgt, dass sie organisiert handeln können, ist die Orientierung an einer gemeinsamen „Landkarte", einer gemeinsamen Weltsicht oder Wirklichkeitskonstruktion. Solche Landkarten sind aber nicht einfach harmlose Abbildungen der Landschaft: Sie wirken immer als Handlungsanweisungen, d. h. als selbsterfüllende oder selbstverneinende Prophezeiung. Wo ein Weg eingezeichnet ist, entsteht mit großer Wahrscheinlichkeit ein Weg, wo eine Schlucht vermerkt ist, wird kaum einer langtrampeln – ganz unabhängig davon, ob die Route über die abgebildete (eingebildete?) Schlucht am kürzesten wäre, es dort wirklich eine Schlucht gibt, eine Brücke oder einen Hubschrauberservice ...

Hier wirkt also die Landkarte (Wirklichkeitskonstruktion) als höhere Macht, der sich alle Beteiligten unterordnen. Sie sorgt für die Strukturierung und Abstimmung der gemeinsamen Handlungen und organisiert die Selbstorganisation des sozialen Systems. In dieser Koordinierungsfunktion kann sie an die Stelle eines Hierarchen treten. Wenn alle dasselbe Ziel haben und derselben Landkarte folgen und sich obendrein auch noch gegenseitig beobachten können, dann braucht man keinen Koordinator (weder die Rolle, noch die Person).

Das klappt allerdings nur, solange die genannten drei Voraussetzungen gegeben sind: Man ist sich darüber einig, welche Landkarte zur Orientierung verwendet wird, welche Ziele man verfolgt, und man ist darüber informiert, wo der andere sich gerade bewegt.

Das mag bei einer Wandergruppe noch einfach zu realisieren sein, schließlich behält man Blickkontakt. In einem größeren Unternehmen, in dem die Akteure sich zum Teil gar nicht kennen, sich nicht begegnen, nur voneinander hören und bestenfalls per E-Mail kommunizieren, kann das nicht vorausgesetzt werden. Ganz im Gegenteil: Dass unterschiedliche Menschen dieselbe Weltsicht oder dieselben Ziele haben, ist sogar höchst unwahrscheinlich. Die inneren Landkarten der Mitarbeiter eines Unternehmens sind zwangsläufig, je nach Interesse, Vorgeschichte und Zukunftsperspektive, sehr verschieden, und deswegen läuft auch meist jeder in eine andere Richtung.

Da man für die objektiv selben Landschaften unterschiedliche Karten zeichnen kann, liegt hier ein beträchtliches Konfliktpotenzial. Die Organisation der Selbstorganisation funktioniert daher nur, wenn es gelingt, die jeweiligen Landkarten ab- und anzugleichen. Und dazu bedarf es entweder einer langen gemeinsamen Geschichte, in der man sich sehr gut kennen lernt, oder eines gezielten kommunikativen Aufwandes, der hier weit zeitaufwendiger ist als in einem autoritären Führungsmodell.

Beide Modelle bilden in dieser Hinsicht Gegensätze, die Vor- und Nachteile haben, die näherer Betrachtung wert sind.

Die Risiken, die das zweite Modell mit sich bringt, sind anderer Natur, aber auch nicht zu verachten. Es ist zeitaufwendig und kann dazu führen, dass wichtige Prozesse verzögert und Entscheidungen zu spät getroffen werden. Ja, schlimmer noch: Wenn es zu Machtkämpfen darüber kommt, wessen Landkarte oder Ortsbestimmung oder Zieldefinition denn nun eigentlich die richtige ist, führt dies zu Entscheidungsunfähigkeit und Lähmung aller Aktivitäten. Und auch das kann tödlich sein.

Wie beim „alpinistischen Benchmarking" kommt es auch in diesem Führungsmodell mit einer gewissen Wahrscheinlichkeit zur Gleichschaltung des Verhaltens unterschiedlicher Unternehmen. Nur, dass sich nicht mehr alle an denselben Leitfiguren (Jack Welch) orientieren, sondern an den jeweiligen Managementmoden. Man ist zumindest gegen die Außenseiterrolle gefeit, wenn man mit der

Masse rennt. Im Erfolgsfall hat man nicht die Chance verschlafen, die doch scheinbar für jedermann offenbar war, und im Falle des Scheiterns kann man damit argumentieren, dass das eigene Handeln dem „State of the art" entsprach. Eine verständliche Absicherungsstrategie angesichts der Tatsache, dass man Entscheidungen über etwas zu fällen hat, das man nicht kennt: die Zukunft.

2.4 Aufgabe von Führung: Kreation eines intelligenten Unternehmens

Wer in einem Unternehmen eine Führungsposition innehat, ist mit einem grundlegenden Dilemma konfrontiert: Ihm wird die Verantwortung für Unternehmensentscheidungen zugeschrieben – und dafür wird er auch bezahlt –, diese sind in der Regel aber nicht das Ergebnis seines von der Welt abgeschlossenen und einsamen Grübelns. Selbst wenn er Nächte lang nicht schläft und mit sich um die Entscheidung ringt, so sind seine Überlegungen doch immer eingebunden in einen Kommunikationsprozess. Mitarbeiter haben ihn informiert (und schon eine Auswahl getroffen, was er wissen sollte und was nicht), Referenten haben ihn mit Powerpoint-Präsentationen bombardiert, er hat Zeitung gelesen, sich mit Beratern herumgeschlagen, die wohl- oder bösmeinenden Argumente von Kollegen gehört, andere mächtige Männer haben ihm gegenüber Andeutungen gemacht, die seine Fantasie anregen usw.

Wie diese Entscheidungen zustande kommen, kann von Unternehmen zu Unternehmen sehr verschieden sein. Hier eröffnet sich der Spielraum für unterschiedliche Führungsstrategien, festzuhalten ist aber, dass es immer Kommunikationsstrategien sind. Unternehmen sind Kommunikationssysteme, und die Entscheidungen, die zustande kommen, sind immer das Ergebnis des Kommunikationsprozesses, der größeren oder kleineren Intelligenz des Unternehmens. Mehrhirnintelligenz oder Mehrhirnblödigkeit, das ist hier die Frage. Dass Entscheidungen bzw. die Verantwortung dafür dann einer Person, einem Vorstandsvorsitzenden, einem CEO, einem Team-, Gruppen-, Abteilungs-, Bereichs- oder was immer für einem Leiter zugeschrieben werden, ist Teil der Spielregel, der offiziellen Lesart, der Konvention. Und selbst wenn ein Vorgesetzter nach einer durchwachten Nacht eine überraschende Entscheidung verkünden sollte, mit der bis dahin vielleicht niemand gerechnet hatte, so ist dies auch nicht losgelöst von den Kommunikationen zu sehen, in die ihr Entstehen historisch eingebettet war.

Dieser prozessuale Zusammenhang ist auf der Handlungsebene allen Beteiligten bewusst, sonst gäbe es keine Lobbyarbeit, keine Intrigen, keine politischen Ränkespiele. Aber interessanterweise wird er wenig thematisiert. Der Mythos, dass Entscheidungen in erster Linie aufgrund sachlich-rationaler Erwägungen getroffen würden – losgelöst von den Kommunikationsmustern, die sie generieren – wird stillschweigend aufrechterhalten. Wenn man sich diesen Entstehungszusammenhang bewusst macht, so kommt man zu der Folgerung, dass es eine der wesentlichen Aufgaben von Führungskräften ist, ihn so zu managen, dass die Wahrscheinlichkeit erhöht wird, dass an seinem Ende intelligente Entscheidungen stehen.

Die Aufgabe von Führung muss deshalb sein, Formen der Kommunikation zu forcieren, durch welche intelligente Spielregeln innerhalb des Unternehmens entstehen (auch wenn sie nicht im Sinne einer geradlinigen Kausalität einseitig von einer Führungsfigur festgelegt werden könnten).

Die Rollendefinition der Führungskraft verändert sich dementsprechend: Sie muss nicht mehr Entscheidungen treffen, sondern sie hat ihre hierarchische Macht und Verantwortung dafür zu nutzen, dass Kommunikationsprozesse zustande kommen, die zur Abstimmung der individuellen Landkarten und Ziele und schließlich zu Entscheidungen und ihrer Umsetzung führen. Dabei gilt es, einen intelligenten Kommunikationsprozess wahrscheinlich zu machen. Da unternehmerische Entscheidungen immer zukunftsgerichtet sind, d. h. die Entscheidungen von heute das Schicksal des Unternehmens und seiner Mitarbeiter von morgen bestimmen, sind sie stets hochriskant. Da niemand die Zukunft kennt, ist auch nicht zu sagen, wer über das in Zukunft relevante Wissen verfügt. Hier gilt es also, die Ressourcen des Unternehmens, das individuelle Wissen, die Fantasie, die Kreativität und Kompetenz in die Kommunikation einzubringen. Das geschieht spontan nicht zuverlässig, da Kommunikationsmuster (siehe das Zahlenexperiment) dazu neigen, das zu reproduzieren, was sowieso schon immer gemacht wurde.

Die Fokussierung der Aufmerksamkeit auf die intellektuellen und emotionalen Ressourcen der Mitarbeiter (als Umwelten des Unternehmens) erhöht zwangsläufig die Komplexität und führt zu

Verwirrung. Das Unternehmen wird vor die Aufgabe gestellt, eine Form der Komplexitätsreduktion zu finden, die es erlaubt, zwischen wichtigen und unwichtigen Informationen, Chancen und Gefahren, Möglichkeiten und Notwendigkeiten, zwischen Zwang zur schnellen Handlung und Zeit zum Abwägen zu unterscheiden. Das zu können ist das, was man gemeinhin als Intelligenz bezeichnet. Sie zu organisieren ist Aufgabe von Führung. Die Entscheidungen treffen sich dann quasi von allein ...

Jede Führungskraft sollte sich dabei bewusst sein, dass in Hierarchien der vermeintliche Entscheider zwangsläufig nur selektiv informiert und manchmal sogar das am schlechtesten informierte Mitglied der Organisation ist. Er erhält immer nur gefilterte Informationen. Führer werden stets von ihren Mitarbeitern geführt, und die tun das meist so, wie sie denken, dass ihre Chefs es gerne hätten. Nichts ist wahrscheinlicher, aber auch tödlicher als vorauseilender Gehorsam.

Dieser Tendenz kann allein die Führungskraft selbst entgegenwirken, indem sie aktiv auf die Selektionskriterien der Kommunikation Einfluss nimmt. Sie kann penetrant nachfragen und dafür sorgen, dass alle verfügbaren Informationen in die Auseinandersetzungen eingeführt und die Potenziale der Mitarbeiter genutzt werden. Nur wenn es möglich ist, sachliche Konflikte ergebnisoffen und nüchtern, d. h., ohne Schönfärberei und Selbstbetrug, auszutragen, werden am Ende intelligente Entscheidungen stehen. Doch das ist unwahrscheinlich, wenn man Organisationen sich selbst überlässt. Man will es sich gegenseitig nicht miteinander verderben, man weiß als Mitarbeiter nicht, ob die Führungskräfte Widerspruch aushalten usw. Deswegen muss jeder, den das Schicksal in eine leitende Position verschlagen hat, selbst dafür sorgen, dass er seinen Mitarbeitern nicht ein konfliktfreies Weltbild suggeriert oder ein solches durch vermiedenen Widerspruch suggeriert bekommt. „Charismatische" Führer haben damit manchmal Schwierigkeiten – vor allem, wenn sie denken, sie wüssten, wo es langgeht. Daran scheitern sie schließlich.

In seiner Studie „Good to Great" hat Jim Collins die (nur) 11 US-amerikanischen Unternehmen untersucht, die über einen kontinuierlichen Zeitraum von 15 Jahren in ihrer Wertentwicklung besser abgeschnitten haben als der Markt (das beste 18,5 mal besser). Was alle miteinander verband, war eine Führung, die es geschafft hatte, das Management in einen Kommunikationsprozess zu involvieren, in dem sich alle mit den „brutalen Fakten" der eigenen Situation konfrontierten, heiß miteinander auf der Sachebene kämpften und um Lösungen stritten.[11] Die jeweiligen CEOs waren, nebenbei bemerkt, alle keine Führer, die jemals von irgendjemandem eines besonderen Charismas beschuldigt worden wären. Keiner von ihnen wurde besonders bekannt oder in der Presse als Star gehandelt. Sie traten eher bescheiden auf, waren aber hartnäckig und erlaubten es nicht, dass ihr Unternehmen bzw. sein Topmanagement seine Selbstbeschreibung irgendwie schönfärbte. Nur so waren die radikalen Veränderungen möglich, die schließlich zu nachhaltigen Erfolgen führten.

Das ist eigentlich auch nahe liegend und seit ewigen Zeiten bekannt. Schon Konfuzius forderte, ein König solle den Minister entlassen, der ihm nicht widerspricht. Aber nicht nur zu Zeiten des Konfuzius war China ein gutes Feld, um dysfunktionale Organisations- und Kommunikationsmuster zu studieren. Was passieren kann, wenn Hierarchen nicht gezielt nach Informationen verlangen, die ihrem Wunschdenken zuwider laufen, zeigte die von der KP-Führung Chinas initiierte Kampagne des „Großen Sprungs nach vorn" von 1959 bis 1961. Ihr Ziel war die Steigerung der Erträge in der Landwirtschaft.

Im Jahre 1982 fand eine Volkszählung statt, die zeigte, dass in dieser Zeit in China ca. 30 Millionen Menschen verhungert sind. Außerdem kam es aufgrund der allgemeinen Unterernährung zu einem Rückgang der Geburtenrate. Ein erstaunliches und paradox anmutendes Resultat für eine Kampagne zur Steigerung der Nahrungsmittelproduktion.

Allerdings kamen diese Ereignisse nie ins allgemeine öffentliche Bewusstsein, da die Zeitungen und die Medien nur von Superernten und vollen und überquellenden Getreidespeichern berichteten. Der Widerspruch zwischen öffentlicher Darstellung des Überflusses und faktischem Verhungern lässt sich im Rückblick relativ einfach erklären. Im ersten Jahr gab es wirklich eine Superernte. Dies führte dazu, dass nun die Parteihierarchie entsprechende Erträge zur erwarteten Norm erhob. Als in den nächsten Jahren die Ernten schlecht ausfielen, standen die unteren Kader unter dem Zwang der oberen Hierarchieebenen, den Vollzug der Vorgaben zu melden, wenn sie nicht negativ und als Versager auffallen wollten.

Auf diese Weise wurde zumindest für die Hierarchen, aber auch öffentlich, eine Selbstbeschreibung des Überflusses gegeben, während tatsächlich die Bevölkerung verhungerte. Dabei war das Bild der überquellenden Speicher nicht einmal gelogen: Sie wurden voll gehalten, um bei eventuellen Überprüfungen das nach oben entworfene Bild nicht Lügen zu strafen.[12]

3. Wozu Unternehmen?

3.1 LANDKARTEN UND ZIELE

Welches sind nun die Weltbilder, die „inneren Landkarten", an denen Management und Führung sich heute orientieren können oder müssen, um erfolgreich zu sein? Passen die Landkarten zur Landschaft – noch oder noch nicht, schon oder nicht mehr? Und was heißt eigentlich Erfolg? Geht es um den Erfolg des Managers oder den des Unternehmens? Beides miteinander gleichzusetzen ist naiv, bestenfalls eine idealistische Hoffnung. Sollen die Interessen beider aufeinander abgestimmt werden, so bedarf es spezieller Vorkehrungen.

Landkarten reduzieren wie alle anderen Weltbilder die Komplexität der realen Welt. Lewis Carroll[13] berichtet von einer Landkarte im Maßstab 1:1, die sich als extrem unpraktisch erwies, weil sie die Erde verdeckte und es unter ihr so dunkel war. Landkarten gewinnen ihre Nützlichkeit gerade dadurch, dass sie immer etwas weglassen, die Aufmerksamkeit fokussieren, den Maßstab verändern. Und unterschiedliche Landkarten lassen Unterschiedliches weg. Hier bestätigt sich wieder einmal die alte, erkenntnistheoretische Weisheit, dass auch die Alpen nichts Besonderes sind, wenn man sich die Berge wegdenkt.[14]

Was man beim Zeichnen von Landkarten (Wirklichkeitskonstruktionen) ungestraft wegdenken kann, hängt daher davon ab, wozu man sie braucht. Geographen zeichnen ihre Karten meist, um die tatsächlichen Formen der Welt abzubilden (so, wie sie sich ihnen bei Anwendung ihrer Vermessungsmethoden darstellen). Sie haben ein wissenschaftliches Interesse, d. h., die Qualität ihrer Landkarten wird nicht unmittelbar an ihrer Nützlichkeit gemessen. Es geht um Wahrheit – oder zumindest um das, was man aktuell nach bestem Wissen und Gewissen dafür halten kann. Reisende hingegen bewerten Landkarten nach pragmatischen Kriterien. Für sie geht es nicht um irgendeine reine Wahrheit, sondern um die Brauchbarkeit für das Erreichen ihrer Ziele. Wenn sie mit den wissenschaftlich falschen Karten an das richtige Ziel kommen, so waren es offenbar die pragmatisch richtigen Karten ...

Abb. 3.1[15]

Die Frage, die wir daher generell an Weltbilder (als „Tools") – d. h. auch an Managementkonzepte – stellen müssen, lautet, ob sie erfassen, was zur Erreichung ihres jeweiligen Verwendungszwecks notwendig oder zumindest nützlich ist.

Die beiden Fragen: „Wo wollen wir hin?" und: „Welche Landkarte brauchen wir?" können daher nicht getrennt werden.

Doch die Zieldefinition ist für Unternehmen ja gar nicht so einfach. Sind die Ziele des Unternehmens mit denen der Shareholder identisch – wie es noch in den 90er-Jahren des 20. Jahrhunderts (klingt, als ob das ewig lang her wäre, in grauen Vorzeiten ...) von Managementgurus und großen Teilen der Wirtschaftspresse suggeriert wurde? Oder sind es etwa die der Beschäftigten? Geht es um hohe Profitabilität? Ist das Ziel, weltweit die „Nummer 1" oder

„Nummer 2" in einer Branche zu werden? Oder soll in erster Linie den Mitarbeitern Brot und Auskommen gesichert werden? Oder geht es um Produkte, auf die die Welt schon seit Jahrhunderten gewartet hat (wahrscheinlich ohne dass sie es wusste)?

Alles in allem stellt sich die Frage nach dem Sinn des Unternehmens – jedes einzelnen Unternehmens. Wozu die ganze Aufregung?

3.2 Virtuelle Einheiten

Studiert man die wirtschaftswissenschaftliche Literatur, so scheint es eine nicht hinterfragte Wahrheit zu sein, dass der Sinn eines Unternehmens die Erwirtschaftung eines (möglichst hohen oder zumindest angemessenen) Profits ist. Wie alle „Selbstverständlichkeiten", verdient auch diese „Wahrheit" eine Portion des Nichtverstehens, um sie näher überprüfen zu können. Legt man dabei die Modelle der neueren Systemtheorie zugrunde, so zeigt sich ein differenzierteres Bild.

Dazu ein paar prinzipielle Überlegungen: Unternehmen sind – wie alle Organisationen – magische Gebilde. Sie entstehen aufgrund ritueller Zauberformeln und gewinnen dann ein Eigenleben, das sich der Kontrolle derer, die diese magischen Akte vollzogen haben, entzieht. Menschen gehen zu einem Notar, unterschreiben einen Gesellschaftervertrag, lassen die „Gesellschaft" ins Handelsregister eintragen, und nun gibt es auf einmal etwas, das es vorher noch nicht gab: ein Unternehmen. Dieser Zeugungsakt mag je nach Gesellschaftsform ein wenig variieren, das Schöpfungsprinzip ist gleich: Am Anfang steht das Wort, aber nicht das leise oder lautlos vor sich hin gesprochene, sondern das öffentlich bekundete und beurkundete, d. h. ein spezifischer Typus von Kommunikation. Er ist vergleichbar mit dem Jawort bei der Eheschließung, das ebenfalls eine neue Realität schafft, indem es die Identität von bis dahin allein stehenden Personen verändert und aus ihnen ein „Paar" macht (mit alle den dazugehörigen „Pflichten" und „Rechten").

Doch wie bei der Eheschließung reicht der Akt der Gründung einer Firma nicht, um eine tatsächlich neue, soziale Einheit hervorzubringen. Dieser Zeugungs- oder Gründungskommunikation müssen weitere Kommunikationen folgen. Bei der Ehe bestehen sie aus der im Laufe der gemeinsamen Beziehung unvermeidlichen, täglichen Interaktion, den Auseinandersetzungen darüber, wer den Mülleimer runterzutragen hat, wie die Zahnpastatube zugeschraubt werden muss, wer die Kinder falsch erzieht usw. Bei der Firmengründung sind die Folgekommunikationen spezifischer. Es werden Mitarbeiter eingestellt, Räume angemietet, Arbeitsverträge geschlossen, Lieferanten gesucht und gefunden, interne Abläufe entwickelt und geordnet, sodass schließlich auf irgendeinem Markt irgendeine Art von Produkt oder Dienstleistung angeboten und „verkauft" werden kann. Ziel ist es, Kunden zu finden, die sich auf eine Transaktion einlassen, bei der das Unternehmen sein Produkt gegen Geld eintauscht. Die Kommunikation, die dieses lange Vorspiel abschließt, ist die Zahlung. Einer gibt Geld, der andere bekommt es. Das ist es, was wirtschaftliche Transaktionen charakterisiert.

Wenn ein kleines grünes Männchen vom Mars käme und unvorbereitet beobachten würde, was in einem Unternehmen passiert, so würde es eine Unmenge individueller Aktionen von Menschen und Maschinen beobachten können, die offenbar nicht zufällig erfolgen, sondern – wie lose auch immer – koordiniert erscheinen. Und wenn es sich die Frage stellen würde: „Warum tun die das?", so wäre es wahrscheinlich vollkommen ratlos. Es ist ein Bild, wie es sich auch beim Betrachten eines Ameisenhaufens präsentiert. Irgendetwas, was dem außen stehenden Beobachter nicht direkt zugänglich ist, muss für die Abstimmung der Aktionen dieser vielen, offenbar unabhängig voneinander aktionsfähigen Individuen sorgen. Eine Erklärung dafür könnte lauten: „Ich seh' etwas, was Du nicht siehst!" – und das ist die Organisation!

Was die Mitarbeiter eines Unternehmens miteinander und mit ihren Kunden, Lieferanten, Geschäftspartnern aller Art, und, nicht zu vergessen, dem Finanzamt verbindet, ist eine Art kollektiven Wahns: die Idee des Unternehmens.

Denn Unternehmen, wie alle anderen sozialen Systeme, existieren ausschließlich in den Köpfen der Beteiligten. Es sind virtuelle Einheiten, die dadurch entstehen, dass bestimmten Verhaltensweisen eine Bedeutung gegeben wird, die über ihre unmittelbare physische Wirkung hinausreicht. Erst dadurch, dass den Unterschriften unter Verträgen ein Sinn zugeschrieben wird, der über die Blau- oder Schwarzfärbung des Papiers hinausgeht, werden aus Menschen, die bis dahin nichts miteinander zu tun hatten, Ehe- oder Geschäftspartner, Vorgesetzte und Untergebene, Kunden und

Dienstleister, Lieferanten und ihre Abnehmer, Käufer und Verkäufer usw. Und erst auf diese Weise können soziale Einheiten wie Ehepaare und Unternehmen entstehen.

Doch das ist eigentlich nicht so sehr bemerkenswert, denn dieses Prinzip gilt für unser ganzes gesellschaftliches Leben. Erst wenn dieselben oder ähnliche „Wahnsysteme", d. h. dieselben oder ähnliche Vorstellungen von der Welt, über die Bedeutung von Ereignissen und Handlungen und ihre Bewertung, über die damit verbundenen Emotionen, Ängste und Hoffnungen usw. akzeptiert werden, kann das Zusammenleben einer größeren Zahl von Menschen funktionieren. Und nur so können sich die sozialen Institutionen und Organisationen entwickeln, die all die formalen und informellen Spielregeln unseres Alltagslebens gestalten. Erst die Abstimmung individueller Bedeutungs- und Sinnstrukturen ermöglicht es, dass Unternehmen als identifizierbare und gegeneinander abgegrenzte Überlebenseinheiten entstehen können.

Damit dies geschieht, bedarf es der Inspiration und Konspiration – es müssen hinreichend viele Leute ihre Weltbilder aufeinander abstimmen und koordinieren: Sie müssen die Idee des Unternehmens teilen, die Vorstellung, wo es lokalisiert ist, wer wo zu arbeiten hat, um wie viel Uhr die Arbeit beginnt, wer welche Rolle innehat, wer wem was „zu sagen" oder wem „zu gehorchen" hat usw. Doch dies funktioniert nur dann, wenn die Kommunikationspartner hinreichend ähnliche „innere" Landkarten verwenden. In der Regel ist dies ein wechselseitiger Anpassungsprozess: die Spielregeln der Kommunikation entwickeln sich so, dass sie zu den Weltbildern der Teilnehmer an der Kommunikation passen, und deren Weltbilder entwickeln sich so, dass sie schließlich zu den Spielregeln passen. Was hier Ursache und Wirkung ist, was „Henne", was „Ei", bleibt unentscheidbar.

Ein Unternehmen bleibt so lange existent, solange seine Spielregeln praktiziert werden, d. h., solange die Kommunikationen stattfinden, die das Unternehmen darstellen und ausmachen. Wenn niemand mehr hingeht und arbeitet, dann existiert das Unternehmen vielleicht noch formal juristisch, aber tatsächlich lebt es nicht mehr – genauso wenig wie ein Gesangsverein, dessen Mitgliederschaft nur aus Karteileichen besteht und in dem nicht mehr gesungen wird.

Unternehmen sind ideelle Gebilde. Dass sie gelegentlich materielle Ausdrucksformen finden (Wolkenkratzer errichten, um ihren

Mitarbeitern eine gute Sicht und das der Bedeutung der Firma angemessene Hochgefühl zu verschaffen), dass sie Fabriken und Kaufhäuser bauen und fantastische technische Entwicklungen ermöglichen, innovative Produkte hervorbringen usw., sollte nicht über ihre Geistigkeit und deren Flüchtigkeit hinwegtäuschen. Denn es ist eines ihrer Merkmale, dass sie sich stets nur in Form von Ereignissen realisieren. Eine Person teilt einer anderen etwas mit („Sie sind ab morgen für die Beschaffung von Büroklammern zuständig!"), sie versteht, was man ihr sagt (weiß, was mit den Begriffen „Büroklammern", „Beschaffung", „morgen" und „zuständig" in dieser Firma gemeint ist und welche Erwartungen mit der gemachten Aussage verbunden sind), fertig! Die Kommunikation besteht aus drei Elementen: der mitgeteilten *Information*, dem Akt der *Mitteilung* (durch den Sprecher) und dem Akt des *Verstehens* (durch den Hörer). Sie verbindet für einen Moment die beiden Akteure, macht sie zu Teilnehmern an einem hier und jetzt stattfindenden Ereignis, das keiner der beiden einseitig kontrollieren kann: der Kommunikation. Wenn sich an dieses Ereignis kein weiteres Kommunikationsereignis anschließt, so hat das Kommunikationssystem sein Ende gefunden.

Was Kommunikation im hier skizzierten Sinne auszeichnet und terminologisch von den Handlungen oder Aktionen eines Individuums unterscheidet, ist, dass man nicht allein kommunizieren kann. Die Mitteilung allein kann – anders als es der alltägliche Sprachgebrauch meist suggeriert – nicht als Kommunikation betrachtet werden. Erst wenn sie verstanden wird, wird sie zu einem Element der Kommunikation. Dieser Unterschied zwischen Handlung und Kommunikation ist gerade für Fragen des Managements und der Führung von zentraler Bedeutung, denn Handlungen können einseitig kontrolliert werden, Kommunikation dagegen nicht. Was eine Führungskraft verkündet, ist das eine, was ihre Mitarbeiter verstehen, ist oft genug etwas ganz anderes.

Die Eigenart von Kommunikationssystemen (allgemein: sozialen Systemen), aus einzelnen Ereignissen zu bestehen, hat zur Folge, dass sie für ihr Überleben stets auf Anschlusskommunikationen angewiesen sind. Die Kommunikation selbst hat keine langfristige Dauer, kein Gedächtnis, sie blitzt auf, ein Moment des gegenseitigen Verstehens – und ist vorbei. Um ein Spiel nach denselben Regeln weiterzuspielen, bedarf es aber der Erinnerung, der Wiederholung des Musters. Alle ideellen Systeme, seien es nun Kulturen oder

Prozessmuster der Produktion, sind zu ihrer Selbsterhaltung darauf angewiesen, dass sie ein Gedächtnis entwickeln. In alten Kulturen sorgen Geschichtenerzähler für diese Kontinuität, seit Erfindung der Schrift hat diese Aufgabe in erster Linie die Literatur übernommen. In Firmen werden auch Geschichten erzählt, und es wird Literatur produziert (Akten, Dienstanweisungen, Leitbilder, Handbücher, Festschriften, Sammlungen von Bits und Bytes auf Festplatten). Doch derartige Datenfriedhöfe sind nur dann als Gedächtnis wirksam, wenn auf sie zugegriffen wird. Das heißt, nicht die Daten sind das Gedächtnis, sondern ihre Einführung in die Kommunikation. Deshalb ist das jeweils aktuell wirksame Gedächtnis eines Unternehmens nur das, was in den aktuell praktizierten Spielregeln implizit an Botschaften wiederholt und weitergegeben wird (analog zum tatsächlich aufgerufenen Zahlenmuster in unserem Experiment). So kann jeder Neue durch Beobachtung und Imitation lernen, was er zu tun hat, und was er besser unterlassen sollte. Auf diese Weise werden Traditionen geschaffen und erhalten. Ganz generell gilt dabei für alle sozialen Systeme – auch für Unternehmen – das „Naturgesetz": Alles, was nicht (aktiv) erinnert wird, ist vergessen.

All dies verändert die Bedeutung des einzelnen Spielers bzw. Mitarbeiters radikal: Damit es überlebt (das System fortgesetzt wird), ist jedes Unternehmen auf Individuen angewiesen, die durch die gemeinsame Reproduktion seiner Spielregeln seine Identität aktiv aufrechterhalten. Dieser Abhängigkeit von den Mitarbeitern steht entgegen, dass der Einzelne relativ austauschbar ist und bleibt, solange sich nur überhaupt genügend Spieler finden, die bereit sind, diese Form der Kommunikation fortzusetzen. Das Unternehmen gewinnt ein Eigenleben, das sich so von den konkreten Akteuren unabhängig macht, selbst von seinen Gründern. Damit verbunden ist, dass die Bedingungen seines Überlebens nicht mit den Überlebensbedingungen der beteiligten Akteure identisch sein müssen, sondern zu ihnen in Widerspruch geraten können. Zielkonflikte sind vorprogrammiert.

3.3 Das Unternehmen als autopoietisches System

In seinem Episodenfilm „Was Sie schon immer über Sex wissen wollten" widmet sich Woody Allen der Frage „Was geschieht bei der Ejakulation?", und er gibt die Antwort. Er zeigt das innere des Körpers als Organisation. Da gibt es einen Kontrollraum mit Managern, die dauernd telefonieren oder irgendwelche Kontrollgrößen an Armaturen kontrollieren, Arbeiter, die im Unterleib unter Aufbietung aller Kräfte einen Kran bedienen; im Magen sind Arbeiter damit beschäftigt, die von oben runter kommenden Fettuccine umzuschaufeln, Spermien bereiten sich in der Manier von Fallschirmspringern auf ihren Einsatz vor, Fachkräfte warten auf das Kommando, die Zunge zum Küssen auszurollen, das Großhirn wird angewiesen, Ausreden vorzubereiten usw. Körperliche Funktionen sind personalisiert dargestellt, und das Netzwerk ihrer gleichzeitig und ungleichzeitig stattfindenden Kommunikation und Interaktion ist dramaturgisch aufbereitet und inszeniert. Dies ist die Umkehrung einer gebräuchlichen Metapher: Üblicherweise werden Organisationen als Körper betrachtet, und hier wird der Organismus als Organisation gezeigt.

Diese Metaphorik ist nicht zufällig entstanden, da es tatsächlich viele Ähnlichkeiten zwischen beiden Typen von Überlebenseinheiten gibt. Was beide miteinander verbindet, ist die Organisationsform ihrer internen Prozesse. Die Funktionsweise, durch die soziale Systeme im Allgemeinen und Unternehmen im Speziellen ihr Überleben wahrscheinlich machen und ihre Identität als autonome Einheiten erhalten, folgt derselben Prozesslogik wie die von Organismen. Beides sind so genannte „autopoietische" Systeme (von griech. *autos* = selbst, und *poiesis* = Erschaffung, Herstellung – ein Begriff, der aus der Biologie in die Sozialforschung übernommen wurde)[16]. Mit diesem Namen wird das spezifische Organisationsprinzip bezeichnet, das Lebensprozesse charakterisiert.

Der lebende Körper (also: nicht die Leiche), sei es der eines Menschen, eines Hundes, einer Katze oder Taube, ist so organisiert, dass er seine Einheit durch seine eigenen Operationen schafft und erhält. Sie bilden ein Netzwerk biochemischer Interaktionen, deren Ergebnis die Herstellung und Aufrechterhaltung der Einheit „Organismus" ist. Leben und Tod unterscheiden sich dadurch, dass die Reproduktion dieses Netzwerks biochemischer Prozesse im ersten Fall fortgesetzt wird, im zweiten nicht. Wenn die Prozesse des Stoffwechsels ihr Ende finden, dann löst sich auch der Körper nach und nach in seine materiellen Bestandteile auf. Er verwest und verliert seine äußere Form, weil der organisierte Prozess, der die biochemischen Komponenten des Körpers zu mehr als nur unbelebten Rohstoffen gemacht hatte, nicht mehr funktioniert. Er hat seinen Geist aufgegeben.[17]

Betrachtet man das Organisationsmuster von Lebensprozessen und von Prozessen, die ein Unternehmen als Einheit „am Leben" erhalten, so weisen sie dieselbe abstrakte (autopoietische) Gestalt auf. Es sind kreisförmige Prozesse, die dazu führen, dass eine Innen-außen-Unterscheidung zwischen der jeweiligen Überlebenseinheit (dem biologischen oder sozialen System) und ihren Umwelten entsteht und aufrechterhalten wird.

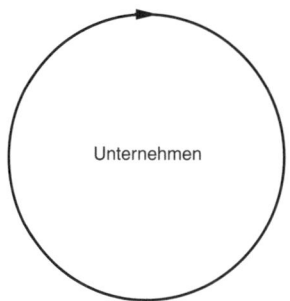

Abb. 3.2

Das Paradox von Lebewesen wie von sozialen Systemen besteht darin, dass sie der ständigen Aktivität bedürfen, um dieselben zu bleiben. Nichtveränderung, die Aufrechterhaltung des Status quo, ist das Ergebnis einer Leistung, eines aktiven, Energie, Kraft, Mühe kostenden Prozesses – und zwar unabhängig davon, ob diese Konstanz und dieser Identitätserhalt positiv oder negativ bewertet werden.

Abb. 3.3[18]

Wenn wir Unternehmen als Überlebenseinheiten aufgrund der Verwandtschaft ihrer Prozessmuster mit biologischen Einheiten vergleichen, so wählen wir eine Metaphorik, die ihrer Funktionslogik angemessen ist. Das ist bei den so beliebten mechanischen Metaphern nicht der Fall. Wenn Organisationen als „Apparate" gedacht werden, so werden die Erfahrungen mit derartigen Maschinen stillschweigend auf Organisationen übertragen, was mit großer Wahrscheinlichkeit zum Scheitern führt. So lassen sich Apparate durch Knopfdruck steuern und im Idealfall auch kontrollieren (sog. „triviale Systeme"[19]). All das geht bei sozialen Systemen nicht. Und sie behalten – wie bereits betont – nicht passiv ihre Strukturen, sondern sie müssen aktiv aufrechterhalten werden. Außerdem sind sie auch noch in der Lage, im Laufe ihrer Geschichte zu lernen und ihre internen Strukturen zu verändern (sog. „nichttriviale Systeme").

Wenn wir die Metaphorik des Überlebens auf Unternehmen anwenden, so stellt sich die Frage nach dem Sinn, den Zielen und Zwecken des Unternehmens neu. Als autopoietisches System funktioniert das Unternehmen nach dem Alles-oder-nichts-Prinzip: Entweder seine Operationen werden fortgesetzt, dann lebt es weiter. Werden sie nicht fortgesetzt, dann ist das Unternehmen am Ende. Entweder oder. Wenn es überlebt, dann waren seine internen Prozesse hinreichend gut oder intelligent, um zu überleben, wenn nicht, dann nicht … Genauso wie sich ein toter Körper auflöst, wird das Unternehmen, das aufhört zu operieren, liquidiert. Übrig bleiben in beiden Fällen manchmal irgendwelche Skelettstücke: von alten Fabrikgebäuden, Oberschenkelknochen. Sinn und Zweck des Unternehmens, die in diesem Funktionsprinzip impliziert sein mögen, bestehen einzig und allein in seinem Überleben – nicht mehr, nicht weniger. Der Sinn des Lebens, so scheint es, ist das Leben.

Dieses Alles-oder-nichts-Prinzip gilt auch für Katzen, Hunde und Tauben: Die Tatsache, dass sie existieren, sagt nichts über ihren Sinn „an sich" aus. Sie leben, solange sie leben, und tun, was nötig ist, um zu (über)leben.

Jede weitere Sinnzuschreibung erfolgt durch einen Beobachter. Er kann im Leben seines Hundes einen Sinn sehen, der über das reine Funktionieren von dessen Organismus hinausgeht. Er spielt mit ihm, geht mit ihm zur Jagd, lässt ihn nach Lawinenopfern oder Drogen schnüffeln, sich von ihm bewachen und – blind, wie er selbst manchmal ist – über die Straße führen. Und während er dem Überleben seines Hundes und seiner Katze einen so hohen Wert zuschreibt, dass er ihnen nicht nur teure Steaks oder eingedostes Markenfutter kauft, sondern mit ihnen auch bei den kleinsten Wehwehchen zum Tierarzt geht, entwickelt er keinerlei Skrupel, gleich anschließend im Park Tauben zu vergiften, Fliegen in Limonadenflaschen einzusperren oder auf klebrigen Bändern zu fangen oder gar Kakerlaken mit dem Filzpantoffel zu erschlagen.

Auch Unternehmen haben als autopoietische Systeme keinen objektiven Sinn „an sich". Und auch hier ist es der Beobachter, der entscheidet, welchen Sinn er dem jeweiligen Unternehmen zuschreibt. Manche existieren nur noch aus alter Gewohnheit – aber: Warum auch nicht?

3.4 Der Sinn des Unternehmens

Sinnfragen zu stellen ist ein Luxus, den man sich meist nur gönnt, wenn das Überleben nicht bedroht ist. Die Rate der Selbstmorde geht in Kriegs- und Notzeiten dramatisch zurück, und während einer Hungersnot findet man zwar viele Leute, die sehr mager sind, aber niemanden, der an Magersucht leidet; und man trifft nur wenige, die es sich zum Ziel gesetzt haben, sich auf keinen Fall den Wünschen des eigenen Körpers zu unterwerfen und Schokolade in sich hineinzustopfen. Erst wenn das Überleben gesichert ist, hat man Zeit und Muße, um sich die Frage zu stellen: Wozu die Schokolade? Wozu das alles?

Wer sich diese Frage erst einmal stellt, ist offenbar nicht sicher, dass er eine lohnende Antwort findet. Deswegen entsteht beim Stellen und Beantworten von Sinnfragen in der Regel eine zirkuläre Dynamik: Wenn das Überleben bedroht ist, stellt sich die Sinnfrage nicht, weil ums Überleben gekämpft wird. Ist das Überleben gesichert, stellt sich die Sinnfrage, denn man könnte ja auch alles anders machen. Wird sie nicht positiv beantwortet, d. h., wird kein Sinn gefunden, dann ist das Überleben bedroht. Doch diese Bedrohung erfolgt nun nicht durch äußere Umstände, sondern durch eine interne Veränderung der Bewertung der eigenen Existenz. Und die ist weit gefährlicher als jede äußere Gefahr. Denn sie kann von demjenigen, der sie in Frage stellt, jederzeit beendet werden.

Solche Fragen stellen sich natürlich nie einem Unternehmen, sondern nur Menschen, die für dieses Verantwortung tragen oder in ihm arbeiten. Dennoch haben solche Fragen einen ähnlichen Effekt auf Unternehmen wie auf menschliche Individuen. Wenn diejenigen, die das Unternehmen am Leben halten, keinen Sinn mehr in ihrer Arbeit sehen, dann hat es wenig Überlebenschancen.

Auch wenn sie nicht die einzigen sind, so spielen doch zwei Gruppen von Akteuren im Blick auf diese Frage eine zentrale Rolle: die Eigentümer und die Mitarbeiter, oder, in einer anderen, etwas antiquiert, wenn nicht gar nostalgisch klingenden Terminologie: Kapital und Arbeit.

Dem Mitarbeiter gibt das Unternehmen Arbeit und Brot, damit er sich und seine Familie ökonomisch am Leben halten kann. Hier verdient er das Geld, mit dem er seine Miete bezahlen und all die hungrigen Mäuler stopfen kann. Zwischen ihm und dem Unternehmen entsteht eine Art Tauschbeziehung: Arbeit gegen Geld.

Geld spielt auch in der Beziehung zwischen dem Eigentümer und dem Unternehmen eine Rolle. Wer sein Kapital zur Verfügung stellt, erwartet, dass es seinen Wert erhält und eine Rendite erbringt. Der Tausch ist hier: Kapital gegen Geld.

In beiden Fällen sind es Zahlungen, die das Unternehmen und die beiden anderen Parteien miteinander verbinden. Und der Konflikt zwischen ihnen entsteht dadurch, dass sie Geld aus demselben Topf beanspruchen. Was an die eine Seite verteilt wird, kann nicht an die andere gegeben werden. Beide verbindet miteinander, dass das Unternehmen – zumindest im Blick auf die Erwirtschaftung eines Einkommens – Mittel zum Zweck ist. Und da dieses Einkommen nur erwirtschaftet werden kann, wenn und solange das Unternehmen überlebt und am Markt hinreichend erfolgreich ist, kann dieser Konflikt nicht im Sinne des Entweder-oder zugunsten der einen oder anderen Seite aufgelöst werden. Das Unternehmen braucht Kapital und Arbeit, und wenn die eine Partei der anderen den Garaus macht, so ist dies für das Unternehmen immer destruktiv. Es ist analog zu einer Magersucht, bei der sich in der Psyche eines menschlichen Individuums die Idee entwickelt, sie müsse stärker als der Körper sein. Wenn die Schlankheitsvorstellungen dazu führen, dass weniger gegessen wird, als der Körper braucht, so kommt es zu dem paradoxen Ergebnis, dass der Gewinn die Niederlage ist. Der Sieg der Psyche über die Bedürfnisse des Körpers ist auch der Tod der Psyche ... (zumindest nach allem, was bislang zuverlässig bekannt ist – gegenteilige Nachrichten aus dem Jenseits erscheinen wenig seriös). Das Überleben eines menschlichen Körpers ist daran gebunden, dass der Konflikt zwischen körperlichen Notwendigkeiten (Bedürfnissen) und Idealvorstellungen bewältigt wird. Wer versucht, seinen Körper irgendwelchen theoretischen Modellbildungen entsprechend zu formen, riskiert seine Gesundheit und sein Überleben (nicht nur bei der Magersucht, auch bei anderen sportlichen Versuchen, den Körper unter Kontrolle zu bekommen und seine Bedürfnisse zu verleugnen).

In einer analogen, dauerhaften und unvermeidlichen Konfliktlage befindet sich das Management eines Unternehmens. Wenn man einmal von den Zielen jedes einzelnen Managers als Überlebenseinheit absieht (darauf kommen wir noch zurück), so besteht seine primäre Aufgabe darin, das Überleben des Unternehmens zu sichern oder zumindest wahrscheinlich zu machen. Seine Funktion gewinnt er in der Bewältigung von Konflikten. Dabei ist der traditionelle Konflikt zwischen Kapital und Arbeit der prominenteste, aber sicher nicht der einzige, womöglich nicht einmal der wichtigste. In Unternehmen geht es stets um Entscheidungen, die getroffen werden müssen, und vor jeder Entscheidung steht ein Konflikt. Es gibt immer mehrere Optionen – die beiden Seiten von Unterscheidungen, zwischen denen die Wahl besteht. Und da es unterschiedliche Beobachter mit ihren unterschiedlichen Zielen, Perspektiven, Weltbildern und Wertsystemen sind, die miteinander über anstehende Entscheidungen kommunizieren (müssen), entstehen zwangsläufig Konflikte zwischen ihnen, ihren Standpunkten, Sichtweisen, Bewertungen. Machen wir es so oder anders? Für die erste Alternative spricht dies, für die zweite jenes ... usw. Da keiner weiß, wie die Zukunft aussieht, lässt sich die Frage nach der richtigen Entscheidung nicht objektiv klären. Wäre das der Fall, könnte man sie gleich von einem Computer errechnen lassen. Auf der anderen Seite ist es auch nicht beliebig, wie man entscheidet. Es gibt, nach bestem Wissen und Gewissen, bessere und schlechtere Argumente für die eine oder andere Alternative. Doch das Wissen der Beteiligten unterscheidet sich, ihr Gewissen manchmal auch. Entscheidungen werden überhaupt erst notwendig, wo wir nicht über unstreitiges, objektivierbares Wissen verfügen. „Nur *die* Fragen, die im Prinzip unentscheidbar sind, können *wir* entscheiden."[20] Und dazu ist Intelligenz gefragt.

Aus einer systemtheoretischen Perspektive besteht die Rolle des (Top-)Managers darin, dem Überleben des Unternehmens höchste Priorität zu geben. Das ist es, wofür das Unternehmen ihn bezahlt. Akzeptiert man diese Rollendefinition (das muss man nicht, schließlich werden Firmen auch feindlich übernommen und das Management macht es sich zur Aufgabe, sie auszuschlachten), so stellt sich die Frage, wie es mit den Konflikten, denen es aufgrund seiner Rolle unvermeidlich ausgesetzt ist, in angemessener Form umgehen kann. Sein Dilemma auf den Konflikt zwischen Arbeit und Kapital zu reduzieren, stellt sich als nicht hinreichend komplex dar. Denn das Management kann seiner überlebenssichernden Aufgabe nicht gerecht werden, wenn es sich für die eine oder andere Seite entscheidet. Neutralität ist aber auch keine Alternative, denn es geht nicht um einen Konflikt zwischen zwei Parteien, sondern um zwei Konflikte zwischen drei Parteien: einen Konflikt zwischen dem Unternehmen und den Arbeitnehmern und einen Konflikt zwischen dem Unternehmen und den Kapitalgebern. Die Parteilichkeit des Managements muss dem Unternehmen gelten, wenn es seinen Job fachgerecht erledigen will.

Dieser Doppelkonflikt liegt in der Struktur des Unternehmens. Denn nur in einem weltfernen Idealfall stellen diese beiden Konfliktparteien keine Ansprüche an das Unternehmen. Die Mitarbeiter kommen freudig zur Arbeit, verzichten auf Lohn und Gehalt, da sie von ihren ererbten Vermögenswerten (oder von Spenden) leben, die sie wer weiß woher bekommen. Und das Kapital ist froh, dass es solch einem großartigen Unternehmen auf die Beine helfen darf und fragt ständig nach, ob es nicht ein bisschen mehr sein darf ... Alle erwirtschafteten Erträge bleiben in der Firma: wunderbar, traumhaft! Nur leider nicht realistisch ...

Doch ganz so weltfremd ist diese Vision auch nicht. In ihrer Reinform ist sie in manchen Non-Profit-Organisationen zu finden, die offenbar eine andere Art der Bezahlung zu bieten haben, als das gemeine, am Markt operierende Unternehmen. Tendenziell realisiert sie sich aber auch in unzähligen mehr oder weniger durchschnittlichen Unternehmen. Denn die finanzielle Seite, d. h. Zahlungen, mag für Kapital und Arbeit überlebensnotwendig sein, aber für den einfachen Arbeiter am Band wie den Aktionär gibt es eine weitere, nichtpekuniäre Form der Honorierung: die Teilhabe an einem sinnvollen Unternehmen oder Vorhaben.

Es gibt Menschen, die würden lieber verhungern, als in einer Rüstungsfirma zu arbeiten. Andere würden nie in ein Unternehmen investieren, das Kinderarbeit in der Dritten Welt unterstützt usw. Und umgekehrt, das Bewusstsein, sich für ein sinnvolles Ziel einzusetzen, entschädigt oft für magere Entlohnung.

So erstreckt sich die Aufgabe von Führung und Management nicht allein darauf, finanzielle Kalkulationen vorzunehmen, sondern Sinn als Währung und Kapital zu sehen, mit denen gewirtschaftet werden muss. Den Sinn eines Unternehmens aufs Spiel zu setzen ist genauso unverantwortlich wie die Vernichtung anderen Kapitals. Es gefährdet seine Identität und damit sein Überleben.

Manager sind deshalb nie nur in ihren ökonomischen Kompetenzen im engeren Sinne gefragt, sondern immer auch als ideelle Führer. Denn es macht einen für alle relevanten Unterschied, wenn sie ihren Ehrgeiz – und den des Unternehmens – darauf richten, die Welt durch die Produktion erbaulicher Schriften, eines neuen Typs Wiener Würstchen, eines Flugzeugs, das 500 Personen gleichzeitig transportieren kann, einer Mikrowelle, mit der man auch Schach spielen kann, oder welch anderer innovativer Produkte oder Dienstleistungen auch immer zu beglücken suchen. Mit jedem dieser Geschäftszwecke ist die Ein- oder Ausladung an potenzielle Mitarbeiter und Investoren verbunden, sich zu identifizieren oder zu distanzieren. Kein Mensch sagt bekanntlich auf dem Sterbebett: „Ich hätte mehr ins Büro gehen sollen!"[21] Es sei denn, im Büro passiert etwas, für das es sich zu investieren lohnt: seine Lebenszeit und sein Vermögen (im doppelten Sinne).

Abb. 3.4[22]

All die genannten Geschäftszwecke sind nicht nur legitim (danach fragt ja sowieso keiner), sondern auch realistisch, solange sie prinzipiell mit dem Überleben von Unternehmen vereinbar sind. Denn eine Bedingung müssen sie alle erfüllen, damit sich überhaupt die Sinnfrage stellen kann: Sie müssen langfristig mehr Geld einnehmen als sie ausgeben. Solange sie mehr Zahlungen erhalten, als sie leisten müssen, gibt es keine objektivierbaren Kriterien, die unterschiedlichen Qualitäten eines Unternehmens zu bewerten. Ist ein immer am Rande des Bankrotts entlangschrappender Verlag, der geniale Ideen in der Welt verbreitet, ein schlechteres Unternehmen oder ein schlechter geführtes Unternehmen als der hoch profitable Weltmarktführer bei Herstellung und Vertrieb von Gartenzwergen?

Ratingagenturen und Fondsmanager hätten da natürlich eine klare Antwort, aber aus einer (ökonomisch abgeklärten) systemtheoretischen Perspektive ist das reine Geschmackssache. Hier kommt offensichtlich der Beobachter mit seinen ganz persönlichen Bewertungen ins Spiel. Und die Perspektive von Ratingagenturen und Shareholdern ist eben nur eine unter vielen möglichen.

Folgt man der Metapher des Organismus, die das Funktionsprinzip von Unternehmen wohl am besten illustriert, so wird deutlich, dass die Gleichsetzung eines hohen Profits mit dem Sinn des Unternehmens Quatsch ist. Was für den Organismus die Aufnahme von Sauerstoff, Flüssigkeit und Nahrung ist, ist für das Unternehmen die Einnahme. Man muss zwar essen, trinken und atmen, aber nur wenige Menschen würden dies als Sinn ihres Lebens beschreiben (und die sind wahrscheinlich in psychiatrischer Behandlung). Genauso wenig wie das Fettwerden den meisten Menschen als Lebenssinn ausreicht, kann der Sinn des Unternehmens selbstverständlich und „objektiv" im Erwirtschaften eines möglichst hohen Profits gesehen werden – auch dann nicht, wenn das Fettwerden zum höheren Wohle der Nahrungsmittelindustrie erfolgt. Doch natürlich muss betont werden, dass es jedem Beobachter unbenommen bleibt, für sich das Fettwerden als Lebenszweck zu wählen (oder das Dünnwerden). Auch wenn Magersucht und Fettsucht gemeinhin als Krankheiten gehandelt werden und beide die Lebenszeit verkürzen, handelt es sich hier letztendlich nicht um eine moralische oder medizinische Frage, sondern eher um eine hygienische, auf jeden Fall um eine ästhetische … – auch im Blick auf jedes einzelne Unternehmen.

Doch noch einmal zurück, um Missverständnissen vorzubeugen: Es ist sicher nicht schlecht, „etwas zuzusetzen" zu haben für schlechte Zeiten, ein wenig Speck auf den Rippen. Aber wer zu viel Aufmerksamkeit aufs Essen legt, verpasst das Leben, und wer zu viel an Profit denkt, verpasst die wirklich interessanten und befriedigenden Geschäfte.

Unternehmen sind Mittel, ihren Zweck bestimmen andere. Und wenn sie diese Zwecke nicht mehr durch dieses Mittel realisiert sehen, werden sie das Mittel nicht am Leben erhalten. Das gilt für die Shareholder wie für die Mitarbeiter. Da die Zwecke beider im Konflikt miteinander stehen, lohnt es sich, nach einem Sinn zu suchen, der die unmittelbaren Überlebensinteressen beider Gruppen überschreitet und auf ein gemeinsames Ziel hin vereint – was immer das sein mag.

**Exkurs: Experiment 1 (Fortsetzung:
Zur Steuerung von Selektionsprozessen)**

Kommen wir – um die Verwirrung zu steigern – auf unser Zahlenexperiment zurück: ... 600, 955, 954, 333, 376, 734, 888, 156, 888, 600, 555, 376 ... usw.

Das Muster, das sich im Laufe der Zeit ergibt, ist „an sich" ohne tieferen Sinn. Dem einen oder anderen Beobachter mag es sogar nicht einmal als Muster erscheinen, sondern ohne alle erkennbare Regelmäßigkeit, wie von einem Zufallsgenerator produziert. Doch die meisten von uns würden sich wahrscheinlich darauf verständigen können, dass bestimmte Zahlen immer wieder auftauchen, häufiger genannt werden als andere usw. Und wo immer wir Muster beobachten, fühlen wir uns eingeladen, nach einem dahinter steckenden Sinn und Zweck oder einer Ursache zu suchen.

Manchmal schreiben wir die „Schuld" dafür irgendeinem „Macher" zu und überlegen, was er sich denn dabei gedacht haben mag. Wenn wir Vertrauen zu ihm haben, so beruhigt uns der Gedanke, wenn wir ihm Misstrauen entgegenbringen, so treibt er uns in die Paranoia. In anderen Fällen geben wir uns mit sachlichen Erklärungen zufrieden, d. h. mit der Konstruktion eines „generierenden Mechanismus"[23], der das Muster hervorgebracht hat oder haben könnte. Das ist bei unserem Zahlenmuster der Fall: Es ist per Selbstorganisation entstanden und lässt sich dadurch erklären, dass genügend Spieler bereit waren und sind, sich an diesem Spiel zu beteiligen.

Wenn wir nach dem Sinn solch selbstorganisierter Kommunikationsmuster suchen, suchen wir offensichtlich an der falschen Stelle. Denn ihr Entstehen kann schon allein dadurch erklärt werden, dass es genügend Mitspielern sinnvoll erscheint, am Spiel teilzunehmen, um das Spiel weiter am Laufen zu halten. Im Fall unseres Experimentes dürfte das wahrscheinlich das Vertrauen in den sein, der den Vorschlag dazu gemacht hat. In Unternehmen reicht als minimale Motivation, dass die Mitspieler ein Gehalt dafür bekommen, die Kommunikation aufrechtzuerhalten. Aber es könnte auch der Spaß am Spiel, an der spezifischen Arbeit oder aber am Zusammensein mit den anderen usw. sein. All dies könnte für die Mitarbeiter – individuell unterschiedlich – Sinn stiftend genug sein, um sich an diesem Spiel zu beteiligen. Das soziale System, das sich so ergibt, und seine Spielregeln brauchen keine eigene, übergeordnete Sinnzuschreibung, um zustande zu kommen. Eine Vielzahl zielorientierter „Macher" macht etwas, und das Muster, das, dabei herauskommt, ist von niemandem zielorientiert „gemacht". Genauso wenig wie ein Verkehrsstau.

Allerdings muss das nicht so sein. Verkehrsstaus lösen sich wieder auf, weil keiner sie brauchen kann, während Unternehmen am Leben bleiben und immer wieder reinszeniert werden. Die entstehenden Muster, die Netzwerke der Interaktion und Kommunikation werden beobachtet und, wenn die individuellen Sinnfragen befriedigend beantwortet sind (wir haben Spaß miteinander, verdienen unseren Lebensunterhalt usw.), wird auch ihnen die Sinnfrage zugemutet: Wozu ist das eigentlich gut, was wir hier miteinander anstellen? Und in vielen Fällen ist es auch umgekehrt: Erst wird die Sinnfrage an ein Unternehmen gestellt, und dann werden die Mitspieler gesucht. In beiden Fällen entwickelt sich eine zirkuläre Beziehung zwischen individueller und kollektiver Sinnfrage und -zuschreibung.

Auch unser Zahlenmuster kann von gut bezahlten Mitspielern, die sich mehr vom Leben erwartet haben, als an der richtigen Stelle 333 zu sagen, so beobachtet werden. Und sie können, zum Beispiel, zu dem Schluss kommen, dass ihnen eine Spielregel, die einem so hohen Prozentsatz potenzieller Mitspieler den Zugang zum Spiel verwehrt, nicht sinnvoll erscheint. Sie unterhalten sich darüber, wie sie das ändern können. Wahrscheinlich einigen sie sich sehr schnell, dass sie nach Zusatzregeln oder Regelveränderungen suchen wollen, die zu einem anderen Ergebnis führen. Schließlich wird beschlossen, jeder solle seine Zahl (Adresse) veröffentlichen. Wenn jeder seine „Hausnummer" auf sein T-Shirt schreibt oder auf einen Zettel, den er sich an die Backe klebt, dann könnte jeder angespielt werden. Dasselbe Ergebnis hätte es wahrscheinlich, wenn ein Einzelner damit beginnen würde, seine Zahl zu plakatieren. Wenn er damit die Gemütslage seiner Mitspieler trifft, so werden sich auch ohne vorherige Reflexions- und Planungsphase spontan Nachahmer finden. Das bis dahin eingefahrene Muster ändert sich, neue Spieler kommen aufs Feld.

Dieses Beispiel illustriert, dass sich auf die Selektionskriterien von Kommunikationsmustern – und damit auf die Struktur sozialer Systeme – Einfluss nehmen lässt. Hier ging es darum, eine gewisse, geschichtsunabhängige Chancengleichheit zu erreichen, und das ist durch die Zusatzregel auch gelungen. So etwas funktioniert aber nur, wenn eine kritische Masse von Akteuren bereit ist, nach der neuen Regel zu spielen. Sie sind im gegebenen Fall jedoch im Vorteil, weil diejenigen, die gegen die Publikation der Adressen sind, nicht verhindern können, dass die anderen es tun. Denn die Nichtpublizierer verschlechtern, wenn alle nach der neuen Regel spielen, nur ihre eigenen Chancen, im Spiel zu bleiben. Spielregel-Darwinismus.

Die Senkung der Zugangsschwelle hat allerdings auch eine, wahrscheinlich nicht vorhergesehene, Nebenwirkung: Es werden aller Voraussicht nach nun – neben den alten – auch noch neue, andere Selektionskriterien wirksam werden. Denn die Tatsache, dass die leichter merkbaren Zahlen leichter merkbar und die bekannten bekannt sind, ändert sich ja nicht. Wenn nun das Gedächtnis der Spieler und damit die Auffälligkeit der Zahl nicht mehr allein bestimmt, welche Adresse und welcher Akteur angespielt wird, so muss sich jeder Teilnehmer, wenn er am Ball ist, neu überlegen, wem er aus welchen Gründen den Ball zuwerfen will. Die Wahl ist größer und mit ihr die Unsicherheit und die Qual der Entscheidung. Nun kommen auf einmal andere Motive ins Spiel, die nicht mehr primär mit den Auffälligkeiten der Adresse zu tun haben.

So ist ja denkbar, dass eine Teilgruppe der Spieler es sich zum Ziel gesetzt hat, aus ästhetischen oder rassistischen Gründen dafür zu kämpfen, dass möglichst häufig (ihre) Adressen genannt werden, die aus drei gleichen Zahlen bestehen: 111, 222, 333, 444 usw. Sie werden zwar eh schon vom Schicksal begünstigt, aber genug ist nicht genug. Wenn z. B. – ganz marktwirtschaftlich – jeder Spieler danach bezahlt wird, wie oft er angespielt wird, ist solch eine Kartellbildung nur wahrscheinlich. Aber dann ist natürlich auch zu erwarten, dass sich ein Gegenkartell bildet, das beispielsweise verabredet, nur ungerade Zahlen anzuspielen: 333, 469, 321, 555, 123, 987, 955, 189, 221.

Was nun passiert, ist eine interne Ausdifferenzierung des Systems. Es werden Grenzen und Subsysteme gebildet. Die Schnapszahlen spielen sich gegenseitig an, und wer nicht dazugehört, hat keine Chance, in diesen exklusiven Club aufgenommen zu werden. Der Möglichkeitsraum, aus dem die Zahlen ausgewählt werden, wird eingeengt und fokussiert, die Streubreite nimmt ab. Wenn es das Ziel ist, die Schnapszahlen gut im Spiel zu halten, dann ist diese Einengung des „Genpools" des Zahlenmusters hochfunktionell.

Wenn 333 oder 555 angespielt werden, besteht die Chance, dass die Innen-außen-Grenze des Schnapszahlensystems überschritten wird und in einem anderen Feld, den ungeraden Zahlen, weitergespielt wird. Offenbar haben die beiden, da sie zu zwei Untergruppen gehören, ein Identitätsproblem (so viel zum Thema doppelte Staatsangehörigkeit). Ohne diese Grenzgänger würde das Ganze eine geschlossene Veranstaltung bleiben, was erfahrungsgemäß aber nicht unbeantwortet bliebe. Es kämen einfach mehr Bälle ins Spiel, sodass die ungeraden Zahlen sich gegenseitig auch exklusiv anspielen könnten. In der Folge würden sich dann irgendwelche anderen Gruppierungen ausdifferenzieren: die geraden Zahlen, die mit einer 6 anfangenden oder mit einer 1 endenden Adressen usw., je nachdem, welches als gemeinsames, identitätsstiftendes Merkmal gewählt würde.

Die Differenzierung der Ziele und Funktionen (z. B. für das Überleben ungerader Zahlen zu sorgen) führt zur funktionellen Differenzierung des Gesamtsystems. Es bilden sich Subsysteme, die in sich geschlossen sind. Nur wenn eine Schnapszahl genannt und akzeptiert wird, gehört die Kommunikation zum System, und nur wenn der Spieler in der Lage und berechtigt ist, eine Schnapszahl zu nennen, wird er als dazugehörig akzeptiert. Intern ist nur ein bestimmter Typus von Kommunikationen zu finden, und jeder Akteur weiß, welche Aktionen von ihm erwartet werden und welche er vermeiden sollte, wenn er seine Zugehörigkeit bestätigen bzw. nicht riskieren will. Aufgrund ihrer spezifischen Selektivität erlaubter bzw. geforderter Aktionen können solche Subsysteme charakteristische, spezialisierte Funktionen übernehmen.

Nun ist es schwer vorstellbar, dass das Nennen ungerader Zahlen einen tieferen Sinn haben könnte als den, diejenigen miteinander in einer Art Selbsthilfegruppe zu verbinden, die so dumm waren, sich keine Schnapszahl auszudenken. Doch dies ist ja nur ein (Gedanken-)Experiment, das dazu dient, bestimmte formale Aspekte der Kommunikation und der Bildung sozialer Strukturen zu verdeutlichen, die gerade für das Management wichtig sind. Die Zahlen sind ein Mittel der Verfremdung, um die Aufmerksamkeit von den Inhalten, die unser Denken nur zu oft okkupieren, abzuziehen und auf die viel basaleren Selektionsmechanismen evolutionärer Systeme zu richten. Denn Analoges zu den Zahlen und ihrer Karriere erfolgt auch in der Wirtschaft. Auf Märkten in ihrer unregulierten Reinform findet eine Selektion statt, bei der die Selbstorganisation in all ihrer Sinnfreiheit unbeeinträchtigt ist – das Matthäus-Prinzip wirkt uneingeschränkt. In Organisationen wirkt es auch, aber nicht nur. Wenn in Unternehmen zielgerichtet operiert werden soll, können Kommunikation und Interaktion vom Management im Blick auf dieses Ziel hin beobachtet werden. Führung besteht dann darin, die innerorganisatorischen Selektionsmechanismen für das individuelle Verhalten der Mitarbeiter und die Kommunikationsmuster des Unternehmens auf einen Sinn hin zu beeinflussen.

Doch kann Management das leisten? Und wenn ja, wie?

4. Eine kleine Alltagssoziologie für das Management

4.1 Welche Metaphern?

Wenn Führung mit der Beeinflussung von Zahlenmustern bei einem kindischen Ballspiel, dem Geleiten einer Gruppe besoffener Bergwanderer ins sichere Tal oder der Orientierung einer Gruppe von Soldaten in unbekanntem Territorium gleichgesetzt wurde, so ist dies natürlich metaphorisch zu verstehen. Die Landkarte als Metapher für eine individuelle oder auch kollektive Wirklichkeitskonstruktion, die Beziehung zwischen Führer und Geführten im Dunkel der Nacht als Illustration einer auch in Unternehmen zu beobachtenden Beziehungs- und Interaktionsform bzw. einer entsprechenden Rollenverteilung, das Zahlenmuster als Modell der Selektion von Verhalten.

Sage keiner was gegen Metaphern! Sie sind Grundlage jeder Sprache, auch der vermeintlich von allen Nebenbedeutungen gereinigten wissenschaftlichen Fachterminologien.[24] Das gilt selbst für so abstrakte Ansätze wie die der Systemtheorie und Kybernetik, auf denen die hier skizzierten Modelle beruhen. Einer der Gründerväter der Kybernetik, Gordon Pask, definiert denn auch konsequenterweise: „Kybernetik ist die Wissenschaft von vertretbaren Metaphern."[25] Der explizite oder implizite Gebrauch von Metaphern und Analogien ist – das scheint ein Naturgesetz zu sein – eine der Voraussetzungen für intelligentes und kreatives Problemlösen. Deswegen werden wir sie hier auch ausgiebig nutzen. Allerdings ist vor Metaphern auch zu warnen, da sie ihren Benutzer dazu verführen, stillschweigend und ohne sich dessen bewusst zu werden, eine ganze Reihe impliziter Vorannahmen zu übernehmen. Das Risiko ist, dass man die Eigenarten der Abbildung mit denen des Abgebildeten verwechselt, die Merkmale der Speisekarte mit der Speise. Aus diesem

Grund empfiehlt es sich regelmäßigen zu prüfen, inwiefern die verwendeten Metaphern „passen" und wo dieses „Passen" seine Grenze findet.

Um gleich damit zu beginnen: Wenn eine Landkarte als Bild für die Wirklichkeitskonstruktion des Managements verwendet wird, passt es dann auch, die abgebildete Wirklichkeit als Landschaft zu betrachten? Die Antwort lautet: Nein! Im Rahmen einer Managementtheorie suggeriert Landschaft eine Statik des Raums, in dem es zu überleben und Ziele zu erreichen gilt. Das ist aber in der Welt der Wirtschaft nicht der Fall. Die Gefahren und Hindernisse, die dem Erreichen eines Ziels in einer Landschaft entgegenstehen – Berge, Flussläufe, Felsbrocken, Sumpfgrundstücke usw. –, lassen sich durch die Tatsache, dass sie von einem Beobachter beschrieben werden, nicht weiter beeindrucken. Sie verändern sich nicht in bemerkenswerter Weise, wenn jemand sie beobachtet und dieser Beschreibung entsprechend handelt. Das ist in Organisationen und auf Märkten anders. Dort hat es der Beobachter mit Sachverhalten zu tun, die sich davon beeindrucken lassen, dass sie beobachtet werden. Manche verändern sich, wenn sie beschrieben werden, und manche müssen beschrieben werden, damit sie sich nicht verändern. Deshalb haben sich weise Wahlforscher entschlossen, ihre Umfrageergebnisse kurz vor der Wahl nicht mehr zu publizieren, und deswegen genau publizieren Firmen, die eine hohe Popularität genießen, diese Ergebnisse. In Kommunikationssystemen wirkt jede Kommunikation über das System selbstbezüglich, d. h., es kann als selbsterfüllende oder selbstverneinende Prophezeiung fungieren und benutzt werden. Landkarten sind in Bezug auf die Landschaft zwar auch nicht vollkommen harmlos (wo Wege eingezeichnet sind, entstehen manchmal Wege), aber die Wirkung ist weit indirekter, weil es um Veränderungen im Bereich der harten Materie geht. In Kommunikationssystemen, die ja eh nichts anderes sind als ein großartiges, von vielen Leuten geteiltes „Wahnsystem" (genannt „soziale Wirklichkeit"), ist keine Veränderung der kommunizierten Selbstbeschreibung harmlos, da sie Teil dessen ist, was beschrieben wird. In dieser Selbstbezüglichkeit liegt die Wurzel der vielfältigen Paradoxien, mit denen wir es im Wirtschaftsleben zu tun haben (wir kommen darauf zurück ...).

Wenn Landschaft als Bild für soziale Systeme und deren wissenschaftliche Darstellung nicht taugt, so sollten wir uns auch von der

Metapher der Landkarte trennen (um es unmissverständlich zu sagen: Wirtschaft ist eine Sozialwissenschaft und nichts anderes). Wenn schon, dann wäre besser, die Seekarte zu verwenden. Und der Sprachgebrauch im Unternehmensalltag bewegt sich ja auch oft in solchen maritimen Gebieten. „Alle sitzen in einem Boot" ist wirklich kein schlechtes Bild, um das Unternehmen als Überlebenseinheit für viele darzustellen. In einer Karikatur des *New Yorker* war kürzlich ein Ruderboot zu sehen, das sich in einer furchtbaren Schräglage befindet. Wie bei der zum Untergang bereiten Titanic ragt das Heck hoch aus dem Wasser, während der Bug schon so weit untergetaucht ist, dass er nicht mehr zu sehen ist. Den beiden Personen, die im vorderen Teil des Bootes sitzen, steht denn auch das Wasser bis zum Hals, während die beiden im Heck noch in aller Ruhe und Gelassenheit auf ihren Bänken sitzen. (Sprechblasen-)Kommentar des einen Hinterbänklers: „Nur gut, dass das Loch vorne im Boot ist!"

Die Idee des „Wirtschaftskapitäns" ist aus systemtheoretischer Sicht schon problematischer. Hier wird suggeriert, Unternehmen würden wie Schiffe auf Steuerungsversuche reagieren. Dass „Tanker" langsamer auf das Herumreißen des Steuers reagieren als kleine, wendige „Schnellboote", ist aber trotzdem irgendwie richtig.

Das Meer als Umwelt ist sicher weniger passiv als das Gebirge, man muss sich auf Strömungen einstellen und manches Unwetter überstehen, aber trotzdem: Die Dynamik von Stürmen ist, wie die von Schiffen, von physikalischen Gesetzen bestimmt, nicht von sozialen. Beides passt also nicht. Vielleicht wäre es besser, statt von einem Boot von einem Schwimmer zu sprechen (lebendes Wesen/ Organismus = autopoietisches System), der nicht nur mit den Gezeiten rechnen muss, sondern von anderen autopoietischen Systemen (z. B. Haifischen) bedroht wird.

All dies wird aber der Dynamik wirtschaftlicher Prozesse und der Interaktion ihrer Akteure nur begrenzt gerecht. Am besten entsprechen ihr wohl die nun schon mehrfach verwendeten Metaphern des Organismus und des Spiels. Dabei ist das Bild des Organismus gut geeignet, die interne, autopoietische Prozesslogik und Struktur von Unternehmen zu illustrieren (mit festen und relativ zuverlässigen Beziehungen und Interaktionsformen zwischen Organen – sei es des Organismus, sei es des Unternehmens). Es hat aber den Nachteil, dass eine relativ große Unveränderbarkeit der Prozessmuster suggeriert wird, die nicht den Veränderungsmöglichkeiten sozialer

Strukturen entspricht. Organe sind nicht in gleichem Maße wie Kommunikationssysteme in der Lage, ihre Funktionsweisen oder Kooperationsformen zu ändern, wenn sie beschrieben oder gar kritisiert werden („Meine liebe Leber, wenn Sie sich nicht bald am Riemen reißen, werden wir uns wohl trennen müssen ... und bis wir eine neue gefunden haben, wird die Milz Ihre Funktion übernehmen ...").

Das ist bei der Metapher des Spiels und der Spieler anders. Bei Spielen gibt es unterschiedliche Einheiten, die als Überlebenseinheiten fungieren (Mannschaften, Teams) und innerhalb derer es Rollendifferenzierungen gibt. In manchen Spielen gibt es sogar (Mannschafts-)Führer und Geführte. Die Umwelt solch einer Mannschaft ist dabei nicht nur das Spielfeld, sondern es gibt auch noch andere Spieler, andere Akteure, mit denen man sich in Wettbewerb begeben kann oder mit denen man Kooperation suchen kann usw. Wir haben es hier also mit einer Metaphorik zu tun, die wirtschaftlichen und unternehmerischen Problemstellungen angemessen scheint. Das zeigt sich u. a. darin, dass sie ja auch mit einer gewissen Tradition in diesem Sinne verwendet wird: Es gibt nicht nur die Metapher der „Global Players", sondern die Spieltheorie ist zu einem integralen Bestandteil der Mainstream-Wirtschaftswissenschaften geworden (in ihrer mathematischen Form – was einen Typus von Metaphorik darstellt, dessen Risiko darin liegt, unverzichtbare Vorannahmen nicht zu erfassen).

Um ein Spiel zu verstehen, das man mitspielt, ohne die Regeln (genau) zu kennen (manchmal ändern sie sich während des Spiels oder weil man es spielt), gibt es einige einfache Methoden, sich kundig zu machen. Sie beruhen auf allgemeinen Prinzipien der Wirklichkeitskonstruktion, die von Philosophen, Erkenntnis- und Wissenschaftstheoretikern, Psychologen und vielen anderen, die sich darum bemühen, den Geheimnissen geistiger Prozesse auf die Spur zu kommen, seit langem beschrieben werden. Sie können auch die Grundlage für eine pragmatische Erkenntnistheorie des Managements liefern, d. h. für eine Modellbildung, die es erlaubt, im Wirtschaftssystem erfolgreich zu agieren.

Die grundlegende Frage lautet dabei stets: Wie lässt sich angesichts der gegebenen Datenfülle die Komplexität der „Welt" reduzieren, ohne sie unangemessen zu simplifizieren? Oder anders formuliert: Wer oder was kann ungestraft weggedacht werden? Wie lassen sich die entstehenden Interaktions- und Kommunikationsmuster erklären? Wie sind welche Ereignisse, Prozesse und Strukturen angesichts der Notwendigkeit, das Überleben des Unternehmens zu sichern und es darüber hinaus eventuellen anderen Zielen nutzbar zu machen, zu bewerten?

4.2 Spieler und Spiele – Akteure und Aktionen

Wer ein Spiel beobachtet, kann zwischen dem konkreten Spiel und den konkreten Spielern unterscheiden, zwischen den *Akteuren* und ihren *Aktionen*. Spiel und Spieler sind nicht identisch. Man braucht zwar Spieler, damit ein Spiel stattfindet, aber die Spieler sind nicht das Spiel.

Für jemanden, der ein Spiel beobachtet, das er nicht kennt, bleibt die Sinnhaftigkeit der Verhaltensweisen der Spieler undurchschaubar. Weiß der Teufel, was sie antreibt, welche Ideen sie mit welchen Spielzügen verbinden! Wer allerdings die Spielregeln kennt, der wird mit größerem oder auch geringerem Vergnügen zuschauen. Er beobachtet als Aficionado anders als der Ignorant, dem die ästhetischen Feinheiten des Spiels verschlossen bleiben. Um dieses Vergnügen zu erfahren und um die Qualität, Raffinesse oder Eleganz von Spielzügen (an denen bei Mannschaftsspielen immer mehrere beteiligt sind) wertschätzen zu können, muss er eine Idee von den Spielregeln haben. Wenn er vor Begeisterung hingerissen sein sollte, so wird er noch nach Jahren erzählen: „Damals, als Deutschland gegen England spielte, da hat Beckenbauer den Ball zu Netzer gespielt, und der zu …, direkt ins Tor – unvergesslich!" Doch bei allem Schwärmen wird er nicht die Akteure mit ihren Aktionen verwechseln. Das Zahlenmuster in unserem Experiment ist kein Bestandteil der Teilnehmer an dem Experiment, und die Teilnehmer am Experiment sind kein Bestandteil des Zahlenmusters.

Wichtig für eine Erkenntnistheorie des Managements ist, zwischen Spielern und Spiel zu unterscheiden und sich klar zu machen, dass beide als voneinander unabhängige Überlebenseinheiten betrachtet, entkoppelt und auf andere Weise rekombiniert werden können. Dasselbe Theaterstück kann von unterschiedlichen Schauspielern gespielt werden, dieselben Schauspieler können unterschiedliche Stücke spielen. Spiele können in ihrer abstrakten Struktur immer wieder reinszeniert werden, sei dies nun ein Schauspiel oder ein Fußballspiel. Im ersten Fall liefert ein Text die konstante Vorgabe für die Handlung, im zweiten Fall stecken die Regeln den Rahmen, welche Aktionen zu erwarten sind und welche nicht, welche als Elemente des Spiels zu bewerten sind und welche nicht. Manche Verhaltensweisen sind vorgeschrieben (der Ball muss beim Fußball – mit wenigen, klar definierten Ausnahmen – mit dem Fuß gespielt werden), andere Verhaltensweisen sind verboten (der Gegenspieler darf nicht mutwillig zusammengetreten werden), und wieder andere haben einfach keine Bedeutung innerhalb des Rahmens der Spielregeln und werden nicht offiziell wahrgenommen (ob ein Spieler in der Nase bohrt oder sich am Hinterkopf kratzt, braucht den Schiedsrichter nicht zu interessieren). Das alles findet in einem definierten Spielfeld und in einem bestimmten Zeitraum statt. Was innerhalb dieses Feldes oder Zeitraums geschieht, ist anders zu bewerten als das, was außerhalb, danach oder davor geschieht (wer nach dem Spiel oder in der Kabine den Ball in die Hand nimmt, braucht den Schiedsrichter nicht zu fürchten). Alles, was nicht verboten ist, ist erlaubt, und darüber hinaus gibt es Vorschriften, denen aktiv Folge geleistet werden muss.[26]

Bei einem Schauspiel ist der Spielraum der Akteure erheblich eingeschränkter als beim Sport. Eine Rolle kann zwar interpretiert werden, aber wenn die Vorgaben des Stücks radikal verändert werden, entsteht ein neues Stück, die Theaterbesucher rufen laut „Buh!", pfeifen und beklagen sich, das sei nicht das Stück, für das sie Eintritt bezahlt haben.

Das Spiel als autonomes, von den konkreten Spielern unabhängiges System ist durch die Spielregeln oder das Drehbuch definiert. Beide legen fest, welche Aktionen und Interaktionen der Spieler innerhalb des Spiels möglich und unmöglich sind. Das Spiel ist aber nicht dadurch definiert, dass ein bestimmter Schauspieler (actor) die Bühne oder das Spielfeld betritt. Er ist nur so etwas wie ein Vollzugsbeamter, die Entscheidungen über die Struktur des Spiels sind schon vorher getroffen worden (vom Autor, von der Regelkommission eines Sportverbandes usw.).

Die Spieler sind allerdings meist nicht gezwungen mitzuspielen, und sie müssen sich nicht entscheiden, ein bestimmtes Spiel zu spielen oder immer nur dasselbe.

Die Unterscheidung zwischen Spiel und Spieler bildet eine der Grundlagen für die Entwicklung dauerhafter sozialer Strukturen – nicht nur von Organisationen, sondern von allen kulturellen Institutionen, ja, von allen gesellschaftlichen Strukturen. Soziale Strukturen überdauern länger, als es der Lebenszeit eines Menschen (Spielers, Akteurs) entspricht, und das können sie nur, weil der einzelne Spieler austauschbar ist. Dadurch wird die Wahrscheinlichkeit des Überlebens der Spielregeln und der Reinszenierung des Spiels erhöht. Gesellschaftliche Institutionen bewahren ihre Struktur dadurch, dass Verhaltenserwartungen kommuniziert und erfüllt werden. Wer ihnen entspricht, der darf weiter mitspielen, wer nicht, darf nicht ... Deswegen gibt es Aufnahmeprüfungen in Schulen und Universitäten, Assessmentcenter und andere ritualisierte Zugangsbeschränkungen zu bestimmten Spielfeldern. Sie sorgen dafür, dass nicht plötzlich jemand auf dem Spielfeld auftaucht, der nach anderen Regeln spielt, die allen Beteiligten mehr Spaß machen oder von ihnen als sinnvoller erachtet werden.

Aufgrund derartiger Zugangsbeschränkungen sind Organisationen immer konservativ und vergangenheitsorientiert. Sie sorgen für die Reproduktion des Spiels, indem sie jedem Spieler klare Grenzen für seinen Handlungs- und Entscheidungsspielraum setzen. Sie schreiben ihm vor, was er auf jeden Fall zu tun hat, und sie sagen ihm, was er auf keinen Fall tun darf, wenn er nicht riskieren will, vom Platz gestellt oder rausgeworfen zu werden. So lässt sich sicherstellen, dass es zu keinen Abweichungen von den Erwartungen kommt, unabhängig davon, wer auf dem Spielfeld steht oder welchen Posten der Spieler innehat.

Solche Spielregeln liefern auch die Grundlage aller Standardisierungsprozeduren, vom Bulettenbraten bei McDonalds bis hin zur Zertifizierung des „Qualitätsmanagements". Stets geht es darum, Unsicherheit zu beseitigen, Berechenbarkeit herzustellen und Kreativität zu vermeiden (was in diesem Zusammenhang nicht als Abwertung zu verstehen sein soll; schließlich sind wir alle froh, wenn es bei der Herstellung von Medikamenten nicht der Willkür und dem Geschmack des „Kochs" überlassen bleibt, was da zusammengerührt wird).

Im Wirtschaftsleben haben wir es üblicherweise mit zwei Typen von Spielen zu tun: mit Märkten und Unternehmen. Als Organisationen haben Unternehmen dabei den Doppelcharakter, dass sie

Spieler und Spielfeld sein können. Richtet man die Aufmerksamkeit auf den Markt als Spielfeld (und Marktwirtschaft als Spiel), so sind Unternehmen als Spieler zu definieren. „Im Spiel zu bleiben" ist dabei synonym mit Überleben. Aus dieser Perspektive betrachtet, ist das Unternehmen das System, der Markt die Umwelt.

Wenn wir hingegen das Unternehmen als Spiel betrachten, so sind die Mitarbeiter oder irgendwelche Organisationseinheiten die Spieler. Auch hier lassen sich Spielregeln beobachten, die befolgt werden. Bei solch einer Sichtweise sind das Unternehmen bzw. seine internen Kommunikationsmuster die Umwelt, in der es für die Mitarbeiter als davon abgegrenzte Systeme zu überleben gilt.

Der Unterschied zwischen Spieler (System) und Spiel (Umwelt) besteht dabei jeweils darin, dass der Spieler nie Element des Spiels ist. Der Manager als Spieler ist nicht Element des Spiels „Unternehmen" und das Unternehmen als Spieler ist nicht Element des Spiels „Markt", genauso wenig wie der Schachspieler Element des Schachspiels ist. Sie sind Teilnehmer an einem Kommunikationssystem, einmal dem Unternehmen, das andere Mal dem Markt. Die Bedeutung der Aktionen der einzelnen Spieler ergibt sich erst im Kontext der Aktionen aller anderen Spieler. Die Bedeutung der Aktionen eines jeden Akteurs kann nicht einseitig von ihm festgelegt und kontrolliert werden. Ob eine Intervention auf dem Markt nützlich ist, entscheidet nicht das Unternehmen. Ob eine Anordnung im Unternehmen Begeisterung oder Entsetzen und Widerstand auslöst, entscheidet nicht der Manager, sondern der oder die Empfänger dieser Mitteilung. Daher sind die *Elemente* des Spiels immer *Kommunikationen*. Der Akteur kann zwar seine Aktionen steuern, aber nicht, welche Wirkung sie im Zusammenspiel mit den Aktionen aller anderen haben werden.

Der Manager hat immer die beiden genannten und gegeneinander abgegrenzten Spielfelder im Blick zu behalten. Bezogen auf das Spielfeld „Unternehmen" ist er als Individuum einer der Spieler, und es sind seine persönlichen Ziele und Interessen, um die er im unternehmensweiten Karrieregerangel spielt. Da bzw. solange sein wirtschaftliches Überleben mit dem Überleben des Unternehmens gekoppelt ist und es zu seinem Verantwortungsbereich gehört, muss er aber auch die anderen Spielfelder, auf denen das Unternehmen auftritt, die verschiedenen Märkte, beobachten. Auf Märkten ist das Unternehmen der Akteur, und der Manager hat dessen Strategien und Aktionen auf ihre Zieldienlichkeit hin zu überprüfen. Im Idealfall gibt es zwischen beiden Zielen und Funktionen keine Widersprüche, in der Praxis leider öfter.

Die Gestaltungsmöglichkeiten für das Management ergeben sich aus der Möglichkeit, die Ebene der Spieler und die der Spielregeln getrennt zu betrachten und die Kombination von *Akteuren* und *Aktionen* zu variieren.

Exkurs: Experiment 2 (Zur internen Dynamik sozialer Systeme)
Menschen, die zusammen leben oder arbeiten und gemeinsam eine soziale Überlebenseinheit bilden (sei es ein Unternehmen, ein Team, eine Familie usw.), beobachten sich gegenseitig und bewerten, wie die Aktionen jedes einzelnen Akteurs auf das übergeordnete Gesamtsystem wirken. Welche Wirkung diese gegenseitige Beobachtung auf die Interaktion der Beteiligten hat und welche Muster dabei entstehen, lässt sich am leichtesten durch ein zweites Experiment illustrieren und erlebbar machen.

Wir brauchen dazu eine kleine, überschaubare Zahl von Menschen, die bereit sind, sich auf dieses Experiment einzulassen. Wenn es als Gedankenexperiment vollzogen wird, ist es nicht weiter gefährlich. Wenn es tatsächlich inszeniert würde, wäre es technisch ziemlich schwierig durchzuführen, und es ergäben sich gewisse Haftungsfragen, weil es tödlich enden könnte.

Suchen Sie also fünf oder sechs Freiwillige. Grenzen Sie auf dem Fußboden ein Quadrat von ca. 4 x 4 m oder auch 5 x 5 m ab. Bitten Sie alle Beteiligten (die Akteure wie die Zuschauer), sich vorzustellen, dies sei eine ca. 30–40 cm dicke Betonplatte, die in der Mitte auf einer Stütze ruht. Allerdings ist das mit der Ruhe so eine Sache, da die Platte durch ein Kugelgelenk mit der Stütze verbunden ist und sich daher bewegen kann. Aufgrund ihres großen Gewichts ist sie sehr träge, aber wenn sie einseitig – und über längere Zeit – belastet wird, verliert sie die Balance und beginnt zu kippen. All das geschieht dann mit der für Betonplatten typischen Trägheit und Langsamkeit. Aber es geschieht, wenn nichts dagegen geschieht.

Nun bitten Sie die fünf oder sechs Freiwilligen, die Betonplatte zu betreten, und geben Sie ihnen die Aufgabe, gemeinsam das Gleichgewicht zu halten, ohne dabei zu sprechen. Und – beinahe hätten Sie es vergessen – klären Sie sie noch darüber auf, dass diese

Betonplatte auf der Spitze des Eiffelturms montiert ist. Wenn jemand runterfällt, dann ist er ziemlich tot ...

Sobald die fünf oder sechs Leute vorsichtig und unsicher die Platte (wahrscheinlich von einem Hubschrauber aus) betreten haben, werden Sie eine Dynamik beobachten können, bei der jeder die Aktionen *aller* anderen beobachtet und sein eigenes Verhalten anzupassen versucht. Innerhalb von Sekunden bildet sich wahrscheinlich ein Kreis, nahe dem Mittelpunkt. Und nun – wo das Gleichgewicht fürs Erste gesichert erscheint – ersterben erst einmal alle weiteren Aktivitäten. Keiner bewegt sich, aus Sorge, das kostbare, Sicherheit gewährende Gleichgewicht zu riskieren.

Je nachdem, welche Leute Sie auf Ihrer Platte vereint haben, kann diese Phase ziemlich lange dauern. Aber früher oder später wird es immer irgendeinem auf der Platte langweilig. Erfahrungsgemäß wählt er eine von zwei Reaktionen – welche, hängt wahrscheinlich wieder von seiner „Persönlichkeitsstruktur" bzw. seinen bisherigen Erfahrungen mit vergleichbaren Situationen ab. Entweder er versucht, sich durch Mimik und Gestik verständlich zu machen und die anderen zu einer gemeinsamen Aktion zu bewegen. Und oft genug schafft er das. Alle machen beispielsweise gleichzeitig einen Schritt zurück. Aus dem eng umschlungenen Kreis wird so ein etwas weiterer, um den Mittelpunkt der Platte herum. Das Gleichgewicht ist so nicht nur nicht gefährdet, sondern wahrscheinlich sogar stabiler, da bei irgendwelchen von außen kommenden Störungen leichter durch kleine, individuelle Bewegungen gegengesteuert werden kann (das ist wie beim Fahrradfahren, wo es auch bei mangelnder Geschwindigkeit oder bei Stehversuchen am schwersten ist, das Gleichgewicht zu halten).

Die zweite Option besteht darin, dass der Erste, der mit dem Status quo unzufrieden ist, zu experimentieren beginnt und einen Schritt nach vorne oder hinten macht. Dadurch setzt er die anderen oder, genauer gesagt: denjenigen, der ihm gegenüber steht, unter Zugzwang. Um das Gleichgewicht zu wahren, muss dieser nun auch einen Schritt nach vorne oder hinten machen.

Lässt man dieses Experiment längere Zeit laufen, so kann man der Entstehung unterschiedlicher Muster bis hin zu tanzartigen Bewegungsabläufen mit einer hohen Variationsbreite beiwohnen. Sie alle weisen aber eine hohe Symmetrie auf. Alle Plattenbewohner sind vorsichtig in ihren Bewegungen, denn sie haben stets im

Bewusstsein, dass sie ihr individuelles Überleben und das aller anderen riskieren, wenn sie zu wagemutig werden. Wenn aber einer nach Meinung der anderen zu weit geht und zu viel Initiative aufbringt, dann wird stets irgendwer die Verantwortung für irgendwelche kompensatorischen Aktionen übernehmen. Wer diese Funktion übernimmt, ist nicht an die Person gebunden, jeder ist in der Beziehung austauschbar (auch wenn der eine oder andere aufgrund seiner aktuellen Position wahrscheinlich schneller reagieren wird).

Das Interessante an diesem Experiment ohne Worte ist, dass jeder auf das Verhalten aller anderen reagiert und sich dabei allein davon leiten lässt, wie *aus seiner Sicht* oder *seinem Erleben* die Aktionen der anderen auf das Gesamtsystem wirken. Sieht er es – und damit sich – gefährdet, so wird er aktiv gegensteuern. Interpretiert er das abweichende Verhalten als ungefährliche und angenehme Aufweichung erstarrter und langweiliger Muster, so spielt er im Allgemeinen mit. Er fügt sich dann in die Choreografie des entstehenden Tanzes ein und gestaltet ihn möglicherweise aktiv und kreativ mit. Jeder der Mitspieler orientiert sich dabei an den erhofften oder befürchteten Wirkungen der Interaktion. Er reagiert *nie* auf die Absichten seiner Schicksalsgenossen, denn er kennt sie nicht. Da niemand sprechen kann, bleiben ihm in der Hinsicht nur Vermutungen.

All das ändert sich, wenn Sie den Mitspielern erlauben zu sprechen.

Nun entwickeln sich erfahrungsgemäß wieder zwei unterschiedliche Szenarien. Entweder die Gruppe macht so weiter wie bisher und nutzt die Möglichkeit des Sprechens nicht oder kaum (für ein paar entzückte Ausrufe etwa), oder aber die Handlung erstirbt schlagartig. Die Möglichkeit, sich abzusprechen und im Voraus zu vereinbaren, was man gemeinsam tun kann oder will, eröffnet den Zugang zu einer Zukunft, die theoretisch weit komplexere Musterbildungen erlaubt (zum Beispiel mit zeitlich abgesprochenen Rollenwechseln, einer ausgefeilten Choreografie und Dramaturgie usw.). Doch die ist nur realisierbar, wenn die beteiligten Akteure sich einigen und absprechen, wer was wann zu tun hat. Diese Koordination erfordert Kommunikation, da keiner über die Macht verfügt, die anderen durch Gewalt von der Sinnhaftigkeit seiner Ideen zu überzeugen – ganz zu schweigen davon, dass sie erst einmal kapieren müssen, was er im Sinn hat. Man setzt sich also in der Mitte der Platte zusammen – ratlos, was zu tun ist. Und man beginnt zu sprechen, gegensätzliche Ziele und Vorstellungen werden deutlich, man diskutiert, streitet, setzt sich auseinander.

All dies verhindert erst einmal, dass in der Gegenwart gehandelt wird ...[27]

4.3 Kopplung von Akteuren

In diesem Experiment waren Akteure und ihre Aktionen zu beobachten. Wie bei anderen sozialen System bieten sich (mindestens) zwei Arten an, wie deren Strukturen beobachtet und beschrieben werden können (von außen stehenden Beobachtern wie von den Teilnehmern am System). Und beide Methoden haben ihre Anhänger und Befürworter wie auch ihre Gegner gefunden. Man kann sich also gut über die „richtige" Analyse streiten. Die hier vertretene pragmatische Position ist, dass beide Sichtweisen angemessen sind und miteinander kombiniert werden sollten. Der Manager gewinnt so ein Beobachtungsinstrument, das ihm erlaubt, Ideen über die Kosten-Nutzen-Relation bestimmter Organisationsformen zu entwickeln. Denn unterschiedliche soziale Ordnungen können (unter anderem) auch nach ökonomischen Maßstäben bewertet werden.

In jedem aktuell realisierten sozialen System – ob Paar, Familie, Verein, Unternehmen, Kirche, Partei, fünf Menschen auf einer Betonplatte – lassen sich zwei unterschiedliche Ordnungen diagnostisch unterscheiden: Muster, die durch die Kopplung von Akteuren entstehen, und Muster, die durch die Kopplung von Aktionen entstehen (hier haben wir sie wieder: die Spieler und die Spiele).

Diese Ordnungen sind in der Evolution gesellschaftlicher Strukturen ursprünglich einmal selbstorganisiert entstanden, aber wenn man ihr Konstruktionsprinzip erfasst, so kann man auch versuchen, sie zielgerichtet zu etablieren oder zu beeinflussen.

„Kopplung" ist dabei ein zugegeben etwas befremdlicher Begriff, der aber aufgrund seiner Etymologie (vom lat. *copula* = Band, Leine, bzw. *copulare* = zusammenbinden; vgl. im Englischen *coupling* = Paarung, bzw. *couple* = Paar) sehr treffend beschreibt, dass Menschen (ganze Menschen, bestehend aus Fleisch und Blut) sich zusammentun und eine symbiotische Einheit bilden. Sie leben zusammen und bilden füreinander jeweils relevante Umwelten. In der Terminologie des Biologen Humberto Maturana heißt dies: Sie „koppeln" sich „strukturell"[28] und bilden eine koevolutive Einheit. Sie passen sich aneinander an, verstören („perturbieren") sich gegenseitig und beeinflussen so wechselseitig ihre Entwicklung, sei dies nun psychisch oder körperlich.

Solch eine Lebensgemeinschaft ganzer Menschen funktioniert nur, wenn sie in der Lage sind, miteinander zu kommunizieren. Sie müssen ein gemeinsames Zeichen- und Interpretationssystem entwickeln, das ihnen erlaubt, dem Verhalten des jeweils anderen eine Bedeutung zuzuschreiben, um so individuell und innengesteuert das eigene Verhalten auf das des anderen abzustimmen.

Wenn wir die menschheitsgeschichtliche Henne-Ei-Frage nach der Priorität von Kommunikation und Kopplung stellen, so kann hier die These aufgestellt werden, dass mit der Kopplung die Notwendigkeit der Kommunikation verbunden ist und daher ein Kommunikationssystem entsteht. Um dies durch ein prosaisches Beispiel zu illustrieren: Wer in Peking einen Schlafwagen nach Moskau besteigt und sich mit einem Russen und einem Chinesen in einem Abteil befindet, die weder seine noch wechselseitig ihre Sprachen sprechen oder verstehen, macht die Erfahrung, dass durch die Kopplung (die Notwendigkeit, eine Woche die individuellen Handlungen aufeinander abzustimmen) zwangsläufig ein Zeichen- und Verständigungssystem entsteht, das das Zusammenleben erleichtert und erträglich macht. Welcher Art diese gemeinsame „Sprache", dieses Kommunikationsmedium (Zeichensprache, Gestik, Mimik usw.) ist, kann nicht vorhergesagt werden. Vor allem aber ist vollkommen offen, welche Aktionen wie geordnet werden, obwohl man natürlich einige Vermutungen anstellen kann, was geklärt werden muss (Wer bekommt welches Bett? Wer geht als Erster ans Waschbecken? Wer macht wann das Licht aus?).

Die Tatsache, dass die drei Personen die Zeit miteinander verbringen, bedarf keiner psychologischen Erklärung – sie sind für eine Woche als Akteure gekoppelt, ob sie nun eine emotionale Bindung aneinander haben oder nicht. Kopplung ist also als eine *Beschreibung* einer Beziehung zu verstehen, nicht als ihre *Erklärung* und auch nicht als ihre *Bewertung*. Die fünf oder sechs Personen auf der Betonplatte sind, solange sie da oben sind, aneinander gekoppelt. Wenn einer runterfällt, ist er nicht mehr gekoppelt. Aber die Tatsache, dass sie aneinander gekoppelt sind, hat psychologische Auswirkungen. Welche das sind, hängt von der Art der Interaktion und Kommunikation ab. Und manchmal begeben sich, wie der Begriff Paarung nahe legt, Leute auch aus psychologischen Gründen (Erklärung) in solch eine Kopplung. Trotzdem sollte klar sein, dass Kopplung hier nur in einem beschreibenden Sinn verstanden werden soll.

Diese beiden Ebenen – Beschreibung und Erklärung – werden gern miteinander verwechselt, was häufig zu Missverständnissen und Fehlschlüssen führt. Blickt man beispielsweise auf die Forschungsergebnisse von Ethologen: Sie beschreiben, dass manche Tierarten von Geburt an „Bindung" zeigen. Da Tiere nur schwer in tiefenpsychologische Interviews zu verwickeln sind, kann dieser Begriff nicht irgendwelche psychischen Prozesse charakterisieren, sondern nur ein Verhaltensmuster beschreiben: Mehrere Individuen gehen sich nicht aus dem Wege, sondern treten öfter miteinander in Interaktion, als dies der Wahrscheinlichkeitsrechnung nach nötig wäre.[29] Wenn man dieses Phänomen nach menschlichen Maßstäben *erklären* würde, so könnte man in sie hineindeuten, dass sie die gegenseitige Gesellschaft dem Alleinleben vorziehen. Es reicht aber, das Interaktionsmuster als Phänomen zu *beschreiben*.

Auch bei Menschen gibt es solche Bindungen zwischen Individuen. Wie man die erklären mag, sei dahingestellt. Es gibt dafür sicher gute biologische Begründungen – schließlich würde die Menschheit aussterben, wenn Mütter und Väter (oder Erwachsene allgemein) sich nicht von süßen kleinen Babys in diese Art der Beziehung ziehen lassen würden. Ob das nun biologisch vorgegeben ist oder nicht, spielt für unsere Fragestellung keine Rolle. Entscheidend ist, dass sich Menschen aneinander binden, oder, wieder etwas weniger psychologisierend, dass sie sich aneinander koppeln und eine gemeinsame Interaktionsgeschichte durchlaufen.

Damit sie dies können, müssen sie miteinander kommunizieren. Kommunikation als Nebenwirkung der Kopplung. Sie ist das Mittel der Koordination der Interaktion, der Festlegung von Spielregeln. Wenn zwei oder mehr Menschen ihr Leben oder große Teile davon miteinander verbringen (wie beispielsweise Familienangehörige, Teammitglieder, Kollegen), so bleibt ihre Kopplung über lange Zeit konstant, die Interaktions- und Kommunikationsmuster können im Prinzip stark variieren (obwohl sie das, wenn man langjährige Kollegen oder andere alte Ehepaare betrachtet, nicht immer tun). Die Kopplung der beteiligten Personen übersteht die Wandlungen der Spiele, die sie miteinander spielen.

Die erste analytische Ebene bezieht sich also auf die Kopplung von Akteuren (handelnden Einheiten) und die damit verbundenen Ordnungsprinzipien. Der Begriff der Person zur Bezeichnung solcher Akteure ist in diesem Zusammenhang gar nicht schlecht, weil damit in unserem Rechtssystem auch so genannte „juristische Personen" gemeint sein können. Dennoch ist er nicht gut genug, da es auch Organisationseinheiten gibt, die sich in diesem Sinne miteinander koppeln können (von informellen Interessengruppen über Seilschaften bis hin zu Geheimgesellschaften), die keinen offiziellen oder formalisierten Status haben. Lassen wir es also bei Akteuren, wobei klar sein sollte, dass damit das ganze Spektrum von menschlichen Individuen bis hin zu weltweit agierenden Großkonzernen gemeint sein kann, solange ihnen Aktionen, d. h. ein Verhalten oder gar Handlungen, zugeschrieben werden können.

Die Kopplung der Akteure ist pragmatisch von entscheidender Bedeutung, da sie eine der Einflussgrößen für organisatorische Veränderungen darstellt. Man kann solche Kopplungen zwischen Personen oder Organisationseinheiten in einem Unternehmen aktiv beeinflussen (Bildung oder Auflösung zur Kooperation verdammter größerer Einheiten), indem man beispielsweise Strukturentscheidungen herbeiführt, Mitarbeiter einstellt oder entlässt, Fusionen vollzieht usw.

Das zu Beginn skizzierte personenorientierte Führungsmodell des „charismatischen Führers" beruht auf der Kopplung von Personen an eine andere Person, unabhängig von sachlichen Erwägungen oder Zielen. Die Loyalität einer Person gegenüber ist allerdings nicht ohne Risiko, wie das „Führerprinzip" in der deutschen Geschichte hinreichend gezeigt hat. Schon im Märchen wird vor Rattenfängern gewarnt, die mit verführerischen Flötentönen eine große Menge kindischer Menschen dazu bringen, ihnen blind zu folgen.

Der gescheiterte Versuch der Deutschen Bank, durch die Übernahme von Morgan Grenfell ins Investmentgeschäft einzusteigen, zeigt, dass man hier offenbar nicht damit gerechnet hatte, dass die Personen fester aneinander als an die Firma gekoppelt waren. Als all die erfahrenen und hochbezahlten Investmentbanker gemeinsam das Unternehmen verließen, blieb nicht mehr viel übrig, was den Kaufpreis der Firma wert gewesen wäre.

Die Quintessenz dieses Organisationsprinzips lässt sich auf die Formel bringen: Bei der Kopplung von Akteuren können die Aktionen variieren, die Akteure bleiben dieselben.

4.4 Kopplung von Aktionen

Die zweite Ebene, auf der sich die Fokussierung der Aufmerksamkeit bei der Beobachtung sozialer Systeme lohnt, bilden die Prozessmuster. Arbeitsabläufe, Geschäftsprozesse, Konventionen, Rituale und alle anderen durch Spielregeln festgelegten Handlungsabläufe oder Interaktionsnetze bestehen aus einer Abfolge von Aktionen, die gleichzeitig oder nacheinander, hier oder anderswo geordnet sind. Sie werden von einem oder mehreren Akteuren realisiert. Soziales Leben erfordert stets ein gewisses Maß an Arbeitsteilung und Kooperation. Wo immer Prozesse auf ein sachliches Ziel hin ausgerichtet werden, müssen Aktionen miteinander gekoppelt werden. Auch dies ist ein Vorgang, der spontan und selbstorganisiert meist ganz gut funktioniert.

Wo immer es wichtig ist, bestimmte sachliche Resultate der Interaktion und Kommunikation sicherzustellen, lassen sich – die Erfahrung nutzend – Prozeduren festlegen, die solch ein Ergebnis wahrscheinlich machen, unabhängig davon, wer in Aktion tritt. Das ist der Grund, warum Rezeptbücher geschrieben, Ablaufschemata erstellt oder Verfahrensrichtlinien erlassen werden. Stets geht es darum, die Kopplung der Aktionen in einer charakteristischen Form abzusichern, ohne dabei auf die Entscheidung der konkreten Akteure angewiesen zu sein. Das tayloristische Prinzip der Arbeitsorganisation oder Henry Fords Assembly Line (das er den Schlachthöfen von Chicago, wo es als Disassembly Line schon lange vorher praktiziert wurde, nachempfunden hat)[30] sind Beispiele für die Kopplung von Aktionen. Rezept- und Handbücher sind eine Möglichkeit des interpersonellen Know-how-Transfers. Sie sagen auch dem Unerfahrenen, dass es zweckdienlicher ist, die Eier, das Mehl und die Milch zu mischen, bevor man alles in den Backofen schiebt, wenn man einen genießbaren Kuchen backen will.

Spielregeln unterscheiden sich dadurch, dass Aktionen zeitlich und räumlich unterschiedlich geordnet werden. Die Durchschaubarkeit und Beschreibbarkeit von Prozessen ermöglicht es potenziellen Akteuren, sich am Spiel zu beteiligen. Deswegen halten Firmen ihre Produktionsverfahren geheim, und das Patentrecht muss dafür sorgen, dass niemand derartige Aktionsmuster imitiert, obwohl, menschheitsgeschichtlich betrachtet, gerade in ihrer Imitierbarkeit ihr evolutionärer Vorteil liegt. Die Standardisierung von Prozessen macht organisationales Wissen übertragbar. Man kann eine andere Firma analysieren und ihre Prozesse kopieren.

Auch die Kopplung von Aktionen bedarf der Kommunikation. Allerdings entsteht eine vollkommen andere Art des Kommunikationssystems als bei der Kopplung von Akteuren. Es geht nicht um die Sicherstellung der Beziehung von Akteuren (Sozialdimension), sondern um die Sicherung sachlicher Ergebnisse bzw. der Methoden, sie zu erreichen (Sachdimension). Es wird dafür gesorgt, dass nach bestimmten Rezepten gekocht wird, und nicht dafür, dass bestimmte Köche in der Küche bleiben. Ja, man kann sogar sagen, das Rezept sucht sich die passenden Köche. Die Prioritäten sind auf jeden Fall festgelegt. Die zu vollziehenden Aktionen bestimmen, wer Akteur werden kann. Die unterschiedlichen Aufgaben im Spiel bestimmen nicht nur die Selektion der Spieler, sie bestimmen auch ihre jeweils notwendigen Kompetenzen, vor allem aber ihren Handlungsspielraum.

Ein gutes Beispiel – weil extrem – ist das Rechtssystem oder zumindest das Ideal des Rechtssystems. Es ist in hohem Maße an Prozeduren orientiert. Es beruht auf klaren formalen Vorgaben dafür, wie ein Verfahren abzulaufen hat. Unabhängig von inhaltlichen Erwägungen steuern allein formale Kriterien die Entscheidungsfindung. Anträge müssen in einer vorgeschriebenen Form gestellt, Fristen eingehalten werden, vor Gericht gibt es klare Verhaltensrichtlinien bis hin zu ritualisierten Anredeformen („Euer Ehren ...") usw. – und am Ende eines solchen „Prozesses" steht eine Entscheidung, die – wiederum idealerweise – „ohne Ansehen der Person" erfolgt sein sollte (ist sie manchmal auch). Der Richter ist nur dem Gesetz verpflichtet, über ihm steht allein der liebe Gott oder die nächste Instanz. Und auch die hat sich wiederum nur nach formalen Kriterien zu richten. Gekoppelt sind die Aktionen, die jeweiligen Schritte im Prozess von Instanz zu Instanz, sodass ein Prozessmuster entsteht, das für alle Akteure verpflichtend ist.

Die Quintessenz dieses zweiten Organisationsprinzips lautet: Bei der Kopplung von Aktionen können die Akteure variieren, die Aktionen bleiben die gleichen.

Einem solchen Prinzip folgt das an „Tools" („Landkarten") orientierte Modell von Management und Führung (wie exemplarisch dargestellt in unserer Spähtruppengeschichte aus dem Ersten Weltkrieg).

4.5 Die Kopplung von Aktionen und Akteuren

Die Abstraktion von den konkreten Spielern ist eine Methode, um die Logik bestimmter Prozesse bzw. ihrer Muster zu durchschauen. In der Realität des Unternehmens oder überhaupt des alltäglichen sozialen Lebens sind es aber in der Regel Menschen, die im Spiel sind und die einzelnen Spielzüge vollziehen. Aber – das ist der Grund, warum es sich aus Managementsicht lohnt, sich auf solche Abstraktionen einzulassen – es muss nicht so sein. Wenn deutlich ist, dass innerhalb bestimmter Prozesse die Aktionen, die bis dahin von Menschen vollzogen wurden, auch anderweitig erledigt werden können, so ergibt sich hier ein Spielraum für Veränderung und eventuell Ökonomisierung.

Als Beispiel kann hier ganz allgemein auf die Fortschritte der Automatisierung verwiesen werden, die heute sogar erfolgreich in Bereichen praktiziert wird, wo es der Kommunikation mit Kunden bedarf. So kann man sein Geld an Automaten weltweit erhalten, und über das Internet lassen sich Flugpläne recherchieren und Tikkets kaufen, am Flughafen braucht man sich nicht einmal mehr in eine Schlange zu stellen, um einzuchecken. In all diesen Fällen sind die Prozesse in Einzelschritte zerlegt, und die vom anbietenden Unternehmen zu vollziehenden Aktionen und Beiträge zur Kommunikation werden von Maschinen durchgeführt.

Hier zeigt sich die Autonomie der Prozesse gegenüber denjenigen, die sie durchführen. Sie sind nicht nur als Personen austauschbar, sondern durch Maschinen ersetzbar.

Im Alltag von Unternehmen sind neben den Interaktionsmustern, die sachlich begründet sind, in der Regel fast immer auch Beziehungsmuster der Mitarbeiter wirksam. Beide Muster beeinflussen sich gegenseitig. Mitarbeiter, die aus sachlichen Gründen viel miteinander zu tun haben, entwickeln – ob sie wollen oder nicht – charakteristische Beziehungen zueinander (in unserer Terminologie: Sie sind als Personen gekoppelt). Das beginnt damit, dass in

Unternehmen bestimmte Aufgaben bestimmten Rollen und damit den Rollenträgern als Personen zugewiesen werden. Akteure und Aktionen werden gekoppelt, Zuständigkeiten und Verantwortlichkeiten festgelegt. Es kann nicht einfach jeder machen, was ihm sinnvoll erscheint, es muss ihm dafür auch die Kompetenz zugeschrieben werden. Sein Handlungsspielraum ist begrenzt und inhaltlich definiert.

Die Kopplung von Akteur und Aktion (oder einer bestimmten Klasse von Aktionen) wird meist „Stelle" oder „Position" genannt und manchmal in Stellenbeschreibungen festgelegt. Meist ist sie inhaltlich aber durch die Erwartungen der anderen Teilnehmer am System bestimmt, und wer neu eine Stelle antritt, dem wird innerhalb kürzester Zeit mal mehr schonend, mal mehr grob mitgeteilt, was er gefälligst zu tun und zu lassen hat.

Es gibt aber auch andere Formen der Kopplung von Aktionen und Akteuren. Wenn komplexe Abläufe unter Zeitdruck realisiert werden müssen, so bewähren sich eingespielte Teams am besten. In der Chirurgie empfiehlt es sich nicht, für jede Operation ein vollkommen beliebig zusammengewürfeltes Team einzusetzen. „Eingespielte" Teams kennen sich gut und wissen voneinander, wie jeder einzelne reagiert. Das verkürzt die Kommunikationsnotwendigkeit und -zeit. In Projektteams, die oft miteinander arbeiten, sind die Beziehungen geklärt, man braucht keine Hahnenkämpfe abzuhalten, wenn man eh schon weiß, wer der Schönste im Land ist.

Funktionierende Teams sind ein gutes Beispiel dafür, dass auch Gruppen von Akteuren mit Gruppen von Aktionen gekoppelt werden können, oder anders gesagt: dass man für bestimmte Spiele eingespielte Mannschaften aufs Feld schickt.

Dennoch ist es nicht gottgegeben, wie die Arbeit organisiert wird (oder, da dies meist spontan passiert: sich organisiert). Wir haben jetzt schon drei Bereiche, in denen Variationen möglich sind: die Kopplung zwischen Akteuren, zwischen Aktionen und schließlich zwischen Akteuren und Aktionen.

4.6 Losere und festere Kopplungen

Was uns jetzt noch fehlt, um nahezu alle für das Management relevanten Organisationsformen alltagstauglich zu erfassen, ist die Unterscheidung zwischen loseren und festeren Kopplungen.

Denn sowohl im Blick auf die Akteure wie auf die Aktionen eröffnet sich ein weites Spektrum von Möglichkeiten von relativ losen bis zu relativ festen Verbindungen und damit starreren oder flexibleren Strukturen. Wenn Aktionen fest gekoppelt sind, so führt dies zu einer in hohem Maße berechenbaren Abfolge von Prozessschritten. Solche festen Kopplungen finden sich deshalb überall dort, wo das Erreichen eines vorgegebenen sachlichen Ziels auf eine zuverlässige Basis gestellt werden soll.

Wenn eine Teigmischung immer nach derselben Methode hergestellt wird, die Zutaten vergleichbarer Qualität sind, der Backvorgang unter denselben Temperaturen vollzogen und die geplante Backzeit eingehalten wird, dann kann man mit einiger Zuversicht davon ausgehen, dass der nächste Kuchen genauso gut gelingt wie der vorherige. Und dann – und nur dann – kann man ihn auch als Markenprodukt auf den Markt bringen. Wo immer es um die Reproduktion angestrebter Resultate geht, empfiehlt sich die Etablierung eines Wiederholungszwangs. Berechenbarkeit und Kreativität (oder gar Beliebigkeit) schließen sich gegenseitig aus.

Deswegen ist in der Produktion oder überall dort, wo Standardisierung und Vorhersehbarkeit angestrebt werden, die feste Kopplung von Aktionen wichtig und das Mittel der Wahl. Die dazu notwendigen Kommunikationssysteme konstellieren sich dementsprechend. Die Abläufe in Behörden und Ämtern haben gewisse Ähnlichkeiten mit Automaten: Man steckt an der einen Seite einen Antrag hinein, und auf der anderen Seite kommt die Ablehnung heraus. Da auch hier die Aktionen von mehreren Kommunikationsteilnehmern koordiniert werden müssen, entwickeln sich meist rigide (bürokratische) Kommunikationsstrukturen, die aus relativ fest gekoppelten Elementen bestehen. Es ist klar und eindeutig festgelegt, wer wem was zu sagen hat und was der daraufhin zu tun hat usw.

Die geringe Flexibilität von Bürokratien hat aber nicht nur damit zu tun, dass die Abwicklung vorgegebener, klar geordneter (fest gekoppelter) Verfahrensschritte sichergestellt wird. Die beteiligten

Akteure sind meist auch noch relativ fest gekoppelt. Es sind Beamte, die in der Regel unkündbar sind und deren Karrieremöglichkeiten ebenfalls einem berechenbaren Schema folgen. Jeder kennt seine Zuständigkeiten und den Dienstweg, und da Berechenbarkeit ein hoher Wert ist, zeigt man sich auch berechenbar. Dies fällt den dort Beschäftigten nicht schwer, wenn Ordnung und Sicherheit sowieso hohe Werte für sie sind. Und deswegen werden solche Jobs auch nicht von denen angestrebt, deren sehnlichster Wunsch es ist, kreativ jeden Tag eine neue Idee zu entwickeln oder umzusetzen.

Dies sind Aspekte der Arbeit, die für eine Selektion des Personals sorgen. Wer Zuverlässigkeit sucht, wird eher beim Ordnungsamt oder, wenn schon in der freien Wirtschaft, einer Versicherung Arbeit suchen und finden. Werbeagenturen sind für ihn meist nicht sonderlich attraktiv. So suchen sich die Spielregeln (Kommunikationsmuster) die zu ihnen passenden Spieler (Kommunikationsteilnehmer).

Wo immer sachliche Ziele feststehen, aber nicht deutlich ist, wie man dorthin gelangen könnte, ist es erforderlich, auf der Ebene der Aktionen eine größtmögliche Flexibilität zu bewahren. Hier ist jede feste Kopplung von Prozessschritten, jede vorzeitige Routinebildung mit dem Risiko verbunden, die Fantasie der Beteiligten zu beschränken. Die Qualität der Ergebnisse ist dann auch beschränkt. Brainstorming-Sitzungen, in denen es wirklich stürmt und alles durcheinander gewirbelt wird, sind ein Beispiel der Art von Kommunikation, in der neu gemischt und frei assoziiert wird. Der Genpool von Ideen wird in allen denkbaren Variationen ausgeschöpft. Alles ist erlaubt, die Frage der Realisierbarkeit stellt sich erst später – und muss sich erst später stellen.

Was im Brainstorming auf einer hypothetischen Ebene des Probehandelns erfolgt, ereignet sich aber auch tatsächlich in manchen Organisationen. Jeder macht scheinbar, was ihm gerade in den Sinn kommt. Es ist wenig bezogen auf das, was die anderen machen, die Aktionen der Mitarbeiter sind lose gekoppelt, und die Erwartbarkeit bestimmter Verhaltensweisen und Interaktionen ist nur sehr gering. Dem Außenstehenden erscheint dies als Strukturlosigkeit oder -schwäche, manchmal gar als Chaos. Doch auch solche Muster können intelligent und funktionell sein, wenn es darum geht, kreative Menschen fest an die Organisation zu binden und ihre individuelle Kreativität für sie nutzbar zu machen. Wem Kreativität und freies Denken ein hoher Wert ist, der würde eben nicht dauerhaft beim Ordnungsamt arbeiten. Er fühlt sich in einer Werbeagentur wohler. Allerdings sind solche Organisationen dauerhaft nur dann überlebensfähig, wenn es ihnen gelingt, zumindest zeitweise – als Gegenstück zum Brainstorming im Ordnungsamt – Strukturen aufzubauen und disziplinierte Zusammenarbeit zustande zu bringen. In Werbeagenturen ist daher auch immer in den letzten 24 Stunden vor einer Präsentation beim Kunden ungeheure, aber zielgerichtete Hektik zu beobachten. Der Kunde erhält am nächsten Morgen den Eindruck, wochenlang wäre sehr sorgfältig und diszipliniert an seinem Projekt gearbeitet worden.

Diese wenigen Beispiele dürften deutlich machen, dass jede Organisation ihre eigene Mischung finden muss, wie sie auf der Ebene der Aktionen und der Ebene der Akteure losere und festere Kopplungen kombiniert und darüber hinaus die beiden Ebenen miteinander verbindet. Die Begriffe „losere" und „festere Kopplung" sind bewusst als Komparativ gewählt, um deutlich zu machen, dass es sich hier nicht um absolute, sondern um relative Größen handelt. Kopplungen können in ihrer Festigkeit gesteigert oder verringert werden, und das gilt es im konkreten Fall zu entscheiden und zu beeinflussen.

Wenn man die beiden Dimensionen der Kopplung von Aktionen und Akteuren in einem Koordinatensystem darstellt, so hat man ein grobes Orientierungssystem, wie sich bestimmte soziale Systeme unterscheiden. Dabei zeigt sich, dass – auch jenseits oder vor allen geschäftlichen Überlegungen – jede dieser Organisationsformen ihre Vorzüge hat, für die aber immer auch ein Preis zu zahlen ist. Das zeigt sich, wenn wir den privaten und den öffentlichen Bereich mit in unsere Analyse einbeziehen.

4.6.1 Familie

Beginnen wir mit einem Blick auf die privaten Beziehungen und die dort beobachtbaren Kommunikationsmuster. In der Familie, zumindest in der Eltern-Kind-Beziehung, haben wir es mit der wahrscheinlich im Durchschnitt festesten Kopplung zwischen Akteuren in unserem westlichen Gesellschaftssystem zu tun. Es ist eine Beziehung, die nicht kündbar ist, und die Kommunikationsmuster, die sich im Laufe der familiären Geschichte innerhalb dieses Beziehungsrahmens entwickeln, sind sehr wandlungsreich. Die Familie stellt ge-

Losere vs. festere Kopplung: Akteure vs. Aktionen

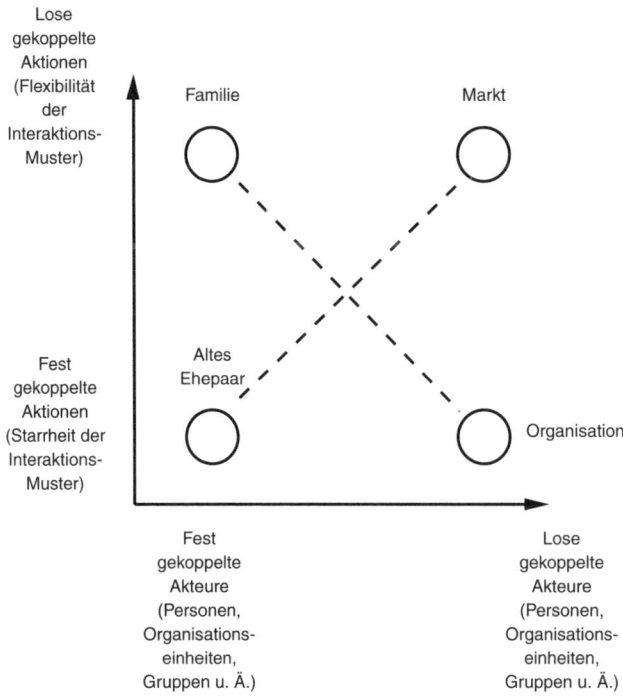

Abb. 4.1

wissermaßen den Prototyp des personenorientierten Systems dar, d. h., ihr Ziel und Zweck, ihr Sinn, liegt in den Personen, deren Wohlergehen, Gedeihen, Fortkommen, Gemeinsamkeit. Alles, was ein Familienmitglied betrifft, kann von den anderen Familienmitgliedern thematisiert werden (was nicht bedeutet, dass es nicht in jeder konkreten Familie Tabus gäbe, über die lieber nicht gesprochen wird).[31] Was über die Zeit relativ konstant bleibt, sind in diesem Typ sozialen Systems die Akteure, wohingegen sich die Muster der Interaktion verändern, d. h. das, was jeder Einzelne tut bzw. aufgrund seiner persönlichen körperlichen und geistigen Entwicklung tun kann (von der Geburt bis zur Vergreisung). Familien sind daher in Bezug auf äußere Veränderungen extrem anpassungsfähig. Sie wandern aus, fügen sich in neue sozioökonomische und kulturelle Bedingungen ein, werden damit fertig, dass sich bei Krankheit oder Unfall die internen Rollen teilweise radikal verändern usw. Da ihre Identität als soziales System über die der Familie angehörigen Personen definiert ist, sind alle funktionellen Aspekte veränderbar und flexibel.

Das ist natürlich nur eine zeit- und kulturbezogen gültige Beschreibung der Familie (für ein westliches Land zu Beginn des 21. Jahrhunderts), da sich die Funktion der Familie im Rahmen gesellschaftlicher Entwicklungen unterscheidet und rapide verändert. Die Nichtaustauschbarkeit der Personen in der Familie hat sich beispielsweise in den letzten 50 Jahren in Europa und den USA sehr verändert. Von der Ehe, die nur durch den Tod geschieden werden konnte, zur Lebensabschnittspartnerschaft war ein gewisser Weg zurückzulegen. Außerdem leben immer mehr Paare mit Kindern unverheiratet zusammen, und die Zahl der Scheidungen steigt, was auch als ein Schritt zur loseren Kopplung der Akteure angesehen werden kann. Die Vermeidung der Eheschließung und all ihrer formalen Folgen entlastet die Beziehung von Zukunftsverpflichtungen (und eröffnet ihr dadurch manchmal erst eine Zukunft).

Zusammenfassend lässt sich auf jeden Fall die Familie als ein idealtypisches soziales System beschreiben, das sich durch eine relativ feste Kopplung der Akteure bei einer relativ losen Kopplung der Aktionen auszeichnet.

Dass es in Familien auch oft genug Rituale gibt, an die sich jeder zu halten hat, sollte hier nicht als Gegenargument akzeptiert werden, da die Familie im Vergleich zu anderen sozialen Systemen wie etwa Organisationen – und darin liegt der Unterschied – nicht durch diese fest gekoppelten Interaktions- und Kommunikationsmuster in ihrer Identität als Familie definiert wird. Ganz im Gegenteil, wenn eine Familie nicht in der Lage ist, sich in ihren Spielregeln den Bedürfnissen der beteiligten Personen anzupassen, dann spaltet sie sich meist. Die Beziehungen werden abgebrochen. Die Familie löst sich auf, weil die Zugehörigkeit zu ihr für die Familienmitglieder nicht mehr so identitätsstiftend ist, dass sie bereit wären, auf der Ebene der Spielregeln Kompromisse einzugehen und sich anzupassen.

4.6.2 Organisation

Das Gegenbild zur Familie stellt in unserem Koordinatensystem die idealtypische Organisation dar. Ihre Entstehung und die der skizzierten Familienstruktur ist Teil derselben gesamtgesellschaftlichen Entwicklung (die noch nicht abgeschlossen ist), der funktionellen Differenzierung von Teilsystemen der Gesellschaft.

Organisationen sind durch ihre Funktionen definiert. Man kann sie wohl am besten als „geronnene" Problemlösungsstrategien begreifen. Die dazu nötigen Fähigkeiten erfordern eine immer größere Spezialisierung, sodass nicht mehr jeder alles tun kann. Es muss auf der persönlich-beruflichen Ebene von jedem Einzelnen, auf der Funktionsebene von der Organisation eine Auswahl getroffen werden. Unternehmen sind Organisationen, deren Kompetenz darin liegt, bestimmte Produkte und Dienstleistungen für die Gesellschaft zur Verfügung zu stellen. Um diese sachlichen Ziele zu erreichen, müssen sie in der Lage sein, die dazu notwendigen Prozesse (z. B. Produktion) unabhängig von den beteiligten Personen zu gewährleisten. Je nachdem, wie eng oder wie weit gesteckt der Zielraum ihrer Aufgabenerfüllung ist, gibt es von Organisation zu Organisation große Unterschiede, was die Flexibilität ihrer Spielregeln angeht (Ordnungsamt vs. Werbeagentur). Aber dennoch lässt sich sagen, dass es ein konstituierendes Charakteristikum von Organisationen ist, dass die Akteure austauschbar bleiben, während die Aktionen bzw. die Interaktionsaktionsmuster bzw. -netzwerke relativ fest miteinander gekoppelt sind.

Die Identität einer Organisation wird durch ihre Funktion bestimmt und nicht durch diejenigen, die in ihr arbeiten. Natürlich werden die konkreten Personen Einfluss darauf nehmen, wie das Alltagsgeschäft konkret abläuft. Sie ändern aber nicht die grundlegende, abstrakte Identität der Organisation als Mitspieler auf einem bestimmten Spielfeld (beim Unternehmen: dem gesellschaftlichen Subsystem Wirtschaft). Die Führungscrew von Mannesmann mag beschließen, dass die Firma, statt Stahlröhren zu produzieren, in Zukunft ein mobiles Telefonnetz betreibt, oder Preussag mag das Geschäft vom Stahlkochen hin zum Tourismus umdefinieren, aber keines dieser Unternehmen ist auf die Idee gekommen, aus der Wirtschaft auszusteigen und, beispielsweise, aus dem Stahlkocher eine fundamentalistische, christliche Kirche zu machen. Die genannten Wandlungen waren natürlich auch mit einer radikalen Identitätsveränderung verbunden, die von vielen der Akteure nicht mitvollzogen werden konnte – aber die sind, das ist ein wesentlicher Teil der Rationalität von Organisationen, ja nur lose gekoppelt, d. h. austauschbar. Wer im Management nicht in der Lage war, den Wandel von der Preussag zur TUI mitzuvollziehen, der wurde „in die Wüste geschickt" (und das war keine Pauschalreise).

4.6.3 Altes Ehepaar

Nehmen wir als drittes Extrembeispiel ein altes, am besten auch noch kinderloses Ehepaar: Hier sind zwei Akteure zu einer symbiotischen, koevolutionären Einheit verschmolzen. Sie sind füreinander nicht austauschbar, zur Welt des einen gehört der andere; fester gekoppelt können Akteure kaum sein. Und da sie so lange Zeit dafür hatten, haben sie sich auch so miteinander arrangiert, dass sie füreinander in hohem Maße berechenbar und vorhersehbar sind. Die Interaktionsmuster, die sie von Tag zu Tag reproduzieren, sind daher auch relativ vorhersehbar, die Aktionen des einen, seine geliebten oder gehassten Gewohnheiten, sind fest gekoppelt mit denen des anderen. Aber nicht nur die Interaktionsmuster, die Spiele, zeigen ein hohes Maß an Starrheit, auch die Beziehung zwischen Spielern und Spiel ist fest gekoppelt. In die Folie à deux eines alten Ehepaares kann nicht einfach ein anderes altes Ehepaar einsteigen. Ein Metzgerladen hingegen, der von einem Ehepaar bewirtschaftet wird, kann jederzeit übernommen werden. Dort haben sich im Laufe der Geschichte aufgabenorientierte Routinen entwickelt, deren Übernahme auch für ein Nachfolgepaar nützlich sein kann – vor allem, wenn die Kunden bestimmte Erwartungen an bestimmte Leistungen (Kalbsschnitzel) entwickelt haben und deren Bindung an den Laden bewahrt werden soll.

Dass die Begriffe Bindung und feste Kopplung in Bezug auf Personen hier weitgehend synonym verwendet werden, verweist auf das Erleben der Beteiligten und die funktionelle Verknüpfung solcher Interaktionsmuster mit Emotionen. Gefühle können *erklären*, dass sich Personen aneinander binden („fest koppeln") und dass derartige Bindungen aufgelöst werden. Liebe und Hass haben weit reichende Folgen für die Interaktion. Im ersten Fall sucht man gegenseitig die Nähe des anderen, im zweiten Fall geht man sich aus dem Wege. Die Wahrscheinlichkeit, dass man miteinander in Interaktion und Kommunikation tritt und („strukturell gekoppelt") eine gemeinsame Geschichte durchläuft, wird dadurch größer oder geringer.

Aber der Zirkel schließt sich, denn Gefühle (Affekte, Emotionen) können nicht nur als Ursache für die Entstehung solch koevolutiver Einheiten betrachtet werden, sondern auch als deren Folge. Der alltägliche Umgang miteinander erzeugt auch Gefühle bei den Betreffenden. Wenn sie positiv sind, so wird der Bestand dieser Mehrpersoneneinheit (sei es ein Paar, eine Familie, ein Team, eine Organisationseinheit usw.) wahrscheinlicher, wenn sie negativ sind, dann wird die Trennung oder Spaltung wahrscheinlich. Deswegen funktionieren arrangierte Ehen meist besser als solche, die einer romantischen Liebesmythologie entsprechen, und deswegen gehen Ehen, die auf der Basis einer blind machenden Liebe geschlossen wurden, auseinander, sobald einer der Beteiligten seine Sehfähigkeit wiedergewonnen hat.

All dies gilt natürlich auch für professionelle Beziehungen oder die gemeinsame Geschichte von Menschen, die zusammenarbeiten. Es entstehen Emotionen. Da es sachliche Gründe, d. h. gemeinsame Aufgaben, sind, die für die Kopplung der Akteure sorgt, kann die Erwartung an die Beziehung der Aufgabe entsprechend begrenzt werden. Das reduziert das Enttäuschungspotenzial. Eine der Funktionen von Organisationen besteht darin, es durch ihre aufgabenbezogene Kommunikation den Akteuren leichter zu machen, sich emotional voneinander zu distanzieren. Man muss sich nicht lieben, um miteinander den Fotokopierer zu benutzen (bei einem gemeinsamen Bett ist das schon schwieriger, aber auch nicht unmöglich).

Trotzdem ist immer wieder zu beobachten, dass sich die Mitarbeiter eines Unternehmens, einer Abteilung usw. in ihrem Umgang miteinander und in ihren Gefühlen füreinander der Dynamik alter Ehepaare annähern. Je weniger kündbar sie sind, desto wahrscheinlicher ist dies.

4.6.4 Markt

Die größtmögliche emotionale Distanzierung bietet die Form von sozialem System, das gewissermaßen den vierten Eckpunkt unseres Beziehungsfeldes bildet: der Markt. Hier haben wir es mit einem System zu tun, bei dem sowohl die Akteure als auch die Aktionen lose gekoppelt sind. Oder anders gesagt: Das System ist auf eine einzige Interaktions- bzw. Kommunikationsform reduziert, die keinerlei feste Kopplung mit irgendeiner anderen Interaktion oder Kommunikation hat: die Transaktion des Kaufs bzw. Verkaufs. Märkte sind Spiele, in denen alle möglichen Spielzüge zu beobachten sind, vom Marketing bis zur Korruption. Was aber ihre Identität bestimmt, ist das Zusammentreffen zweier Akteure, die gemeinsam einen Handel abschließen, bei dem einer zum Verkäufer, der andere zum Käufer wird: zwei im buchstäblichen Sinne miteinander handelnde Individuen. Die gemeinsam vollzogene Transaktion besteht aus den zwei Seiten Kauf und Verkauf. Diese Kommunikation ist ein einmaliges Ereignis. Das Kommunikationssystem Kauf und Verkauf scheint für einen Moment auf, dann ist es vergangen. Danach gilt: Neues Spiel, neues Glück!

Hier haben wir es mit einem offenbar sehr kurzlebigen Typ von Kommunikationssystem zu tun, da weder in Bezug auf die Akteure noch die Aktionen Kontinuität zu erwarten ist. Zumindest ist die Kopplung in beiden Dimensionen so lose, dass weder längerfristige Prozesse entstehen, noch länger dauernde Beziehungen aufgebaut werden müssen (können sie natürlich doch, aber dann ist das etwas, was trotz der marktförmigen Beziehung entsteht).

Dass der Käufer möglicherweise einen komplizierten Suchprozess vollziehen oder sich in irgendwelche obskure Organisationen einfügen musste, um überhaupt an das Produkt seiner Begierde zu gelangen und den Verkäufer zu treffen, und dass der Verkäufer möglicherweise ein Unternehmen aufbauen musste, um überhaupt sein Produkt auf dem Markt anbieten zu können, spielt für das Geschäft letztlich keine Rolle. Es braucht den Käufer (im Prinzip) nicht zu interessieren, ob der Verkäufer sein Produkt im Schweiße seines Angesichts hergestellt hat oder es vom Lastwagen gefallen ist. Was interessiert, ist der Preis, auf den sich Käufer und Verkäufer einigen. Als Personen können sich die Geschäftspartner im Prinzip vollkommen egal sein. Deswegen funktionieren Internet-Auktionshäuser wie ebay. Hauptsache der Kauf bzw. Verkauf kommt überhaupt zustande. Die Akteure sind füreinander bzw. für die Transaktion austauschbar. Sie müssen sich noch nicht einmal kennen, lieben brauchen sie sich auf jeden Fall nicht.

Eine Konsequenz dieser Kurzlebigkeit der Kopplung der Transaktionsteilnehmer wird deutlich, wenn wir ein Extrembeispiel von Marktbeziehung betrachten: das Haustürgeschäft. Hier treffen sich die Handelspartner nur einmal und können oder müssen mit keiner gemeinsamen Zukunft rechnen. Folge ist, dass die Käufer auf der Hut sein müssen, nicht betrogen zu werden. Denn sie können den Verkäufer nicht zur Rechenschaft ziehen. Deswegen hat der Gesetzgeber Absicherungen für den Käufer vorgesehen: Rücktrittsrechte von abgeschlossenen Geschäften usw. Sie sollen den Effekt des bei dieser Art von Geschäft nicht vorhandenen „Schattens der Zukunft" ersetzen. Wer in einem normalen Laden etwas kauft, dessen Qualität ihm zu Hause als fragwürdig erscheint, der kann wieder zurück in das Geschäft gehen (!) und die Transaktion in Frage stellen, mit einem Baseballschläger die Scheiben des Ladens einschlagen, den Verkäufer verklagen usw. Wer als Ladenbesitzer möchte, dass der Kunde wiederkommt oder zumindest nicht schlecht über ihn redet, wird sich – auch ohne äußeren oder gesetzlichen Zwang – bestimmten ethischen oder fachlichen Standards unterwerfen, weil die Aktion heute Folgen in der Zukunft hat. Das mildert gewissermaßen die Radikalität des marktwirtschaftlichen Modells, die erwartbare Zukunft wird in die Gegenwart eingeführt. Wo keine gemeinsame Zukunft zu erwarten ist, wie beim Bestellen der 20-bändigen Enzyklopädie an der Haustür, fallen die den Verkäufer zur Selbstdisziplin bringenden Zukunftsperspektiven weg. Der Staat sieht sich aufgerufen, an die Stelle des Kunden zu treten und Sanktionsdrohungen auszusprechen.

Das heißt, marktwirtschaftliche Prinzipien allein reichen in der Regel nicht aus, um eine funktionierende Marktwirtschaft aufzubauen und zu gewährleisten. Sie bedürfen des Rechtssystems, das ihre Defizite kompensiert. Wenn, wie etwa in Russland, marktwirtschaftliche Prinzipien eingeführt werden, ohne dass sie durch ein darauf abgestimmtes Rechtssystem domestiziert werden, dann entwickelt sich nahezu zwangsläufig eine Art unzivilisierter Wild-West-Wirtschaft, in der allein die Macht des Stärkeren sich durchsetzt und der Möglichkeiten, durch Lug und Trug reich zu werden, keine Grenzen gesetzt sind. Auch die Finanzmärkte haben hier sicher einen gewissen Zivilisierungsbedarf.[32]

Das alles ändert aber nichts an der potenziellen Rationalität von Märkten. Ihr evolutionärer Vorteil liegt in einer anderen, das Wirtschaftsleben so interessant machenden Paradoxie. Die lose Kopplung zwischen den Akteuren sorgt zum einen für eine radikale

Gegenwartsbezogenheit der Kommunikation, und zwar unabhängig vom erwähnten Schatten der Zukunft. Kommt das Geschäft hier und jetzt zustande oder nicht? Zum anderen sorgt sie für die extreme Zukunftsorientierung der Akteure bei ihren Entscheidungen. Denn an den Geschäften ist immer ein virtueller Dritter beteiligt, der potenzielle „andere" Käufer bzw. Verkäufer, der einen besseren Preis zahlt bzw. verlangt. Wenn vom Markt wie einem Akteur gesprochen wird, so wird damit dieser virtuelle Dritte (der für die Transaktionspartner jeweils ein anderer ist) gewissermaßen personifiziert. Bei jedem aktuell abzuschließenden Geschäft läuft für beide Partner die Frage mit, ob sich in der Zukunft nicht ein anderer findet, mit dem ein besseres Geschäft abzuschließen wäre. Insofern finden die Transaktionen immer mit einem anderen „Schatten der Zukunft" statt, der für die Austauschbarkeit der Geschäftspartner steht. Mit Futures zu handeln ist nur der nächste Schritt, dessen Logik aber in jedem Handel schon impliziert ist.

Da die Wahrscheinlichkeit nicht sehr groß ist, dass alle Käufer und Verkäufer dieselbe Vorstellung von der Zukunft haben oder gar dieselben Bedürfnisse zur selben Zeit (was gelegentlich vorkommt und eher pathologische Wirkungen hat, auf die wir noch zu sprechen kommen), entsteht das Gesamtverhalten eines Marktes durch die unkoordinierten Entscheidungen einer Vielzahl individuell entscheidender Akteure. Es lässt sich daher gut mit Hilfe statistischer Verfahren beschreiben.

Die am möglichen besseren oder schlechteren Geschäft von *morgen* orientierte Entscheidung von *heute* macht Märkte zu der Art sozialen Systems, die am extremsten zukunftsorientiert ist. Hier liegt einer der Unterschiede zu Organisationen, der aus Managementsicht zu beachten und zu beobachten ist. Denn Unternehmen mit ihren eingespielten Regeln sind wie alle Institutionen vergangenheitsorientiert. Sie setzen die Spielregeln fort, nach denen früher schon gespielt wurde. Auch das kann ja intelligent sein (warum sollte man immer wieder das Rad neu erfinden?). Es ist aber nicht immer intelligent.

Neben dem Unterschied zwischen Vergangenheits- und Zukunftsorientierung gibt es einen zweiten, grundlegenden Aspekt der Märkte von Organisationen, der durch die Art der Kopplung zu erklären ist. Organisationen sind exklusiv, d. h., sie lassen nicht jeden mitspielen, sondern sind selektiv in ihren Zugangsbedingungen.

In Märkten hingegen ist der Zugang leicht. Jeder kann Käufer sein, jeder Verkäufer. Die Kommunikation und die Bindung aneinander sind auf den Augenblick begrenzt. Sobald die Zahlung geleistet ist, können die Transaktionspartner sich vergessen. Ein System ohne Vergangenheit und ohne Zukunft.

Diese Augenblicksbezogenheit bzw. diese Entlastung von der Notwendigkeit, ein Gedächtnis zu entwickeln, ist erst durch die Erfindung des Geldes möglich geworden. Ein Preis wird verlangt, er wird bezahlt – Ende der gemeinsamen Geschichte.

Bei Tauschgeschäften ohne Geld, ist der Prozess der gegenseitigen Bewertung der angebotenen Gegenstände oder Leistungen erheblich schwieriger. Außerdem ist die Kopplung zwischen Ware und Anbieter ein Problem, das die Geschäftsmöglichkeiten einschränkt. Wenn der Schreiner Schulze einen Schrank anbietet, der dem Bauern Bertram gefällt, dann kann Bertram das Objekt nur erwerben, wenn er Schulze etwas zum Tausch anbieten kann. Da Bauer Bertram aber nur Kartoffeln zu bieten hat, gegen die Schreiner Schulze allergisch ist, muss er wohl von der Idee, sein Heim mit dem Schrank zu schmücken, Abstand nehmen. Schreiner Schulze isst gerne Reis und würde gerne einen kleinen Vorrat anlegen. Allerdings hat er nur einen Schrank zu bieten, der dem Reisbauern Riese nicht gefällt. Reisbauer Riese sucht einen Tisch, um genau zu sein: den Tisch, den Tischler Teutsch soeben fertig gehobelt hat. Teutsch hasst Reis, liebt aber Kartoffeln. Wenn Bauer Bertram nun seine Kartoffeln gegen den Tisch tauscht, den Tisch dann anschließend gegen den Reis, dann kann er schließlich den Reis gegen den Schrank tauschen – und alle sind glücklich und zufrieden, und wenn sie nicht gestorben sind, dann tauschen sie noch heute …

Zugegeben, man lernt auf diese Weise sehr viel mehr Leute kennen, die Zahl der Kontakte, die man eingehen kann, um zu seinem Sack Kartoffeln zu kommen, ist größer, und das soziale Leben ist aufregender. Doch was die Möglichkeiten angeht, die gewünschten Produkte ohne lange Umwege und schnell zu bekommen, ist dieses Verfahren nicht wirklich befriedigend. Die Beziehungen zueinander sind sehr spezifisch, die Akteure sind in ihren Kompetenzen und Funktionen nicht oder nur wenig austauschbar.

Diese Art von Barter-Geschäft bestimmt – nebenbei bemerkt – zu einem guten Teil die Interaktion innerhalb von Organisationen. Denn auch hier gibt es Geben und Nehmen zwischen den

Interaktionsteilnehmern, aber es wird nicht jeder Gefallen, den einer dem anderen erweist, unmittelbar und sofort mit Geld honoriert. Aber die Beteiligten wissen sehr genau, wer wem was schuldig ist. Irgendwann wird es eingefordert ...[33]

Mit Geld als Kommunikationsmedium[34] ist das alles anders. Es sorgt für totale Austauschbarkeit, es symbolisiert sie und ermöglicht sie. Woher ein Käufer das Geld hat, mit dem er bezahlt (Vorgeschichte), spielt keine Rolle, und was der Verkäufer damit machen wird (Zukunft) auch nicht.

Wenn man die in unserem Koordinatensystem angeführten Ebenen der festeren oder loseren Kopplung von Akteuren und Aktionen als Grundlage nimmt, so erhält man einen diagnostischen Leitfaden zur Beurteilung sozialer Systeme. Wie beispielhaft durch die idealtypischen Gegenpole Altes Ehepaar/Markt und senkrecht dazu durch die Pole Familie/Organisation illustriert, lassen sich die unterschiedlichsten Organisationsformen konstruieren. Aus der Perspektive des Managements stellt sich die Frage: Für welche sachlichen oder persönlichen Zwecke ist welche Form der Kopplung von Aktionen und Akteuren passend und nützlich?

So bilden die Netzwerke der Terroristen von Al Qaeda offenbar kleine, familienartige Gruppen von Personen, die eng aneinander gebunden sind und in denen jeder vielfältige Funktionen übernehmen kann; die einzelnen „Zellen" scheinen dagegen nur lose, netzwerkartig miteinander verbunden zu sein. Dessen ungeachtet geht die US-Regierung davon aus, sie würde im „Krieg gegen den Terrorismus" einen wichtigen Schritt nach vorn machen, wenn sie den „Kopf" der Terroristen zur Strecke bringen würde. Doch das ist ja gerade der Überlebensvorteil von Netzwerken, dass die Untereinheiten austauschbar bleiben. Wenn eine aufhört, macht eine andere weiter. Es ist ein Organisationsmodell, das nicht im Ganzen unterworfen oder „besiegt" werden kann. In einer hierarchischen Organisation mit einem charismatischen Führer wäre die Enthauptungsidee durchaus angemessen. Im Hinblick auf Al Qaeda scheint allerdings eher zweifelhaft, ob Osama bin Laden tatsächlich solch eine Rolle als hierarchischer Führer spielt.[35]

Ähnlich überleben auch Religionen oder andere, an Ideen orientierte Systeme die schwersten Zeiten der Unterdrückung. Die russisch-orthodoxe Kirche, die während der Sowjetherrschaft bekämpft wurde, blühte nach deren Ende innerhalb kürzester Zeit wieder auf.

Letztlich muss die Sinnhaftigkeit unterschiedlicher Organisationsformen an den jeweiligen Zielen gemessen werden, seien sie nun persönlicher oder sachlicher Natur.

4.7 Macht und Ohnmacht –
Das Prinzip der grösseren Austauschbarkeit

Was Märkte und Organisationen aus systemischer Sicht miteinander verbindet, ist die Austauschbarkeit der Akteure. Nur deswegen können ihre Strukturen und Funktionen über längere Zeit erhalten werden. Das hat Folgen für diejenigen, die sich auf einem Markt oder in einer Organisation engagieren: Sie müssen mit Wettbewerb rechnen, d. h., es gibt (fast) immer andere, die in der Lage sind, dasselbe zu tun oder zu produzieren, wie man selbst. Das Erleben dieser Austauschbarkeit ist selbstverständlich für die meisten Menschen narzisstisch kränkend, aber: Was soll's? Dem entgeht man nicht.

Als ökonomische Überlebenseinheit ist heute jedes Individuum darauf angewiesen, genügend Zahlungen zu erhalten, um seinen Lebensunterhalt (und eventuell den seiner Angehörigen) zu bestreiten. Was er oder sie zu „verkaufen" hat, ist die Arbeitskraft. Je gefragter sie ist, je einzigartiger, desto höher ist nicht nur die zu erzielende Honorierung, sondern auch die individuelle Unabhängigkeit von einem speziellen Unternehmen. Wem Autonomie ein hoher Wert ist, der sollte dafür sorgen, dass seine Kompetenzen und Fähigkeiten für möglichst viele Organisationen hoch attraktiv sind. Er muss seine Auftraggeber und potenziellen Arbeitgeber für sich austauschbar halten.

Dasselbe Prinzip gilt auf der Gegenseite für das Unternehmen. Es muss im Prinzip jeden Mitarbeiter austauschbar halten, wenn es sich nicht abhängig von ihm machen will. Hier zeigt sich der bereits erwähnte Interessenkonflikt zwischen dem Unternehmen und seinen Beschäftigten.

Doch dieses Prinzip bestimmt alle Beziehungen, in denen es darum geht, Strukturen zu erhalten. Das beginnt bei der Biologie und den körperlichen Bedürfnissen, die nur unter bestimmten Umweltbedingungen befriedigt werden können. Ein Organismus muss eben Sauerstoff zum Atmen, Nahrung und Flüssigkeit haben. Er ist von ihnen abhängig. Deswegen werden Vorräte angelegt, auch wenn man gerade satt ist. Es werden Vorkehrungen für die Zukunft getroffen, um die bekannten Umweltfaktoren, von denen man weiß, dass man von ihnen abhängig ist, unter Kontrolle zu halten. Das ist intelligentes Verhalten, weil es die relevanten Umwelten bzw. deren Auswirkungen auf das eigene Überleben auch im Blick auf die Zukunft in Rechnung stellt.

In der Beziehung zwischen einem Unternehmen und seinem Mitarbeiter haben wir es nun aber mit zwei intelligenten Überlebenseinheiten zu tun, die füreinander potenziell überlebenswichtige Umwelten darstellen. Beide sind Akteure auf einem Markt, beide sind prinzipiell füreinander austauschbar. Unter welchen Bedingungen kommen sie miteinander ins Geschäft? Wer kann wem seine Bedingungen gegebenenfalls aufzwingen, oder, etwas netter ausgedrückt, wer hat die besseren Argumente? Oder, ohne alle Schönfärberei: Wer hat die größere Macht?

Das führt zu der Frage, wie Macht denn in diesem Zusammenhang definiert werden kann. Denn wir haben es ja mit autonomen Systemen zu tun, die innengesteuert sind und zwischen deren Aktionen es keine geradlinigen Ursache-Wirkung-Beziehungen gibt (es gibt keine „instruktive Interaktion"[36]). Das Unternehmen trifft seine Entscheidungen aufgrund seiner eigenen Sicht der Realität – der Mitarbeiter ebenfalls. Wenn sie sich einigen und einen Vertrag unterschreiben, so müssen sie sich in ihren Sichtweisen einander angenähert haben. Der Prozess, der sie dahin führt, kann als Beobachtung des Marktes charakterisiert werden. Beide Parteien schätzen die jeweils eigene Austauschbarkeit wie die des anderen ein. Wenn es viele „Anbieter" gibt, so hat der „Käufer" die Wahl, wenn es viele „Käufer" gibt, so hat der „Anbieter" die Wahl: „Käufermarkt" versus „Anbietermarkt".

Macht auf Märkten ist ein Aspekt der Beziehung, d. h. immer relativ. Sie ist eine Auswirkung des „Prinzips der größeren Austauschbarkeit". Auf eine simple Formel gebracht, lässt es sich folgendermaßen zusammenfassen:

> Die faktische Macht hat in einer Marktbeziehung immer derjenige, der für den anderen weniger austauschbar ist als umgekehrt.

Anders formuliert: *Wer den anderen weniger braucht als der ihn, ist in der weniger abhängigen Position (d. h., er bestimmt die Geschäftsbedingungen).*

Wohl jeder kennt dies aus seinem Privatleben. Der Partner, der weniger am anderen interessiert ist als der an ihm, bestimmt, wie der gemeinsame Abend verbracht wird. Das dürfte einer der Gründe sein, warum sexuell attraktive Frauen gegenüber den ihnen nachstellenden Männern immer in der Machtposition sind. Und das dürfte auch der Grund sein, warum über Jahrhunderte jungen Damen beigebracht wurde, ihr Interesse an einem potenziellen Sexualpartner solange keusch geheim zu halten, bis aus ihnen Ehemänner geworden waren. Und schließlich dürfte es eines der Motive sein, warum Männer sich bemühen, reich und berühmt zu werden. Stets geht es darum, eine Situation herzustellen, in der die eigene Attraktivität, d. h. die eigene Nichtaustauschbarkeit, größer ist als die des potenziellen Partners.

Aber zurück zur Marktwirtschaft, obwohl wahrscheinlich ja auch die Dynamik erotischer Beziehungen zu einem guten Teil marktwirtschaftlich zu erklären ist.

Für Mitarbeiter ohne unverwechselbare Spezialkompetenzen gilt, dass sie relativ leicht austauschbar sind. Diese individuelle Machtlosigkeit stand an der Wiege der Gewerkschaftsbewegung. Der einzelne Arbeiter mochte zwar jederzeit ersetzbar sein, die Arbeiterschaft insgesamt aber nicht. Hier wurde durch die faktische Bildung einer übergeordneten Überlebenseinheit „Gewerkschaft" eine solidarische Gegenmacht aufgebaut.

Dieses Prinzip scheint nun an sein Ende gelangt. Mit der Globalisierung können national operierende Gewerkschaften keine hinreichende Gegenmacht mehr aufbauen. Die Austauschbarkeit der Arbeitskraft ist weltweit wiederhergestellt. Zurück in die Zukunft!

Beispielhaft ist in dieser Hinsicht General Electric unter der Führung von Jack Welch, der diesen Aspekt der Globalisierung konsequent genutzt hat. Als sich herausstellte, dass die Stahlgehäuse für Turbinen in Mexiko 40 % billiger als in den USA produziert werden konnten, wurde die Produktion dorthin verlagert und der (traditionsreiche) Standort in den USA geschlossen. Und als sich wenig später ergab, dass die Gehäuse in Korea 40 % billiger als in Mexiko hergestellt werden konnten, dauerte es genau 45 Tage, bis sie in Korea produziert wurden.[37]

Auf der anderen Seite ist aber auch die individuelle Macht einzelner Mitarbeiter, oder eher noch: einzelner Mitarbeitergruppen als Überlebenseinheiten, gegenüber ihren Unternehmen aufgrund ihrer speziellen Nichtaustauschbarkeit immer größer geworden. Die Piloten der Lufthansa nutzten im Frühjahr 2001– heute fast vergessen und angesichts der seit dem 11. September 2001 herrschenden Krise der Luftfahrtindustrie kaum noch glaublich – ihre Unersetzbarkeit und streiken, um ihrer sagenhaften Forderung von 30–35 % Gehaltssteigerung Nachdruck zu verleihen. Hier zeigen sich deutliche Hinweise auf einen Trend, der zwar die traditionellen Muster gewerkschaftlicher Macht nutzt, die Solidarität aber auf kleinere Einheiten und differenzierte Spezialinteressen begrenzt.

Doch der Konflikt, wer für wen austauschbarer ist, prägt ja nicht nur die Beziehung des Unternehmens zu seinen Mitarbeitern, sondern auch die Beziehung zwischen dem Unternehmen und den Investoren bzw. dem Kapital. Auch hier stellt sich – zumindest bei börsennotierten Firmen – die Frage, wer wen mehr braucht oder für den anderen die größere Attraktivität besitzt. Das Kapital ist weltweit auf der Suche nach Unternehmen, an die es sich – mal länger, mal kürzer – binden kann. Die einzelnen Unternehmen sind dabei extrem austauschbar geworden, und den Zuschlag erhält, wer die attraktivsten Renditen verspricht.

Und umgekehrt: Auch die Investoren sind für die Unternehmen austauschbar geworden. Bei den Börsengängen in den hohen Zeiten des Neuen Marktes standen die potenziellen Kapitalgeber Schlange wie einst die vitaminhungrigen Bürger der DDR, wenn es Südfrüchte gab. Die Aktien mussten zugeteilt werden. Die Frage, wer mehr vom anderen wollte, war damals klar zu beantworten. Und diese Zeiten sind noch nicht so lange her, wie es scheint.

Analog zum skizzierten Konflikt zwischen Unternehmen und Mitarbeitern hinsichtlich der gegenseitigen Austauschbarkeit gibt es also einen prinzipiellen Konflikt zwischen Unternehmen und Investoren.

Und natürlich gilt dies im Prinzip auch in der Beziehung zum Kunden. Wer nur einen Kunden oder ein Produkt hat, gründet sein Unternehmen auf schwache Fundamente. Ein breites Produktportfolio sorgt für die Unabhängigkeit von spezialisierten Märkten (auch wenn dies von Analysten meist abgestraft wird – aber die haben ja eh keine Ahnung!).

Das Unternehmen befindet sich immer im Konflikt zwischen den Anforderungen dieser verschiedenen Märkte. Es kann langfristig nur überleben, wenn es ihm gelingt, die für die Entwicklung, Herstellung und den Vertrieb der eigenen Produkte nötigen Mitarbeiter anzuheuern, genügend Kunden zu finden und zu halten, und gleichzeitig das dazu nötige Kapital an sich zu binden. Diesen Spagat, den gegensätzlichen Interessen gerecht zu werden, haben Führung und Management zu vollbringen.

Der generelle Trend der Unternehmensentwicklung, der mit der Globalisierung verbunden zu sein scheint, kann auch als Trend zur loseren Kopplung zwischen den beteiligten Akteuren charakterisiert werden. Das heißt, Beziehungen werden kurzfristig eingegangen und ihre Verbindlichkeit ist zeitlich eng begrenzt.

Um dies durch eine erotische Metapher (die durchaus wissenschaftlich ernst gemeint ist) zu illustrieren: Der Trend geht hin zum Quicky oder, da es sich ja um gewerbliche Beziehungen handelt, zum Prostitutionsmodell. Der Vergleich mit dem ältesten Gewerbe der Welt scheint nicht unangebracht, da es ja wirklich um gewerbliche Beziehungen geht und nicht um Liebe. Der Kontakt ist auf die kurzfristige Übernahme von Diensten reduziert, die sich wegen ihrer zeitlichen Begrenzung für beide Geschäftspartner rechnen. Ist die Transaktion abgeschlossen und bezahlt, so bricht der Kontakt ab; zumindest besteht keine Notwendigkeit, ihn fortzusetzen.

Um keine falschen Freunde auf den Plan zu rufen: Dieser Vergleich ist nicht moralisch gemeint, und eigentlich ist Sex in diesem Zusammenhang auch gar nicht von Interesse, sondern es geht allein um die ökonomischen und organisatorischen Implikationen des Marktmodells.

Das älteste Gewerbe der Welt liefert das Musterbeispiel für die lose Kopplung von Geschäftspartnern – mit all ihren Vor- und Nachteilen. Es entstehen keine dauerhaften Beziehungen. Ein extrem flexibles und anpassungsfähiges Modell. Aber … ist es auch ökonomisch sinnvoll?

Wenn wir bei General Electric als dem Musterbeispiel für die Nutzung loser Kopplungen bleiben oder auch bei Jack Welch, dem Vorreiter der Shareholder-Orientierung, so zeigt sich, welcher Preis für die Flexibilität zu bezahlen ist.

Nach neueren Umfragen sehen sich inzwischen nur noch weniger als die Hälfte der Mitarbeiter von GE mit ihrer Firma identifiziert. Das Unternehmen, das einmal an der Wiege des technischen Fortschritts stand und nicht nur wegen der Erfindung der Glühbirne und des kommerziell nutzbaren Düsentriebwerks eine erhebliche Strahlkraft besaß, hat in den letzten 20 Jahren zwar sehr gute Profite erwirtschaftet, aber kein einziges technisch innovatives Produkt auf den Markt gebracht.[38]

Nach einer unter 62 größeren US-Firmen durchgeführten Umfrage klagen mehr als 70 Prozent der befragten Unternehmen über geringe Arbeitsmoral der Mitarbeiter und über deren generelles Misstrauen gegenüber dem Management.[39]

Dies sind Indizien dafür, dass das skizzierte Modell der losen Kopplung nicht so intelligent ist, wie es auf den ersten Blick und von der Schreibtischperspektive her erscheint. Es dürfte sich im Produktionsbereich, in dem klar strukturierte Abläufe vollzogen werden müssen und das erforderliche Know-how schnell zu vermitteln ist, in vielen Fällen rechnen (allerdings auch nur, wenn man die sozialen Schäden veröderter Orte, denen die wirtschaftliche Überlebensgrundlage genommen ist, nicht mitrechnet). Wo aber die Kreativität und Eigenverantwortung der Mitarbeiter gefordert ist, muss seine Intelligenz in Frage gestellt werden – vor allem seine emotionale Intelligenz.

Denn den meisten Menschen reicht es offenbar nicht, sich selbst als isolierte Überlebenseinheit zu sehen – als Ich-AG oder Selbst-GmbH. Psychologisch steckt dahinter, dass persönliche Identität über die Zugehörigkeit zu größeren sozialen Einheiten gebildet wird. Sich mit ihnen und ihren Merkmalen, ihren Leistungen und ihrem Schicksal zu identifizieren wird als Sinn stiftend erlebt.

Wenn die eigene Leistung in einer größeren, gemeinschaftlichen Leistung aufgeht, dann wird Arbeit im Allgemeinen als befriedigend erlebt. Das ist der Hintergrund, warum Menschen Bindungen eingehen – nicht nur an einen Partner, sondern auch an eine Aufgabe, eine Arbeit, ein Unternehmen. Unter solchen Bedingungen sind sie in der Lage und bereit, sich bis an den Rand der Erschöpfung zu verausgaben, ihre Fähigkeiten zu nutzen und zu entwickeln, ja, wenn es sein muss, über sich selbst hinauszuwachsen. All dies tun sie dann aber nicht etwa, weil sie dazu gezwungen wären, sondern weil sie eigenverantwortlich und aus eigenem Entschluss handeln.

Aus der Außenperspektive betrachtet, haben wir es hier wieder mit der bereits erwähnten Zirkularität zu tun: Emotionen schaffen Beziehungen, und Beziehungen schaffen Emotionen. Das gilt für positive Emotionen und Beziehungen wie für negative Emotionen und Beziehungen.

Es ist einfach irrational, nicht mit den emotionalen Auswirkungen organisatorischer Modelle – und die unterscheiden sich immer in den impliziten Beziehungsangeboten an die Mitarbeiter – zu rechnen.

Ein Unternehmen, das sich nicht loyal seinen Mitarbeitern gegenüber zeigt, kann auch nicht mit deren Loyalität rechnen.

Ein Management, das nicht die Interessen seiner Mitarbeiter im Blick hat, sollte nicht erwarten, dass sie das Interesse der Firma im Blick haben.

Daher haben die Beziehungsmuster, die in einem Unternehmen realisiert werden, Auswirkungen auf die Produktivität. So sind die USA zwar die Nummer 1, was die durchschnittliche Produktivität der Mitarbeiter angeht, sie sind aber ziemlich weit abgeschlagen, was die Produktivität pro geleistete Arbeitsstunde angeht. Ein durchschnittlicher Deutscher arbeitet 1444 Stunden im Jahr, ein durchschnittlicher US-Amerikaner arbeitet 1825 Stunden.[40] Bei einer angenommenen 40-Stunden-Woche, die ja kaum mehr jemand zu leisten hat, muss sich der arme Deutsche ca. zehn Wochen mehr Gedanken darüber machen, was er mit seiner freien Zeit anfangen soll. Amerika, du hast es besser …?

Doch was ist die Alternative zum Modell der losen Kopplung?

Wenn wir bei der gewählten Metaphorik bleiben, so ist das Gegenbild zum Prostitutionsmodell die nichtkündbare, altitalienische Ehe, die nur durch den Tod geschieden werden kann. Sie repräsentiert das Musterbeispiel der „festen Kopplung" der Akteure, d. h. die Unmöglichkeit, die Akteure – ob die Kapitalgeber oder die Mitarbeiter – auszutauschen. Ihr größter Nachteil ist der Mangel an Flexibilität. Die unkündbare Bindung verhindert jeden Wettbewerb. Auch wenn es offensichtlich attraktivere Partner auf dem Markt gibt, ist man nicht frei, sie zu wählen. Die Details und der dafür zu zahlende Preis (bis hin zur „Scheidung auf Italienisch") müssen hier wohl nicht weiter ausgeführt werden …

Dem stehen aber auch Vorteile gegenüber. Und damit sind ökonomische und wiederum keineswegs moralische Vorzüge gemeint. Am offensichtlichsten ist die langfristige Planungssicherheit für alle Beteiligten. Man braucht, wenn man Leistungen erbringt, nicht auf unmittelbare Honorierung zu drängen, wenn man die Perspektive einer längerfristigen Beziehung zugrunde legen kann. Irgendwie und irgendwann wird man sich alles heimzahlen, d. h., Geben und Nehmen werden sich schon ausgleichen. Hinzu kommen all die alltäglichen Vorteile, die sich aus einer gemeinsamen Geschichte ergeben. Wenn man sich gut kennt, so weiß man im Idealfall, was man voneinander erwarten kann und was nicht. Man kennt gegenseitig seine Wünsche, Kompetenzen, Schwachstellen usw. Das erspart Kommunikations- und Abstimmungsaufwendungen – mal ganz abgesehen von den Synergien, die sich durch die gemeinsame Nutzung des Badezimmers ergeben. Dass dies ein nicht unerheblich zu Buche schlagender Kostenfaktor sein kann, dürfte deutlich sein usw.

Natürlich muss auch die Ehe-Metapher mit einer gehörigen Skepsis betrachtet werden. Sie zeigt aber einige Gesetzmäßigkeiten, die auch im Bereich des Managements gelten.

Weder das Modell der losen Kopplung noch das der festen Kopplung der Akteure dürfte unter dem Blickwinkel nachhaltigen Wirtschaftens das ökonomisch Sinnvollste sein. Es ist daher eine der Hauptaufgaben des Managements, sehr genau die Kosten und Nutzen des jeweils angestrebten und angebotenen Beziehungsmodells zu kalkulieren.

Um noch ein letztes Mal auf das Ehemodell zurückzukommen: Die Ehe ist ja gerade deswegen ökonomisch so sinnvoll, weil die gemeinsame Haushaltsführung eben nicht auf den isolierten Tausch einzelner, klar umrissener Dienstleistungen und ihre Honorierung zu reduzieren ist. Sie liefert gerade durch ihre relative Beständigkeit ein Modell nachhaltigen Wirtschaftens, weil sie – neben der Befriedigung individueller Bedürfnisse – mit einer Unmenge gegenseitiger Dienstleistungen verbunden ist, die auf dem freien Markt einfach nicht bezahlbar oder erhältlich wären: vom Ad-hoc-Entertainment bis zur 24-Stunden-Pflege.

Hinzuzufügen ist allerdings, dass es sich im Laufe der Geschichte nicht bewährt hat, die Festigkeit solcher Bindungen per Kündigungsschutz gesetzlich vorzuschreiben. Entweder man behält füreinander seine Attraktivität oder eben nicht. Dann ist es auch besser, sich zu trennen, und die Möglichkeit dazu sollten beide Partner haben. Das gilt wohl auch für die Beziehung zwischen dem Unternehmen und seinem Mitarbeiter oder Kapitalgeber.

Der Vorteil marktförmiger Beziehungen und Transaktionen liegt in ihrer großen Variationsbreite, der Größe des eröffneten Möglichkeitsraums. Wer mit wem wie ins Geschäft kommt, kann und muss in jedem Augenblick neu ausgehandelt werden. Das damit verbundene Risiko ist, dass geschichtslos operiert wird, bewährte Spielregeln vergessen werden und das Rad immer wieder aufs Neue erfunden wird, weil beispielsweise aus alten Fehlern nicht gelernt wird.

4.8 Die Beobachtung des Managements

Die Formulierung Beobachtung des Managements ist vieldeutig, und das ist auch gut so. Denn nicht nur das Management beobachtet das Unternehmen und seine relevanten Umwelten, sondern das Management wird auch beobachtet: vom Unternehmen und seinen relevanten Umwelten.

Aus einer Außenperspektive betrachtet, haben wir es mit unterschiedlichen Überlebenseinheiten zu tun, die sich – ihren eigenen, intern definierten Zielen entsprechend – gegenseitig beobachten und beim Beobachten beobachten.

Nehmen wir der Einfachheit halber ein Unternehmen als Überlebenseinheit und vernachlässigen, dass mit der Propagierung von Profitcentern auch die unternehmensinternen Beziehungen immer mehr nach dem Marktmodell organisiert werden. Die Übertragbarkeit dessen, was für das Unternehmen als Überlebenseinheit gilt, auf kleinere und autonome Einheiten sollte aber keine allzu großen Schwierigkeiten bereiten.

Welches sind die Umwelten, die Spielfelder, die das Management beobachten muss, wenn es seiner primären Aufgabe, das Überleben des Unternehmens wahrscheinlicher zu machen, gerecht werden will? Die Antwort ergibt sich aus den Prozessen, die das Unternehmen am Leben erhalten. Es braucht Akteure (Mitarbeiter), die dafür sorgen, dass die Prozesse, die das Unternehmen als Kommunikationssystem am Leben erhalten, überhaupt vollzogen werden (die Produktion und Vermarktung von Produkten und Dienstleistungen). Das erste Spielfeld, das vom Management zu beobachten ist, ist also der Arbeitsmarkt. Welche Löhne und Gehälter im konkreten Einzelfall ausgehandelt werden, hängt – wie ja bereits dargestellt – von der wechselseitigen Einschätzung der Austauschbarkeit füreinander ab.

Da Unternehmen eines gewissen Kapitals bedürfen, bilden die Kapitalgeber eine weitere relevante Umwelt. Hier zeigt sich, dass es grundverschiedene Formen der Kopplung zwischen Unternehmen und Kapital geben kann. Wenn beispielsweise in einem Familienunternehmen das gesamte Eigentum des Unternehmens in der Hand einer Familie liegt, so sind Unternehmen und Familie als soziale Systeme de facto fest miteinander gekoppelt. Sie vollziehen ihre Entwicklung als koevolutionäre Einheit, das Unternehmen ist eine relevante Umwelt für die Familie, die Familie für das Unternehmen. Die Familie oder auch einzelne Familienmitglieder sind als relevante Akteure für das Management eines Familienunternehmens nicht ungestraft wegzudenken. Was bei der Aktiengesellschaft die Investor-Relations sind, entspricht hier der Pflege und Beobachtung der Familie bzw. ihrer Dynamik. Wer in einem Familienunternehmen gegen die Familie arbeitet oder auch nur einen solchen Eindruck erweckt, begeht einen Kunstfehler – und seine Tage sind gezählt. Im Zweifel ist auch der Topmanager mit der höchsten Reputation austauschbarer als die Eignerfamilie oder eine eigensinnige Tante in dieser Familie.

Bei einer börsennotierten Aktiengesellschaft hingegen ist die Kopplung zwischen Unternehmen und Eigentümern extrem lose. Es gibt keine Bindungen, die über den Tag hinausgehen müssen. Die Macht des einzelnen Aktionärs ist gering, was dazu geführt hat, dass sich größere Einheiten gebildet haben, die seine Interessen vertreten. Investment- und Pensionsfonds bilden das funktionelle Analogon zur Gewerkschaft auf der Seite des Kapitals. Sie vor allem, aber auch die Öffentlichkeit in Form der Wirtschaftspresse beobachten das Management bzw. die Entscheidungen und Performance des Unternehmens sehr genau. Das hat Konsequenzen für Investitionsentscheidungen.

So lässt es sich kaum vermeiden, dass das Management als zweiten Markt den Kapitalmarkt beobachtet, oder besser gesagt: dass es beobachtet, wie es vom Kapitalmarkt beobachtet wird. Die Folgen für den Entscheidungsstil des Unternehmens werden wieder im Vergleich mit Familienunternehmen deutlich (wobei hier Unternehmen betrachtet werden müssen, die von vergleichbarer Größe sind). Es macht einfach einen Unterschied, ob ein Management alle Vierteljahre seine Entscheidungen im Blick auf die kurzfristige Profitabilität rechtfertigen muss oder ob es einmal im Jahr bei einer Gesellschafterversammlung das Vertrauen, dass es das Unternehmen auch in 20 Jahren für die nächste Generation von Familienmitgliedern erhält, bestätigen muss. Der Zeithorizont der Planung und Bewertung unternehmerischer Entscheidungen ist vollkommen verschieden.[41]

Wenn – wie bis vor kurzem vor allem in den USA üblich – das Topmanagement mit Aktienoptionen versorgt wird, kommt es zu einer festen Kopplung zwischen Management (dem einzelnen Manager) und dem Kapitalmarkt. Die Wahrscheinlichkeit, dass das langfristige Überleben des Unternehmens als Ziel und Sinnstifter eine hohe Priorität bei solch einem Management genießt, ist sehr gering. Dass die Kurzfristigkeit der Perspektive und die Verknüpfung der persönlichen Interessen des Managements mit denen der Investoren offenbar auch zu kriminellen Machenschaften einlädt, sei nur am Rande erwähnt (siehe beispielhaft Enron, Worldcom).

Das dritte Spielfeld des Unternehmens ist natürlich eigentlich das erste: der Markt der Produkte und Dienstleistungen. Wenn das Überleben eines Unternehmens davon abhängt, dass mindestens so viele Zahlungen empfangen wie geleistet werden müssen, dann ist dies – wenn es nicht irgendwelche (Quer-)Subventionen gibt – nur durch den Verkauf von Produkten oder Dienstleistungen zu erzielen. Diese Art der Transaktion ist überlebenswichtig für jedes Unternehmen. Alle internen Organisationsformen und Kommunikationsmuster können daher daran gemessen werden, ob sie diesem Ziel dienen oder es wenigstens nicht behindern. Da Märkte sich verändern, muss die „Passung" zwischen dem, was da drin (im Unternehmen) und da draußen (auf dem Markt) passiert, stets beobachtet werden. Sind die Produkte noch gefragt? Welche Produkte könnten Käufer finden? Über welche Kompetenzen für die Neuerschließung bislang fremder – oder noch gar nicht existierender – Märkte verfügt das Unternehmen? Wie kann man das dem Unternehmen zugängliche Know-how am besten nutzen und verwerten?

Bei Non-Profit-Organisationen stellt sich analog die Frage, welche Produkte sie ihren Spendern eigentlich verkaufen. Gutes Gewissen ist sicher eines davon. Auch dafür gibt es einen Markt, gerade dann, wenn es sonst Mangelware ist.

Diese Beobachtung des Marktes schließt natürlich die Beobachtung der Mitbewerber ein, wobei sich die Frage stellt, wie man sich zu ihnen stellen soll: Kooperation oder Konkurrenz, gemeinsam größere Einheiten bilden oder Nischen besetzen usw.?

Der vierte, jüngste Markt, der beobachtet werden muss, hat sich erst mit zunehmender Globalisierung eröffnet: der Markt der Staaten, die um Investments werben. Sie machen verlockende Angebote, versprechen Subventionen oder Steuervergünstigungen. Die Austauschbarkeit der Staaten als Standorte von Firmen hat zur Entmachtung der Nationalstaaten und der Politik geführt. Man mag das bedauern und die politischen Folgen kritisch beäugen, für das Management ist der Wechsel des Standortes in ein anderes Land eine legitime Option, die mit in die Beobachtung einbezogen werden muss.

Für neu gegründete, kleine Unternehmen mag dies noch keine wirklich wichtige Frage sein, aber je größer das Unternehmen und je weniger es in seinen internen Abläufen an bestimmte kulturelle Vorbedingungen bei den Mitarbeitern gebunden ist, desto mehr geraten fremde Staaten nicht nur als potenzielle Märkte für die eigenen Produkte ins Blickfeld, sondern auch als mögliche Standorte (siehe das skizzierte Beispiel General Electric).

Insgesamt bilden die genannten Umwelten heute die Spielfelder, an denen das Topmanagement sich zu orientieren hat (es sind meist Märkte, aber – z. B. bei Familienunternehmen – nicht immer oder ausschließlich).

Da die Spielregeln und Kopplungen, die Macht- und Ohnmachtbeziehungen nicht dauerhaft zwischen den beteiligten Akteuren festgeschrieben sind, findet sich der Manager in der Rolle eines Jongleurs, der mehrere Bälle gleichzeitig in der Luft zu halten hat. Sein Vorteil und sein Problem ist, dass er die Bälle nicht wirklich in der Luft halten kann oder muss. Er ist nur einer der Teilnehmer am Kommunikationssystem Unternehmen. Allerdings richtet sich aufgrund seiner Rolle die Aufmerksamkeit seiner Mitarbeiter auf ihn. So kann er durch seine Fokussierung der Aufmerksamkeit eine steuernde (führende) Wirkung erzielen. Er kann die Beobachtung des Unternehmens in dieser Richtung beeinflussen, d. h. das Bewusstsein für die relevanten Märkte in die Kommunikation des Unternehmens einführen und dafür sorgen, dass sie nicht wieder vergessen werden.

Die viel gerühmte Lernfähigkeit des Unternehmens besteht dann darin, stets die Frage mitlaufen zu lassen, ob die internen Prozesse und Abläufe, die Routinen und Automatismen zu den genannten Märkten „passen". Gegebenenfalls müssen sie umstrukturiert

Umwelten des Unternehmens (Spieler und Spielfelder)

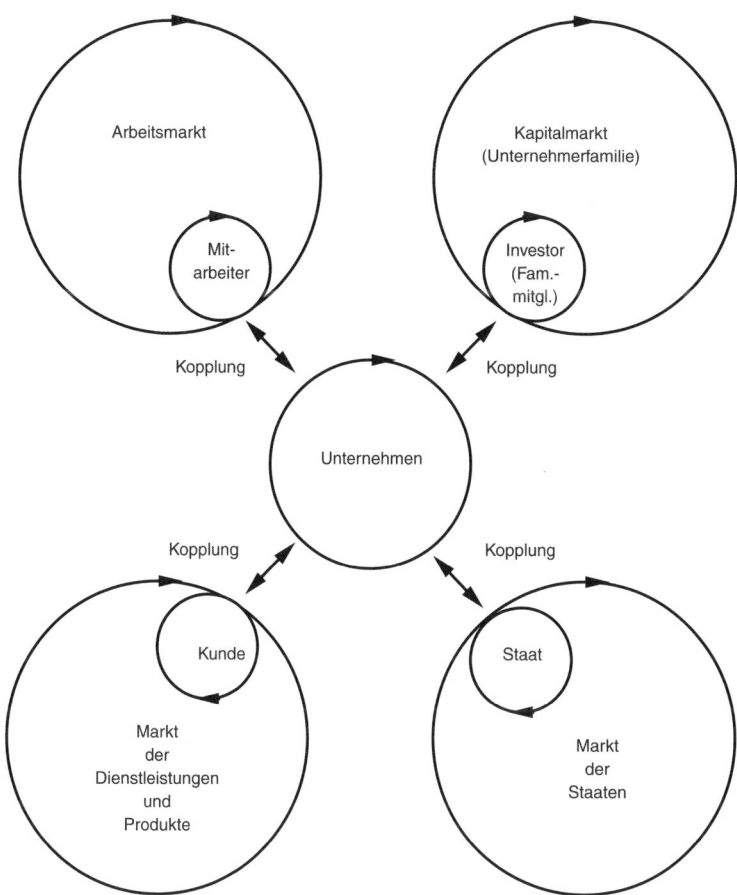

Abb. 4.2

werden. Die Unabhängigkeit des Unternehmens steigt, wenn es gelingt, die Austauschbarkeit des Unternehmens für seine jeweiligen Geschäftspartner auf den Märkten zu senken und in eine über den Augenblick der einzelnen Transaktion hinaus zuverlässige, feste Bindung an das Unternehmen umzuformen, während es selbst die Austauschbarkeit von Kunden, Mitarbeitern und Kapital steigert. Die Bindung des jeweiligen Staates an solch eine Firma kommt dann erfahrungsgemäß von allein.

5. Die Erotik der Unternehmensgründung

5.1 Yahoo!, die Beatles und andere „Familienunternehmen"

Zugegeben: Yahoo! und die Beatles als Familienunternehmen zu bezeichnen ist eher unüblich. Noch überraschender dürfte sein, wenn die Begriffe Erotik und Unternehmensgründung miteinander verknüpft werden. Im Weltbild der meisten Menschen gehören Erotik und Unternehmensgründungen zu unterschiedlichen Welten. Wenn dann noch Familienunternehmen dazu assoziiert werden, dann geht meist jede erotische Fantasie flöten. Schließlich denken die meisten Menschen beim Wort Familienunternehmen eher an gestopfte Strümpfe, eine Oma hinter dem Tresen des Kolonialwarenladens und an Weihnachtsbäume, während ihnen gleichzeitig der Geruch übergekochter Milch in die Nase steigt. Und bei Erotik denken eben die wenigsten Menschen an gestopfte Strümpfe und verbrannte Milch ...

Man könnte natürlich auch an Bertelsmann, Ford, Samsung und andere weltweit operierende Unternehmen denken, aber das tut merkwürdigerweise kaum jemand. Irgendwie gehört zur Familie, zumindest in ihrer heiligen Form, die unbefleckte Empfängnis, während Leidenschaft eher vor- oder außerfamiliär erwartet wird. Doch stimmen diese Erwartungen und Vorannahmen? Ist das wirklich so, oder ist das auch nur eine der lieb gewonnenen Denkgewohnheiten, von denen wir nicht ablassen wollen, weil sie uns mit klaren Zuordnungen versehen und uns das Nachfragen ersparen?

Lassen Sie uns also einige der Vorannahmen über Familienunternehmen oder auch über Unternehmen im Allgemeinen in Frage stellen. Beginnen wir etwas trotzig – schließlich geht es in diesem Buch um Management – bei der Familie. Was ist eine Familie? Was sind ihre definierenden Merkmale? Und inwiefern können Firmen wie Yahoo! bzw. diejenigen, die sie gegründet haben, als Familie betrachtet werden?

Jerry Yang und David Filo, die beiden Begründer von Yahoo!, waren – so viel öffentlich bekannt ist – nicht verheiratet, zumindest nicht miteinander. Aber sie hatten, als sie die Firma gründeten, eine familiäre Beziehung zueinander, und ihre Interaktion und Kommunikation folgte Spielregeln, die auch in Familien vorherrschend sind.

Zentral ist dabei die Nichtaustauschbarkeit der Akteure. Nehmen wir die Mutter-Kind-Beziehung. Man kann zwar die Mutter in ihrer Funktion ersetzen: durch Stiefmütter, Kindergärtnerinnen, Dienstmädchen usw., doch rein biologisch ist diese Beziehung nicht verwechselbar. Und diese Bedeutung erhält sie dann auch sozial im Verlaufe einer gemeinsamen Geschichte. Das mag – nebenbei bemerkt – einer der Gründe sein, warum Menschen sich Kinder anschaffen, obwohl diese Entscheidung, ökonomisch gesehen, heutzutage eigentlich fast immer ein Desaster ist (wenn man mal von der Aufzucht jugendlicher Tennisstars absieht).

Man kann seine Unverwechselbarkeit und Einmaligkeit als Individuum nirgends so erleben wie in der Beziehung zu seinem Kind. Doch Ähnliches kann für familiäre Beziehungen im Allgemeinen gesagt werden: Man nimmt sich gegenseitig als Person wahr, als unverwechselbares Individuum mit seinen Macken und Marotten, die alle in der Umgebung zu dem verzweifelten Ausruf „Typisch!" veranlassen. Die Familie und ihre Beziehungsformen bilden so gewissermaßen eine Gegenwelt zur Welt draußen, wo man im Wesentlichen auf seine Funktionen reduziert ist und vor allem derentwegen Beachtung findet. Hier muss man nicht unbedingt funktionieren, wird nicht auf die Straße gesetzt, wenn man krank ist. Der eigene Wert wird nicht oder nicht nur an der Leistung gemessen, und man muss im Idealfall keine Performance liefern – zumindest nicht jeden Tag.

Das wichtigste Unterscheidungsmerkmal dieser Art von Beziehung scheint zu sein, dass es nicht zum Beziehungsabbruch kommt, zur Kündigung, wenn man nicht eine bestimmte, von außen definierte Aufgabe erfüllt und den damit verbundenen Erwartungen entspricht. Neugeborene werden nicht, wenn sie unangenehmerweise die Nächte durchplärren, nach Ablauf der Probezeit in den Uterus zurückgeschoben. Und auch die Großmutter, die nicht mehr in der Lage ist, die Leberknödel in der erwarteten Qualität zu produzieren, wird nicht abgestoßen. Man fügt sich in sein Schicksal und verzichtet eben auf die Leberknödel.

Die Familienmitglieder sind relativ fest aneinander gekoppelt, und die Kommunikation ist personenzentriert. Alles, was den Einzelnen betrifft, kann zum Thema der Auseinandersetzung und Konversation werden: sei es sein Seelenleben, sein körperlicher Zustand oder sein Leben in der Gesellschaft. Man ist sich gegenseitig wichtig und entwickelt emotionale Beziehungen, die nicht ohne weiteres kündbar sind. Deswegen hat man das Bedürfnis, Zeit miteinander zu verbringen, aber: Was soll man miteinander anfangen? (Mit Betonung auf Anfangen!)

In realen Familien beantwortet sich die Frage relativ leicht. Wenn man Kinder hat, gemeinsame Hypotheken oder andere finanzielle Verpflichtungen, so geht man hinaus ins feindliche Leben und erfüllt Rollen und Funktionen, die es der Beziehung erlauben zu überleben. Beide Bereiche, Privatleben und Beruf, sind klar getrennt, der Sinn des einen ist der Sinn des anderen. Man arbeitet, um privat zu leben, und man nutzt das Privatleben, um sich fit für den Job zu halten. Eine Form der zirkulären Bestätigung und Stabilisierung. In der Unterschiedlichkeit der Anforderungen balancieren beide Bereiche sich gegenseitig.

Doch was kommt vor der Familie? Wie ist das Vorspiel? Was machen Menschen, wenn sie emotionale Beziehungen entwickeln, sich gegenseitig anziehend finden und gerne etwas miteinander anfangen würden?

In Zweierbeziehungen hängt dies im Allgemeinen von der Geschlechtszugehörigkeit ab. Handelt es sich um einen Mann und eine Frau, so beantwortet sich die Frage meist relativ schnell: Man geht miteinander ins Bett. Und wenn das vorbei ist, so vertreibt man sich die Zeit bis zum nächsten Mal mit Kochen oder dem Besuch italienischer Restaurants. Wenn das nicht mehr genügt, so sucht man sich Probleme, die man gemeinsam bewältigen kann: Man setzt Kinder in die Welt, schließt Bausparverträge ab, verschuldet sich usw.

Auf diese Weise gelingt es meist, die Beziehung mit Kommunikationsinhalten zu füllen. Statt sich Kinder anzuschaffen, kann man aber auch eine andere Form des gemeinsamen Babys kreieren: Man gründet eine Firma, einen Verein oder eine Popgruppe. Stets gilt es, die Beziehung vor der Bedrohung der Langeweile zu schützen.

Diese Gefahr ist in gleichgeschlechtlichen Partnerschaften natürlich besonders groß. Wenn die Beteiligten keine richtige Freude an homosexuellen Aktivitäten haben oder sich das nicht eingestehen mögen, so können sie das Problem nicht einfach dadurch lösen, dass sie miteinander ins Bett gehen. Also: „Was tun?" (um Lenin zu zitieren, der das Problem für sich und seine Freunde durch Gründung einer Partei und das Anzetteln einer Revolution gelöst hat).

John Lennon beschreibt diese Phase des Nichtwissens, was man miteinander anfangen soll, sehr plastisch und gut nachvollziehbar:

„Es waren einmal drei kleine Jungs, die auf die Namen John, George und Paul getauft wurden. Sie beschlossen sich zusammenzutun, weil sie gesellige Typen waren. Als sie sich zusammengetan hatten, fragten sie sich alle, wofür eigentlich, wofür? Deshalb hatten sie plötzlich alle Gitarren und machten Krach. Merkwürdigerweise interessierte sich niemand dafür, am allerwenigsten die drei jungen Männer selbst. Als sie dann einen vierten, noch jüngeren Mann namens Stuart Sutcliffe entdeckten, der mit ihnen herumging, sagten sie:»Sonny, kauf dir eine Bassgitarre, das kommt gut«, was er auch tat. Doch es kam gar nicht gut, weil er nämlich nicht Bass spielen konnte. Also standen sie ihm bei, bis er es konnte. Doch sie hatten noch keinen Drive, und ein liebenswürdiger alter Mann sagte zu ihnen:»Ihr habt kein Schlagzeug!« Wir hatten kein Schlagzeug! Also kauften wir ein Schlagzeug. Eine Reihe von Schlagzeugern kam und ging. Während einer Schottland-Tournee mit Johnny Gentle stellte die Band (die Beatles genannt) plötzlich fest, dass sie keinen besonders guten Sound fabrizierten – weil sie keine Verstärker besaßen. Sie legten sich welche zu. Viele Leute fragten, was sind denn Beatles? Warum Beatles? Igitt, Beatles, wie kam es denn zu diesem Namen? Also erzählen wir es euch. Es kam über uns als eine Vision – ein Mann erschien auf einer flammenden Torte und sprach zu ihnen:»Von heute an seid ihr die Beatles mit einem A!« Und sie entgegneten ihm dankbar:»Vielen Dank, Mister Man«."[42]

Diese Geschichte zeigt, dass solche Partnerschaften und Firmengründungen im Allgemeinen eher Beispiele gelungenen Zeitvertreibs als erfolgreicher Business- und Karriereplanung sind. Sie zeigt aber auch, dass im Nachhinein dann Gründungsmythen erfunden werden, die den Schöpfungsakt mystifizieren. Wo es ursprünglich um den Spaß der Beteiligten ging, werden dann höhere Werte und Visionen als flammende Torten eingeführt.

Die These, die der tatsächlichen Dynamik von Unternehmensgründungen wohl eher gerecht wird als Heldenmythen, ist, dass Kreativität meistens das Heilmittel gegen Langeweile oder, wenn man es positiv ausdrücken will, das Resultat von Muße ist.

Müßiggang ist der Anfang von allem. Und so entstehen auch neue Firmen. Ein paar Freunde sitzen zusammen (relativ fest gekoppelte Akteure), trinken zu viel, entwickeln spinnerte Ideen und schaukeln sich in ihren Größenfantasien und Welteroberungsplänen gegenseitig hoch (freie Assoziationen, lose gekoppelte Ideen). Am nächsten Morgen sind die meisten dieser Ideen vergessen und dringen nicht mehr durch die Kopfschmerzen an die Oberfläche der Erinnerung. Aber einige überleben, tauchen wieder auf, faszinieren, versprechen gemeinsame Aktion und Befriedigung.

Sie entwickeln eine erotische Attraktion.

Statt es, wie tausendmal zuvor, beim „Man müsste ..." zu lassen, beginnt man auf einmal, etwas zu tun. Man macht das, was man eigentlich nur müsste. Es werden aber im Allgemeinen keine Businesspläne erstellt, sondern man verhält sich so, wie zuvor beim gemeinsamen Kochen. Der eine schneidet die Zwiebeln, der andere kocht die Spaghetti. Jeder macht das, was er besonders gut kann – ein Beispiel nicht entfremdeter Arbeit. Ein „Familienbetrieb" ist entstanden.

Familienbetrieb ist dabei definiert als ein Unternehmen, bei dem die Familie die Politik des Unternehmens maßgeblich bestimmt.[43] Nur muss hier halt Familie etwas anders definiert werden: als ein soziales System, bei dem die Personen durch eine feste und zuverlässige persönliche Beziehung miteinander verbunden sind (das entspricht auch dem Wandel der allgemeinen Familiendefinition heute, wo gleichgeschlechtliche Paare heiraten, unverheiratete Paare Kinder miteinander haben oder Alleinerziehende und ihre Kinder sich als Familie beschreiben ...).

Der Charakter des Zusammenspiels, wie er von John Lennon beschrieben wird, zeigt Merkmale, die es nicht erlauben, zwischen personenbezogener und funktionsbezogener Kommunikation zu unterscheiden. Doch diese Vermischung der Kontexte und Spielfelder ist offenbar aus ökonomischer wie emotionaler Sicht funktionell. Deswegen werden die meisten Unternehmen als Familienunternehmen gegründet, als Unternehmen, in denen zunächst die persönliche (familienartige) Beziehung (feste Kopplung der Akteure) bestand und dann erst ein Bereich der gemeinsamen Kooperation gesucht wurde (lose Kopplung der Aktionen).

Es gibt aus ökonomischer und psychologischer Sicht einfach kaum ein Modell, das mehr Erfolg verspricht, da hier die Unterscheidung zwischen Arbeitgeber und Arbeitnehmer aufgehoben ist, wodurch jede mögliche Ausbeutung zur Selbstausbeutung wird und jeder abgeschöpfte Profit der eigene Profit ist. Es gibt niemanden, bei dem man sich beklagen kann, außer bei sich selbst. Die Illusion, man habe sich einer höheren Macht unterworfen, ist nicht aufrechtzuerhalten. Man hat es so gewollt, zumindest kann man die Verantwortung niemand anderem zuschreiben.

5.2 William Hewlett und David Packard (HP)

Schauen wir uns ein Beispiel solch einer Firmengründung an: HP – Hewlett Packard.

William Hewlett und David Packard trafen sich während ihres Studiums an der Stanford Universität. Sie kratzten 500 Dollar zusammen und gründeten 1939 die Firma Hewlett-Packard. Dies geschah in der nun schon zum Mythos gewordenen Garage, die heute wohl als wichtigstes, wenn nicht einziges Kulturdenkmal Kaliforniens gelten kann. Hier wurde das erste Kapitel der Erfolgsstory des Silicon Valley geschrieben. Was sie bzw. ihr Unternehmen erfolgreich machte, sind Merkmale einer Unternehmenskultur, die typisch für die positiven Beispiele von Familienunternehmen sind (d. h. nicht für alle!).

In einem Nachruf in *USA Today*[44] wurde Bill Hewlett als Begründer des Silicon Valley beschrieben, als ein High-Tech-Visionär, der die amerikanischen Business- und Managementpraktiken revolutionierte. Der so genannte „HP-Weg" war Resultat einer besonderen Unternehmensphilosophie, die nicht nur auf gemeinsamer Entscheidungsfindung und Teamarbeit beruhte. Auch ein besonderes soziales Engagement der Firma, insbesondere die Übernahme einer weit reichenden Verantwortung für die persönlichen Belange der Mitarbeiter gehörte dazu. Als 1942 – also nur drei Jahre nach Gründung der Firma – die Frau eines Mitarbeiters an Krebs erkrankte, bot die Firma zum Beispiel den Angestellten medizinische Unterstützung an. Ein Schritt, der für die Entwicklungsphase eines Unternehmens so kurz nach Gründung, sicher sehr ungewöhnlich war. Aktienoptionen, Gewinnbeteiligung und flexible Arbeitszeiten sind weitere Stichworte, die hier für die Beziehung zwischen Firma bzw. Firmengründern und Mitarbeitern stehen. Sie alle führten dazu, dass die Unterscheidung zwischen Arbeitgeber und Arbeitnehmer nicht mehr nach einem schlichten Entweder-oder-Schema kategorisiert werden konnte.[45]

Die Unternehmenskultur von HP soll hier nicht idealisiert werden; dazu ist der Betrieb zu komplex, und seit der Fusion mit Compaq mag sich sowieso alles geändert haben. Und zu Recht darf man bezweifeln, dass sie in einem Unternehmen mit zigtausend Mitarbeitern weltweit noch sehr familienartig sein kann. Dass sie das nicht mehr oder weit weniger als in der Startphase ist und dass dies von den Mitarbeitern schmerzlich registriert wird, zeigt symbolisch ein Ereignis, das sich vor einigen Jahren in Böblingen, in der deutschen Dependance von HP, ereignete. Über lange Zeit hatte die Firma – ganz die versorgende Mutter – die Brötchen zur Frühstückspause bezahlt. Als dies aus Kostengründen gestrichen wurde, konnte man als Außenstehender die Empörung der Mitarbeiter kaum nachvollziehen. Es ging schließlich nur um Brötchen, deren materieller Wert in Pfennigbeträgen zu messen war. Der Affekt, den die Verweigerung dieses Lebensmittels bei vielen Mitarbeitern auslöste, war so, als ob plötzlich und willkommen willkürlich die Nahrungsmittellieferungen in eines der Hungergebiete Afrikas eingestellt worden wären. Ein Kulturschock, der mit der Enttäuschung bis dahin selbstverständlicher Erwartungen, die weitgehend vom Gründerpaar geweckt wurden, zu tun haben dürfte.

So nimmt es nicht Wunder, dass nach ihrem Tod all diejenigen, die Hewlett und Packard kannten, ihren Altruismus hervorhoben. Liest man zum Beispiel die Nachrufe auf den im Jahre 2001 verstorbenen Bill Hewlett, so wird immer wieder betont, dass er eine familiäre Beziehung zu seinen Mitarbeitern gepflegt habe. Ihm wird Bescheidenheit und ein gutes Herz bescheinigt, und die Mitarbeiter erinnern sich an die vielen „coffee talks", in denen er mit ihnen manchmal stundenlang über ihre Arbeit und ihre Familien gesprochen habe. Er war „down to earth", sprach die Sprache seiner Mitarbeiter und war immer an ihren persönlichen Belangen interessiert. Ein Patriarch, der mit der Loyalität seiner Leute rechnen konnte ...

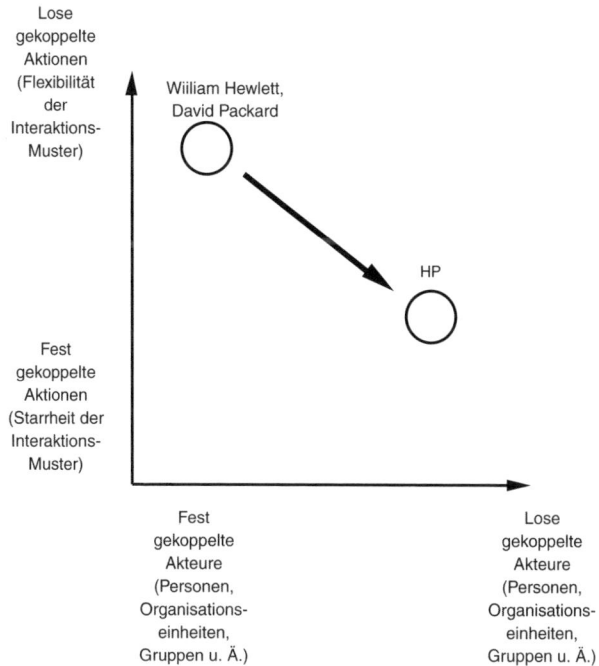

Abb. 5.1

Aber kommen wir noch einmal an den Anfang zurück, zu den Bedingungen einer erfolgreichen Firmengründung. Dass es Paare sind, die besonders gute Chancen dabei haben, dürfte kein Zufall sein, sondern eher wahrscheinlich. Es ist zwar nicht ausgeschlossen, dass jemand allein solch ein Vorhaben auf die Beine stellt, aber es ist nützlich und lustiger, es mit anderen zusammen zu tun. Der Mensch ist nun einmal ein soziales Wesen, und gute Ideen entstehen nicht in den Köpfen von Individuen, sondern in der Kommunikation zwischen ihnen – im Gespräch, im Dialog, der Konversation, dem gegenseitigen Drehen und Wenden (Mehrhirndenken).

Solche Prozesse folgen einer anderen, sehr viel mehr Kreativität ermöglichenden Logik als die Denkprozesse eines Einzelnen. Wer alleine denkt, läuft immer Gefahr, sich im Kreise zu drehen, sich zu wiederholen und seine Vorannahmen zu bestätigen. Man ist den

Limitierungen seiner blinden Flecke unterworfen und „man sieht nicht" einmal, um Heinz von Foerster zu zitieren, „dass man nicht sieht".[46]

In der Kommunikation hingegen gibt man sich gegenseitig Anregungen, bringt sich auf Ideen, stört sich in der Gewissheit der eigenen Wahrheiten und Werte. Aus solch einem Prozess kann etwas Neues entstehen. Es ist der Kombination unterschiedlicher DNA-Stränge vergleichbar. Die Mischung bringt's.

Paarbildung scheint also dort, wo es um die Gründung von Unternehmen geht, ein guter Weg. Es ist aber nicht nur einer von vielen Wegen, sondern der wahrscheinlichste. Generell ist ja die spontane Bildung größerer, mehr als nur zwei Personen umfassender Lebens- und Arbeitsgemeinschaften eher selten. Die jeweiligen Interessen sind im Allgemeinen so divergierend, dass ihre räumliche und zeitliche Koordination höchst unwahrscheinlich ist. Dieses Handicap von Mehrpersonensystemen gilt nicht so sehr für die Kreation von Geschäftsideen, wohl aber für ihre Umsetzung. Paarbildung ist hier das Mittel der Wahl.

5.3 Jerry Yang und David Filo

Ein anderes Beispiel für solch eine Paarbildung bei der Geburt einer Firma liefern Jerry Yang und David Filo, die Gründer von Yahoo! Ihr Baby sitzt, so sagte man lange, im Zentrum des Cyberspace. Und trotz des Platzens der Internetblase überlebt das Kind, wächst, blüht und gedeiht (nach allem, was man so hört).

Beide Gründer studierten in Stanford und nahmen an einem Studentenaustauschprogramm in Kyoto teil. Das legte den Grundstein ihrer persönlichen Beziehung. Auch eine ihrer ersten Angestellten, Srinijaa Srinivasa, war in Kyoto dabei. Die Universität bildete so etwas wie die gemeinsame Herkunftsfamilie: Geschwister, Peers, die ein gemeinsames Hobby teilen.[47] Keiner der Beteiligten rechnete damit, dass sie einmal das größte aller Internetportale betreiben würden. Mit den Worten Jerry Yangs: „Selbstverständlich haben wir nicht damit gerechnet. Du musst dir klar machen, dass es »just for fun« war, als wir das machten. Wir dachten nie auch nur, dass es ein Geschäft werden würde. Einen großen Verdienst haben die smarten und großartigen Leute, die seither zu Yahoo! gestoßen sind. Denn sie haben es auf sich genommen, Yahoo! groß zu machen!"[48]

Und das ist das Geheimnis der Attraktivität dieses neuen Typs von Familienunternehmen. Er eröffnet die Möglichkeit, den Gegensatz zwischen Arbeit und Leben, zwischen privaten und professionellen Beziehungen zu überwinden. Im Gegensatz zu traditionellen Familienunternehmen hat dieser Typus von Firma den Vorteil, dass keine realen Kinder mit ihren Forderungen nach Entertainment und Betreuung der Hausaufgaben die Unternehmer von der Arbeit ablenken und Aufmerksamkeit fordern. Vor allem aber: Sie formulieren keine Erbansprüche.

Es entsteht zunächst nicht der Konflikt zwischen der Firma als Überlebenseinheit und der Familie als Überlebenseinheit, zwischen der Logik familiärer und ökonomischer Entscheidungsfindung. Nimmt man die Metapher vom Familienunternehmen zur Beschreibung dieser Neugründungen ernst, so zeigen sich allerdings weitere gravierende Unterschiede zum traditionellen Familienunternehmen. Man startet gewissermaßen in der zweiten Generation, d. h. mit einer quasi geschwisterlichen Beziehung. Der Vorteil ist aber, dass man sich seinen Bruder oder seine Schwester aussuchen kann, was in der biologischen Familie eher selten ist. Man hat als Neugründer auch psychologisch bessere Karten als die Kinder der zweiten Generation. Man war in seiner Kindheit nämlich nicht einer übermächtigen Unternehmerpersönlichkeit als Vater oder Mutter ausgesetzt. Man musste sich nicht mit ihr wegen ihrer Leistungen identifizieren und man musste sich nicht von ihr um der eigenen Individuation willen abgrenzen. Außerdem sind Geschwister in der zweiten Generation, die ersten Erben sozusagen, sehr häufig in Rivalitäten verstrickt, die ihre Wurzeln bereits im Sandkasten haben. Wenn Paare sich suchen, so kann Rivalität zwar auch nicht ausgeschlossen werden, sie nimmt aber eine andere Gestalt an, weil sie nicht so sehr durch alte, familiäre Geschichten geprägt ist.

Ein weiterer Vorteil ist, dass man sich in diesem Modell die für das Unternehmen langfristig gefährlichen Folgen biologischer Mythen erspart, die häufig zur Selbstdefinition von Familien gehören. Denn so mancher Unternehmer denkt, unternehmerische Fähigkeiten würden vererbt, meist – nebenbei bemerkt – auf dem Y-Chromosom. Wer solchen Mythen nicht nachhängt, hat die Möglichkeit, sich die besten Leute zu suchen, ohne seine Vetternwirtschaft biologisch begründen zu müssen. Er kann offensiv die Vorteile des Typus Familienunternehmen nutzbar machen, ohne an den Risiken scheitern zu müssen.

5.4 Das Gleichheitsideal als Scheiterrisiko

Das Modell des Familienunternehmens, dessen Charakteristikum hier als Vermischung familiärer und organisatorischer Spielregeln definiert sein soll, beinhaltet natürlich auch Risiken, die nicht zu unterschätzen sind.

Zunächst zwei Fallbeispiele:
Das erste Beispiel handelt von drei Organisationsberatern, die gemeinsam beschließen, ihr eigenes Unternehmen zu gründen. Zwei der drei kennen sich schon seit ewigen Zeiten, haben zum Teil ihre Ausbildung gemeinsam durchlaufen und sind durch vielfältige Erlebnisse im Laufe einer gemeinsamen Geschichte miteinander verbunden. Der Dritte, ein paar Jahre jünger als die beiden anderen, kommt später hinzu. Er ist zunächst Praktikant bei dem einen, dann Praktikant bei dem anderen. Man merkt, dass man sich mag und zusammenarbeiten kann, und freundet sich an, eine emotionale Bindung entsteht. Nach den angemessenen Ambivalenzen, dem Hin- und-her-Gerissensein zwischen Größenfantasien einerseits und Verarmungsängsten andererseits entschließen sich die drei zur gemeinsamen Selbstständigkeit. Eine GmbH wird gegründet, die Unterschrift beim Notar mit Champagner begossen.

Die Anfangsphase ist euphorisierend, man ist voll Engagement bei der Arbeit, die Zukunft steht offen, nach oben scheinen keine Grenzen gesetzt. Und der Start ist verheißungsvoll. Die beiden älteren Gesellschafter können mehrere Kunden von ihren früheren Arbeitgebern mitnehmen: Die ersten Aufträge sind da! Daran anschließend klappt auch die Akquise ganz gut. Doch schon nach einem halben Jahr ist allen deutlich, dass die Beiträge zum Erfolg der Firma sehr unterschiedlich sind. Die beiden Älteren tragen eigentlich die Firma. Sie sind die Akquisiteure, der Juniorpartner wird eigentlich nur immer mitgenommen. Er wirkt inzwischen auch schon ziemlich mitgenommen. Und die Unterschiede werden mit der Zeit bedauerlicherweise nicht geringer, sondern größer.

Das ganze entwickelt sich nach dem Matthäus-Prinzip: Denen, die haben, wird noch gegeben, und denen, die nicht haben, wird noch genommen.

Um die Geschichte abzukürzen: Die ursprünglich einmal beschlossene Egalität der Gesellschafter, wie sie sich auch in den juristischen Regelungen, d. h. dem Gesellschaftervertrag, widerspiegelt, entspricht in keiner Weise mehr der tatsächlich praktizierten geschäftlichen Beziehung. Die Folge ist, dass die Seniorpartner sich ausgebeutet fühlen, während der Juniorpartner sich in seinen Entwicklungsmöglichkeiten behindert und von seinen Kollegen nicht hinreichend wertgeschätzt fühlt.

Als die Situation für alle unhaltbar erscheint, beschließt man, sich zu trennen. Die beiden Älteren bleiben zusammen, der Jüngere macht seine eigene Firma auf – und, so muss hinzugefügt und betont werden – ist damit sehr erfolgreich. Ein Beispiel dafür, dass solche Ehen auch gut enden können, d. h. in einer einvernehmlichen Scheidung.

Ein weiteres Beispiel:

Zehn Kollegen, die miteinander netzwerkartig in einer Dienstleistungsbranche kooperiert haben, beschließen, ein Unternehmen zu gründen, das sich mit der Herstellung und dem Vertrieb einer Ware beschäftigt. (Diese Umschreibung im Stil des heiteren Beruferatens ist nötig, um die Anonymität des Falles zu gewährleisten. Aber die Branche spielt in diesem Fall für die Beziehungsdynamik auch keine wesentliche Rolle.)

Die Idee zur Unternehmensgründung kommt von zwei Personen, die auch bis dahin schon als Triebkraft für die Entwicklung der Gruppe bzw. des Netzwerks gewirkt haben. Sie sind die informellen Führer. Sehr schnell zeigt sich aber, dass es unterschiedliche emotionale Konsequenzen hat, ob man in einem Netzwerk von Selbstständigen zusammenarbeitet oder in einem gemeinsamen Unternehmen. Es kommt zu Konflikten, als nach etwa drei Jahren einer für alle überraschend guten Unternehmensentwicklung deutlich wird, dass eigentlich nur fünf der ursprünglich zehn Personen Leistungen für das Unternehmen erbringen. Da man sich keine großen Gehälter zahlt und auch nicht zahlen muss, weil der Lebensunterhalt eines jeden aus seiner selbstständigen Arbeit bestritten wird, entsteht ein Ungleichgewicht in der inneren Buchführung der Beteiligten. Die Forderung wird laut, die Firma solle nur denen gehören, die auch Leistungen für sie erbringen. Frei nach dem Motto: Wer nicht arbeitet, soll auch nicht essen, oder besser gesagt: Er soll auch nicht besitzen.

Die fünf Nichtstuer sind einsichtig und lassen sich auskaufen. Damit scheint für eine gewisse Zeit der Konflikt gelöst. Doch nach einigen Jahren wiederholt sich diese Dynamik. Wieder ist es zu einer nicht zu leugnenden Differenzierung zwischen den Gesellschaftern gekommen. Wie im Netzwerk ist eine informelle Hierarchie mit den beiden Ideengebern an der Spitze entstanden. Die Mitarbeiter nehmen manche der Gesellschafter, die obendrein und fatalerweise auch alle Geschäftsführer sind, nicht ernst. Die informellen Hierarchen revidieren immer wieder Entscheidungen ihrer Kollegen, weil sie ihnen unsinnig erscheinen. Das führt zu Kränkungen, ja, die Entstehung von Hierarchien als solchen wird schon als Kränkung erlebt. Das wollen sich die Underdogs nicht gefallen lassen. Ihre Selbstachtung ruft nach Rache. Nur so, meinen sie, könnten sie sich morgens noch im Spiegel betrachten und ihre Rückenschmerzen loswerden.

Sie beschließen, den beiden informellen Leitern, unter deren Machtansprüchen und Wichtigkeit sie schon im Rahmen des ursprünglichen Netzwerkes gelitten hatten, den Krieg zu erklären. Und sie nutzen die Machtmittel, die ihnen am nützlichsten erscheinen. Sie beginnen die Geschäftsführungspraktiken ihrer Kollegen zu überprüfen. Während in den Anfangsjahren der Firma der Konsens zu bestehen schien, sich nicht so viel Gedanken über die gesetzlich einzuhaltenden Formalitäten bei Gesellschafterversammlungen usw. zu machen – man war sich ja einig, es blieb ja alles in der Familie –, werden nun diese Beschlüsse rückwirkend in Frage gestellt. Die Suche nach Formfehlern beginnt. Damit wird implizit der Interpretationsrahmen des je individuellen Verhaltens gewechselt. Während im ursprünglichen Kontext der freundschaftlichen oder familiären Beziehung davon ausgegangen wurde, dass dem andern zu vertrauen ist, wurde nunmehr nur noch formal-juristisch gedacht und argumentiert. Denn nur so ließen sich juristische Schachzüge im Rahmen des Machtkampfes nutzen. Wie in anderen Familienunternehmen auch häufig zu beobachten, wurde der Kontext familiärer Spielregeln verlassen. Anwälte wurden eingeschaltet, die klagten oder mit Klagen drohten (worum und warum auch immer). Das hatte Folgen. Denn wer klagt, kann sicherstellen, dass er für den anderen emotional wichtig wird und bleibt. Er kann einseitig die Kopplung der Akteure verfestigen, die Notwendigkeit schaffen, sich miteinander auseinander zu setzen. Er kann Kommunikation erzwingen ...

Die hier skizzierte Geschichte ist noch nicht zu Ende, und man muss sie wohl wie im Märchen vorläufig mit den Worten schließen: ... und wenn sie nicht gestorben sind, dann klagen sie noch heute.

Insgesamt gesehen, zeigt sich hier eine weitere Parallele zu traditionellen Familienunternehmen.

Gemeinsamer Besitz schafft tiefere emotionale Bindungen als Liebe.

Beide Beispiele zeigen, dass die Wichtigkeit der persönlichen Beziehungen, d. h. die relativ feste Kopplung der Akteure, bei der Gründung zwar eine Chance sein, aber auch ein kaum zu kalkulierendes Risiko darstellen kann. Da man in erster Linie aus Spaß – „just for fun" – den Laden gründet, ist man bei der Auswahl seiner Mitspieler nicht so wählerisch. Da der wirtschaftliche Erfolg nicht das Leitmotiv ist, das die Beteiligten zusammenführt, ja, sie meist nicht mit einem Erfolg rechnen oder nicht wirklich an ihn glauben, lässt man auch Leute mitmachen, die man als Geschäftsmann – der bei Sinnen und voll zurechnungsfähig ist – niemals einstellen würde. Aber in der Familie schließt man ja auch nicht den etwas schwachsinnigen Vetter oder die Cousine, deren Lebenswandel Fragen nach ihren moralischen Qualitäten aufwirft, von der Teilnahme am 80. Geburtstag des Großvaters aus.

Der erste gravierende Fehler besteht darin, an der Gründung mehr als nur zwei Personen zu beteiligen. Das kann man zwar machen, aber dann sollte ein Paar eindeutig definiert, wie es so schön heißt: das Sagen haben. Eindeutige Machtstrukturen können langfristig destruktive Machtkämpfe verhindern. Sie sind fast zwangsläufige Folge einer formal egalitären Beziehungskonstellation unter den Gründern. Es ist eine formal-juristische Gleichheit, die in der Praxis so gut wie nie realisiert werden kann.

Während man bei tragfähigen Zweierbeziehungen ganz gut Reziprozität herstellen kann, wird dies umso unwahrscheinlicher, je mehr Personen beteiligt sind. Mit der Gründung eines Unternehmens werden formal-juristische Definitionen aber immer wichtiger. Wenn man sich dessen nicht bewusst ist, passiert es mehr oder weniger unbemerkt, dass man sich auf eine juristisch festgeschriebene Beziehung mit Leuten einlässt, mit denen man sich rationalerweise nicht einlassen sollte.

Solch formalisierte Beziehungen funktionieren nach anderen Spielregeln als die Kumpelbeziehung, die man vorher hatte. Man ist plötzlich miteinander verheiratet, d. h., man kann nicht mehr einseitig bestimmen, ob man mit dem anderen etwas zu tun haben will oder nicht. Private Beziehungen regeln sich üblicherweise in einem mehr oder weniger rechtsfreien Raum. Zumindest werden in der Regel keine Gerichte angerufen, um Konflikte zu klären. Man kann die Freundschaft oder Liebe eines anderen nicht einklagen, nicht seine Offenheit, nicht seine Nähe oder Distanz. Entweder man kommt miteinander zurecht, oder man kommt nicht miteinander zurecht. Privatleute können sich trennen, wenn es zwischen ihnen nicht klappt, man kann sich andere Spielkameraden suchen. Die Gründung einer Firma ist wie eine Eheschließung. Man kann sich nicht mehr trennen, ohne dass dies juristische Konsequenzen hat. Man ist aneinander gebunden, ob man das noch will oder nicht. Würde man sich dies vorher klar machen, wäre mancher wählerischer.

Dabei ist es meist nicht so, dass die jeweiligen Partner nicht wüssten, mit wem sie sich einlassen, sondern sie vermeiden wegen der Familienartigkeit der Beziehungen den Konflikt, der mit einer Ablehnung des einen oder anderen verbunden wäre. Da die Beteiligten oft nicht wirklich an den Erfolg ihrer Nur-zum-Spaß-Firma glauben, siegt in der Gründungsphase die Beißhemmung über das rationale Kalkül. Es scheint ja um nichts zu gehen. Man sieht zwar, dass einige Leute mitmachen, von denen man weiß, dass sie nicht passen oder nicht in derselben Liga spielen, aber wozu soll man jemandem wehtun und die Beziehung belasten, wenn man diese schmerzhafte Art der Beziehungsklärung auch umgehen kann. Also fügt man sich, wenn auch nicht ganz glücklich, in die Tatsache, dass auch Gurken zur Truppe gehören.

In einer Zweierkonstellation passiert so etwas viel seltener als beim Zusammenschluss von fünf oder zehn Personen. Da scheint der Einzelne nicht so wichtig, er scheint in der Menge unterzugehen. Doch das erweist sich früher oder später als Irrtum, der teuer bezahlt werden muss. Zum Problem wird dieses Arrangement nämlich dann, wenn das Projekt – wider Erwarten – zur Erfolgsgeschichte wird. Dann stellt sich die Frage, ob weiterhin familiäre oder unternehmerische Kriterien die Entscheidungen bestimmen.

Anders als in privaten, freundschaftlichen Beziehungen ist in Unternehmen nicht Gleichheit die Grundlage der Beziehung, sondern Ungleichheit. Die Arbeitsteilung, der Organisationen zu einem großen Teil ihre Funktionalität verdanken, führt zwangsläufig zu Unterschieden der Wichtigkeit Einzelner für das Überleben des sozialen Systems. Auch ist die Entwicklung von Hierarchien und Machtstrukturen als Mittel der Komplexitätsreduktion für die Funktionsfähigkeit von Organisationen von großer Bedeutung. All dies bleibt nicht ohne Folgen für die persönlichen Beziehungen der Beteiligten. Und wenn man familiäre Gleichheit vertraglich als Grundlage der Beziehung festschreibt, so eröffnet man ein Konfliktpotenzial, das langfristig für jede Firma tödlich werden kann und für viele Firmen auch wird. Jeder Einzelne erhält juristische Machtmittel, die ihm gewissermaßen ein Vetorecht gegenüber dem innerbetrieblichen Frieden verleihen. Und so viel Macht sollte im Interesse eines Unternehmens keine einzelne Person haben.

Geschlossene Gesellschafterverträge ändern den Charakter der Beziehungen: Aus privaten Beziehungen werden öffentliche; und deren Spielregeln folgen einer anderen Logik, die nicht immer mit persönlicher Bindung vereinbar sind.

So schließt sich denn der Kreis: Die persönliche Beziehung, die an der Wiege des Unternehmens stand, steht auch an seinem Grab. Sie hat das Unternehmen geschaffen und schließlich geschafft. Daher gilt für diese Art von Unternehmen, was für andere Familienunternehmen auch gilt:

Sie werden langfristig nur überleben, wenn es den beteiligten Akteuren gelingt, zwischen den beiden Spielfeldern, d. h. den privaten Beziehungen und dem Unternehmen, mit ihren unterschiedlichen Logiken und Spielregeln zu unterscheiden, ohne aus dem Blick zu verlieren, dass die Kopplung beider Systeme für beide zum Überlebensvorteil werden kann.[49]

6. Von Leder zu Vileda – Die unbewusste Logik der Produktentwicklung (am Beispiel Freudenberg)

6.1 Der erste Entwicklungsschritt: Vom Lederhandel zur Gerberei

Wenn Firmengeschichten so beginnen, dass sich Leute zusammentun, um etwas miteinander anzufangen, dann muss dem ersten Schritt eine Reihe weiterer Schritte folgen. Wenn den Gründern etwas eingefallen ist und sie mit dem, was sie produzieren, auch noch Erfolg auf dem Markt haben, dann geraten sie unter Handlungszwang. Denn früher oder später reicht es nicht, das Startprodukt stur weiterzuproduzieren oder nur zu verbessern, um das Unternehmen am Leben zu erhalten. Die Kunden verändern ihre Bedürfnisse oder zumindest ihre Wünsche, Moden kommen und gehen, neue Technologien werden entwickelt ... Märkte sind keine statischen Systeme, sondern sie sind einem ständigen Wandel unterworfen. Jedes Unternehmen, das seine Chancen zu überleben erhöhen will, muss sich der Notwendigkeit stellen, neue Produkte oder Dienstleistungen zu entwickeln und auf den Markt zu bringen. Und wenn es das nicht freiwillig will und vorausschauend tut, dann wird es durch die pure wirtschaftliche Not gezwungen, sich damit zu beschäftigen.

Unternehmen müssen kreativ auf die veränderten Umweltbedingungen reagieren. Und wenn sie schlau sind, dann machen sie das, bevor sie in Not sind. Auch dies kann als Kennzeichen des intelligenten Unternehmens gewertet werden. Not macht zwar bekanntlich erfinderisch, aber leider gibt es keine Garantie, dass das wirklich geschieht; und wenn doch, so geht das, was erfunden wird, in seiner Funktionalität oft nicht über das Löcherstopfen in einem sinkenden Boot hinaus. Daher empfiehlt es sich, die eigene Zukunftsfähigkeit zu erhöhen, indem im Sinne der „positiven Kraft des negativen Denkens"⁵⁰ die Not hypothetisch vorweggenommen wird und vorauseilend auf sie reagiert wird.

Es sind Produkte, die das Unternehmen und den Markt miteinander verbinden. Wenn das Produktportfolio erweitert wird, nimmt die Abhängigkeit von jedem einzelnen Produkt und damit von jedem speziellen Markt oder Marktsegment ab. Sie werden austauschbarer, die Festigkeit der Kopplung des Unternehmens an einen Teilmarkt nimmt ab.

Wenn es gelingt, die Logik der Produktentwicklung zu erfassen, so können derartige, kreative Prozesse in Unternehmen gezielt herbeigeführt und systematisch betrieben werden.

Als exemplarisch soll zu diesem Zweck im Folgenden die Geschichte einer seit mehr als 150 Jahren erfolgreichen Produktentwicklung skizziert und in ihrer Logik analysiert werden. Es handelt sich um die Firma Freudenberg, ein Familienunternehmen, das seinen Sitz in Weinheim hat und heute als hochdifferenzierter Mischkonzern mit 28 000 Mitarbeitern in 43 Ländern einen Umsatz von 4 Mrd. Euro erwirtschaftet. Die Tatsache, dass diese Firma so lange überlebt hat, mag als Beleg dafür genügen, dass ihr die notwendigen Entwicklungsschritte gelungen sind.⁵¹

Begonnen hat alles eigentlich schon vor der Gründung des Unternehmens Freudenberg. Im Jahre 1823 eröffneten Heinrich Christian Heintze und Jean Baptist Sammet in Mannheim ihr gemeinsames Geschäft, das dem Lederhandel diente. In dieses Unternehmen trat im Jahre 1833 Carl Johann Freudenberg, ein entfernter Neffe Sammets, als Lehrling ein. Er sollte das Unternehmen nach einem Bankrott am 1. 1. 1848 dann mit einem der beiden ursprünglichen Gesellschafter, Heinrich Christian Heintze, neu gründen (Heintze & Freudenberg). Diese Neugründung bildet zwar juristisch den Startpunkt der Firma Freudenberg, und so wird es auch in der Firmenchronik berichtet. Sie kann aber nicht als Startpunkt der Produktentwicklung angesehen werden. Denn Heintze und Freudenberg machten dort weiter, wo Heintze und Sammet aufgehört hatten. Die Kontinuität der Entwicklung war nur kurzfristig unterbrochen. Schon vor Eintritt Freudenbergs in das Unternehmen war es zu einem ersten Differenzierungsschritt gekommen: vom Handel zur Produktion. Im Jahre 1829 war eine Gerberei übernommen worden, sodass selbst produzierte Leder vertrieben werden konnten.

Auch nach der Neugründung bzw. Übernahme der Geschäftsleitung durch C. J. Freudenberg blieb die Gerberei das Kerngeschäft des Unternehmens. Der nächste Schritt, der fast hundert Jahre lang die Produktentwicklung bestimmen sollte, bestand in der internen Differenzierung des Gerbereigeschäftes. In diesem Bereich kommt es zu Weiter- und Neuentwicklungen, zur Übernahme neuer Verfahren und Techniken, zur Produktion von Spezialledern; Experten, die ihre Kompetenzen bei der Herstellung von Spezialledern teilweise im Ausland erworben hatten, wurden eingestellt usw.

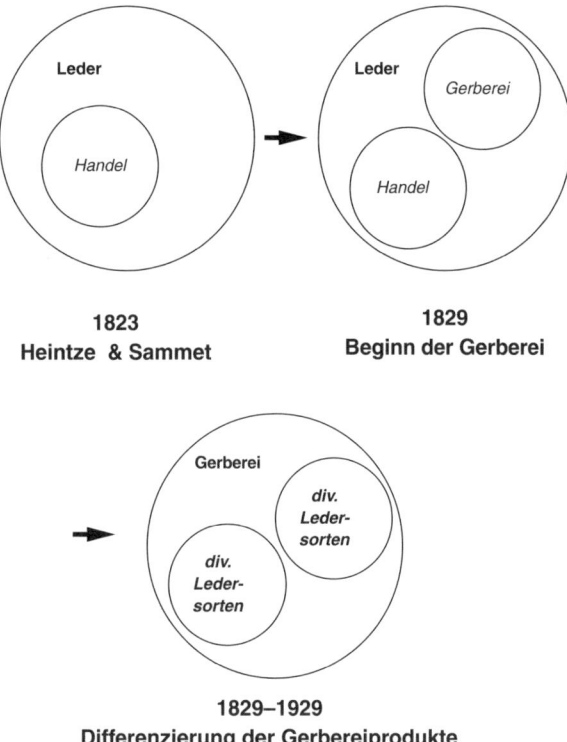

Abb. 6.1

Um mit der Analyse der Logik dieser Differenzierungsschritte zu beginnen: Das Produkt, mit dem die Geschäfte betrieben wurden, blieb konstant, man blieb im „Ledergeschäft". Was sich änderte, war die Art des Geschäfts: vom Handel zur Produktion. Mit der Aufnahme der Gerberei wechselte man aber nicht den Markt, denn die fertigen Leder, die man zuvor für den Handel hatte einkaufen müssen, produzierte man nun selbst. Um dies auf Dauer erfolgreich tun zu können, musste das Produktspektrum erweitert werden. Die Richtung der Differenzierung war vorgegeben. Sie blieb innerhalb des Produktbereiches, des Spielfeldes, in dem Freudenberg sowieso schon spielte. Und das Unternehmen spielte erfolgreich. Freudenberg konnte seine Kompetenz stetig steigern und wurde zur größten Gerberei Europas. Das Exportgeschäft bildete eine der sicheren Grundlagen des Unternehmens. Das blieb so bis 1929.

Aus der Außenperspektive kann die Logik dieser ersten Entwicklungsphase folgendermaßen charakterisiert werden: Auf der Basis einer zuverlässigen Kompetenz (Ledergeschäft/Handel) wird der Schritt in einen Bereich gewagt, von dem man eigentlich keine Ahnung hat (Gerberei/Produktion). So kommt es zur Innovation, und es werden teilweise vollkommen neue Territorien erschlossen. Zum Handel mit Leder kommt nicht nur einfach die Gerberei, sondern ein Identitätswandel des Unternehmens wird vollzogen: Aus Kaufleuten werden Handwerker bzw. handwerksnahe Industrielle. Was beide verbindet und den Anschluss in der Entwicklung sichert, ist das bearbeitete Material (Leder) und der Markt (für Leder).

Wenn man diese Form der Differenzierung kategorisieren will, so kommt es 1829 zu einer ersten Variation innerhalb der logischen Klasse des Ledergeschäftes und in der Folge zur Variation (Differenzierung) innerhalb der Klasse von Gerbereiarbeiten. Die Klasse wird beibehalten, aber es werden neue Elemente hinzugefügt (neue Techniken, neue Verfahrensweisen, neue Produkte).

6.2 Vom Simmerring zu den Ersatzstoffen

Die Wirtschaftskrise 1929 führt zum Kollaps des Lederexports. Märkte brechen weg, die Produktion muss heruntergefahren werden. Da es den patriarchalischen Werten der Komplementäre zuwiderläuft, die Mitarbeiter auf die Straße zu setzen, wird im Einvernehmen mit der Belegschaft beschlossen, dass die Arbeitszeit auf 24 Wochenstunden herabgesetzt wird. Außerdem wird die Suche nach möglichen neuen Produkten in Angriff genommen.[52]

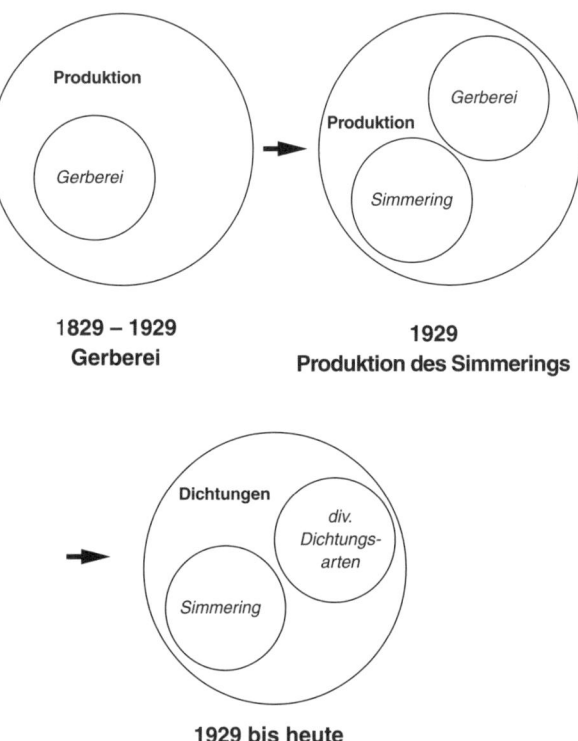

Abb. 6.2

Man bleibt dem Leder, von dem man ja mehr versteht als sonst jemand weit und breit, treu. Aus in Metall eingefasstem Leder lassen sich Radialwellendichtringe, wie sie im Automobilbau gebraucht werden, herstellen. Nach dem zuvor im Lederbetrieb tätigen österreichischen Ingenieur Walther Simmer, der sie entwickelt hat, werden sie Simmerring genannt (auch um die Assoziation an die damals populäre Autorennstrecke am Semmering zu wecken)[53]. Der nächste Entwicklungsschritt ist geschafft: von der Produktion des Rohstoffs Leder zu seiner Verarbeitung.

Konstant ist seit Beginn der Firmenentwicklung das verarbeitete Material geblieben: das Leder. Doch nun wird es mit anderen Werkstoffen zu einem komplexeren Produkt mit einer spezifizierten Funktion verarbeitet. Der Simmerring ist das erste Dichtungsprodukt des Unternehmens. Damit ist der Schritt von der Produktion eines Rohmaterials zu einem Endprodukt vollzogen, das durch seine Funktion definiert ist.

Wenn wir nach Konstanz und Innovation in diesem Entwicklungsschritt fragen, ist mit der Produktion des Simmerrings etwas Neues hinzugekommen, eine Herausforderung an die Kompetenzentwicklung des Unternehmens: die Orientierung an der Funktion des Produktes. Mit der Herstellung und Vermarktung einer Dichtung betritt man ein neues Spielfeld, einen neuen und bis dahin unbekannten Markt. Und mit dem ersten erfolgreichen Produkt weckt man Erwartungen, denen man früher oder später genügen muss, wenn man nicht wieder aus dem Spiel fallen will. In der Konsequenz heißt das: Auch wenn es eher vom Zufall bestimmt war, dass man Dichtungen herstellte („Was können wir mit unserem Abfall anfangen?"), muss nun die Kompetenz in Richtung der Funktion des Produktes weiterentwickelt werden. Das Unternehmen hat sich gewissermaßen selbst unter den Zwang zu lernen gesetzt. Und diesem Zwang ist es nur zu gern gefolgt. Dichtungen in ihren unterschiedlichen Formen sind heute das dominante Geschäft des Unternehmens.

Ein in eine vollkommen andere Richtung gehender Differenzierungsschritt bestand im Einstieg ins Schuhgeschäft. Auch hier hat die Gelegenheit die „Liebe" gemacht. Ein Kunde von Freudenberg, die Schuhfabrik und -handelskette Tack, war mit der Machtübernahme der Nazis in Deutschland als „jüdische Firma" Opfer von Boykottmaßnahmen geworden und dadurch in finanzielle Schwierigkeiten geraten. Im Sommer 1933 verkaufte der Hauptaktionär seine Anteile deswegen an Freudenberg und rettete so die Firma.[54] Existenzbedrohend waren auch die wirtschaftlichen Schwierigkeiten der Kinderschuhfabrik Hoffmann, die mit der Marke „elefanten" auf dem Markt war. Sie wurde 1933 insolvent und konnte auch ihre Schulden beim Zulieferer Freudenberg nicht mehr bezahlen. Um eine lange Geschichte, die zu erzählen spannend wäre,[55] abzukürzen: Freudenberg übernimmt im Laufe der Jahre von der Familie Hoffman die Aktien. Mit beiden Marken – Elefanten Schuhe und Tack Schuhe – ist das Unternehmen damit nicht nur in der Produktion, sondern auch im Handel mit Schuhen (Kette von Schuhgeschäften) engagiert.

Wie der Simmerring sind Schuhe ein weiteres Endprodukt im Bereich Leder. Und auch die Schuhproduktion erfordert den Erwerb oder besser gesagt: die Pflege der spezifischen Kompetenz, da sie aus einer Übernahme stammt. Der dadurch erworbene Einblick in den Materialbedarf der Schuhindustrie erleichtert die Einführung von Brandsohlen und Hinterkappen aus zerfaserten Lederabfällen – ein erfolgreiches und bis in die 1980er Jahre betriebenes Geschäft. Als weiteres Material für die Schuhindustrie kommen Gummisohlen hinzu, bei denen Freudenberg die dank der Simmerringe vorhandenen Kenntnisse auf dem Gebiet des Synthesekautschuks nutzen kann – wie auch später in der erfolgreichen Produktlinie der Kautschuk-Bodenbeläge.

Es hatte sich nämlich herausgestellt, dass die Lederdichtungen den technischen Anforderungen an Öl- und Hitzebeständigkeit nicht mehr genügten. Ein geeigneteres Material wurde gesucht und in einem von der IG Farben in Leverkusen entwickelten Kunstgummi („Buna") gefunden; eine enge Zusammenarbeit zwischen dem Lieferanten und dem von Freudenberg eigens zu diesem Zweck eingerichteten chemischen Labor führte zu einer auf die besonderen Anforderungen der Dichtungen ausgerichteten Verfeinerung. Von Nutzen war dabei auch die Förderung von Ersatzstoffen im Rahmen der damaligen Autarkiepolitik.

Mit der Produktion des Simmerrings ist eine nicht vorhersehbare, aber willkommene Nebenwirkung verbunden: der Kontakt zur Autoindustrie und zum Maschinenbau. Zahlreiche andere Einsatzgebiete eröffnen sich nun in diesen Industrien auf der Basis von Synthesekautschuk und später auch anderer Kunststoffe.

Und damit ist der nächste Quantensprung vollbracht: Die Entwicklung und der Einsatz von Ersatzstoffen werden zu einem weiteren Schwerpunkt des Unternehmens. Manche dieser Geschäfte haben die Öffnung der Märkte nach der Währungsreform von 1948 nicht überdauert. Aus den anderen aber entwickelte sich die Familienfirma zu ihrer heutigen Bedeutung.

Die Logik dieser Entwicklung umfasst mehrere parallele Schritte. Der erste ist bereits bei der Entwicklung des Simmerrings vollzogen worden: Die Orientierung an den Kunden in Maschinenbau und Autoindustrie und deren Bedürfnissen in den 1930er Jahren, in denen Import und Export aufgrund der politischen Umstände sich radikal ändern, sorgt für neue Anforderungen an das Unternehmen.

Bei dem Sprung – so muss man es wohl nennen – von der Lederdichtung zu den Ersatzstoffen, bildet der Markt (vor allem die Autoindustrie) den festen Punkt, der die Kontinuität auch dieser Entwicklung sichert.

Während bei der Differenzierung im Bereich der Dichtungen die Funktion des Endproduktes konstant bleibt, das zu bearbeitende Material aber wechselt, wird nun noch mal ein Schritt zurück auf die Ebene der Rohmaterialien vollzogen. Aber auch hier finden wir einen Entwicklungsschritt, der sich an der Konstanz der Funktion orientiert.

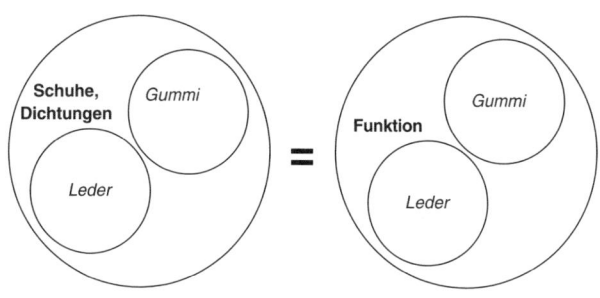

seit 1929
Diversifizierung von Endprodukten und Kombination verschiedener Materialien

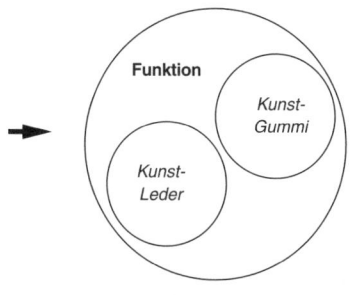

ab 1934
Entwicklung von Ersatzstoffen

Abb. 6.3

Mit der Entwicklung von Ersatzstoffen, auch für das Leder, beginnt Freudenberg sich vom Leder und seiner Verarbeitung, die über nahezu hundert Jahre seine Identität bestimmt hatten, zu entfernen.

Die bis dahin relativ feste Kopplung des Unternehmens an den Ledermarkt wird gelockert. Dafür entwickeln sich die Ersatzstoffe, vor allem die Vliesstoffe, zu einem neuen Kerngeschäft.

6.3 Vom nationalen Wischtuch zu den internationalen Haushaltswaren

Im Bereich der Ersatzstoffe muss das Unternehmen viele, auch kostspielige Lernprozesse durchlaufen und entsprechendes Lehrgeld zahlen. Firmen werden aufgemacht, die, beispielsweise, Ersatz für Naturdärme als Wursthäute herstellen (45 % Anteile an der Firma Naturin, die inzwischen wieder verkauft sind), und sie werden auch wieder zugemacht. Nicht alle begonnenen Entwicklungen werden fortgeführt.

Eine Erfolgsgeschichte werden aber die Vliesstoffe. Diese textilähnlichen „Flächengebilde", die zwar aus Textilfasern, aber nicht über den Umweg der Verspinnung zu Garnen und deren Verwebung hergestellt sind, wurden ab 1936 bei Freudenberg mit dem Ziel entwickelt, einen Ersatzstoff für Leder zu finden. Am bekanntesten dürfte das erste Produkt in diesem Segment sein: das Fensterwischtuch „Vileda", das in seiner Funktion – so soll der Name suggerieren – so gut ist „wie Leder". Es auf den Markt zu bringen stürzt die Firmenleitung zunächst in einen Identitätskonflikt, denn Richard Freudenberg ist damals gerade Vorsitzender des Verbandes der Lederindustrie, und mit diesem Tuch wird eine Konkurrenz zum Fensterleder auf den Markt gebracht. Trotz all der politischen und persönlichen Loyalitätserwägungen wird Vileda dann aber doch produziert und zum Startpunkt einer weiteren erfolgreichen Produktdiversifizierung im Bereich der Haushaltsartikel.

Doch der Weg dorthin ist steinig und von kostspieligen Lernprozessen bestimmt. So sind die ersten Haushaltstücher leicht entflammbar, was dazu führt, dass etliche Drogerien abbrennen. Doch die Firmenleitung entschließt sich, dem Produkt treu zu bleiben – was sich als intelligente Entscheidung erweist. Mit den Worten von Reinhart Freudenberg, des ehemaligen Sprechers der Geschäftsführung:

Es herrscht eine Firmenleitung der ruhigen Hand, „vielleicht manchmal zu ruhig und geduldig. Wir sind sehr geduldig mit Misserfolgen."[56]

In dieser Geduld zeigt sich ein weiterer wichtiger Faktor nicht nur für die Unternehmensentwicklung, sondern auch für die Produktentwicklung. Wenn einem Mitarbeiter das Vertrauen gegeben wird, eine Entwicklung voranzutreiben, so hat man auch viel Geduld, wenn er sich scheinbar in eine Sackgasse verirrt hat. Man lässt ihn und seine Leute experimentieren, manchmal jahrelang. Bei den Vliesstoffen wurde das reich belohnt: Zwar ist daraus – mit Ausnahme des „Vileda"-Tuchs – kein dauerhaft erfolgreicher Ersatz für Leder entstanden; sie sind aber zu einer bedeutenden Industriebranche mit unzähligen Anwendungsbereichen geworden – z. B. Einlagestoffe für die Bekleidung, Luft- und Flüssigkeitsfilter, Trägermaterial für Dachbahnen und Teppiche, Isoliermaterial, Hygieneartikel (Windeln) usw.

Das Prinzip, persönlichen Beziehungen und Beurteilungen im Zweifelsfall eine hohe, wenn nicht die oberste Priorität zu geben, bestimmt auch die Internationalisierung des Unternehmens. Hier werden die Geschäftspartner nach Ähnlichkeit des Unternehmens oder persönlicher Geistesverwandtschaft gesucht (meist sind es dementsprechend Familienunternehmen). Das führt zur Gründung einer Reihe von Jointventures in Japan und eigenständigen Firmengründungen, gelegentlich auch Übernahmen weltweit.

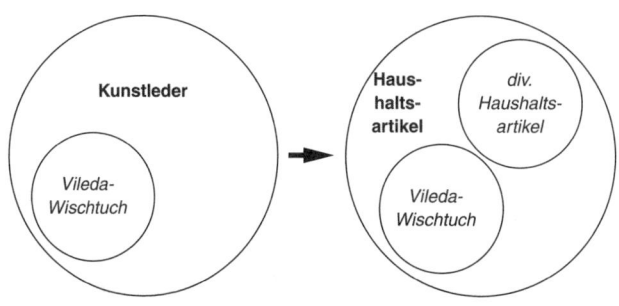

nach dem 2. Weltkrieg
Vom Wischtuch zu den Haushaltsartikeln

Abb. 6.4

In den heutigen Hauptprodukten spiegelt sich das dargestellte organische Entwicklungsprinzip. Präzisions- und Spezialdichtungen bilden heute den wichtigsten Produktbereich und machen fast 40 %

des Geschäftes aus. Meist handelt es sich dabei um dynamische Dichtungen und Schwingungstechnik. Kunden sind der Maschinenbau, Hersteller von Haushaltsgeräten und die Autoindustrie. Den zweitgrößten Geschäftszweig bilden die Vliesstoffe. Dritter Bereich sind Spezialschmierstoffe, z. B. für Tachometer, Uhrwerke, Flugzeuge, Kettensägen oder die Lebensmittelindustrie. Hinzu kommen Kautschukbodenbeläge, wie sie z. B. im Frankfurter Flughafen zu sehen sind, flexible Leiterplatten, die in Zusammenarbeit mit einem japanischen Partner hergestellt werden. Die bekannteste Marke des überwiegend als Zulieferer anderer Industrien tätigen Unternehmens dürften jedoch die Haushaltsprodukte „Vileda" sein.

Die Internationalisierung hat dazu geführt, dass der deutsche Markt (25 %) nur noch einer von vielen regionalen Märkten für Freudenberg ist: Das restliche Europa trägt 35 %, Nordamerika 32 % zum Gesamtumsatz bei (2002). Der ferne Osten ist allerdings in diesen Zahlen nicht erfasst, da der dortige Markt von den Jointventures mit japanischen Firmen sehr erfolgreich bearbeitet wird.

In Deutschland waren im Jahre 2002 noch ca. 11 400 Mitarbeiter beschäftigt. Das sind 41 % der Gesamtbelegschaft. Auch Nordamerika ist stark vertreten durch Jointventures, was vor allem in der Autoindustrie dazu führt, dass man als Entwicklungspartner und Lieferant von Autoteilen bei gleich bleibender Qualität auf allen Kontinenten auftreten kann.

Dank der Diversifizierung sind die Märkte, auf denen das Unternehmen tätig ist, sehr unterschiedlich, und es findet sich für sie scheinbar kein gemeinsamer Nenner: Die größten Anteile hat mit 40 % die Kraftfahrzeugindustrie, gefolgt von 20 % Investitionsgütern im weitesten Sinn, d. h. unter anderem Elektroindustrie und Haushaltsgeräte. Daneben finden sich die Haushaltsprodukte, Textilwaren und Bekleidung, Bauindustrie und etliche andere. Die Schuh- und Lederwaren, also Elefanten Schuhe, haben zuletzt noch 4,5 % zum Gesamtgeschäft beigetragen, wurden aber vor kurzem verkauft.

Bei aller Unterschiedlichkeit der Märkte, Länder und Geschäftszweige gibt es einen verbindenden Geschäftsgrundsatz: Freudenberg will nur in Geschäften tätig sein, wo das Unternehmen Marktführer ist oder eine sehr plausible Chance hat, es zu werden. Bereiche, in denen das nicht der Fall ist, wurden und werden konsequent verkauft.

Solch ein Konglomerat würde – wenn es sich nicht um ein Familienunternehmen handelte – von der Börse sicher sofort abgestraft, da für sie nicht ersichtlich ist, welche Logik das Wachstum bestimmt. Der Blick zurück auf die skizzierte Geschichte der Produktkreation zeigt dagegen, dass hier ein hochintelligentes Entwicklungsprinzip realisiert worden ist: das des organischen Wachstums. Die (von den Verantwortlichen selbst verwendete) Metapher des organischen Wachstums stammt wieder einmal aus der Biologie, und sie erfasst gut, worum es eigentlich geht: die Tatsache, dass jedes Unternehmen an einem nach evolutionären Prinzipien funktionierenden System – der Wirtschaft – teilnimmt und in diesem System überleben muss. Die auf den ersten Blick – d. h. für Analysten – nicht durchschaubare Logik der Entscheidungen nutzt systematisch die Selektionsprinzipien, die auch der Entwicklung von biologischen Arten, oder allgemeiner: allen evolutionären Prozessen, zugrunde liegt. Und das ist offenbar die Logik aller kreativen Prozesse.

6.4 Umgekehrte Traumarbeit

Im Jahre 1900 veröffentlichte Sigmund Freud sein wohl wichtigstes Werk, die Traumdeutung.[57] In ihm beschrieb er unter anderem, wie im Traum die Eindrücke und Wahrnehmungen des Tages in Traumbilder übersetzt werden. Es sind unbewusste Mechanismen, die zu einer kreativen Umgestaltung dessen, was wahrgenommen wurde und im Gedächtnis blieb, führen. Sie sind auf den ersten Blick weder für den Träumer noch für den Analytiker (nicht zu verwechseln mit dem Analysten) in ihrer Transformationslogik durchschaubar. Dennoch lassen sich die Modalitäten solch eines aktiven, wenn auch unbewussten, Konstruktionsprozesses, wie er beim Träumen abläuft, beschreiben. Es sind, wenn man ihre innere Logik betrachtet, zwei prinzipielle Transformationsschritte: die so genannte „Verschiebung" und die so genannte „Verdichtung".[58] Durch sie werden genau die Veränderungsschritte vollzogen, die auch in den Prinzipien der Produktentwicklung bei Freudenberg zu beobachten waren.

Bei der Verdichtung wird der Schritt von der Klasse zum Element vollzogen, d. h., im Traum wird irgendein allgemeiner Begriff oder eine allgemeine Idee in ihre Konkretisierung übersetzt, an die

Stelle von Tier (Klasse) tritt Vogel (Element). Ein kreativer Schritt, der auch in der umgekehrten Richtung erfolgen kann, d. h., an die Stelle eines Elements einer Klasse tritt ihre Verallgemeinerung, die Klasse: Statt von Vögeln wird von Tieren gesprochen.

Das hier natürlich nur zufällig gewählte Beispiel mag verdeutlichen, wozu das alles gut sein kann. Denn die Frage ist ja, wie die Selektion dieser Bilder oder Begriffe oder Vorstellungen erfolgt. Die Variationsmöglichkeiten sind ja nahezu unbegrenzt.

Im Traum dienen sie dazu, so zumindest die psychoanalytische Theorie, unbewusste Wünsche zu kaschieren. Sie werden durch die „Traumarbeit" so verändert, dass sie den Anforderungen der Umwelt gerecht werden. Für den Träumer sind das Umweltbedingungen, denen er sich anpassen muss. Das wird durch seine Wünsche bedroht, also müssen die irgendwie unkenntlich gemacht werden (so die Idee Freuds). Die Psychoanalyse ist in diesem Fall in erster Linie an der Anpassung an die von der sozialen Umwelt vermittelten Verbote interessiert (hier liegt sicher einer ihrer blinden Flekken). Wenn die Umwelt es verbietet, sich beispielsweise mit sexuellen Themen zu beschäftigen und sich dazu möglicherweise auch noch einer gesellschaftlich nicht akzeptierten Terminologie zu bedienen, so wird das Vögeln – ein vieldeutiger Begriff – eben nach dem Prinzip übersetzt, dass die Klasse auch für ihr Element gesetzt werden kann. Aus Vögeln werden Tiere (und die sind harmlos, schließlich liebt ja jeder Tiere; vor allem aber über Tiere zu sprechen: ist moralisch vollkommen unangreifbar).

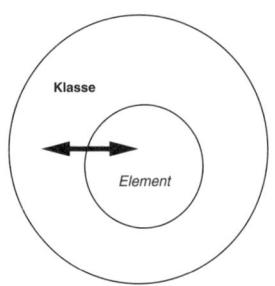

Von der Klasse zum Element und zurück

Abb. 6.5

Der zweite unbewusste Übersetzungsmechanismus besteht darin, ein Element einer Klasse an die Stelle eines anderen zu setzen, d. h., Element gegen Element innerhalb derselben Klasse zu tauschen. Was die beiden Elemente verbindet, ist das Merkmal der Unterscheidung der jeweiligen Klasse. Um ihr zugeordnet zu werden, muss es für beide ein definierendes Merkmal sein. So sind beispielsweise Hunde wie Katzen wie Vögel als Tiere zu klassifizieren. Wenn nun an die Stelle der Vögel Hunde gesetzt werden, dann ist das ebenso zweckdienlich wie es die Tiere sind. Auf einer abstrakten Ebene sind beide gleichgesetzt, und so werden sie gebraucht.

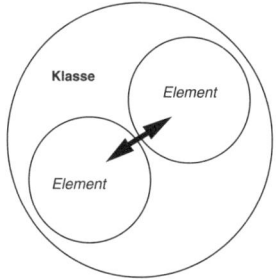

Vom einen Element zum anderen Element

Abb. 6.6

Diese Form der Kreativität dient im genannten Beispiel in erster Linie defensiven Zwecken: Sie hilft, die Angst zu bewältigen, die mit dem Verstoß gegen die Erwartungen des sozialen Umfelds verbunden sind. Zumindest ist dies die Funktion, an der Freud und mit ihm viele Psychoanalytiker nach ihm interessiert sind. Sie bewerten diese Mechanismen daher als „Abwehrmechanismen". Das scheint aber eine Bewertung, die der kreativen Potenz dieser Transformationsmechanismen nicht gerecht wird, vor allem nicht den mit ihr verbundenen Möglichkeiten, innovativ vollkommen neue Ideen zu entwickeln. So gibt es in der Geschichte genügend Beispiele dafür, dass Menschen im Traum die Lösung für Probleme vor Augen getreten ist, mit denen sie sich bewusst lange herumgeschlagen haben (bekanntestes Beispiel: die „Entdeckung" bzw. Erfindung des

Benzol-Rings durch August v. Kekulé). Deshalb wäre es wohl sinnvoller, diese Mechanismen als „kreative Anpassungsmechanismen" zu bezeichnen. Sie leiten offenbar die Logik aller kreativen Prozesse – und wie die Produktentwicklung bei Freudenberg zeigt, nicht nur die menschlicher Individuen. Sie ermöglichen es, vorgegebene Ideen so weiterzuentwickeln und zu verändern, dass sie mit den jeweiligen Umwelten und deren Anforderung (bzw. dem Bild, das von ihnen besteht) vereinbar sind. Das mag im einen Fall die Abwehr von Gedanken und Wünschen sein, deren Realisierung das Überleben gefährden würde, im anderen wirken sie schöpferisch, sodass Ideen entwickelt werden, die neues, alternatives Handeln ermöglichen.

Die Analyse der Beispiele der Produktentwicklung bei Freudenberg (die weit umfassender war als hier dargestellt) zeigt die Kombination dieser beiden Mechanismen: vom Ledergeschäft (Klasse) zur Dichtung (Element der Klasse), vom Simmerring (Element der Klasse der Dichtungen) zu anderen Formen von Dichtungen (Elementen). Von der Funktion (Klasse) des Leders zu anderen Elementen mit derselben Funktion (Lederersatzstoffe) usw.

Was diese Mechanismen allesamt auszeichnet, ist, dass sie den Spielregeln des (zweiwertigen) logischen Denkens, das uns in Schule und Universität üblicherweise beigebracht wird, nicht entsprechen. Es werden Folgerungen vollzogen, die in erster Linie darauf beruhen, dass Identifikationen aufgrund von Ähnlichkeiten vollzogen werden: Vögel sind Hunde. Und wenn man so von der Sexualität auf den Hund gekommen ist, dann kann man ungeachtet dessen, womit man diesen Prozess einmal begonnen hatte, weitermachen und ein Tierheim eröffnen. Es geht immer nur darum, den Anschluss zu wahren und einen festen Punkt zu haben, der den Ausgangsprozess und den Folgeschritt miteinander verbindet. Die Prämisse und die Folgerung müssen nur *irgendwie* miteinander verbunden sein, irgendein gemeinsames Merkmal aufweisen, und schon kann die Folgerung vollzogen werden. Es reicht, wenn zwei Begriffe ähnlich klingen, um das Bezugsfeld und den Bedeutungsraum, den Kontext der Verwendung, wechseln zu können. So ergeben sich für den kreativen Prozess Anschluss- und Fortsetzungsmöglichkeiten, die das rationale Denken verbietet. Analogieschlüsse sind das Mittel der Wahl. Es ist das Prinzip, nach dem auch Beispiele, Vergleiche, Metaphern und in radikalerer Weise Wortwitze und Kalauer konstruiert sind. So kann der Prozess ungehindert vom Hölzchen zum Stöckchen fortschreiten. Und aus „wie Leder" wird „Vileda".

Allerdings – das muss unterstrichen werden – ist das offenbar ein gutes Mittel, kreative Prozesse zu steuern und die Produktion innovativer Ideen anzuregen. Ob die Ergebnisse dann ihrer Funktion als Anpassungsmechanismen gerecht werden, hängt davon ab, ob sie zu der Welt passen, in der es zu überleben gilt. Künstler haben da ja oft Schwierigkeiten, sich dieser Art von ökologischen Tests zu stellen. Aber die haben Menschen, die meinen, mit rationalem Denken überleben zu können, oft ja auch. Schließlich überleben viele gute Mathematiker und Logiker nur, wenn sie eine Sozialarbeiterin finden, die sie heiratet oder sich sonst wie ihrer annimmt.

Blickt man auf eine erfolgreiche Unternehmensgeschichte wie die von Freudenberg zurück, so zeigt sich die Logik des organischen Wachstums in einer Produktentwicklung, die *nicht* durch eine alle Aktivitäten steuernde Strategie bestimmt ist. Sie orientiert sich auch nicht an theoretischen Vorgaben oder an hochtrabenden Visionen, sondern an aktuellen Möglichkeiten und Chancen. Die Parallele zur Evolution des Lebens auf der Erde mit der Herausdifferenzierung einer Unzahl von Lebensformen und -strukturen, die allesamt mit dem Überleben vereinbar sind, ist deutlich erkennbar. Manche Produkte sind – wie manche Arten – „ausgestorben", manche haben einen zu Beginn der Entwicklung nicht vorhersehbaren Erfolgsweg hinter sich. Im Rückblick zeigt dieser Selektionsprozess dieselbe Entscheidungslogik, wie sie die Entstehung der Arten zeigt. Es gibt eine Genealogie der Produktentwicklung. Wenn man sie bildlich darstellt, erinnert sie an die Schaubilder in naturhistorischen Museen, die zeigen, wie die Wurzeln des Menschen zu irgendwelchen Affenarten als Vorfahren zurückreichen. Irgendwann ist zwischendurch der Neandertaler rechts abgebogen und in einer Sackgasse gelandet. Und ganz oben, am Anfang, findet man unscheinbare Einzeller, die sich aus dem Urschlamm auf die Reise zur Menschwerdung begeben haben.

Wenn man heute auf Unternehmen zurückblickt, die einen solch organischen Wachstumsprozess durchgemacht haben, dann erhält man ein Bild, das in etwa dem Querschnitt durch die obige Abbildung entspricht: Man sieht die Ausformungen vollkommen verschiedener Produkte und Warengruppen, die scheinbar nichts miteinander zu tun haben. Dichtungen stehen neben Haushaltstüchern,

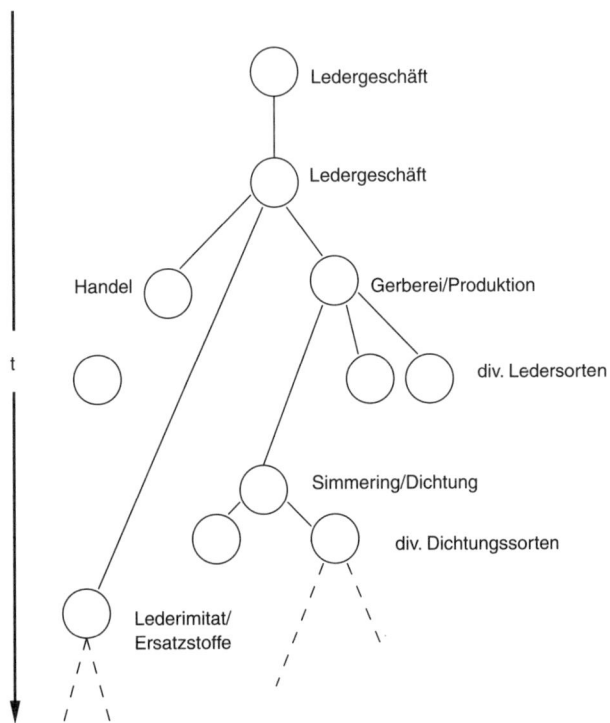

Abb. 6.7

Schuhe neben High-Tech-Produkten. Das ist es, was Analysten als wertmindernd ansehen. Doch bei genauerer Betrachtung wird die Familienähnlichkeit deutlich: Es gibt immer irgendwelche gemeinsamen Verwandten und Vorfahren (Kompetenzen des Unternehmens), die zu gerade dieser Produktlinie geführt haben. Die Familienähnlichkeit hat zur Folge, dass der eine die Nase vom Urgroßvater, zwei andere die Ohren einer Großmutter mit sich herumtragen. Im einen Produkt finden sich die Qualitäten der einen traditionellen Kompetenz des Unternehmens, im anderen ganz andere, und in einem dritten eine Kombination von vielen Qualitäten.

Deswegen sind solche Unternehmen auch nicht mit irgendwelchen Konglomeraten zu vergleichen, die dadurch entstanden sind, dass alles, was gerade verfügbar war, in den Einkaufskorb gepackt wurde. Hier handelt es sich um eine (keineswegs vom Zufall bestimmte) Form der Differenzierung, die sich an den Kompetenzen des Unternehmens orientiert, sie nutzt und weiterentwickelt. Durch diese Form der Differenzierung wird die Überlebensfähigkeit des Unternehmens langfristig gesteigert, da die Abhängigkeit von Teilmärkten verringert wird. Wenn ein solches Unternehmen aufgrund der Variationsbreite seiner Produktpalette und der Vielzahl der Märkte, auf denen es agiert, abgewertet wird, zeigt das nur, dass die Bewertungskriterien nicht unbedingt den hier vertretenen Vorstellungen von Intelligenz entsprechen (um es milde auszudrücken).

Für die Produktentwicklung von Unternehmen lassen sich einige Konsequenzen aus der Analyse dieser Mechanismen ableiten. Sie sollte sich an der Arbeitsweise von Psychoanalytikern orientieren, dem Prinzip der „freien Assoziation". An die Stelle des individuellen Denkens und Fühlens tritt ein Kommunikationsprozess, bei dem gemeinsam – ohne Rücksicht auf jede Logik und sachliche Argumentation – „gesponnen" wird. Gedanken schließen an Gedanken an. Wenn der eine seine Aufmerksamkeit auf die Funktion eines Produktes richtet, die eventuell als Konstante in der Entwicklung erhalten bleiben sollte, fokussiert sich ein anderer darauf, dass man den wunderschönen Produktnamen erhalten sollte, auch wenn man möglicherweise ein neues Produkt für diesen Namen braucht usw.

Wichtig bei alledem ist, sich darüber klar zu werden, dass derartige Entwicklungsprozesse nicht dem „roten Faden" des Ingenieursmodells geplanter Prozesse folgen, sondern der anarchischen Logik des Bastlers. Er schaut in seinen Werkzeugkasten, sortiert den angesammelten Müll, schaut, was er an halbfertigen Bauteilen, Schrauben oder Muttern findet und was er wohl damit anfangen kann. Aus all dem baut er dann den Staubsauger, der auch die Tiefkühlsuppe erhitzen und obendrein englische Literatur ins Französische übersetzen kann (aber nur, wenn sie von Shakespeare stammt). Und wenn das Ding dann tatsächlich funktioniert, ist alles gut: Was funktioniert, überlebt, was nicht funktioniert, überlebt nicht. Deswegen braucht sich die Anarchie der evolutionär-bastelnden Kreativität nur durch eine Frage einschränken zu lassen: Kann das funktionieren?

7. In-Teamitäten

7.1 Team als Schweizer Offiziersmesser der Managementtheorie

Nimmt man das, was in den letzten Jahren in Zeitungen oder bei Tagungen propagiert wird, so scheinen Teams eine Art Zaubermittel für alles, was Organisationen anstreben, oder auch gegen alles, worunter sie leiden, geworden zu sein. Sie scheinen so etwas wie das Schweizermesser für alle denkbaren Managementprobleme zu sein: ein Allzweckinstrument, mit dem man sowohl Büchsen öffnen, Madonnen schnitzen und Fingernägel reinigen kann. Teams leiten Firmen und schrauben Autos zusammen, sie sind angeblich zu unglaublicher Kreativität fähig, und sie treffen Entscheidungen ohne Hierarchien: Sie scheinen paradiesische oder höllische Zustände zu versprechen, je nachdem, aus welcher Perspektive man blickt.

Zu vermuten ist allerdings, dass Teams deswegen so populär sind, oder besser gesagt: dass der Begriff Team so populär ist, weil er als psychologischer Test wirkt, bei dem jeder die Bedeutungen, die ihm gerade genehm sind, in einen Tintenklecks projizieren kann. Fragen Sie einen Menschen, was ein Team ist, und Sie wissen viel über diesen Menschen, aber nichts über Teams. Jeder hat seine höchstpersönlichen Fantasien dazu. Team ist kein geschützter Begriff, und jeder kann ihn verwenden, wie es ihm passt.

Dem soll nun hier – ein für alle Mal – ein Ende gemacht werden, indem der Begriff Team im Rahmen des bislang entwickelten Modells sozialer Systeme zwischen loseren und festeren Kopplungen definiert wird.

Also: Ein erster Schritt, um diesen mythischen Begriff Team ein bisschen näher zu untersuchen, kann der Blick auf die definierenden Merkmale von Teams sein. Woran merkt man als Beobachter eigentlich, dass man es mit einem Team zu tun hat? Wie unterscheidet man Teams zum Beispiel von gewöhnlichen Gruppen? Teams sind Gruppen, die aus mehreren Personen gebildet werden, aber sind Gruppen auch immer Teams? Die Methode, die sich zur Beantwortung solcher Fragen im Allgemeinen bewährt, besteht darin, sich vorzustellen, ein kleines grünes Männchen vom Mars käme auf die Erde und hätte keine Ahnung, was ein Team ist. Was würde dieses grüne Männchen sehen, wenn es ein Team, ein tatsächliches Team, beobachtete?

Zunächst lässt sich rein phänomenologisch feststellen, dass mehrere Leute irgendwelche aufeinander abgestimmte und koordinierte Handlungen vollziehen. Sie arbeiten oder spielen oder kämpfen zusammen usw. Es handelt sich dabei um eine begrenzte und überschaubare Zahl von Leuten.

Allerdings hört man immer wieder, dass davon gesprochen wird, das XY-Team bestehe aus 50, 60, 80 oder gar noch mehr Personen. Solch eine Verwendung des Teambegriffs ist nicht sonderlich nützlich, um nicht zu sagen: Sie ist Quatsch. Denn es ist offenbar ein charakteristisches Merkmal von Teams, dass die Teammitglieder alltäglich und ohne sich dafür verabreden zu müssen, die Möglichkeit zur Face-to-Face-Kommunikation miteinander haben. Dafür wiederum scheint der allgemeinen Erfahrung nach bei acht bis zwölf Personen die quantitative Obergrenze erreicht zu sein. Ab dieser Zahl braucht man angesichts der exponentiell steigenden Zahl möglicher Zweierbeziehungen eine Bürokratie und technische Kommunikationsmedien, um die Kommunikation über räumliche, zeitliche und hierarchische Distanzen hin sicherzustellen. Dann wird aus dem Team eine größere Form der Organisation. Die Unterscheidung zwischen der Koordination der Handlungen durch die Kommunikation unter Anwesenden und durch formalisierte Rollenbeziehungen scheint zentral für das Verständnis von Teamprozessen.

Denn auch in Organisationen arbeiten ja unterschiedliche Menschen mit unterschiedlichen Kenntnissen, Professionen und Funktionen zusammen; aber sie können und müssen im Allgemeinen andere Kommunikationsformen verwenden. Sie schicken Dienstanweisungen, telefonieren miteinander, senden E-Mails, kennen sich manchmal nur vom Hörensagen und treffen sich nur selten (manche nie). Man sitzt nicht mehr in einem Raum, ja, man kann nicht mehr in einem Raum sitzen (schon deshalb nicht, weil die wenigstens Menschen große Lust haben, in Turnhallen oder gar Fußballstadien zu arbeiten).

Als zentrales Unterscheidungsmerkmal von Teams können wir also die Möglichkeit und Notwendigkeit der Face-to-face-Kommunikation eines jeden Mitglieds mit jedem anderen Mitglied definieren. Die direkte Interaktion unter Anwesenden als Kommunikationsform hat eine Menge charakteristischer Folgen. Im Unterschied zu größeren Organisationen, die nach bürokratischen und institutionellen Regeln funktionieren, wird die informelle Kommunikation in Teams überproportional wichtig. Teams sind soziale Systeme, die ein hohes Maß an Selbstorganisation aufweisen. Ihre Spielregeln werden im Allgemeinen nicht bewusst beschlossen, sondern sie entwickeln sich in der alltäglichen Interaktion der Teammitglieder miteinander. Sie lassen sich auch nicht auf Dauer festlegen im Sinne von: „Wir beschließen jetzt die Regel x oder y für den Umgang miteinander." Das kann man zwar auch versuchen, aber darüber hinaus werden spontan immer ganz andere Regeln entstehen. Es ist ein Prozess, der einer evolutionären Logik folgt. Manche Interaktionsformen entstehen, bewähren sich oder bewähren sich nicht, werden – je nachdem – wiederholt oder nicht wiederholt, und schließlich werden sie zu Bestandteilen der gemeinsam praktizierten Spielregeln (oder eben auch nicht).

7.2 Zwischen Familie und Organisation

Die skizzierte Dynamik mag man positiv oder negativ bewerten, sie sollte hier erst einmal nur beschrieben werden. Die Entwicklung informeller Regeln lässt sich nicht vermeiden. Man hat viel miteinander zu tun, hat häufigen Kontakt, und so entwickeln sich Strukturen, die weder geplant noch planbar sind.

Legen wir das nun schon mehrfach verwendete Beobachtungsschema mit seiner Unterscheidung loserer und festerer Kopplung von Aktionen und Akteuren zugrunde, so hat dieser Aspekt von Teams große Ähnlichkeit mit den Kommunikationsmustern von Familien bzw. allgemeiner: privaten Beziehungen. Familiäre oder freundschaftliche Kommunikation ist überwiegend informell, und der Alltag wird nicht von der Hausordnung oder Stellenbeschreibungen von Vater, Mutter und Kind oder den komplexen Rollenbeziehungen zwischen Freunden bestimmt. Was Familien und Teams darüber hinaus verbindet, ist ein hohes Maß an personenbezogener Kommunikation.

Wenn wir das Team in das Spektrum zwischen der Organisation (z. B. Behörde) mit einer im Extremfall sach- und aufgabenbezogenen, prozedural bestimmten Kommunikation und der privaten Beziehung (z. B. Familie) mit einer überwiegend individuumsbezogenen Intimkommunikation einordnen, so ist das Team irgendwo in der Mitte zu platzieren. Teammitglieder verbindet eine gemeinsame Geschichte. In deren Verlauf entwickeln sie persönliche Beziehungen, die nicht allein durch formalisierte Rollenbeziehungen bestimmt sind. Es herrscht ein hohes Maß an (mehr oder weniger) intimer Kommunikation. Man kennt sich gegenseitig gut, trifft sich auch außerhalb der Arbeit, kennt die Kinder und Partner, und manchmal nimmt man auch Anteil an den Freuden und Sorgen des anderen. Es entstehen quasi private Beziehungen. Auch wenn man sich nicht gegenseitig als Kooperationspartner ausgesucht hat, so sorgt die gemeinsame Geschichte dafür, dass sich emotionale Bindungen entwickeln. Bei vielen Teams sind daher persönliche und professionelle Beziehungen nicht klar getrennt. Man fährt miteinander in Urlaub, feiert gemeinsam Geburtstag, wohnt zusammen, schläft gelegentlich miteinander, und man diskutiert in Teamsitzungen, welche professionellen Entscheidungen wie getroffen werden müssen. Es passiert also vieles, was in Arbeitsverhältnissen normalerweise nicht passiert. Man ist relativ „inteam" miteinander.

Wie intim, hängt nicht allein von den beteiligten Akteuren ab, sondern auch vom organisationalen Kontext. In psychosozialen oder Non-Profit-Einrichtungen, in denen sowieso die Personenorientierung im Vordergrund steht, weil die Sachebene so „weich" ist, dass man sich nur schwer auf irgendwelche sachlichen Kriterien zur Bewertung der eigenen Arbeit einigen kann, ist erfahrungsgemäß die Intimität größer als in Vorständen deutscher Aktiengesellschaften. Die verstehen sich leider auch nur selten als Team (was ein Fehler ist!).[59]

Aus dieser Vermischung der Kontexte kann die Funktionalität von Teams resultieren. Sie kann aber auch zur Dysfunktionalität von Teams führen. Die Wichtigkeit von Emotionen ist Risiko und Chance von Teams. Man versteht sich untereinander, weil man eine gemeinsame Geschichte hat; man hat sich gut kennen gelernt; man entwickelt Emotionen füreinander. Und da emotionale Beziehungen nicht nur positive Wirkungen haben können, sondern auch negative, entscheidet sich hier, ob ein Team funktioniert oder nicht.

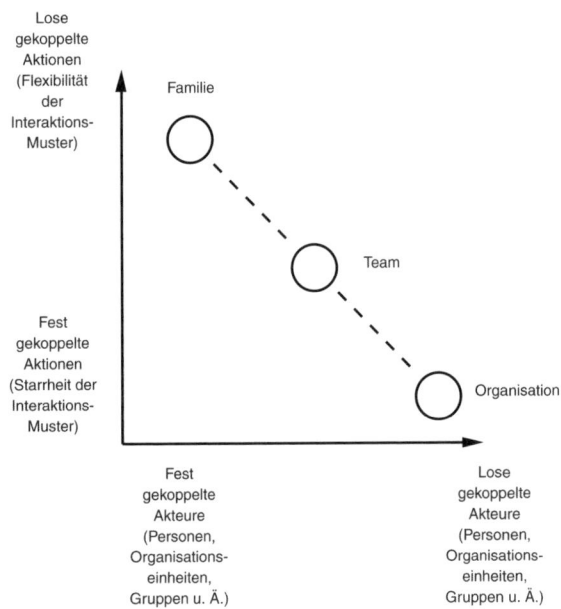

Abb. 7.1

7.3 Gleichheit versus Ungleichheit

Wie kommt es, dass sich jemand freiwillig auf Teamarbeit einlässt (falls er nicht dazu abgeordnet oder „verdonnert" wurde)?

Neulich fragte eine Moderatorin des ARD-Morgenmagazins danach, was denn eigentlich die Bedeutung von „Team" sei. Ihre Antwort: „Es ist die Abkürzung für: Toll, ein anderer macht's!" Teams sind offenbar nicht jedermanns Sache. Es gibt viel Misstrauen gegenüber Teams, und die Frage ist: Was sind die Motive und Werte, die jemanden dazu bringen, sich auf Teamarbeit einzulassen, ja, sie zu suchen?

Bei genauerer Nachfrage kann man sich des Eindrucks nicht erwehren, dass dies für viele eine ideologische Frage ist. Die Idee des Teams ist ja in den Nach-68ern populär geworden. „Fünf Finger sind eine Faust", „Gemeinsam sind wir stark!", das sind die dazugehörigen Slogans. Es hatte etwas mit der Kritik an hierarchischen Systemen zu tun, mit dem Unwohlsein gegenüber Statusunterschieden, mit Solidarität, Freiheit, Gleichheit, Brüderlichkeit und Ähnlichem. Die Gleichheitsidee spielt meist eine zentrale Rolle bei der Entwicklung von Teamkonzepten. Dies führt aber zwangsläufig zu Schwierigkeiten, wenn Teams in Organisationen etabliert werden, die im Allgemeinen nicht nur hierarchisch organisiert sind, sondern ihre Funktionalität gerade daraus gewinnen, dass sie Ungleichheiten nutzbar machen. Denn die Leistungen, die Organisationen vollbringen können, überschreiten die Möglichkeiten ihrer einzelnen Mitarbeiter. Arbeitsteilung erlaubt es, aus unterschiedlichen Fähigkeiten und Tätigkeiten größere, umfassendere Prozesse zusammenzubasteln (relativ fest gekoppelte Netzwerke von Aktionen und Kommunikationsmustern), die gerade durch die Kombination unterschiedlicher Funktionen ihre unverwechselbare Qualität gewinnen. Wenn alle Akteure das Gleiche täten, wäre aus der Organisation im besten Fall eine Masse von Menschen geworden, in der zwar ebenfalls die Aktionen koordiniert werden können, aber das Produkt dürfte kaum die ästhetischen Qualitäten des gemeinsamen Pfeifens und Johlens in der Westkurve eines Fußballstadions nach einem zu Unrecht gegebenen Foulelfmeter übersteigen. Schon zur Produktion einer La-Ola-Welle bedarf es der Unterschiedlichkeit des Verhaltens bzw. des ungleichzeitigen, aber koordinierten gleichen Verhaltens einer Vielzahl von Akteuren.

Diese Koordination kann per Selbstorganisation entstehen; in vielen Fällen ist sie aber schneller und vor allem zielgerichteter durch die Etablierung hierarchischer Strukturen zu erreichen. Das dürfte der Grund sein, warum im Laufe der gesellschaftlichen Evolution hierarchisch strukturierte Organisationen entstanden sind. Sie sind einfach sehr praktisch, da sie Komplexität reduzieren, die Aufmerksamkeit der Akteure steuern und vor allem die Kommunikation von Entscheidungen ermöglichen. Oben wird beschlossen, und unten wird gearbeitet. Zumindest ist das im theoretischen Idealfall so, was – wie wir alle wissen – nicht immer tatsächlich ideal ist.

Wird in solch einem Kontext nun eine Teamstruktur etabliert, so kommt es fast zwangsläufig zu Widersprüchen zwischen den offiziellen, asymmetrischen Rollendefinitionen und den auf Teamebene erhofften oder geforderten symmetrischen Beziehungsdefinitionen.

Wie in der Organisation generell gibt es auch in kooperativen Gruppen von Personen mit unterschiedlichen Qualifikationen immer ein großes Maß an Ungleichheit. Auch die Chancen von Teams liegen gerade im Zusammenspiel und der Nutzung von Unterschieden. Denn man braucht kein Team, wenn alle Menschen das Gleiche können und tun. Dann könnte es jeder der Beteiligten im Prinzip auch alleine machen. Wo es nur um die quantitative Vermehrung derselben Funktionen geht, braucht man kein Team. Die Ungleichheit der Beteiligten, sei es in ihrer sachlichen oder emotionalen Kompetenz, ist eine der Voraussetzungen für das Funktionieren von Teams. Wenn in einem Operationssaal drei Chirurgen ans Messer wollen, dann entsteht ein Gefecht, aber keine Operation, keine koordinierte, arbeitsteilige Zusammenarbeit.

Ungleichheit ist die Voraussetzung für Teamarbeit wie für Organisationen im Allgemeinen. Erst in der Kommunikation von Personen unterschiedlicher Kompetenzen kann ein Prozess entstehen, der die Kompetenz des Einzelnen übersteigt. Wenn aber Gleichheitsideen das Selbstverständnis der Teammitglieder leiten, so entsteht ein dauerhaftes Konfliktpotenzial.

Die Widersprüchlichkeit, ja Paradoxie, die bewältigt werden muss, entsteht dadurch, dass bei mangelnder Formalisierung der Beziehungen Gleichheit und Ungleichheit in der Beziehung stets neu ausgehandelt werden müssen. Schlimmer noch, die Ungleichheit der Mitglieder bildet die Grundlage ihrer Gleichheit.

Diese etwas kryptische Behauptung bedarf natürlich der Erklärung. Zur Illustration einige Metaphern. Wie Teams funktionieren, wird interessanterweise meist in Form von Bildern dargestellt: die Fußballmannschaft, der Achter beim Rudern, die Seilschaft in der Eigernordwand. Das Bild der Seilschaft zeigt sehr schön den Aspekt der Gleichheit. Jeder Einzelne hat das Vetorecht gegenüber dem gemeinsamen Erfolg. Wenn einer seine Aufgabe nicht richtig erfüllt und abstürzt, dann hängen alle am selben Faden. „Das schwächste Glied in der Kette ..." ist eine weitere Metapher, mit der dieses Vetorecht ganz gut dargestellt wird.

Was aber den Beitrag zum Erfolg betrifft, ist es keineswegs so, dass alle gleich daran beteiligt sind. Das ist einer der Faktoren, die langfristig zu Schwierigkeiten führen können, wenn ein Teammitglied womöglich dauernd gute Ideen liefert, das Geld beschafft, für Reputation sorgt (oder was auch immer), und die anderen davon profitieren, ohne dass es zu einer Balance zwischen Geben und Nehmen kommt. Das war das Problem des im vorigen Kapitel geschilderten, neu gegründeten Beratungsunternehmens.

Es gibt also einen Unterschied im Beitrag zum Erfolg. Hier lohnt es sich, den Unterschied zwischen Familie und Organisation im Blick auf die Austauschbarkeit von Aktionen und Akteuren noch einmal in Erinnerung zu rufen. In Teams gibt es unterschiedliche Austauschbarkeiten der Personen. Es gibt Mitglieder, die sind ersetzbarer oder unersetzbarer als andere. Manche sind sogar identitätsstiftend für das Team. Diese Spannung zwischen Gleichheit und Ungleichheit der Mitglieder bzw. ihrer Wichtigkeit, Kompetenz, Macht und Anerkennung bestimmt in Teams immer die Dynamik. Hier steht jedes Team vor der Herausforderung, diese Dimensionen zu beobachten und auszubalancieren. Sie liefern das Konfliktpotenzial, an dem Teams scheitern. Die Zehn-Freunde-sind-wir-Firma, die im vorigen Kapitel dargestellt wurde, ist ein gutes Beispiel für solch ein Scheitern.

7.4 Aussenbeziehungen

Mit dem letzten Punkt eng verbunden ist die Außensicht des Teams. Es wird von außen meist als Einheit gesehen. Es wird ihm eine kollektive („Ihr"-)Identität zugeschrieben, die nicht immer einer intern erlebten „Wir-Identität" entspricht. Da alles, was ein Teammitglied tut, im positiven oder negativen Sinn dem Team zugerechnet wird oder zumindest werden kann, besitzt der Einzelne letztlich immer auch das Vetorecht gegenüber dem guten Image aller anderen. Jeder hat die (Mit-)Verantwortung für das Bild, das alle gemeinsam nach außen hin abgeben. Das führt fast zwangsläufig zu einem hohen Maß an interner sozialer Kontrolle und Abhängigkeit. Damit sind nicht nur im negativen Fall Probleme verbunden, wenn jemand sich so verhält, dass das gemeinsame Ansehen beschädigt wird. Auch im positiven Fall kann es zu Problemen innerhalb von Teams kommen, wenn z. B. einer allein die äußere Anerkennung für die vom Team erbrachten Leistungen erhält.

Das kann man häufig beobachten, wenn Teams im Rahmen von ansonsten hierarchisch strukturierten Organisationen arbeiten: wenn einer offiziell als „Teamleiter" benannt ist und ihm dann die gemeinschaftliche Leistung des Teams als persönliche Leistung zugerechnet wird. Er erhält dann Gratifikationen, die ihm nach Ansicht seiner Kollegen nicht zustehen. Ihre Reaktion ist fast zwangsläufig: „Wir haben die ganze Schmutzarbeit gemacht, und er/sie schöpft den Rahm ab" usw.

Die Kehrseite dieser Repräsentationsfunktion zeigt sich, wenn von solch einem „Teamleiter" seitens der ihm vorgesetzten Hierarchen verlangt wird, ihre Entscheidungen in „seinem" Team durchzusetzen. Von ihm wird dabei „nur" erwartet, was normalerweise von jemandem erwartet werden kann, der als Hierarch innerhalb einer Organisation Macht – z. B. in Form der Personalverantwortung für die ihm untergebenen Mitarbeiter – besitzt. In Teams ist dies aber oft nicht der Fall – vor allem dann nicht, wenn die Beziehung der Teammitglieder formal als egalitär definiert ist und der Teamleiter nur als „Sprecher" ohne Fach- und Personalverantwortung definiert ist.

Der zu zahlende Preis für diese Art von „Leitungs"beziehung wird deutlich, wenn ein Teamleiter von ihm inhaltlich nicht getragene Teamentscheidungen nach „außen" oder nach „oben" vertreten muss. Auch hier kommt es zu Widersprüchen oder Unklarheiten der angemessenen Zurechnung. Wo man innerhalb einer Organisation erwartet, dass Individuen Entscheidungen treffen und verantworten, werden Teamentscheidungen eben auch Einzelnen zugerechnet.

Die scheinbar logische Möglichkeit, die Entstehung derartiger Probleme zu verhindern, besteht in der Verhinderung der Entstehung solcher interner Unterschiede. Das geht praktisch aber nur, wenn die Entfaltung individueller Fähigkeiten verhindert wird. Es ist das bewährte und vielfältig praktizierte Modell, sich nicht hervorzutun und die Entstehung von Unterschieden zu vermeiden. Faktisch lässt man dann den „Blödesten" die Norm bestimmen. Es gibt viele Teams, in denen dies mit viel Erfolg praktiziert wird. „Wer den Kopf aus dem Nest reckt, bekommt ihn abgeschnitten" (alte chinesische Volksweisheit). Wer das nicht tut, kann weiter die Wohligkeit der Nestwärme genießen. Die Kuscheligkeit von Gleichheit und Brüderlichkeit wird um den Preis der Freiheit erkauft, und Prominenz wird bestraft.

Um Missverständnissen vorzubeugen: Es kann nicht bestritten werden, dass es Konstellationen gibt, in denen auch oder gerade die Konfliktvermeidung höchst funktionell ist: immer dann, wenn zum Beispiel in Krisenzeiten oder bei Bedrohung durch einen Außenfeind gemeinsames Handeln und die Betonung der Gemeinsamkeit sowie das Zurückstellen individueller Sichtweisen, Meinungen und Motive überlebensnotwendig ist.

Das mag einer der Gründe dafür sein, warum es als „Teamtraining" so beliebt ist, eine Gruppe von Menschen gemeinsam in der Wildnis auszusetzen, ausgerüstet mit einem Taschenmesser, einem Feuerzeug und einer Weltkarte. Wenn es gelingt, gemeinsam den Weg nach Hause zu finden, dann hat man bewiesen, dass man ein Team ist. (Wenn nicht, dann stellt sich die Frage sowieso nicht mehr!)

7.5 Lebenszyklen

Teams zeigen einen charakteristischen Lebenszyklus. Kein Team lebt ewig. Es gibt eine Logik in seiner Entwicklung und charakteristische Stadien seiner Entstehung, des guten Funktionierens, des Niedergangs und schließlich der Auflösung.

Teams fangen irgendwann an, sie haben eine Startphase, in der man sich zusammenrauft. Es etablieren sich Regeln und Gewohnheiten, die erprobt, ausgetestet, variiert und schließlich stabilisiert werden.

In manchen Hollywoodfilmen zeigt sich eine typische Dynamik der Teambildung. Beispiele hierfür sind Terence Hill und Bud Spencer in ihrem ersten Western, oder, in neuerer Zeit, die Polizistinnenteams in den Krimiserien des Privatfernsehens: Zwei Fremde treffen aufeinander, sie kennen sich gegenseitig noch nicht, sind unbeschriebene Blätter füreinander. Sie haben sich nicht gegenseitig ausgesucht, sondern eine höhere Macht – ein vorgesetzter Polizeichef etwa – hat sie verkuppelt. Aus welchen Gründen auch immer: Sie geraten in einen Konflikt. Und da Konflikte immer sehr intensive Formen der Beziehung sind, dauert es nicht lange, bis es zum Körperkontakt kommt. Sie geraten in Streit und prügeln sich. Solch eine Klopperei ist natürlich eine noch intensivere, irgendwie erotische Beziehung und – das muss hervorgehoben werden – eine auf Gleichheit beruhende Form der Beziehung. Denn hier verprügelt ja nicht ein Starker einen Schwachen, sondern beide sind ebenbürtig. Das zeigt sich daran, dass es keinen Gewinner und keinen Verlierer gibt. Am Ende haben beide die Kräfte gemessen und sich in ihrer Stärke kennen und respektieren gelernt. Dieser gegenseitige Respekt bildet die Grundlage für eine reziproke Beziehung, in der beide sich anerkannt fühlen und sich über die Gleichheit in ihrer Beziehung einig sind – der Beginn einer wunderbaren Freundschaft.

Dasselbe Muster findet man bei Karl May: Winnetou und Old Shatterhand waren am Anfang Feinde, bis sie sich dann zu einem Team zusammenrauften. Auch sie mussten erst durch eine Phase des Miteinanderkämpfens gehen.

Das scheint ein Muster zu sein, das in vielen Teams auf ähnliche Weise abläuft: Am Anfang gibt es ein Abtasten, nach einiger Zeit sind die Spielregeln ausgehandelt, und auch die Beziehungsdefinitionen sind klar. Wenn das erledigt ist, kann man sachgerecht und produktiv arbeiten.

Wie lange die sich nun anschließende kooperative, funktionelle oder effiziente Phase dauert, hängt weitgehend von der sachlichen Aufgabe ab, die das Team zu erfüllen hat. Je länger die gemeinsame Geschichte währt, umso besser lernt man sich gegenseitig kennen. Das birgt Chancen und Risiken für das Team. Man braucht nicht mehr viele Worte, um zu wissen (oder zumindest zu denken, dass man weiß), was der andere meint, wie er sich verhalten wird usw. Das kann den Aufwand für die Koordination der Arbeit sehr reduzieren. Auf der anderen Seite besteht die Gefahr, dass man sich zu gut kennt und sich gegenseitig keine Anregungen mehr bieten kann, d. h. sich gegenseitig nur noch in seinen Erwartungen bestätigt und langweilt.

Interdisziplinäre Teams sind ein wenig gegen diesen Abnutzungseffekt gesichert, da die fachlichen Unterschiede erhalten bleiben, sodass auch die gegenseitige Ergänzung über die Kompetenzgrenzen hinaus erhalten bleibt. Ein Team von Fachkollegen ist in dieser Hinsicht gefährdeter. Nach einiger Zeit weiß man halt, wie der Kollege X diese oder jene Art von Problemen deutet und welche Ideen, welche Einfälle er dazu üblicherweise hat. Man weiß, wie er „tickt", und kann von ihm nicht mehr überrascht werden.

Der Abnutzungseffekt von Teams besteht – wie in alten Ehen – darin, dass man sich irgendwann gut genug kennt, um sich gegenseitig nicht mehr an- oder aufzuregen. Der Sexappeal ist dahin, und der Koordinierungsaufwand für die Zusammenarbeit wird im subjektiven Erleben so groß oder anstrengend, dass er durch den daraus entstehenden Gewinn nicht aufgewogen wird.

Das ist die Phase, wo man manchmal offiziell noch als Team firmiert und sich auch noch manchmal trifft, aber eigentlich arbeitet jeder isoliert vor sich hin. Im besten Fall respektiert jeder das Territorium des anderen, man stört sich gegenseitig nicht, aber man inspiriert sich auch nicht gegenseitig.

So traurig es im Einzelfall auch sein mag: Auch erfolgreiche Teams haben mal ein Ende.

7.6 Erfolgreiche Teams

Bevor wir sie sterben lassen, sollten wir noch einen Blick auf die Bedingungen für den Erfolg von Teams werfen.

In der Literatur gibt es einige Untersuchungen über erfolgreiche Teams:[60] Teams, die etwas Großartiges geleistet haben, wie zum Beispiel die Konstruktion der ersten Atombombe. (Man mag der Bewertung der Atombombe als großartige Leistung widersprechen, aber sozialpsychologisch ist es sicher bemerkenswert, dass es gelungen ist, eine größere Gruppe berüchtigter intellektueller Primadonnen – einen Narzisstenzoo – zur Zusammenarbeit zu befähigen.)

Was hat solche Teams in Wissenschaft, Wirtschaft oder im kreativen Bereich erfolgreich gemacht?

Ein gemeinsamer Nenner scheint zu sein, dass erfolgreiche Teams eine gewisse Ähnlichkeit mit Sekten[61] haben. Sie haben eine gemeinsame Mission, sie fühlen sich einem mehr oder weniger „göttlichen" Auftrag verbunden. Dieses Ziel ist es, was alle verbindet, eine Monomanie, ein Thema und eine gemeinsame „Sache". Solch ein gemeinsames Projekt hat eine integrierende Wirkung, unabhängig davon, ob es dabei um ein gemeinsames Produkt geht oder ein ideelles Ziel. Die Kooperation im Team ist das Mittel zu diesem Zweck. Allerdings ist sie mehr als das, denn die Kooperation, der Teamprozess, ist auch immer irgendwie Selbstzweck. Dabeisein und Dazugehören ist „an sich" schon ein befriedigendes und identitätsstiftendes Ziel.

Aus all dem leitet sich ein unbescheidenes, elitäres Bewusstsein ab, ein kollektiver Größenwahn im Sinne von „Wir sind etwas Besonderes, eine Art Insel". Der Unterschied zu Sekten besteht darin, dass nicht der Bezug zur Realität – zu den Sachaufgaben – verloren geht. Ein weiterer Faktor ist, dass sich die Mitglieder solcher Teams eigentlich immer ein bisschen als Underdogs sehen. Sie sind diejenigen, die nicht richtig wertgeschätzt werden, und deswegen sagen sie sich: „Wir werden es denen zeigen, wir schaffen es, wir sind eigentlich die Besten." Größenwahn hat eben häufig kompensatorische Funktionen für nicht erhaltene Anerkennung: das Team als Selbsthilfegruppe verkannter oder (wenn man an Genies glaubt) tatsächlicher Genies.

Was zu guten Teams auch noch gehört, ist ein guter Leiter. Das scheint ein zentraler Punkt zu sein, der hier besonders betont werden muss, weil er den üblichen antihierarchischen Affekten zuwiderläuft. Formale Hierarchie scheint eine wesentliche Bedingung für den Erfolg von Teams (die mehr als zwei Personen umfassen) – zumindest, wenn sie innerhalb größerer Organisationen arbeiten. Auch wenn Terence Hill und Bud Spencer bzw. Winnetou und Old Shatterhand als Beispiele für die Symmetrie ihrer Beziehung angeführt wurden, sei ausdrücklich vor der Idee gewarnt, Teams sollten egalitär organisiert sein. Dieses heute weit verbreitete Ideal der glücklichen, symmetrischen Zweierbeziehung lässt sich nicht ohne weiteres auf Mehrpersonenbeziehungen übertragen.

Würde man beispielsweise zum Zeugen eines Menschen eine Arbeitsgruppe oder ein Team benötigen, so wäre die Menschheit schon längst ausgestorben. Wer schon einmal versucht hat, z. B. für eine Besprechung, sieben oder acht Personen zur gleichen Zeit in denselben Raum zu bekommen und für dasselbe Thema zu interessieren, wird wissen, wie wenig wahrscheinlich es wäre, eine größere Zahl von Personen zur gleichen Zeit sexuell so zu erregen, dass sie in der Lage wären, einen kollektiven Zeugungsprozess zu vollziehen. Man bräuchte einen Manager oder eine Managerin, die – vom Vorspiel bis zum Vollzug des kollektiven Geschlechtsverkehrs – ein sorgfältiges Prozessdesign entwickelt usw. Wahrscheinlich wären Vergewaltigungen, zumindest aber Nötigungen an der Tagesordnung. Die Einzelheiten seien hier der Fantasie eines jeden überlassen. Aber eins wäre aller Erfahrung nach wahrscheinlich und würde wohl das Projekt zum Scheitern führen: Einer käme bestimmt zu spät.

Um es auf eine Formel zu bringen: Ein Weg zum Scheitern eines Teams ist, formelle Gleichheit zwischen den Mitgliedern eines Teams zur Norm zu erheben. Da sich die Entwicklung der informellen Ungleichheit nicht vermeiden lässt, sind Konflikte vorprogrammiert. Sie können entweder verleugnet werden, um die Wahrnehmung den formalen Beziehungsdefinitionen anzupassen, oder aber sie führen zum Machtkampf, um die informell entstehenden Unterschiede zu formalisieren bzw. – im umgekehrten Fall – sie aufzuheben und ungeschehen zu machen.

Allerdings ist formelle Hierarchie auch kein Garant für den Erfolg eines Teams. Sie hilft lediglich, Machtkämpfe unwahrscheinlicher zu machen. Und auch das kann fatale Folgen haben, wenn sachliche Auseinandersetzungen dadurch verhindert werden.

Eines der eindrucksvollsten Beispiele für das Scheitern von Leitungsteams lieferte das US-Kabinett unter Präsident Johnson während des Vietnamkrieges. Zu ihm gehörte eine Auswahl der brillantesten Köpfe Amerikas, allesamt Absolventen von Eliteuniversitäten und erfolgreich auch außerhalb der Politik. Dass sie trotzdem nicht in der Lage waren, gemeinsam zu einigermaßen rationalen Entscheidungen zu kommen, und welche Gruppendynamik dazu führte, ist in den Memoiren des damaligen Verteidigungsministers Robert McNamara[62] nachzulesen. Er selbst war, bevor er sein politisches Amt noch unter Kennedy antrat, CEO der Ford Motor Company. Seinen Erfolg dort schrieb er der Einführung kennzahlenorientierter Managementmethoden zu. So versuchte er auch als Minister, seine Methoden anzuwenden und die Fortschritte im Krieg gegen den Vietcong zahlenmäßig zu erfassen. Er führte den so genannten *body count* ein, d. h., die getöteten Gegner wurden gezählt. Dass diese Zahlen keinerlei Aussagekraft darüber hatten, ob damit der Sieg näher rückte oder nicht, wurde weder von ihm noch von seinen Kabinettskollegen reflektiert. (Insgesamt kann der Vietnamkrieg wohl als ein Beleg für die Schwächen kennzahlenorientierter Managemententscheidungen gewertet werden.) Was vor allem die gemeinsame Blödheit des Kabinetts ausmachte, war die Tatsache, dass man sich nicht eingestehen wollte, dass man sich gegenseitig ausschließende Ziele verfolgte: Die Vietnamesen sollten ihr Schicksal selbst bestimmen, aber die USA wollten entscheiden, wie dieses Schicksal aussehen sollte.[63]

Ein Team, das nicht in der Lage ist, die Prämissen seines eigenen Handelns kritisch zu überprüfen, handelt nicht intelligent. Es hat bestenfalls Glück, aber nie einen verdienten Erfolg.

7.7 Das Hierarchieparadox

Nach den Scheiterrezepten zu einigen Erfolgsfaktoren von Teams oder zumindest zu Strategien, die der Wahrscheinlichkeit ihres Scheiterns zuwiderlaufen. Es gibt offenbar zwei Teamstrukturen, die gut funktionieren. Beide gehen in ähnlicher Weise mit der Gleichheits-Ungleichheits- bzw. der Leitungsparadoxie um (Asymmetrie zu praktizieren, wo Symmetrie die Basis des Teams bildet).

Im ersten Muster sind die Teams formal hierarchisch organisiert, d. h., es gibt einen formalen Hierarchen, einen „Chef" oder „Boss". Aber in der alltäglichen Kommunikation, d. h. der professionellen, inhaltlichen Zusammenarbeit, wird Gleichheit praktiziert. Der offizielle Leiter, der die formale Macht hat, ist keineswegs auf der inhaltlichen Ebene die oberste Autorität, sondern einer unter Gleichen (inter Pares, aber keineswegs der Primus). Auf diese Weise sind bestimmte Konflikte von vornherein entschieden: Man braucht nicht um die Macht zu kämpfen, wenn klar ist, wer sie aus rein formalen Gründen im Zweifel zeigen könnte. Aber die Tatsache, dass einer die formale Macht hat, macht noch kein gutes, funktionierendes Team. Dazu gehört noch, dass derjenige, der diese Leiterrolle innehat, seine formale Machtposition nur selten tatsächlich nutzt (zum Beispiel bei der Auswahl der Teammitglieder). Ideal scheint die Kombination von formaler Ungleichheit, formaler Hierarchie mit informeller Gleichheit, genauer gesagt: gegenseitige Akzeptanz und Wertschätzung auf der sachlich-fachlichen Ebene.

Das funktioniert aber nur, wenn der Hierarch seine theoretisch gegebenen Machtmöglichkeiten nicht ausschöpft. Dazu muss er sich in seiner Personalpolitik Personen aussuchen, die wirklich etwas können, was er nicht kann. Das heißt, er muss für die Unterschiedlichkeit und eine bekömmliche Mischung bei der Zusammensetzung seines Teams sorgen. Nur dann kann er guten Gewissens das Team seinem Prozess überlassen, ohne mit steuernder Intention eingreifen zu müssen. Nur dann kann er die Selbstorganisationsprozesse, die der Kreativität und Leistungsfähigkeit von Teams zugrunde liegen, ihren Nutzen entfalten lassen. Dadurch, dass allen bewusst ist, dass im Zweifelsfall eine hierarchische Beziehung besteht, werden Machtkämpfe und Beziehungshakeleien unwahrscheinlicher. Konflikte auf der Inhaltsebene können hingegen weiter ausgetragen werden und als Grundlage einer kollektiven Intelligenz dienen.

Leider ist es meistens umgekehrt, es gibt formelle Gleichheit, aber informell entwickeln sich Unterschiede. Und irgendwann knallt es dann, weil einer denkt, derjenige, der informell sehr wichtig geworden ist, sollte nicht so wichtig sein, und man versucht, ihn dann ein Stück kleiner zu machen, im Extremfall einen Kopf kürzer.

Die Funktion des Leiters in Teams scheint wenig reflektiert. Viele Teamkonflikte entstehen, wenn der Gleichheitsmythos lange Zeit als Fiktion aufrechterhalten wird und dann plötzlich jemand Machtansprüche artikuliert, die nicht zur Ideologie des Teams passen.

Das zweite funktionierende Muster ist seltener zu finden und wahrscheinlich schwerer zu realisieren. Auch hier gibt es einen offiziellen oder inoffiziellen Leiter oder Sprecher, er hat aber keinerlei formalisierte Macht. Dennoch ist sein Einfluss größer als der seiner Kollegen, weil er als Person eine außergewöhnliche Autorität genießt. Ihm wird die Integrität zugeschrieben, das gemeinsame Interesse stets über das eigene zu setzen. Wenn er in dieser Hinsicht das Vertrauen aller anderen genießt, so kann dieses Vertrauen eine analoge, komplexitätsreduzierende Funktion entfalten, wie die formale Macht.[64] Im Zweifel ist klar, wer sich durchsetzen würde, sodass Machtkämpfe unwahrscheinlich werden. Dies scheint ziemlich genau dem zu entsprechen, was Jim Collins in seiner Studie über die Führung „großartiger Unternehmen" als *Level 5 Leadership* bezeichnet. Bescheidene, wenig egozentrische Personen, die aber auf der Sachebene keinen notwendigen Konflikt auslassen, sondern die Diskussion so lange fordern und fördern, bis eine sachlich die höchsten Ansprüche befriedigende Lösung gefunden ist.[65]

Der gemeinsame Nenner der beiden hier vorgestellten Leitungsmodelle ist, dass die inhaltliche, sachbezogene Auseinandersetzung der Entscheidungsfindung auf der Basis einer symmetrischen Kommunikation erfolgt. Da die hierarchische Position einer Person nicht garantiert, dass sie die besten Ideen hat, das größte Wissen oder die höchste Intelligenz, kann nur ein ergebnisoffener Diskussionsprozess gewährleisten, dass die Ressourcen des Teams genutzt werden. Wo Hierarchie dazu führt, dass die inhaltlichen Beiträge des Hierarchen zur Kommunikation als qualitativ höher bewertet werden als die der anderen, bleibt das Team so blöd wie sein Leiter, d. h., seine Intelligenz ist aller Wahrscheinlichkeit nach geringer als die vieler seiner Mitglieder.

7.8 Scheiterszenarien

Ein großes Scheiterrisiko birgt die Gerechtigkeitsfrage. Die Frage ist, ob jeder Einzelne in seinem Team den Eindruck hat, dass er in seiner spezifischen Leistung gesehen wird, und zwar nicht nur intern, sondern auch extern. Das ist etwas, was häufig nicht in der Macht der Teammitglieder liegt. Sie werden von außen gesehen, und was Anerkennung und Ähnliches angeht, sind es Dritte, irgendwelche Teamumwelten, die die zentrale Rolle spielen. Wenn man hier Ungerechtigkeiten und die daraus resultierenden Konflikte verhindern will, wird man sich sehr genau überlegen müssen, wie man organisatorisch sicherstellen kann, dass auch in der Kommunikation mit den Umwelten des Teams alle Beteiligten auf ihre Kosten kommen. Wenn die Resultate der Teamarbeit immer nur einem Einzelnen zugeschrieben werden, dann ist das etwas, das langfristig mit einer gewissen Wahrscheinlichkeit zum Auseinanderbrechen des Teams führt.

Ein weiteres großes Risiko von Teams liegt in den schon mehrfach angesprochenen familienartigen Aspekten. In Familien wie in Teams (zumindest in vielen) gibt es eine Tendenz zur Konfliktvermeidung. Wenn sachliche Konflikte aufgrund persönlicher Beziehungen, z. B. aus Sorge, den anderen zu kränken, nicht ausgetragen werden, so kann dies weit reichende, negative Folgen haben. Wenn es kurzfristig geschieht, so mag das ganz funktionell sein: Man hat zunächst einmal seine Ruhe. Nur holt es die Beteiligten langfristig wieder ein, weil die gemeinsame sachliche Basis verloren geht.

So kommt es, dass in Teams häufig fünf, sechs oder mehr hochkompetente Leute zusammensitzen, die über ihr Privatleben gut informiert sind, aber nicht im Geringsten voneinander wissen, was sie in ihrem Arbeitsalltag tun. Keiner will oder kann dem anderen in die Karten schauen. Es herrscht eine Art „Gentlemen's Agreement": „Wirfst du mir keinen Müll in den Vorgarten, werfe ich dir keinen Müll in den Vorgarten! Wir schauen nicht einmal gegenseitig in die Vorgärten und reden nur über Themen, die keinem von uns wehtun können!"

„Pseudogegenseitigkeit" ist der Fachausdruck für diesen Kommunikationsstil.[66]

Nimmt man all dies zusammen, so kommt man zu dem Schluss, dass das Team kein ganz einfaches Instrument ist. Als soziales System, das einerseits die Aufgabenorientierung von Organisationen mit ihrer persönlichen Distanziertheit aufzuweisen hat und andererseits vielfältige Aspekte privater, emotional relevanter Beziehungen zeigt, ist es mit erheblichen Chancen als auch mit nicht minder großen Risiken behaftet. Wie häufig auch bei Familienunternehmen zu beobachten, werden zwei unterschiedliche Kontexte und Spielregeln miteinander vermischt. Dass dies Engagement und Begeisterung für die Arbeit wecken kann, weiß jeder, der sich schon einmal als Mitglied eines erfolgreichen Teams gefühlt hat. Aber er weiß auch, wie frustrierend und aufregend – im negativen Sinne – solch ein Arrangement sein kann, wenn die negativen Aspekte des „In-einem-Boot-Sitzens" und der „Wir-Identität" des Teams in den Vordergrund treten. Dann hilft nur noch, was auch in anderen persönlichen Beziehungen die Rettung bringen kann: die Scheidung, die Flucht, das Räumen des Feldes.

Wenn ein Team seinen Sinn verloren hat, sollte man es in Frieden sterben lassen.

8. Jeder für sich und Gott gegen alle?

Exkurs: Experiment 2 (Fortsetzung: Zur Wirkung asozialen Verhaltens)
Gehen wir noch einmal zurück auf die Betonplatte. Alle „Bewohner" haben sich miteinander arrangiert. Jeder weiß, was er von den anderen zu erwarten hat, man kennt sich und weiß, dass alle ein Interesse haben, das Gleichgewicht der Platte zu wahren. Und alle haben ein Interesse, darüber hinaus auch noch ein wenig Bewegung auf der Platte zu haben, damit die Langeweile nicht zu groß wird. Allerdings soll die Aufregung auch nicht so sein, dass man ernsthaft die eigene Existenz bedroht sehen muss und vor Angst keine ruhige Minute mehr hat.

Nun stören wir diese Idylle ein wenig und schicken einen weiteren Mitspieler auf die Platte, dessen Augen verbunden sind. Er kann also nicht das tun, was alle anderen tun: Verantwortung für das Gesamtsystem übernehmen und seine eigenen Aktionen auf die der anderen abstimmen. Er wird beziehungsblind auf der Platte umherirren und bei den anderen aufgeregten Aktionismus auslösen. Da alle sehen, dass er nicht sieht, legt sich die Aufregung aber schnell. Einer wird abgestellt, seine unsozialen Verhaltensweisen bzw. deren Wirkung zu kontrollieren. Er kann entweder immer auf die andere Seite der Platte gehen, wenn der Blinde das Gleichgewicht gefährdet, oder er kann ihn an der Hand nehmen und so für seine Integration in das Muster sorgen. Die zweite Variante ist die wahrscheinlichere, weil sie langfristig ökonomischer ist. Wer sich nicht in das Muster integriert, der wird integriert. Das ist nicht so sehr eine Frage der Nächstenliebe – das vielleicht auch –, sondern des kollektiven Selbsterhaltungsbedürfnisses.

Wenn unsere Versuchsperson mit den verbundenen Augen nicht akzeptieren mag, dass ihre Freiheit nun (durch fürsorgliche Handreichungen) eingeschränkt ist, so werden die Mitspieler wahrscheinlich eine Zeit lang versuchen, die durch ihr extravagantes Verhalten entstehende Bedrohung durch gegensteuernde Maßnahmen auszugleichen. Wenn dies zu aufwendig ist, werden sie einfach abwarten, bis er – trotzig wie er nun einmal ist: „Warum hat er unsere Hilfe nicht angenommen?" – von der Platte fällt. Solche „Störer", die sich ein abweichendes Verhalten leisten, das für die anderen Angst auslösend ist oder unangemessen teuer erscheint, haben als Teilnehmer sozialer Systeme nur begrenzte Überlebenschancen.

8.1 Der Mitarbeiter als Überlebenseinheit: „Ich-AG" und „Selbst-GmbH"?

Die in jüngster Zeit populär gewordenen Metaphern für Arbeitnehmer als „Ich-AG" oder „Selbst-GmbH" scheint auf den ersten Blick die Tatsache gut zu erfassen, dass jeder Mitarbeiter eines Unternehmens als eigenständige, ökonomische Überlebenseinheit zu betrachten ist. So weit, so gut. Dass er oder zumindest seine Familie als eine ökonomische Einheit mit gemeinsamer Haushaltsführung (im wörtlichen wie im übertragenen Sinn) angesehen werden kann, gilt und galt, seit Arbeit finanziell entlohnt wird, und erklärt auch, warum zu Beginn der industriellen Revolution Kinder zuhauf in Bergwerken arbeiten mussten, um ihren Beitrag zum Familienunterhalt zu leisten. Kinderarbeit in der Dritten Welt beruht wohl auch heute noch auf diesem Prinzip. Richtig ist auch, dass Mitarbeiter sich in einer marktförmigen Beziehung zu ihrem Arbeitgeber, d. h. dem Unternehmen (!), befinden. Sie sind und müssen für das Unternehmen austauschbar bleiben, wenn es seine Überlebensfähigkeit sichern will. Und es ist gut, wenn der Mitarbeiter – auf der Gegenseite – seine „employability" sichert und sich die Möglichkeit offen hält, in mehr als nur einem Unternehmen zu arbeiten. Soweit ist gegen die genannte Metaphorik nichts einzuwenden.

Problematisch wird sie aber, wenn es um die alltäglichen, unternehmensinternen Interaktionen und Kommunikationen geht. Denn die sind nur selten marktförmig. Zu überprüfen ist daher nicht nur, ob die Metaphorik der AG oder GmbH angemessen ist, sondern auch, welche Konsequenzen solch ein Modell (in all seiner Radikalität) hat.

Gewöhnlich werden Mitarbeiter und Kollegen ja eher mit mechanischen oder biologischen Bildern charakterisiert: Da wird der Unterschied zwischen einem Beamten und einem Stück Holz thematisiert („Holz arbeitet"), oder ein Vorgesetzter benimmt sich wie ein „Elefant im Porzellanladen", der Workaholic im Büro nebenan strampelt sich wie der „Hamster im Rad" ab, eine Kollegin erweist sich als „dumme Kuh" und, um hier nicht sexistische Ideen zu streuen, ein Kollege zeigt sich als der „blöde Ochse", der er ist.

Im privaten Bereich, wo es um emotional wichtige Beziehungen geht, finden sich ebenfalls überwiegend Tiere, sie sind allerdings entweder kleiner und niedlicher, oder sie haben ein weiches Fell: Es wimmelt von „Hasis", „Mausis" und „Bärleins" – die Liste zu ergänzen, dürfte mit einer gewissen zoologischen Inspiration und zärtlichen Erfahrungen nicht schwer sein. Der Vergleich eines geliebten Wesens mit Gesellschafts- oder Organisationsformen ist hingegen eher unüblich. Bettgeflüster, bei dem ein Partner den anderen mit innigem Blick verschlingt, ihm zärtlich über die Haut streicht und dazu flüstert: „Oh, du wonnige Kommanditgesellschaft!", wirken ein wenig befremdlich.

Das Wesen einer jeden Metapher besteht darin, dass sie stillschweigend einige grundlegende Ähnlichkeiten oder Gemeinsamkeiten zwischen dem Gegenstand, der charakterisiert werden soll, und dem verwendeten Bild unterstellt.

Die Ähnlichkeiten und Gemeinsamkeiten zwischen Hamstern, Elefanten, Mäusen und Menschen sind offensichtlich: Sie liegen in ihrem jeweiligen Verhalten oder aber in der Beziehung, die der Beobachter zu ihnen hat. Einmal strampelt sich jemand ab, ohne nach rechts und links zu schauen und ohne dabei auch nur einen Schritt vorwärts zu kommen; das andere Mal verhält sich jemand in einer Weise, die zeigt, dass er sich der Zerbrechlichkeit seiner Umwelt nicht bewusst ist, und bei den Mausileins und Hasis ist es wohl das Abrufen einer Art Kindchenschemas, das beim Beobachter den Streichelreflex auslöst.

Wir haben es also mit zwei Mechanismen zu tun. Im ersten Fall wird ein beobachtbares Verhalten als Merkmal für eine zugrunde liegende Eigenschaft oder Wesensart interpretiert. Und im zweiten Fall löst eine beobachtbare Eigenschaft beim Beobachter ein charakteristisches Beziehungsangebot und einen dazu passenden Handlungsimpuls aus.

Biologische Metaphern zur Charakterisierung von Menschen haben – wie bereits betont – aus systemtheoretischer Sicht den großen Vorteil, dass sie stillschweigend auf gemeinsame abstrakte Organisationsprinzipien von Prozessen verweisen (= Autopoiese). Aber es verbindet sie auch noch etwas auf der Verhaltens- und Interaktionsebene: Sie zeigen Reaktionen auf das, was man selbst tut – man kann mit ihnen kommunizieren, spielen, kämpfen usw. Sie wecken Gefühle, und aus ihrem Verhalten lässt sich schließen, dass auch sie Gefühle entwickeln und tiefgründige Gedanken denken. Oder eben – wenn man sie für blöd und dumm erklärt – nicht so tiefgründige.

All dies bildet die fabelhafte Grundlage des Vergleichs von Mensch und Tier.

Was sind nun, wenn wir von „Selbst-GmbH" oder von „Ich-AG" sprechen, die Gemeinsamkeiten zwischen einem Unternehmen, das auf einem mehr oder weniger freien Markt agiert, und dem Mitarbeiter eines Unternehmens?

Der Fokus der Aufmerksamkeit ist in dieser Metaphorik *nicht* primär auf irgendwelche interne Prozesse des Mitarbeiters gerichtet, sondern auf Interaktions- oder, besser gesagt: auf Transaktionsbeziehungen: die Beziehung zu seinen „Kunden", „Lieferanten" und „Mitbewerbern".

Drehen wir die Metaphorik der Selbst-GmbH und Ich-AG herum und vergleichen Firmen mit Menschen, so sehen wir, dass diese Denkweise eine viel längere Tradition hat. In der Gegend von Stuttgart sprachen die Menschen jahrzehntelang davon, dass sie „beim Daimler schaffen". Und so war es auch bei anderen großen und traditionsreichen Unternehmen der Old Economy. Die Firma wurde benannt wie eine Person, und die Beziehung zu ihr konnte sehr persönlich und gefühlvoll sein. Es gab Liebe und Hass, Ausbeuter und Ausgebeutete, Patriarchen und abhängig Beschäftigte. Juristische Personen wurden wie natürliche Personen behandelt.

Solange der Unternehmer solch eine natürliche Person war, waren die Arbeitsbeziehungen in der Firma oder zu der Firma immer auch persönliche Beziehungen zum Unternehmer. Er wurde mit der Firma identifiziert, und er identifizierte sich mit ihr. Es war *sein* Unternehmen. Er war der dicke, Zigarre rauchende Kapitalist aus der Karikatur oder auch der fürsorgliche Übervater. Das Arbeitsverhältnis war personalisiert, denn die Mitarbeiter arbeiteten für ihn und nicht für eine anonyme Organisation. Der Klassenfeind hatte ein Gesicht, und man konnte sich gegen ihn verbünden, oder aber der Chef war eine Art Paterfamilias, auf den man sich verlassen konnte.

Die weitgehende Namen- und Gesichtslosigkeit ist es, was Kapitalgesellschaften im Unterschied zu eigentümergeführten Unternehmen charakterisiert. Im Französischen heißt Aktiengesellschaft Societé Anonyme (SA), und dies bezeichnet ziemlich genau den Kern dieser Unternehmensform.

Ihr wesentliches Merkmal ist die Austauschbarkeit der Eigentümer. Es sind anonyme Investoren, deren legitimes Interesse der Rendite des Unternehmens gilt.

Sehen wir den Einzelnen als ökonomische Überlebenseinheit, so gilt für ihn analog zum Unternehmen, dass sich für ihn sein persönliches Engagement als Investment lohnen muss. Doch worin besteht darüber hinaus die Analogie zwischen einem Mitarbeiter und einer AG? Nicht zu sehen, da – seit Abschaffung der Sklaverei – jeder Mitarbeiter immer als eigentümergeführtes Unternehmen funktioniert.

Also geht es wohl doch eher um den Markt der Produkte und Dienstleistungen, in dem das Unternehmen bzw. der Mitarbeiter mit anderen im Wettbewerb steht. Propagiert werden marktförmige Beziehungen, lose Kopplungen zwischen Unternehmen und Mitarbeitern, die leicht und ohne großen Aufwand gelöst werden können. Zwischen dem Unternehmen (sei es nun eine GmbH oder eine AG) und dem Käufer ihrer Produkte besteht eine Beziehung, die auf die konkrete Transaktion (Kauf/Verkauf) bezogen und begrenzt ist. Ein Ereignis ohne Dauer, ohne einklagbare Versprechen für die Zukunft, ohne Verpflichtungen aus der Vergangenheit.

Auch der Mitarbeiter erhöht seine Chancen auf dem Weltmarkt (d. h. der Welt als Markt), wenn er nicht nur ein Produkt und einen Kunden hat. Will er seine Unabhängigkeit sichern, so muss er dafür sorgen, dass er bzw. seine Kompetenzen gefragt sind und die potenziellen Arbeitgeber für ihn austauschbar bleiben. Wenn sie bei ihm Schlange stehen, sich um seine Mitarbeit bemühen, so kann er die Preise bestimmen. Im Idealfall verfügt er über eine Kompetenz bzw. ein „Produktportfolio", das möglichst viele Unternehmen brauchen, aber nur wenige Menschen besitzen. Dann gilt für ihn wie für die GmbH oder AG, dass sogar Staaten um ihn werben, wie am Beispiel der indischen IT-Spezialisten („Jeder Inder ein Computerfreak!") zu beobachten ist. Sie haben die Wahl, ob sie in Bangalore, Walldorf oder Palo Alto arbeiten.

All dies ist die Folge einer weltweiten gesellschaftlichen Entwicklung, die durch das Medium Geld gesteuert wird. Eine frei konvertible Währung sorgt für Austauschbarkeit der Güter und Leistungen, und diese Austauschbarkeit ist es, worauf sich heute jeder einzustellen hat.

Für den Einzelnen bedeutet dies, einerseits dafür sorgen zu müssen, dass er bzw. seine Leistungen für andere möglichst wenig austauschbar sind, andererseits aber die Umwelten, in und mit denen er überleben muss, für ihn möglichst weitgehend austauschbar werden oder bleiben.

So weit, so gut! Aber die entscheidende Frage scheint zu sein, ob es wirklich sinnvoll ist, die Beziehung eines Mitarbeiters zu dem Unternehmen, das ihn beschäftigt, primär als solch eine durch Zahlungen, d. h. durch das Medium Geld gesteuerte Marktbeziehung zu betrachten. Lässt sich das, was Menschen an ihre Arbeit bindet oder deren Wert für sie ausmacht, tatsächlich durch Geld ausdrükken, erfassen oder gar steuern?

Zweifel daran sind erlaubt, um nicht zu sagen: Man kann solch eine Annahme auch für ziemlich blöd halten (auch oder gerade, wenn sie im Moment viele Anhänger findet und stark propagiert wird).

8.2 Die unterschiedliche Intelligenz von Märkten und Organisationen

Märkte und Organisationen unterscheiden sich grundlegend in ihren Kommunikationsstrukturen. Während Märkte – wie oben bereits dargestellt – aus der Summe voneinander *unabhängiger* Kommunikationen (der Transaktion „Handel" mit seinen beiden Seiten der Unterscheidung Kauf/Verkauf) bestehen, die sich mit Hilfe statistischer Verfahren beschreiben lassen, erfolgen die Kommunikationen in Organisationen *nicht* unabhängig voneinander, sondern sie sind so geordnet, dass sich hochkomplexe, koordinierte Abläufe konstruieren lassen oder auch selbstorganisiert entwickeln.

Die Intelligenz von Märkten liegt in der Reduktion der Komplexität zwischenmenschlicher Beziehungen auf die Addition dyadischer Kommunikationen. Durch das Kommunikationsmedium Geld[67] kann dieses zwei Teilnehmer umfassende Interaktionsmuster in fast allen sozialen Kontexten, unabhängig von den gehandelten Gütern oder Dienstleistungen, unabhängig vom kulturellem Rahmen und unabhängig von Zahlendem und Zahler, praktiziert werden. Wer miteinander Handelsgeschäfte betreiben will, muss nur in der Lage sein, einen Kauf oder einen Verkauf zu vollziehen. Und das ist in jeder Sprache möglich. Er muss noch nicht einmal in der Lage sein, Kosten und Nutzen zu errechnen, denn man kann im Rahmen des Handels auch schlechte Geschäfte machen. Daher erfordert die Teilnahme auch keine Kenntnisse der höheren Mathematik oder der Kostenrechnung. Was die persönlichen Kompetenzen der Akteure betrifft, sind Märkte soziale Systeme, die niedrige Zugangsschwellen haben, wenig exklusiv sind und daher wahrscheinlich nicht ganz zu Unrecht mit Demokratie assoziiert werden. Ihr Grundprinzip ist auf jeden Fall so, dass jeder seine Chance hat, wenn er denn etwas zu verkaufen hat oder über die Mittel verfügt, etwas zu kaufen.

Doch in der Reduktion auf die Zweierbeziehung zwischen Käufer und Verkäufer liegt auch das Intelligenzdefizit (die Blödheit) von Märkten. Denn hochkomplexe Abläufe und Kommunikationsmuster lassen sich eben nicht auf Zweier- oder (virtuelle) Dreierbeziehungen zurückführen oder aus ihnen komponieren. Die Beziehungen der elf Mitspieler einer Fußballmannschaft sind mehr als nur die Summe von Zweierbeziehungen. Eine intelligente Problemlösung bedarf erheblich komplexerer Organisationsformen: Sie braucht Organisationen.

Wer eine Anstellung antritt, betritt ein Spielfeld, in dem seine Aktionen nicht mehr *nur* als individuelle, abgegrenzte „Ware" ihren Wert erhalten, sondern vor allem dadurch, dass sie in ein größeres Netzwerk von Interaktionen und Kommunikationen eingebettet sind. Dieses Netzwerk wird Organisation genannt. Erst in diesem Rahmen erhalten seine Aktionen ihren Wert und Sinn. Er muss sich bzw. seine Aktivitäten einfügen in ein komplexes System von Spielregeln, das erst in der Koordination der Einzelleistungen zur Leistung des Gesamtunternehmens führt. Daher stimmt die Metapher der Selbst-GmbH nur bedingt. Die Rolle des einzelnen Mitarbeiters in einem Unternehmen ist nicht analog der eines einzelnen Unternehmens auf einem freien Markt. Nur als Element eines größeren Prozesses erhalten seine Aktivitäten ihren Sinn und Wert. Die Ballkünste eines brillanten Stürmers gewinnen ihre Nützlichkeit beim Fußball erst, wenn sie in gemeinsame Spielzüge eingebunden sind. Der autistische Ballakrobat hat für die Mannschaft keinen Wert. Seine *employability* dürfte sich langfristig auf das ZDF-Sportstudio beschränken, wo er dann regelmäßig alle Bälle in den Löchern der Torwand versenken kann. All-Star-Teams haben deswegen bislang selten eine Meisterschaft gewonnen, während mittelmäßige Spieler, die sich bewusst sind, dass sie gemeinsam besser sind als jeder allein, als Mannschaft kaum zu bremsen sind.

Das Kapital des Mitarbeiters ist also nicht allein sein sachliches Wissen oder sein fachliches Know-how, sondern auch seine Fähigkeit, sich in sozialen Systemen zu bewegen, sich in kooperative Zusammenhänge einzufügen, sie mitzugestalten und sich auf deren Veränderung einzustellen. In ihnen spielt Geld zwar auch eine Rolle bei der Prozesssteuerung, aber eine weit weniger zentrale als auf Märkten. Es kommen andere Aspekte hinzu, die einen manchmal weit größeren Einfluss darauf haben, wie ein Individuum sich verhält, wie es sich an der Kommunikation beteiligt. Außer Geld gibt es auch noch Macht, Liebe, Recht, Moral, Ehre, Ästhetik, Gefühle aller Art, die bestimmen, wer was wann tut oder lässt.

8.3 Polykontexturale Kompetenz

Neben die Sachdimension (fachliche Kompetenz) der *employability* tritt ihre Sozialdimension. Unterschiedliche „Märkte" bedienen zu können heißt für den einzelnen Mitarbeiter, in unterschiedlichen Organisationen und Kulturen überleben zu können und die dort jeweils maßgebenden „Währungen" zu erfassen. Nur wer in der Lage ist, in einer Vielzahl von Systemen mit ihren widersprüchlichen Geboten und Verboten, ihren ungewohnten Wirklichkeitskonstruktionen und Glaubenssätzen mitzuspielen und sich in die alltäglichen Prozesse einzufädeln, ist flexibel beschäftigbar und kann sich im optimalen Fall seine Arbeit und seinen Arbeitgeber aussuchen.

Was zu erwerben ist und worauf sich Aus- und Weiterbildung daher konzentrieren sollten, ist nicht allein die Förderung von Sachkompetenz, sondern eine soziale Prozess- und Kommunikationskompetenz, d. h. die Fähigkeit, sich in unterschiedlichen soziokulturellen Kontexten zu bewegen. Dazu gehören in erster Linie die

Entwicklung sozialer Sensibilität, einer Beziehungsintelligenz, und das Gespür für das Funktionieren unterschiedlicher Organisationen. Grundlegend ist dabei wohl die Einsicht, dass Wahrheiten nie global gelten, sondern immer nur einen beschränkten Gültigkeitsraum haben.

Um einen weiteren Fachausdruck in die Welt zu setzen, soll diese Anschlussfähigkeit an unterschiedliche Kommunikationssysteme und ihre Spielregeln (von nun an und für alle Zeiten) als „polykontexturale Kompetenz" bezeichnet werden.

Darunter ist eine Kompetenz auf der Metaebene zu verstehen, die über die Anpassung an eine einzelne, neue Spielregel hinausgeht. Vergleichbar ist sie mit der Fähigkeit, unterschiedliche Sprachen zu lernen. Wer das Wesen von Sprachen, ihre grammatische Struktur, erfasst, der kann relativ schnell lernen, in fremden Kontexten zu kommunizieren. Welche Inhalte er auch immer transportieren will, diese grammatische Kompetenz ist Voraussetzung dafür, dass er überhaupt ins Spiel kommt, dass er versteht und verstanden wird. Jeder Mensch kann seine inhaltlichen und sachlichen Fähigkeiten am besten dann zur Geltung bringen, wenn er die Organisation versteht, in der sie wirksam werden sollen. Wer dies nicht tut, weiß einfach nicht, was er tut.

Um noch einmal auf die Fußball-Metapher zurückzukommen: Polykontexturale Kompetenz bedeutet nicht nur, bei Bedarf die unterschiedlichen Rollen des Stürmers, Liberos oder Torwarts übernehmen zu können, sondern auch, sich in bis dahin unbekannte Spiele einfügen und sie mitspielen zu können, ohne überall dasselbe Spiel zu vermuten und immer den Ball zu treten, auch wenn er beispielsweise mit der Hand in einen Korb geworfen werden muss.

Wer nur in einem einzigen, für ihn nichtaustauschbaren, sozialen Umfeld leben kann, ist nicht nur ökonomisch beschränkt überlebensfähig, sondern auch psychisch. Wer heute in Europa, morgen in den USA und übermorgen in China tätig ist, muss in der Lage sein, zumindest zu ahnen, wie die anderen fühlen und denken; er muss ein Gespür dafür haben, wie ihre Organisationen funktionieren (z. B. streng hierarchisch und formalisiert vs. egalitär und informell), vor allem aber muss er wissen, welche Beziehungsangebote für sie und ihn selbst akzeptabel sind und welche nicht.

Die Sensibilität für die Beziehungen ist aber nicht nur im interkulturellen Kontext von entscheidender Bedeutung, denn auch in jedem Durchschnittsunternehmen, in dem Menschen eine gemeinsame Geschichte durchlaufen und eine gemeinsame ökonomische Überlebenseinheit bilden, herrschen Bedingungen, in denen keiner nur für sich selbst denken kann. Wie in unserem Experiment 2 stehen alle gemeinsam auf der Betonplatte, und wenn einer aus der Reihe tanzt, werden die anderen reagieren. Die Wechselbeziehungen, die in sozialen Systemen für die Etablierung und Aufrechterhaltung von Spielregeln sorgen, haben zur Folge, dass jeder die Verantwortung für diese größere oder geringere Funktionalität der Spielregeln hat, obwohl er sie nicht einseitig kontrollieren kann. Das führt fast zwangsläufig dazu, dass Kooperation einen evolutionären Vorteil bietet und derjenige, der scheinbar nur an sich denkt, langfristig der Dumme ist. Denn in Systemen, in denen die Beteiligten eine gemeinsame Zukunft vor sich sehen – die also nicht nach dem Modell des Haustürgeschäfts strukturiert sind –, erweisen sich Verhaltensstrategien, die langfristig auf Kosten der anderen gehen, immer als irrational. Denn die anderen sind ja auch nicht blöd, zumindest sollte niemand damit rechnen. Und wenn sie es doch sind, so ist es auch kein Zeichen von Intelligenz, sich mit ihnen eingelassen zu haben.

Wer die Kompetenz hat, derartige langfristige Konsequenzen auf der Beziehungsebene zu durchschauen, bedarf keiner moralischen Appelle, um nicht nur an sich zu denken. Oder anders gesagt: Die Paradoxie des Überlebens in Unternehmen besteht darin, dass jeder nur dann für sich handelt, wenn er nicht nur für sich handelt.

Denn wenn jeder für sich ist, dann ist Gott – und das ist in diesem Fall die höhere Macht, das umfassendere System, der Markt – gegen das Unternehmen. Und das bedeutet in der Regel: Er ist gegen alle.

8.4 Persönliche Identität und kulturelle Muster

In seinem Film „Zelig" spielt Woody Allen einen Menschen, der das Konzept der polykontexturalen Kompetenz in ihrer Extremform verkörpert (im wahrsten Sinne des Wortes). Leonard Zelig hat die fantastische Eigenschaft, sich perfekt an jede seiner sozialen Umgebungen anzupassen. Er betritt einen irischen Pub, in dem gerade der St. Patrick's Day gefeiert wird, und seine Haare werden rot, seine Nase ebenfalls, und er fängt an zu saufen ("I turned Irish"). Unter Chinesen wandelt sich die Form seiner Augen, sein Teint wird leicht gelblich, er isst mit Stäbchen und spricht Chinesisch. Unter Schwangeren schwillt sein Bauch usw. Er verändert seine körperliche Gestalt mit jedem Kontextwechsel. Bleibt er derselbe? Dieser und ähnlichen Fragen widmet sich eine junge Psychiaterin, die ihn untersucht. Es geht um Identität und Anpassung.

Zelig passt sich nicht unbegrenzt an. Im Zoo wird er beispielsweise nicht zum Affen oder zum Elefanten. Die Grundstruktur seines Körpers als Exemplar der Spezies Homo sapiens bleibt bestehen. Sie bildet seine Kernidentität. Seine Anpassungsfähigkeit ist limitiert durch die Variationsmöglichkeiten des menschlichen Körpers. Etwas Analoges kann auf der Ebene psychischer Systeme beobachtet werden. Die Anpassungs- und Veränderungsfähigkeit des Individuums ist begrenzt. Bestimmte Anpassungsanforderungen führen zur Bedrohung oder gar zum Verlust der persönlichen Identität. Das ist zwar mit dem physischen Überleben vereinbar, aber es wird nicht nur vermieden, sondern – ganz im Gegenteil – Menschen sind bereit, für den Erhalt der eigenen Identität ihr Leben aufs Spiel zu setzen.

Welche Veränderungen können von einem Mitarbeiter (der „Ich-AG") verlangt werden, ohne dass er das Gefühl entwickelt, nicht mehr derselbe zu sein? Oder anders formuliert: Ab wann hat er das Gefühl, sich selbst aufzugeben? Die Antwort auf diese Fragen bestimmt die Grenzen jeder polykontexturalen Kompetenz.

Dabei handelt es sich nicht in erster Linie um eine psychologische Fragestellung, sondern um eine soziale. Die Identität einer Person wird kommunikativ ausgehandelt. Sie sendet ihren Kommunikationspartnern bestimmte Signale, die von ihnen gedeutet werden. Personen verhalten sich in einer bestimmten Weise, kleiden sich in einem wiedererkennbaren Stil, drücken sich charakteristisch aus usw. und laden so zu Deutungen über ihre „Wesen" ein. Dabei haben sie die Möglichkeit, die Signale auszuwählen, die sie an ihre Umwelt geben wollen, aber sie haben keine Macht festzulegen, wie sie gedeutet werden. Trotzdem: Sie sind nicht hilflose Opfer irgendwelcher Zuschreibungen, sondern sie sind daran beteiligt durch das, was sie tun und lassen. Auf diese Weise entsteht ihr Image. Und wenn sie selbst glauben, dass sie so sind, wie man sagt, dann sind sie im Reinen mit ihrer Identität. Sie machen der Welt ein Angebot („Ich bin so und so ...!"), und die bestätigt es.

Die Antwort auf die Frage „Wer bin ich?" wird also nicht individuell und selbstherrlich entschieden, sondern immer auch von anderen gegeben. Denn eigentlich ist die Frage unvollständig. Sie müsste lauten: „Wer bin ich in den Augen derer, die mich beobachten, und stimmt das mit dem überein, was ich in der Selbstbeobachtung wahrnehme bzw. wahrnehmen will?"

Dieser Innen-außen-Abgleich bestimmt die persönliche Identitätsentwicklung. Sie ist Ergebnis der Teilnahme an Kommunikationssystemen. Ohne diese Teilnahme ist keine Identitätsbildung möglich. Und da diese Systeme ihre eigenen Beobachtungs- und Bewertungsschemata haben, spielt die Mitgliedschaft in ihnen eine zentrale Rolle für Entwicklung und Erhalt der Identität.

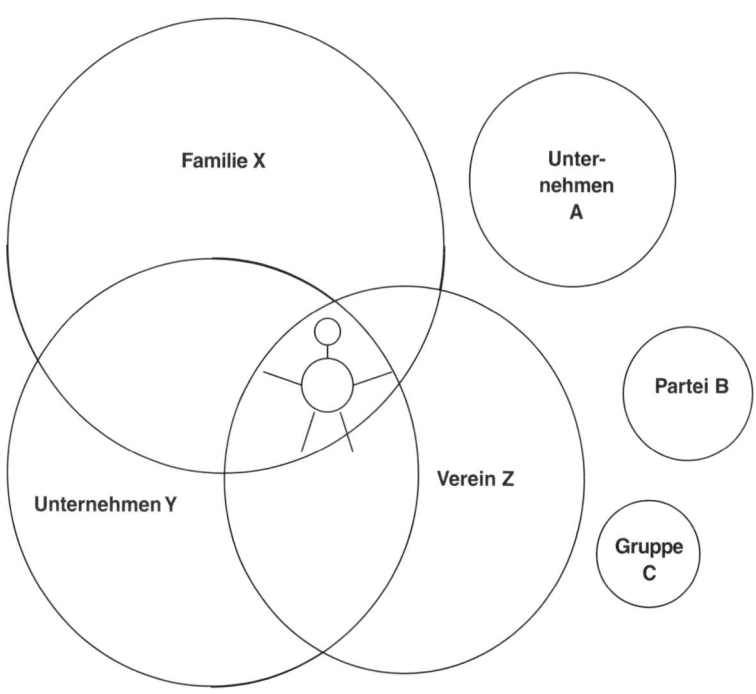

Persönliche Identität durch Zugehörigkeit zu und Abgrenzung von charakteristischen sozialen Systemen

Abb. 8.1

Solche identitätsstiftenden Kommunikationsmuster werden üblicherweise „Kulturen" genannt. Man wächst in sie hinein wie in seine Muttersprache. Und wenn man sie internalisiert hat, so geraten sie aus dem Blick. Sie werden zum blinden Fleck der eigenen Alltagspraxis. Man folgt ihren Spielregeln, ohne sich dessen bewusst zu werden. Man erwartet, dass andere ebenfalls diesen Regeln folgen, und erwartet, dass andere erwarten, dass man es auch tut. So stabilisieren sich kulturelle Muster und persönliche Identität gegenseitig.

Da man an unterschiedlichen sozialen Systemen teilnimmt, lernt man unterschiedliche „Sprachen" und verdient sich unterschiedliche Zuschreibungen: In der Familie spielt man ein anderes „Sprachspiel"[68] als in seinem Gesangverein, und im Unternehmen, in dem man arbeitet, ist man ein anderer als zu Hause und verhält sich auch entsprechend. Die Mischung der verschiedenen Zugehörigkeiten und ihrer Spielregeln definiert die persönliche und individuell unverwechselbare Identität.[69]

Der Wechsel des Kontextes, d. h. Anfang oder Ende der Zugehörigkeit zu einem bestimmten sozialen System, hat immer Auswirkungen auf das persönliche Identitätsgefühl. Wird mit dem Verlust des Dazugehörens zu einem bestimmten Unternehmen auch ein wesentlicher Aspekt der Selbstdefinition aufgegeben? Ist die Zugehörigkeit zu anderen Unternehmen mit einer anderen Kultur und anderen Werten mit der eigenen Selbstachtung vereinbar?

Was werden die Leute sagen? Kann ich mich im Spiegel noch ansehen, ohne rot zu werden? Nicht jeder wird so reagieren wie die Hauptperson in dem Hollywood-Film „American Beauty": Ein Mann in den „besten Jahren" hat seinen langjährigen Job in einer Werbeagentur verloren. Nun steht er bei McDonald's hinter dem Drive-thru-Schalter und ist erleichtert und glücklich, weil er endlich eine Beschäftigung gefunden hat, bei der er keine Verantwortung hat – fast keine, muss man wohl kritisch hinzufügen.

Die persönliche *employability* hat also über die Ebene der individuellen Kompetenzen hinaus weit reichende Implikationen auf einer für den Mitarbeiter existenziellen Ebene. Dies geht weit über die Anforderungen hinaus, die für ein Unternehmen damit verbunden sind, sich auf einem neuen Markt zu behaupten. Die Anpassungsforderung von Märkten ist immer weit geringer als die von kulturellen Systemen. Letztlich ist es ja das Erfolgsgeheimnis der

Marktwirtschaft, dass sich die wechselseitige Anpassungsforderung der Transaktionsteilnehmer auf das Aushandeln eines für beide Seiten akzeptablen Preises für die gelieferte Ware oder Leistung reduzieren lässt.

Der prinzipielle Konstruktionsfehler des Modells der „Ich-AG" oder der „Selbst-GmbH" liegt darin, dass Märkte und Organisationen gleichgesetzt werden. Zwar sind in Organisationen immer auch Marktmechanismen wirksam, sie lassen sich aber nicht darauf reduzieren. Die Austauschbarkeit der Akteure ist in einer Organisation nie in dem Maße gegeben wie auf einem Markt. Unternehmen sind dabei von ihren Mitarbeitern ebenso abhängig wie die von ihnen. Märkte sind keine Organisationen, sondern Netzwerke *gleichförmiger* Ereignisse (von Geschäften, die abgeschlossen werden).

Um die Beziehung zwischen Mitarbeiter und Unternehmen zu charakterisieren, sind also alternative Metaphern gefragt. Wie wäre es – beispielsweise – wieder einmal mit biologischen Vergleichen: die Organisation als Organismus, der Mitarbeiter als Zelle oder gar Organ, d. h. als jemand, der Funktionen erfüllt, die ihre Bedeutung und ihren Wert durch die Einbettung in ein organisiertes Netzwerk *unterschiedlicher* Interaktionen und Kommunikationen erhalten. Das würde auch der unterschiedlichen Austauschbarkeit und wechselseitigen Abhängigkeit beider gerecht. Blut kann man inzwischen ganz gut transfundieren – Blutzellen und Plasma als Menge lose gekoppelter Einheiten („Akteure") –, bei der Leber ist das schwieriger – ein Subsystem fest gekoppelter Einheiten muss integriert werden. Abstoßungsreaktionen sind häufig. Und umgekehrt: Blutzellen können offenbar in unterschiedlichen Organismen ganz gut überleben, die Merkmale des „Zueinanderpassens" sind begrenzt (Blutgruppen). Bei Lebern ist die wechselseitige Passung erheblich komplexer.

Der große Vorteil solch einer biologischen Metaphorik ist, dass sie nahe legt, bei jedem Austausch mit Immunreaktionen zu rechnen, die für beide Seiten riskant sind.

9. Rambo, Hitler, Osama und andere Persönlichkeiten

9.1 Einige psychische Mechanismen der Komplexitätsbewältigung

Polykontexturale Kompetenz und „Mehrsprachigkeit" sind Fähigkeiten, die Individuen zugeschrieben werden. Es sind „skills", so die allgemeine Vorannahme, die man lehren und lernen kann. Dabei mag der eine größeres Talent haben als der andere, aber prinzipiell liegen sie in der Reichweite individueller Veränderungsmöglichkeiten. Ganz anders scheint die Situation, wenn es um Persönlichkeitsstrukturen geht. Sie scheinen gottgegeben, vererbt oder in der frühen Kindheit erworben, das berühmte „Charisma" des Führers. Dementsprechend werden die Leitfiguren großer Wirtschaftsunternehmen in der Presse mit mythischen Attributen versehen. Einige werden als „Visionäre" charakterisiert, anderen wird das Prädikat „Patriarch" verliehen, und vor noch nicht allzu langer Zeit erfreute sich auch der Vergleich mit „Rambo" einer gewissen Beliebtheit. Diese Etiketten scheinen auf den ersten Blick die Eigenschaften von Personen bzw. Persönlichkeitsstrukturen zu beschreiben. Doch all diese Merkmale sind nicht direkt beobachtbar. Was beobachtbar ist, ist ihr Verhalten, d. h. die Art und Weise, wie sie kommunizieren und argumentieren, wie sie mit Mitarbeitern, Mitbewerbern und der Presse umgehen, welche Entscheidungen sie vertreten usw. Aus alldem wird dann vom außen stehenden Beobachter geschlossen, Herr X. oder Frau Y. verfüge über diesen oder jenen Charakter, solch eine oder so eine Persönlichkeitsstruktur.

Was mit diesen Begriffen bezeichnet wird, ist – so lässt sich aus einer systemtheoretischen Perspektive folgern – nicht mehr und nicht weniger als ein typisches Muster der Methoden individuellen Komplexitätsmanagements. Ein „Visionär" geht eben mit der Komplexität seines Unternehmens und des Marktes anders um als ein

„Rambo". Und es hat den Anschein, als ob man mit unterschiedlichen Methoden („Persönlichkeitstypen") zu unterschiedlichen Zeiten unterschiedliche Karrieren durchlaufen kann.

Die Wichtigkeit der Person bzw. persönlicher Eigenarten bei der Steuerung von Organisationen resultiert aus dem, was man den Unterschied zwischen Innen- und Außenperspektive der Beobachtung nennen könnte. Das Ideal des Wissenschaftlers ist die Außenperspektive: der Beobachter, der nach und nach immer mehr Informationen über den von ihm studierten Gegenstand erhält, um ihn dann in seinen Gesetzmäßigkeiten erfassen und sein Verhalten vorhersehen zu können. Diesem Objektivitätsideal entsprechend gibt es wahre und falsche Behauptungen, richtige und falsche Entscheidungen usw. Bei alledem dürfen die Eigenschaften des Beobachters keine Rolle spielen, d. h., unterschiedliche Beobachter mit unterschiedlichen Persönlichkeitsmerkmalen müssen zu denselben Ergebnissen kommen. Diese Regeln des wissenschaftlichen Umgangs mit Komplexität sind offensichtlich nicht übertragbar auf den Alltag des Managements. Wer immer dafür verantwortlich ist, aktuell und unter Zeitdruck Entscheidungen zu treffen, ist Akteur auf dem Spielfeld. Wegen des prinzipiellen Unterschieds zwischen Innen- und Außenperspektiven hängt die tatsächlich vollzogene Politik von Unternehmen und Organisationen meist mehr von den „Persönlichkeitsmerkmalen" ihrer Führungskräfte ab als von wissenschaftlich begründeten „Management-by"-Methoden. Grund genug, einen Blick auf psychische Mechanismen des Komplexitätsmanagements zu werfen.

9.2 Emotionale Schemata

In unserer Umgangssprache wie auch der Psychologie wird im Allgemeinen zwischen Denken und Fühlen, zwischen emotionalen und kognitiven Prozessen unterschieden. Obwohl diese Unterscheidung ein wenig akademisch ist, da unser Fühlen stets unser Denken beeinflusst und umgekehrt, scheinen diese beiden Begriffe gut geeignet, um zwei unterschiedliche Arten der Komplexitätsreduktion zu bezeichnen. Was beide Methoden unterscheidet, ist ihre größere oder geringere Handlungsnähe bzw. die jeweilige Geschwindigkeit des Prozesses. Der Weg vom Gefühl zur Handlung ist nur kurz, d.

h., emotionale Schemata erlauben es, schnell zu handeln. Diskursives Denken, das Abwägen von Daten und Argumenten, erfordert Zeit und führt nicht immer zu klaren Bewertungen und eindeutigen Entscheidungen.

In der menschlichen Evolution hat sich Fühlen offensichtlich als dem Überleben dienlich bewährt. Dieser Nutzen dürfte vor allem in seiner komplexitätsreduzierenden Wirkung in der *direkten* Interaktion bestehen. In unserem Fühlen vollziehen wir im Allgemeinen Unterscheidungen in drei Bedeutungsdimensionen: der Aktivität (aktiv/passiv), der Potenz (stark/schwach) und der Bewertung (gut/schlecht).[70] Mit Hilfe dieser drei Dimensionen können wir Situationen, in denen wir uns befinden (Innenperspektive), so ordnen, dass uns schnelles Handeln ermöglicht wird. Es wird möglich, weil wir durch unser Fühlen eine Art Beziehungsdiagnose durchführen und uns in Relation zu unseren aktuellen Interaktionspartnern setzen. Wenn wir gefühlsmäßig reagieren, dann beurteilen wir, ob unser Gegenüber stark oder schwach ist. Ist er stark, so werden wir wahrscheinlich vorsichtiger, vielleicht ängstlicher, auf jeden Fall *anders* mit ihm umgehen, als wenn er schwach ist. Wenn er stark, aber gut ist, so werden wir seinen Schutz (Protektion) suchen, wenn er stark und schlecht ist, so gehen wir ihm und der mit ihm für unser Überleben verbundenen Gefahr lieber aus dem Weg. Das wird aber nur reichen, wenn er nach unserem Urteil stark, schlecht und passiv ist; ist er stark, schlecht und aktiv, so müssen wir andere Maßnahmen zu unserer Verteidigung ergreifen usw.

Fühlen hat aber, aus der Außenperspektive betrachtet, noch eine andere Wirkung. Es ist entscheidend an der Strukturierung sozialer Systeme beteiligt. Dadurch, dass Menschen „lieben" und „hassen", „Sympathien" und „Antipathien" entwickeln usw., wird die Bildung oder Auflösung sozialer Einheiten wahrscheinlicher oder unwahrscheinlicher.[71]

Das emotional konstruierte Weltbild ist hocheffizient beim Erfassen der Beziehungsaspekte von Entscheidungen und Verhaltensweisen. Hier erweist sich die Nützlichkeit der so genannten „emotionalen Intelligenz"[72] bzw. die Schädlichkeit „emotionaler Blödheit".

Die Gefahren einer rein emotionalen Bewältigung sozialer Komplexität liegen in ihrer Tendenz, Eindeutigkeit im Sinne einer Entweder-oder-Logik zu suggerieren. Ambivalenz, d. h. eine zwiespältige gefühlsmäßige Bewertung, wird von den meisten Menschen als unangenehm und störend erlebt und daher möglichst schnell (z. B. durch Verleugnung oder Verdrängung der einen Seite der Ambivalenz) beseitigt. Auf diese Weise verhindern emotionale Reaktionsweisen sehr häufig ein angemessenes Erstellen von Kosten-Nutzen-Rechnungen, von Risiken und Chancen der zur Wahl stehenden Optionen. Sie erscheinen dann entweder als „schwarz" oder „weiß", die Beteiligten als „Freund" oder „Feind", für Zwischentöne bleibt kein Raum. Die Möglichkeiten der Klassifizierung der zur Wahl stehenden Möglichkeiten und der beteiligten Personen oder Parteien werden dadurch quantitativ begrenzt und schematisiert. Die Chance solcher Vereinfachungen liegt im Zeitgewinn bei der Entscheidungsfindung und der Eindeutigkeit der Orientierung; das Risiko liegt in unreflektiertem Aktionismus und einer die Komplexität der Situation zu wenig erfassenden Analyse.

9.3 Kognitive Schemata

Gefühle sind – wenn man ihre Funktion betrachtet – Formen der Kognition: hier und jetzt wirksam werdende Wirklichkeitskonstruktionen aus der Innenperspektive handelnder Personen. Landläufig wird unter Kognition jedoch die (mehr oder weniger bewusste) „rationale Erkenntnis" der Welt verstanden. Stillschweigende Voraussetzung des logisch-diskursiven Denkens ist eine distanzierte Beobachtung aus der Außenperspektive. Welches Bild der Welt konstruiert wird, hängt auch bei der Anwendung solch einer Perspektive nicht allein von den beobachteten Phänomenen, sondern von den Methoden der Beobachtung, d. h. vom Beobachter ab. Hier zeigen sich vor allem in drei Bereichen Unterschiede: der *Beschreibung*, der *Bewertung* und der *Erklärung* der zu beobachtenden Phänomene.

Welche Unterscheidungsschemata steuern die Selektion von Information? Was tritt in die Wahrnehmung? Was wird ausgeblendet und/oder übersehen? Welche *Beschreibung* der Situation wird erstellt?

Als weiterer Schritt der Komplexitätsreduktion wird die *Bewertung* der beschriebenen Phänomene wirksam. Werden sie als bekannt oder unbekannt, alt oder neu, erhofft oder befürchtet bewertet, eröffnen sie Chancen, welche Risiken bergen sie usw.?[73]

Als dritter Baustein eines handlungsleitenden Weltbildes dienen *Erklärungen*. Es handelt sich dabei um die Konstruktion von Prozeduren zur Herstellung der beschriebenen Phänomene. In diese Kategorie fallen die Baupläne eines Ingenieurs ebenso wie Verschwörungstheorien von Politikern. Stets geht es darum, die Prozesse zu (re)konstruieren, die zu einem negativ oder positiv bewerteten Ergebnis führen. Wem es gelingt, Modellvorstellungen zu entwickeln, die der praktischen Überprüfung standhalten, gewinnt an Handlungsfähigkeit. Erklärungen werden daher nicht nur rückblickend und vergangenheitsorientiert für bereits beobachtete oder beobachtbare Phänomene konstruiert, sondern auch vorausschauend und zukunftsorientiert: Wo immer es darum geht, ein projektiertes Ziel zu erreichen, benötigt man die Konstruktion eines (hypothetischen) generierenden Mechanismus, um die notwendigen Schritte in Richtung auf das Ziel planen und durchführen zu können.

Es dürfte deutlich sein, dass die Beschreibungen, Erklärungen und Bewertungen, an denen ein Mensch bislang sein Handeln orientiert hat, mit einer gewissen Wahrscheinlichkeit auch in Zukunft eine Rolle bei seinen Entscheidungen spielen dürfte. Sie haben sich für ihn bewährt; es gibt also subjektiv keinen Grund, sie zu ändern, zumal sie meist selbstverständlich angewandt und nur selten bewusst werden. Das heißt, jeder Mensch konstruiert aufgrund seiner eigenen Erfahrungen ein ganz persönliches Bild der Realität, eine innere Landkarte, an der er sich orientiert. Es ist nicht die einzig mögliche, und sie hat zwangsläufig Vorzüge und Defizite, da es unvermeidbar ist, dass der Fokus der Aufmerksamkeit auf bestimmte Phänomene gelenkt wird und gleichzeitig „blinde Flecken" entstehen.

9.4 Denken in Geschichten

Landkarten waren ursprünglich Geschichten.[74] In der Zeit vor Erfindung der Kartographie gab es nur eine Möglichkeit, einem anderen Menschen zu erklären, welchen Weg er zu seinem Ziel zu nehmen habe: das Erzählen von Geschichten, in denen ein Wanderer oder Reisender (z. B. Odysseus) sich auf den Weg gemacht hat und in denen nicht nur dieser Weg beschrieben wird, sondern auch die mit dem Beschreiten dieses Weges verbundenen Erlebnisse und Erfahrungen. Implizit liefert die Geschichte dem Zuhörer ein Rezept, das von ihm nachgeahmt werden kann. Landkarten sind der räumliche Extrakt aus solchen Geschichten. Es sind „objektive" Darstellungen der Topographie, bei denen von einer Reihe anderer Aspekte, vor allem von der Dimension Zeit und von den besonderen Bedingungen, Erfahrungen und Erlebnissen des Beobachters abstrahiert wird. Damit wird die Komplexität der Geschichte reduziert und ein Aspekt herausgefiltert, der für viele potenzielle Benutzer der Karte von Interesse sein dürfte. Es ist das Prinzip der Konstruktion von Theorien, bei der zwangsläufig viele, für den Beobachter Sinn stiftende und sein Handeln motivierende Faktoren ausgeblendet werden.

Geschichten hingegen sind in der Lage, die für Erzähler und Zuhörer relevanten Handlungsaspekte zu erfassen und zu kommunizieren. Dies mag der Grund dafür sein, dass Landkarten (Theorien) mit der Zeit ihre Aktualität verlieren, Geschichten hingegen über lange Zeit ihre Relevanz behalten. Und dies mag auch der Grund dafür sein, dass sich Bücher, in denen erfolgreiche Manager ihre Geschichte(n) erzählen, weit besser verkaufen als theoretische Abhandlungen.

Menschen denken in Geschichten,[75] so meinen inzwischen Philosophen, Psychologen und Kognitionswissenschaftler herausgefunden zu haben. Geschichten sind offenbar eine höchst ökonomische Art, mit der Komplexität der Welt umzugehen. Sie setzen unterschiedliche Akteure in einer spannenden, die Emotionen der Zuhörer oder Leser fesselnden und daher gut merkbaren Form zueinander in Beziehungen. Charakteristische Interaktions- und Kommunikationsmuster sowie die Dynamik ihrer Beständigkeit und Veränderung werden so für jedermann einfühlbar und kommunizierbar. Sie integrieren dadurch in einzigartiger Weise kognitive und emotionale Schemata und werden so zu einem der wichtigsten Interpretationsrahmen, die wir als Menschen zur Deutung unserer Erfahrungen verwenden.

Geschichten sind aber nicht nur individuell eine Möglichkeit, Komplexität zu bewältigen, sondern auch sozial. Kulturen (auch Unternehmens- oder Organisationskulturen) unterscheiden sich unter anderem durch die Geschichten, die in ihnen erzählt werden. Wenn die Mitarbeiter einer Organisation die aktuellen Geschehnisse in einen ähnlichen oder gar denselben narrativen Rahmen stellen, dann nutzen sie in ihrer Kommunikation ein gemeinsames Deutungsschema, welches ihnen Verständigung, die Koordination ihres Verhaltens und gemeinsame Sinnstiftung erleichtert.

Führung in sozialen Systemen erfolgt deshalb meist weniger durch die Proklamation offizieller Ziele, sondern durch die Kommunikation von Geschichten. Personen gewinnen Einfluss auf andere, weil sie charakteristische, programmatische Geschichten symbolisieren, die es anderen Personen erlauben, ihr Weltbild zu ordnen und sich ihren Platz in dieser Geschichte zu suchen (die identitätsstiftende Wirkung des Gefühls der Zugehörigkeit)[76].

9.5 INNERE UND ÄUSSERE KOMPLEXITÄT

Die Metaphern der „inneren Landkarte" bzw. „Landschaft" sind in der bisherigen Argumentation ja schon mehrfach verwendet worden, um das Verhältnis von Wirklichkeitskonstruktion und Realität, d. h. inneren und äußeren Strukturen, innerer und äußerer Komplexität, zu problematisieren. Wer sich zielgerichtet verhalten will, benötigt ein Bild des Territoriums, auf dem er sich bewegt. Entweder er kennt die Gegend aufgrund seiner Vorerfahrungen sehr gut, oder aber er braucht eine Landkarte, mit deren Hilfe er sich orientieren kann. Seine Ortskenntnis wie auch die Landkarte sind Wirklichkeitskonstruktionen, denen eine bestimmte Selektion und Verarbeitung von Daten zugrunde liegt. Ob sie nützlich sind, hängt davon ab, mit welchen („„Verkehrs"-)Mitteln welche Ziele angesteuert werden. Wer mit dem Flugzeug unterwegs ist, wird mit einer Wanderkarte nicht viel Freude haben, wer mit einer Karte des Ruhrgebiets durch die Wüste Gobi wandert, ebenso wenig.

Ähnliches gilt für die Wirklichkeitskonstruktionen der Mitarbeiter von Organisationen. Wer als Unternehmer oder Führungskraft Entscheidungen über die Entwicklung, Produktion oder Vermarktung von Waren treffen will, muss ein Bild der für ihn und sein Unternehmen *relevanten* Umwelten (den Markt, die Konsumenten, die Mitbewerber usw.) konstruieren und eventuell auf unterschiedliche Beschreibungen, Erklärungen und Bewertungen Zugriff haben. Dabei geht es nicht primär darum, dass Aspekte der äußeren Umwelt („Landschaft") intern abgebildet werden („Landkarte"), sondern dass interne Strukturen vorliegen, um auf derartige Umweltaspekte handlungsmäßig reagieren zu können. Wer mit dem Auto nach Italien fahren will, braucht nicht unbedingt eine interne Abbildung (Straßenkarte) der Gegend, er muss aber über eine Verfahrensweise verfügen, um den für ihn „richtigen", d. h. nach Italien führenden Weg vom falschen zu unterscheiden. Das kann der regelmäßige Blick auf eine Landkarte, also ein Modell der Umwelt sein, es kann aber auch die Benutzung eines Kompasses, das Fragen von Passanten, das Suchen und Beachten von Schildern usw. sein. Und da es im Allgemeinen nicht nur einen Weg zum erstrebten Ziel gibt, bedarf es auch noch der Kriterien zur Bewertung der Alternativen (z. B. ein schneller und bequemer vs. ein schöner und genussreicher Weg).

Dasselbe gilt für das Verhältnis von innerer und äußerer Komplexität bei Geschichten. Stets stellt sich die Frage, ob wirklich die relevanten Mitspieler erfasst sind und ob den Protagonisten, die das Geschehen *draußen* entscheiden, *in* der Geschichte nur eine Statistenrolle zugewiesen ist.

Emotionale und kognitive Schemata wie auch Geschichten sind als psychische Operationsschemata offenbar gut geeignet, die Komplexität von Systemen zu bewältigen, in denen die Beteiligten in direkter Interaktion und Kommunikation miteinander stehen. Die Komplexität psychischer Strukturen scheint hinreichend groß, um in der direkten Interaktion Orientierung für individuelles Handeln liefern zu können. Dass sie auch für die Steuerung größerer Organisationen hinreichend sind, darf bezweifelt werden. Jeder Einzelne ist zwangsläufig durch die Komplexität der Umwelten, welche für das Überleben von Organisationen relevant sind, überfordert. Je schneller sich z. B. die Umwelten von Unternehmen ändern (Stichwort: Globalisierung), desto weniger reicht individuelles Wissen, um mit immer wieder neuen Sachlagen umzugehen. Deshalb besteht ganz generell die große Chance des Scheiterns, wenn die persönlichen Methoden des Komplexitätsmanagements handlungsleitend für Organisationen werden.

9.6 Interpersonelle Intelligenz

Systemtheoretisch betrachtet, steht jedes lebende, psychische oder soziale System vor derselben Frage: Gibt es interne Prozeduren und

Operationsschemata (innere Komplexität), die es erlauben, auf die Anforderungen durch Interaktionspartner oder andere relevante Umwelten (äußere Komplexität) so zu reagieren, dass das jeweilige System als Einheit überlebt? Wird die äußere Komplexität stark genug reduziert, um Handeln rechtzeitig zu ermöglichen, und wird sie wenig genug reduziert, um Übersimplifikationen zu vermeiden und den Zugang zur äußeren Komplexität zu erhalten?

Da es innerhalb von Organisationen zum einen keine privilegierten Beobachter gibt, die Zugang zu allen möglicherweise relevanten Informationen haben, und zum zweiten die so genannten Persönlichkeitsmerkmale von Individuen als Methoden des Komplexitätsmanagements zu betrachten sind, welche mit der Gefahr, schrecklich zu vereinfachen, verbunden sind, ergibt sich der Aufbau spezifischer Mehrpersonensysteme als Möglichkeit, interne Über- oder Unterkomplexität zu verhindern. Dabei erscheint es nützlich, die äußere Komplexität intern repräsentieren zu lassen (etwa durch eine Reihe Advocati Diaboli) und Auseinandersetzungen und Konflikte zwischen den Vertretern unterschiedlicher Sichtweisen zu organisieren. Eine Kommunikation, in der die unterschiedlichen, persönlichen „Persönlichkeitsmerkmale" sich gegenseitig neutralisieren können, führt mit einer gewissen Wahrscheinlichkeit zu intelligenteren Ergebnissen als individuelle Entscheidungen. Obwohl solch eine Form der interpersonellen Intelligenz auch spontan entstehen kann, ist es eine der zentralen Aufgaben von Führung, sie bewusst herbeizuführen (auch hier siehe die empirischen Befunde von Jim Collins in seiner Studie „Good to Great"[77]).

Die Beteiligten sollten im Idealfall in ihrer Art zu fühlen und zu denken ähnlich genug sein, um sich verständigen zu können. Auch sollten sie sich gegenseitig als Personen und in ihrer fachlichen Kompetenz akzeptieren, um gar nicht erst kränkungsbedingte Nebenkriegsschauplätze entstehen zu lassen. Sie müssen aber unterschiedlich genug sein, um sich gegenseitig *nicht nur* zu bestätigen, sondern sich herauszufordern, auf- und anzuregen. Im Idealfall entsteht so nicht nur ein System der „checks and balances"[78], in dem die destruktiven Auswirkungen der Macken jedes Einzelnen unter Kontrolle gehalten werden können, sondern auch ein kreativer Sumpf, in dem dieselben Macken als Ressource konstruktiv genutzt werden können.

9.7 Nichts Grosses ohne Grössenwahn?

Wenn von Führern und ihrer Persönlichkeit gesprochen wird, kann man im deutschsprachigen Raum eigentlich nicht umhin, zumindest einen verschämten Blick auf Adolf Hitler zu werfen. Mit ihm ist der Begriff der Führung ins Zwielicht geraten, und kaum noch jemand mag nach einem Führer rufen. Die Forderung nach „leadership" scheint da unverdächtiger. Trotzdem bietet Hitler sich als extremes Beispiel an, um noch einmal auf die psychischen Bedingungen von Führung zu schauen. Das erscheint nicht nur aus intellektueller Lauterkeit wichtig, weil der Vergleich von zeitgenössischen Führern mit Hitler immer wieder gezogen wird (was dann in der Regel zu Rücktritten von Ministern führt), sondern auch, weil kaum eine Person der Weltgeschichte ähnlich ausführlich studiert worden ist. Die zeitliche Distanz erhöht außerdem die Chancen einer nüchternen, wenn auch kaum leidenschaftslosen Analyse.

Die Vermutung, Hitler sei verrückt, war schon während des Dritten Reichs weit verbreitet. Das zeigte sich in Witzen, die hinter vorgehaltener Hand erzählt wurden: Zwei Psychiater begegnen sich auf der Straße, grüßt der eine „Heil Hitler!", antwortet der andere: „Heil du ihn!"

Die Selbstinszenierung Hitlers bei seinen öffentlichen Auftritten unterschied sich von der Darstellung der anderen Politiker seiner Zeit. Seine manierierte Mimik und Gestik, die nicht einzudämmende, scheinbar mit Urgewalt hervorbrechende Wortflut und die von keinerlei tagespolitischer Rücksichtnahme domestizierte Radikalität der von ihm verkündeten Botschaften sorgten für eine Aufmerksamkeit, der sich kaum jemand entziehen konnte. Hier erweist sich, dass psychisch Kranke und manche Führungspersönlichkeiten zumindest in einer Hinsicht ähnliche Wirkungen in der Kommunikation erreichen: Sie erhalten durch ihr auffallendes Verhalten Prominenz, d. h., sie geraten in den Fokus der Aufmerksamkeit ihrer Mitmenschen. Hitlers Performances – um angemessenerweise einen Begriff aus dem Showbusiness zu verwenden – sorgten demgemäß nicht nur für seine Bekanntheit, sondern auch für das Misstrauen hinsichtlich seines Geisteszustands. In jedem anderen Kontext außer einer öffentlichen Aufführung wäre sein Gehabe wohl als Symptom diagnostiziert worden.

Dennoch scheint es nützlich zu überprüfen, ob das von Hitler verkündete Weltbild als Wahn betrachtet werden kann. Wenn wir einmal Wahn von Wirklichkeit und Wahnsinn von Realitätssinn unterscheiden, dann zeigt sich, dass zu Beginn seiner politischen Karriere die Größenfantasie seines Deutschlandbilds nicht der aktuellen weltpolitischen Lage und die seines Selbstbilds nicht seiner persönlichen Lebenssituation entsprach. Doch so einfach ist das mit der sozialen Wirklichkeit nicht. Man beschreibt sich als Erlöser, und fortan wird man (zumindest von einigen Leuten) als Retter in der Not betrachtet. Verwendet man die Unterscheidung Wahn versus Wirklichkeit im Blick auf soziale Realitäten, so muss man stets die Wirkung selbsterfüllender und selbstverneinender Prophezeiungen mitkalkulieren. Realitätsanpassung kann sich daher in beiden Richtungen vollziehen: Der Einzelne passt sich und seine Weltsicht der sozialen Realität an, oder aber die Realität passt sich der Weltsicht des Einzelnen an. Erfolgreiche Führungsfiguren leben die Paradoxie, dass sie ihren Gefolgsleuten ein Selbstgefühl vermitteln, das der aktuellen Realität in keiner Weise angepasst ist, idealerweise aber dazu führt, dass die Realität nachgibt und sich dieser Einschätzung anpasst. In Führungsbrevieren wird daher gern gefordert, für eine „Vision" zu stehen und eine „Mission" zu verkünden. Vision und Mission Hitlers zeigten eine Struktur, die viele Charakteristika von Wahnsystemen aufwiesen: Sie waren grenzenlos egozentrisch, von einem grandiosen Selbstgefühl und Sendungsbewusstsein sowie dem Gefühl der eigenen Auserwähltheit bestimmt. Die Welt war aufgeteilt nach einem entdifferenzierten Entweder-oder-Schema, in dem Gut („wir") und Böse („sie") scharf und ohne Zwischenstufen getrennt waren. Es galt, einen übermächtigen, mit dämonischen Kräften versehenen Feind zu besiegen, um all die in der Vergangenheit von wem auch immer erlittenen Kränkungen und Demütigungen wiedergutzumachen; eine höhere Macht („Vorsehung") legitimierte das eigene Handeln.

Wahnsysteme sind nicht falsifizierbar, d. h., sie sind in ihrer Logik so konstruiert, dass alles, was geschieht, als Bestätigung für ihre Vorannahmen gewertet wird. Das galt sicher auch für Hitlers Weltbild. Die von der eigenen Großartigkeit geprägte Weltsicht war stabil und auch durch alltägliche Kleinheitserfahrungen und Niederlagen seiner frühen Jahre nicht zu erschüttern. Trotzdem ist es problematisch, Hitlers Weltbild als Wahn zu werten, denn ihm ist es ja tatsächlich gelungen, einen großen Teil der von ihm verkündeten Visionen (die für viele andere Albträume sein mussten) in die Realität umzusetzen. Der vermeintliche Wahn erwies sich als Voraussage. Die Wirklichkeit passte sich dem Weltbild eines Einzelnen an. Hitler und Deutschland erlangten die Beachtung der Welt, die – zumindest zeitweise – den hohen Anforderungen ihrer Selbstachtung entsprach.

Solch eine Anpassung der Realität an die Fantasie kann in gewissem Maße bei allen erfolgreichen Führungsfiguren beobachtet werden. Wenn heutzutage ein Spitzenmanager die Idee entwickelt, einen weltumspannenden Konzern aufzubauen, so gehört dazu auch eine eigensinnige Größenfantasie; und sie wird von böswilligen Kritikern ebenfalls als Zeichen psychischer Störung interpretiert. Wenn solche Fantasien sich realisieren, so wird der Betreffende zum Manager des Jahrhunderts gekürt und ihm werden die erwähnten charismatischen Persönlichkeitsmerkmale zugeschrieben. Scheitert er – und das ist öfter der Fall –, so wird er als Person disqualifiziert. In beiden Fällen wird vergessen, dass sein Erfolg wie sein Misserfolg das Ergebnis von Kommunikationsprozessen ist.

Ja sogar die ihm bzw. seiner Persönlichkeit zugeschriebenen Eigenschaften sind zu einem guten Teil sozial zu erklären. Wer an der Spitze eines Unternehmens steht – es muss gar nicht weltumspannend sein –, bewegt sich in seinem Alltag in einem Erfahrungsfeld, das die Wahrscheinlichkeit erhöht, auf den Egotrip zu geraten. In hierarchischen Organisationen erhält derjenige, der an der Spitze der Pyramide steht – sei es der Vorstand eines global operierenden Konzerns oder das Zentralkomitee einer Kommunistischen Partei –, nur noch gefilterte Informationen. Er ist oft umgeben von Personen, die entweder von ihm „begeistert" sind oder aber klug genug, abweichende Meinungen nicht zu äußern. Wer als prominenter Manager obendrein im Mittelpunkt der öffentlichen Kritik steht, muss Kränkungsresistenz entwickeln. Daher besteht stets die Gefahr, dass er seine zunehmende Dünnhäutigkeit durch einen sozialen Schutzschild von Jasagern kompensiert.

Das Dilemma für Organisationen ist, dass die Größenfantasien ihrer „Führer" weitgehend funktionell sein können, es aber nur bleiben, wenn sie kontrolliert werden. Sucht man nach der Wurzel großer Leistungen, so stößt man meist auf Größenideen. Nichts Großes ohne eine gesunde Größenfantasie (um den Unterschied zum Wahn zu verdeutlichen)! Denn nichts ist so motivierend, nichts kann die Menschen so sehr bewegen wie das Versprechen der Teilhabe an etwas Großartigem. Es vermittelt Perspektive, Zielorientierung und Sinn. Werden solche Größenideen aber nicht kontrolliert und nicht durch regelmäßige Realitäts-Checks in Frage gestellt, so können sie die jeweilige Organisation, das Unternehmen, den Staat in den Abgrund führen. Als Beispiele braucht man hier gar nicht auf Hitlerdeutschland zu verweisen. Auch die Amerikaner haben sich immer mehr in den Vietnamkrieg verstrickt, nachdem der Kongress dem Präsidenten Lyndon B. Johnson freie Hand gegeben hatte,[79] und im Bereich der Wirtschaft ist die Pleite der Swissair nur eines von vielen Beispielen.

Die Begrenzung von Amtszeiten in Politik und Wirtschaft erweist sich hier ganz offensichtlich als ein intelligenter Schutzmechanismus (man denke an den nicht durch Amtszeitbegrenzung geschädigten Helmut Kohl). Aus der distanzierten Außenperspektive betrachtet, zeigt sich die Qualität eines Führers darin, dass er es schafft, trotz seiner Machtposition Widerspruch zu hören. Da es unwahrscheinlich ist, dass dies spontan geschieht, muss er ihn bewusst erfragen und den kontroversen Diskurs organisieren. In der freien Wirtschaft geschieht dies seltener als in der Politik, da es keine institutionalisierte Opposition gibt.

Ein weiterer Grund, warum man in solchen Positionen so leicht abhebt und den Boden unter den Füßen verliert, liegt in der begrenzten Falsifizierbarkeit von Führungsentscheidungen. Sie erfolgen auf einer relativ allgemeinen Ebene, oft weit weg von der konkreten Umsetzung. Daher sind sie fast immer vielfältig interpretierbar, was die daraus ableitbaren Handlungskonsequenzen betrifft. Je höher jemand in der Hierarchie steht, desto allgemeiner und vager sind seine Äußerungen. Nur selten werden spezifizierte Anweisungen gegeben. Die Folge ist, dass auch die Sinnhaftigkeit der Entscheidungen nicht zeitnah überprüft werden kann und die Schuldfrage im Schadens- oder Versagensfall nicht eindeutig zu klären ist. Liest man etwa die Berichte von Albert Speer oder anderen Augenzeugen, so fällt im Kommunikationsstil Hitlers seine inhaltliche Unentschiedenheit bzw. Entscheidungsunfähigkeit auf. Folge war, dass der Handlungsspielraum der nachgeordneten Stellen oder Personen sehr groß blieb. Da die Vorgaben des Führers sehr allgemein gehalten waren, konnten sich alle auf den vermeintlichen Führerwillen zur Legitimation ihrer Entscheidungen berufen. Für Hitler selbst hatte das einen doppelten Nutzen: Einerseits hielten sich potenzielle Konkurrenten gegenseitig in Schach, und auf der anderen Seite hatte er die Möglichkeit, wenn eine Partei sich im Konfliktfall durchgesetzt hatte, seine Macht zu demonstrieren, indem er ihren Sieg offiziell bekräftigte oder außer Kraft setzte. Damit blieb seine Unberechenbarkeit erhalten und damit seine über allen Fraktionen stehende Oberhoheit. Ähnliches ist in vielen Unternehmen zu beobachten.

Die psychischen Gefährdungen von Führern sind aufgrund ihrer sozialen Situation nicht zu unterschätzen. Es gibt Topmanager, die offensichtlich auf dem Egotrip sind. Einige waren schon vorher auf diesem Weg – und man muss die Tatsache, dass sie Karriere machen konnten, als Hinweis auf die jeweilige Unternehmenskultur kritisch reflektieren –, doch andere sind einfach den Verführungen der Macht nicht gewachsen. Das ist dann aber nicht mehr ihr privates Problem, denn sie können großen Schaden anrichten und (zumindest wirtschaftlich) Existenzen zerstören: die ihrer Mitarbeiter wie ihrer Unternehmen. Ins Bewusstsein der Öffentlichkeit tritt dies meist nur dann, wenn die schädigenden Aktivitäten die Grenze zur Kriminalität überschritten haben. So standen im Jahre 2001 in Mannheim die Manager der Firma Flowtex vor Gericht, die offenbar den Realitätsbezug so weit verloren hatten, dass sie zu betrügerischen Mitteln griffen, um ihre Größenideen zu realisieren. Auch sie wirkten überzeugend und mitreißend, und ihr Erfolg wurde öffentlich gefeiert. Für einen der Hauptangeklagten wurde, sicher nicht zufällig, in der Verhandlung ein psychiatrisches Gutachten angefordert, da der Verdacht nahe liege, er „leide" an Größenwahn und sei deshalb nur beschränkt schuldfähig gewesen.

Doch zum Führer wird man ja nur, wenn sich jemand führen lässt. Ist es ein Zeichen von Verrücktheit, wenn man sich faszinieren und begeistern lässt? Die Untersuchung von Sektenaussteigern zeigt, dass es keiner psychischen Auffälligkeiten oder Besonderheiten, geschweige denn Krankheiten bedarf, um der Anziehungskraft von Führern zu erliegen. Sie verführen, indem sie eine massen- oder gruppenpsychologische Dynamik auslösen, die jedem Einzelnen Teilhabe an einer die Grenzen des Individuums überschreitenden Mission und Sinnstiftung verspricht. Und das Gefühl der Zugehörigkeit zu einem größeren Ganzen kollektiviert die Größenfantasie (vgl. Kap. 13 zu Großgruppeninterventionen). Ähnliche Mechanismen ließen sich ja auch in erfolgreichen Teams in Industrie und Wissenschaft beobachten (vgl. Kap. 7 zu Teamprozessen). Der Unterschied ist, dass die Austrittsschwellen verschieden hoch sind. Wer einem Unternehmensführer nicht mehr folgen mag, kann kündigen und hat dafür lediglich mit finanziellen oder Karrierenachteilen zu bezahlen. Aus totalitären Systemen kann man hingegen nicht einfach emigrieren, und die öffentliche Infragestellung der Führung ist oft tödlich.

Die Frage nach Verantwortung und Schuld der Führer und Geführten lässt sich daher nicht so einfach beantworten. Bezogen auf Manager wird sie meist als Frage nach deren Kompetenz gestellt, und es geht nicht um Verurteilung oder Freispruch, sondern um die Höhe der Honorierung oder Abfindung. Ganz anders stellt sich die Situation bei Politikern dar. Der Prozess gegen Zlobodan Milošević, den Ex-Staatschef von Jugoslawien, vor dem Internationalen Gerichtshof in Den Haag ist dabei beispielhaft. Eine der diskutierten Verteidigungslinien war, auch in diesem Fall die psychiatrische Karte zu spielen und seine Schuldfähigkeit aufgrund verminderter Zurechnungsfähigkeit in Frage zu stellen. Die politischen Implikationen solch einer Argumentation sind, um es milde auszudrücken, ziemlich interessant.

Noch interessanter ist die Frage nach Wahnsinn und Schuldfähigkeit im Blick auf Osama bin Laden. Es ist bekannt, dass er schon vor Jahren Amerika den Krieg erklärt hat – damals sicher von den meisten Beobachtern als Zeichen des Größenwahns gedeutet. Doch spätestens am 11. September 2001 wurde deutlich, dass es kein Größenwahn, sondern eine Größenfantasie war, die sich realisieren ließ. Seine über Video verbreitete Ankündigung, Amerika und seine Verbündeten könnten sich in Zukunft nicht mehr sicher fühlen, ist nicht nur ernst zu nehmen, sie hat sich schon bewahrheitet. Eine selbsterfüllende Prophezeiung wie aus dem Lehrbuch, und bin Laden wurde dafür auf den Straßen Pakistans und anderer islamischer Staaten als neuer Führer gefeiert.

Was im Falle des Terrorismus die Größenideen von Führern so gefährlich macht, ist die relative Leichtigkeit, mit der sie ihre Bestätigung finden können. Die Möglichkeit der Gewaltanwendung bildet die Grundlage jeder Machtbeziehung. Und Gewalt ist eine Form der Kommunikation, der sich niemand entziehen kann. Wer die

Existenz anderer bedroht, kann sicher sein, von ihnen ernst genommen zu werden. Es gibt daher keinen preiswerteren Weg zur Großartigkeit als destruktive Aktionen. Um die Zwillingstürme des World Trade Center zu errichten, reichten Größenfantasien nicht. Es erforderte ungeheure logistische und finanzielle Aufwendungen und die organisierte Arbeit von Tausenden, um sie zu erbauen. Sie zu zerstören bedurfte es einer halben Pilotenausbildung (ohne Start und Landung), einiger Flugtickets und einer Hand voll Teppichmesser. Seit Herostrat hat es wohl niemand geschafft, auf so ökonomische Art der Welt die eigene Bedeutsamkeit zu beweisen.[80]

Die Faszination, die von solchen Führern ausgeht, dürfte ihren Grund darin haben, dass sie Geschichten und Mythen repräsentieren, die Bestandteil der meisten Kulturen sind. Das Bild des Helden verspricht eine Großartigkeit, die eine menschliche Dimension hat und daher auch für jeden anderen als realistische Möglichkeit offen zu stehen scheint. Und der Einladung, an Heldengeschichten teilzuhaben, ist nur schwer zu widerstehen. Diese Geschichte zu einem konstruktiven Ende zu führen, das ist die Kunst …

9.8 Welcher Führer wann?

Bleiben wir bei den Mythen und Geschichten, die über die Leitfiguren unseres Wirtschaftslebens kolportiert werden. Es scheint so, als ob die Beziehung von innerer und äußerer Komplexität eine Erklärung für die unterschiedlichen Karrieren von „Visionären", „Rambos", „Patriarchen" usw. liefern könnte. In Zeiten der Umstrukturierung erweisen sich andere Persönlichkeitstypen für die Führung von Organisationen als funktionaler als in Zeiten kontinuierlichen, organischen Wachstums. Tief greifende Veränderungen des organisatorischen Status quo sind im Allgemeinen nicht ohne Widerstand durchzusetzen. Wo immer es als Konsequenz von Entscheidungen – zumindest aus der Sicht der Betroffenen – Gewinner und Verlierer gibt, sind Konflikte unvermeidlich. Wer sich als Kämpfer profiliert hat und konfliktfreudig ist, wird hier sicher mehr Freude an der Arbeit haben als jemand, dessen Streben allein einer möglichst allumfassenden Harmonie gilt.

Und umgekehrt sind in Phasen der Unternehmensentwicklung, in denen es gilt, Integrationsleistungen zu erbringen, „konfliktscheue" Persönlichkeiten für das Gesamtunternehmen möglicherweise funktionaler, da sie weniger Gefahr laufen, unnötig Konflikte in den Mittelpunkt der Aufmerksamkeit zu rücken und dadurch zu verstärken.

Die ideale Führungskraft, so lässt sich folgern, ist in der Lage, die widersprüchlichen, z. B. eher konfliktbetonenden bzw. harmonisierenden, Funktionen zu übernehmen. Vor allem aber ist sie in der Lage zu unterscheiden, wann welche Funktion für das Unternehmen oder die Organisation in welcher Situation und in Beziehung zu welchen Umwelten nützlich ist. Das allerdings setzt – womit sich der Zirkel schließen dürfte – die Fähigkeit voraus, Komplexität angemessen zu reduzieren und in unterschiedlichen Kontexten und Situationen unterschiedlichen Strategien zu folgen.

Um langfristig erfolgreich arbeiten zu können, ist für die Führungskraft aber wichtig, sich über die Stärken und Schwächen der eigenen „Persönlichkeit" einigermaßen im Klaren zu sein. Nur dann ist sie in der Lage, sich mit Leuten zu umgeben, die das können (intellektuell wie emotional), was sie selbst nicht kann. Hier gilt es, eine Auswahl zu treffen, sodass ein Team zusammenkommt, dessen Mitglieder eine große Variationsbreite von Persönlichkeitsstrukturen (= individuellen Gewohnheiten der Komplexitätsreduktion) aufweisen; gleichzeitig müssen diese sich aber gegenseitig schätzen und so vertrauensvoll miteinander kommunizieren können, dass die sachlichen Differenzen und Widersprüche kreativ transformiert und gelöst werden können.

Folgt man den Ergebnissen der nun schon mehrfach zitierten Studie von Collins[81] über das Management der Firmen, die den Sprung von „good" zu „great" geschafft haben, so stehen an deren Spitze keine Manager auf dem Egotrip. Ganz im Gegenteil, sie sind öffentlichkeitsscheu, bescheiden, schreiben die Erfolge des Unternehmens ihrem Glück und ihren Mitarbeitern zu. Sie sind extrem realistisch, das heißt, sie haben zwar hohe Ziele und geben diese nicht auf, aber sie sind in der Lage, den Tatsachen ins Auge zu blicken. Das gelingt ihnen unter anderem deshalb, weil sie sich mit hoch qualifizierten Leuten umgeben, mit denen sie auch gern ihre Zeit verbringen. Da die Zukunft nicht vorhersehbar ist, haben sie die Konsequenz gezogen und den Schwerpunkt auf die feste Kopplung der Akteure gelegt und sich Menschen als Reisegefährten gesucht, mit denen sie vertrauensvoll und mit Spaß auf eine Fahrt in unbekannte Gefilde gehen können. Was zu tun sein wird (Aktionen), kann keiner vorhersagen. Aber dass diesen Personen etwas einfallen wird, ist wahrscheinlich. Der Erfolg solch einer Führungsstrategie – wenn man es denn überhaupt Strategie nennen kann – beruht darauf, dass ihr eine Größenfantasie zugrunde liegt, mit der andere sich identifizieren können. Aber sie ist kein Größenwahn, da der Bezug zur Realität – zur „Kleinheit" der eigenen Person wie zu den aktuellen Gegebenheiten des Unternehmens und des Marktes – nie verloren wird.

10. Die Methoden des Jack Welch – systemisch gesehen

10.1 Persönliche Identität und Fähigkeiten

Wohl keine Führungskraft ist in den letzten 20 Jahren so sehr positiv wie negativ idealisiert worden wie Jack Welch, von 1980 bis 1999 CEO von General Electric (GE). Er wurde zum Leitbild eines global orientierten Managements und zum Feindbild all derer, die sich kritisch mit den gesellschaftlichen Folgen dieser Entwicklung auseinander setzen. Dass die von ihm propagierte, einseitige Steigerung des Shareholdervalue aus systemischer Sicht als Sinn des Unternehmens fragwürdig erscheint, sollte noch einmal betont werden. Sein wohl entschiedenster (und fundiertester) Kritiker Thomas O'Boyle meint, Welch habe „Gier" zum wichtigsten Entscheidungskriterium unternehmerischer Entscheidungen gemacht. Die Auswirkungen seines Managementstils auf die Art, wie man in den USA Business betreibt, bewertet er folgendermaßen: „… bedauerlich ist es, dass Unternehmen wie General Electric, die Entlassungen als vorrangigen Ausweg betrachten, nicht nur Menschen über Bord werfen. Auf der fieberhaften Jagd nach dem schnellen Dollar haben sie auch so altmodische Werte wie Loyalität, Vertrauen, Achtung, Teamwork, harte Arbeit, Mitgefühl, die unsere Zeit zum amerikanischen Jahrhundert machten, aufgegeben. Heutzutage sind diese Werte, bis auf wenige Ausnahmen, nicht einmal mehr im Lexikon der amerikanischen Wirtschaft enthalten, es sei denn als bedeutungslose Rhetorik. Was eine Gesellschaft verliert, wenn diese Werte über Bord geworfen werden, ist der Klebstoff, der sie zusammenhält."[82]

Doch dies ist natürlich auch nur die Sicht eines Kritikers (von vielen). Da der Sinn eines Unternehmens nicht objektivierbar ist, sondern es dem Werturteil eines jeden Beobachters überlassen bleibt,

Sinn zu- oder abzuschreiben, soll hier nicht hinterfragt werden, ob die Ziele von Jack Welch akzeptabel waren oder sind. Stattdessen soll analysiert werden, mit welchen Methoden er sie erreicht hat. Denn wenn man seinen Erfolg an dem misst, was er verkündet hat, so kann ihm nicht abgesprochen werden, dass er irgendetwas richtig gemacht haben muss. Und hier wird die Analyse aus rein handwerklichen Gründen spannend: Wie hat Jack Welch das gemacht? Wie hat er in das soziale System GE interveniert?

Die folgende Katalogisierung seiner konkreten Kommunikationsstrategien sind seiner Autobiografie „Was zählt" entnommen. Sie werden hier in ein system- und kommunikationstheoretisches Bezugssystem gestellt und entsprechend gedeutet. Es liegt also eine doppelte Selektion der beobachteten Phänomene zugrunde: Zum einen hat Jack Welch ausgewählt, was seiner Meinung nach „zählte", zum anderen wurde aus der Fülle der Beschreibungen aufgrund system- und kommunikationstheoretischer Erklärungen eine Auswahl getroffen. Die Begründungen, die Jack Welch für seine Maßnahmen liefert oder liefern würde, wenn man ihn fragte, dürften aller Wahrscheinlichkeit nach anders sein, als die, die sich aus der hier angelegten Perspektive ergeben.

Die Darstellung entspricht in ihrer Ordnung nicht der Biografie, es wird aber, soweit möglich, auf die Formulierungen von Welch zurückgegriffen.[83]

Die Selbstbeschreibung Jack Welchs ist – wie die eines jeden Autobiografen – mit Vorsicht zu genießen. Die Versuchung zur Selbstidealisierung ist einfach sehr groß. In der folgenden Zusammenfassung ist das, was Welch über sich selbst schreibt, nicht kritisch hinterfragt, sondern nur einfach unter der Frage katalogisiert, welche Rückschlüsse auf erfolgreiche Managementstrategien daraus gezogen werden können.

Beginnen wir mit einigen prinzipiellen Behauptungen, die Welch über sich und seine eigene Persönlichkeitsentwicklung aufstellt und von denen er implizit oder explizit sagt, sie seien beispielhaft für erfolgreiches Management überhaupt.

Er betont, es sei ihm immer wichtig gewesen, sich selbst treu zu bleiben und sich nicht einer Karriere wegen zu verbiegen. „Der Versuch, jemand zu sein, der ich nicht war, hätte katastrophale Folgen für mich haben können."[84]

Was die Fähigkeiten betrifft, die man zur Leitung eines Unternehmens braucht, vertraut er weniger auf „Wissen", sondern legt den Schwerpunkt auf den „Denkprozess", der zu Differenzierungen führt. „Dank des Denkprozesses kann man dem dunkleren Grauton näher kommen. Die Antworten Schwarz oder Weiß treffen nur selten zu. In der Wirtschaft geht es zumeist ebenso um Instinkt wie um Zahlen. Wer auf die perfekte Antwort wartet, wird vom Leben zurückgelassen."[85]

Seine Mutter gab ihm nahezu unbegrenztes Selbstvertrauen, sodass er nicht einmal realisierte, wie klein er war, und selbst sein Stottern deutete sie noch erfolgreich als Zeichen besonders schneller Geistestätigkeit um. So nimmt es auch nicht Wunder, dass Welch immer in der Lage war, für sich zu kämpfen und sich selbst bzw. seine Qualitäten anzupreisen, wenn es um die Möglichkeit des eigenen Aufstiegs ging.[86]

Roy Johnson, der Leiter des GE-Personalwesens, beurteilte ihn im Juli 1971 in einem Memo folgendermaßen:

Die Beförderung von Welch birgt „außergewöhnliche Risiken. Jacks vielen Stärken stehen einige wesentliche Mängel gegenüber. Für ihn spricht, dass er die Ausdehnung des Geschäfts vorangetrieben hat. Er besitzt unternehmerischen Instinkt, Kreativität und Aggressivität, ist ein geborener Führer und Organisator und verfügt über große technische Kompetenz. Auf der anderen Seite ist er ein wenig arrogant, reagiert (oder überreagiert) emotional – insbesondere auf Kritik –, beschäftigt sich zu viel mit geschäftlichen Details, neigt angesichts komplexer Situationen dazu, übermäßig auf seine gute Auffassungsgabe und seine Intuition zu vertrauen, anstatt solide zu planen und die Unterstützung seiner Mitarbeiter in Anspruch zu nehmen, und zeigt im Hinblick auf die Aktivitäten von General Electric außerhalb seiner eigenen Sphäre eine ablehnende Haltung gegenüber dem »Establishment«."[87]

Welch selbst weist im Rückblick diese Kritik nicht vollständig zurück, deutet sie aber um: „Offenkundig passte ich von Natur aus nicht zu diesem Konzern. Ich hatte wenig für das Protokoll übrig und war insbesondere gegenüber Mitarbeitern, deren Leistungen unzureichend waren, ein ungeduldiger Manager.

Ich war geradeheraus, ehrlich und manchmal sogar grob. Meine Ausdrucksweise war ungeschliffen und oft unbedacht. Ich hatte nichts für vorbereitete Präsentationen übrig und setzte mich ungern hin, um Berichte zu lesen. Ich zog das persönliche Gespräch vor, wobei ich von den Managern erwartete, ihr Geschäft und die richtigen Antworten zu kennen."[88]

Nimmt man die Kritik von Johnson, so zeigt sich, dass sie wohl berechtigt war. Welch hat nach seinem Aufstieg zum CEO General Electric so verändert, dass das Unternehmen zu ihm passte.

Um dies zu erreichen, mischt er sich in die Angelegenheiten seiner Mitarbeiter ungeniert ein. Er ernennt sich zum „virtuellen Projektmanager"[89], ob dies seinen Mitarbeitern gefällt oder nicht. Dabei erscheint er vor Ort und pflegt mit den Beteiligten – allen, die sachlich relevant sind – die Probleme face-to-face zu diskutieren. Diese „Spezialeinsätze" scheint er zu lieben, vor allem, wenn es um irgendwelche „Kämpfe" geht – eine Metapher, die sein Weltbild sicher zu einem guten Teil mitbestimmt und die bei ihm mit positiven Assoziationen verknüpft zu sein scheint.

In seinem Selbstbild ist er offen für neue Ideen und auch bereit, seine eigenen Vorstellungen über Bord zu werden, falls jemand bessere hat.

An Selbstkritik äußert er, dass er lange Zeit zu sehr von sich eingenommen gewesen sei[90] und das Gefühl gehabt habe „unbezwingbar" (z. B. an der „Übernahmefront") zu sein. Dies hat ihm zu einigen schwerwiegenden Scheitererfahrungen verholfen.

Wenn er etwas will, ist er sich nicht zu fein, auch die Menschen, von denen er etwas will, zu besuchen und ihr Territorium zu betreten. Hier sorgt offenbar sein solides Selbstbewusstsein dafür, dass er sich nicht als Sensibelchen auf der Beziehungsebene im Blick auf den jeweiligen Status zeigen muss.

Eine besondere Bedeutung dürfte das persönliche Engagement und die damit verbundenen impliziten Botschaften im Rahmen der so genannten Initiativen gehabt haben:

„Bei GE definierten wir eine Initiative als etwas, das alle erfasst – sie muss groß, umfassend und allgemein genug sein, um sich nachhaltig auf das Unternehmen auszuwirken. Unsere Initiativen sind von Dauer und ändern das Wesen des Unternehmens. Ungeachtet des Ursprungs der Initiativen setzte ich mich an ihre Spitze. Ich verfolgte sie mit einer Leidenschaft, die oft an Wahn zu grenzen schien (…) Damit die Initiativen funktionieren konnten, musste sich die Unternehmensführung vorbehaltlos dazu bekennen. Die Leidenschaft wurde durch strikte Verfahren ergänzt."[91]

Die forderte er auch von den anderen Führungskräften. Ihr persönlicher Einsatz sei das wichtigste Führungsinstrument. „Der Unternehmensleiter gibt den Ton an. Ich versuchte jeden Tag, alle Menschen bei GE zu erreichen. Ich wollte für jeden einzelnen Mitarbeiter präsent sein."[92] So versuchte Welch durch viele Reisen, viele Kontakte, häufige Diskussionen usw., für jeden einzelnen Mitarbeiter mehr als nur eine in irgendwelchen Höhen schwebende Fiktion zu sein, sondern jeder sollte ihn persönlich kennen.

Falsche Bescheidenheit kann man Welch auf jeden Fall nicht nachsagen. Ganz im Gegenteil, er hat alle Mitarbeiter eingeladen, an seinen Größenfantasien teilzunehmen. Dies verband er aber meist mit konkreten Forderungen an Verfahrensweisen, wie beispielsweise das Six-Sigma-Qualitätsprogramm: „Die Qualität ist in der Lage, GE von einem der herausragenden Unternehmen in das großartigste Unternehmen der Welt zu verwandeln"[93] (aus einem Vortrag in Boca Raton vor den 500 Topmanagern).

Seine Einstellung zu Selbstbewusstsein und Arroganz formuliert er folgendermaßen: „Arroganz ist tödlich, und übermäßiger Ehrgeiz kann dieselbe Wirkung haben. Arroganz und Selbstbewusstsein liegen sehr nah beieinander. Berechtigtes Selbstvertrauen ist eine Siegerqualität. Der beste Beweis für Selbstbewusstsein ist Offenheit für Veränderungen und neue Ideen – egal aus welcher Quelle sie stammen. Selbstbewusste Menschen haben keine Angst vor einer kritischen Prüfung ihrer Ideen. Sie genießen die intellektuelle Auseinandersetzung, die zu neuen Einsichten führt. Sie bestimmen die Lernfähigkeit einer Organisation. Wie findet man solche Menschen? Indem man nach Leuten sucht, die sich offensichtlich wohl in ihrer Haut fühlen – Menschen, die sich selbst mögen und keine Angst haben, es auch zu zeigen.

Kein Job der Welt ist es wert, dass man sich selbst verleugnet."[94]

Was die über dieses Glaubensbekenntnis hinausgehenden persönlichen Werte angeht, die Welch für sich in Anspruch nimmt, so steht Integrität an oberster Stelle. Offenheit und Ehrlichkeit, der Wirklichkeit ins Auge zu sehen, Fairness auch Kontrahenten gegenüber. „Das trug zu besseren Beziehungen mit Kunden, Lieferanten, Analysten, Konkurrenten und Behörden bei. Es bestimmte den Ton im Unternehmen. Für mich kam immer nur ein Weg infrage – der gerade Weg."[95]

10.2 Personenbezogene, familienartige Kommunikation

Was den persönlichen Managementstil angeht, so betont Welch, ihm sei es immer wichtig gewesen, die persönliche Beziehung im Blick zu behalten und die Qualitäten von Kleinbetrieben innerhalb eines Großkonzerns zu realisieren.

„Gemeinsam mit Tausenden anderen versuchten wir, in einem Großkonzern die unmittelbare Atmosphäre des Lebensmittelladens um die Ecke zu schaffen (…) Mein Ziel war es, einem großen Unternehmenskörper die Seele eines Kleinunternehmens einzupflanzen und ein klassisches Industrieunternehmen in eine Organisation zu verwandeln, die geistig wendiger, anpassungsfähiger und beweglicher als all jene Unternehmen sein würde, die 50-mal kleiner waren als GE."[96]

Das angestrebte Muster war der Familienbetrieb. In Pittsfield wurde er Leiter des Bereichs Polymerprodukte, und hier konnte er dieses Ziel verwirklichen. „Wir arbeiteten zwar für einen der größten Konzerne der Welt, aber in Pittsfield oder in Selkirk fühlten wir uns wie in einem sehr kleinen Familienbetrieb, der die Rückendeckung einer großen »Bank« genoss."[97]

Was Welch als Seele des Familienbetriebs bezeichnet, war an enge persönliche Beziehungen gebunden, gemeinsames Feiern, Pizzapartys, war die Verschmelzung von privaten und beruflichen Beziehungen. Die Kommunikation war weitgehend informell, das persönliche Gespräch war im Zentrum einer ausgesprochen personenorientierten Führungsstrategie. Aber was diese Person tat, war die Initiierung eines charakteristischen, familiären Kommunikationsmusters.

Welch kritisiert die meisten Vorgesetzten insofern, als sie im Allgemeinen keine wirklichen Fragen an ihre Mitarbeiter stellen, sondern nur ihre eigene Bestätigung suchen.[98] Das erschwert ihnen, ihre Mitarbeiter differenziert zu beurteilen. Und das wiederum erscheint Welch als eine der zentralen Aufgaben von Führung. Es ist wichtig, die Mitarbeiter zu ermutigen, da das zu selten passiert.[99]

Das heißt aber nicht, dass Welch Konflikte oder Konfrontationen vermeidet: „Ich liebe es, die Ideen anderer Menschen infrage zu stellen. Niemand hat mehr Freude an einer harten, leidenschaftlichen Diskussion als ich. Es geht nicht darum, einer direkten und ehrlichen Auseinandersetzung aus dem Weg zu gehen. Aufrichtigkeit gehört zum Job. Und auch ein Gespür dafür, ob jemand ein aufmunterndes Wort oder einen Tritt in den Hintern braucht. Arrogante Menschen, die sich weigern, aus ihren Fehlern zu lernen, müssen natürlich aus einem Unternehmen entfernt werden. Doch wenn sich gute Leute aufgrund eines Fehlers mit Selbstvorwürfen peinigen, ist es unsere Aufgabe, ihnen beizustehen."[100]

Die persönlichen Prinzipien des Managements hat er vom Erziehungsstil seiner Mutter übernommen, die sich und ihm stets hohe Ziele gesetzt hatte und nie zuließ, dass er sich etwas in die Tasche log oder auf Wunder hoffte. Das hat er alles auch in der Beziehung zu seinen Mitarbeitern zu realisieren versucht. Und er hat kontrolliert, ob sie ihre Aufgaben erfüllten, so wie seine Mutter kontrolliert hatte, ob er seine Hausaufgaben erledigt hatte. Vorbild ist für ihn dabei auch die Beziehung zu seiner Mutter, die hart aber liebevoll war, viel gefordert und viel gelobt hat, zum Wettbewerb ermuntert und nichts beschönigt hat: „Mach dir nichts vor. Die Dinge sind, wie sie sind."[101]

Eines von Welchs Führungsprinzipien ist es, Mitarbeiter mit Herausforderungen zu konfrontieren, die sie dazu bewegen, Dinge zu tun, die sie sich nie zugetraut hätten. Allerdings war dies nicht nur mit Chancen, sondern auch mit Risiken für die Betroffenen verbunden. Wer den Herausforderungen nicht gewachsen war, wurde mehrfach (zwei- bis dreimal) in einem persönlichen Gespräch mit der Unzufriedenheit Welchs konfrontiert, und jeder konnte wissen (zumindest in späteren Jahren), was ihn erwartete, wenn er nicht die erwünschten Verbesserungen (denn darum ging es fast immer) zeigte: Keiner wurde unvorbereitet entlassen.

Er selbst hatte im Laufe seiner Karriere viele Mentoren, die ihn „unter ihre Fittiche" nahmen. „Anscheinend fand ich überall, wo ich hinkam, einen Mentor. Ich war nicht auf der Suche nach einem Ersatzvater, doch es tauchten immer wohlmeinende Menschen in meiner Umgebung auf, die mir bereitwillig zu Seite standen."[102] Interessant in diesem Zusammenhang ist, dass Welch zur Charakterisierung seiner innerorganisatorischen Beziehungen mit Vorliebe Familienmetaphern verwendet.

Was Welch seinen Mitarbeitern anbot, war eine hierarchische Beziehung, die der zwischen einer fordernden, fürsorglichen Mutter und ihrem talentierten Kind entsprach. Seine Aufmerksamkeit war auf die Potenziale des Mitarbeiters gerichtet, auf das, was er leisten konnte und leistete. Er signalisierte hohe Erwartungen, und wenn sie erfüllt wurden, dann belohnte er großzügig. Allerdings, und das dürfte ein relevanter Unterschied zur Mutter-Kind-Beziehung sein, wenn die Erwartungen mehrfach enttäuscht wurden, dann erwies sich die Beziehung als kündbar, die Kopplung zwischen den Akteuren erwies sich als weit weniger fest als in der Familie. Offenbar gelang es Welch in seiner unmittelbaren Umgebung, Merkmale familiärer Kommunikation mit organisationalen Beziehungsmustern zu verbinden. Hier hat er zweifellos einen prägenden Einfluss auf die kulturellen Muster des Unternehmens bzw. seines jeweiligen Zuständigkeitsbereichs genommen.

10.3 Kultur

Ein Vorteil eines so großen und finanzkräftigen Unternehmens wie GE ist, dass man ein enormes Potenzial zu Verfügung hat. „Diesen Vorteil macht man allerdings zunichte, wenn man jenen Leuten, die den Mut haben zu träumen, den Garaus macht. Mit einem solchen Vorgehen schafft man lediglich eine Kultur, die dem Risiko abgeneigt ist."[103] Es geht also darum, Normen zu etablieren, die zum Träumen, zum Eingehen von Risiken ermuntern.

Hier zeigt sich die steuernde Wirkung der Fokussierung der Aufmerksamkeit eines Hierarchen am deutlichsten. Wie geht er mit Abweichung von der Erwartung um? Kreativität ist immer mit solch einer Abweichung verbunden. Gelangt sie bzw. der Mitarbeiter, der sie produziert, in die Aufmerksamkeit des Chefs und des Unternehmens (der Kommunikation) oder nicht? Wenn ja, ist dies dann mit einer positiven oder negativen Bewertung verbunden? Jack Welch hat sich hier stets klare Zeichen zu setzen bemüht, die zum Eingehen von Risiken ermutigen sollten (sagt er). Feiern ist für ihn solch eine symbolische Interventionsebene. So versuchte er, gemeinsame Anstrengungen zu würdigen, auch wenn sie nicht zu dem erhofften Erfolg führten. Dies geschah, um dem ganzen Unternehmen entsprechende Signale zu senden. Sein Kommentar zu einem konkreten Feier-Beispiel, nachdem ein „großer Schlag" zu einem Verlust von 50 Millionen Dollar geführt hatte: „Wir wollten dem ganzen Unternehmen zu verstehen geben, dass es in Ordnung war, zu einem großen Schlag auszuholen und ins Leere zu hauen."[104]

Neben derartigen Aktivitäten, die bewusst inszeniert wurden, um das Gemeinschaftsgefühl und die Risikofreude zu fördern, versuchte Welch schon in frühen Jahren in seinen Verantwortungsbereichen eine Atmosphäre zu realisieren, in der Auseinandersetzung und Konflikt möglich waren.

„Ich liebte den »konstruktiven Konflikt« und war der Meinung, eine von Offenheit und Ehrlichkeit gekennzeichnete Debatte über geschäftliche Fragen bringe die besten Entscheidungen hervor. Konnte sich eine Idee nicht in einer offenen Diskussion behaupten, so würde sie sich auch auf dem Markt nicht durchsetzen."[105]

Dabei setzte er durch sein eigenes Verhalten die Standards, die nicht mit der tradierten GE-Kultur übereinstimmten und auch nicht jedermanns Sache waren:

„Ich hielt nie mit meinen Gedanken und Gefühlen hinter dem Berg. In Diskussionen war ich oft derart emotional bei der Sache, dass ich Dinge hervorstieß, die in den Ohren anderer sehr beleidigend klingen konnten. (…) Mitarbeiter, die sich in dieser informellen und durch Unternehmergeist gekennzeichneten Atmosphäre nicht zurechtfanden, schieden aus oder wurden aufgefordert, ihren Hut zu nehmen. Die Verluste aufgrund von Entscheidungen für falsche Leute begrenzte ich durchwegs rasch, indem ich neue Mitarbeiter, deren Leistungen den Erwartungen nicht entsprachen, bald wieder hinauswarf. Arrogante Menschen und Wichtigtuer hatten keine Chance bei mir. Doch jene, die gute Leistungen erbrachten, wurden mit außergewöhnlich hohen Gehaltserhöhungen und Bonuszahlungen belohnt. Ich teilte in jeder Hinsicht mächtig aus, ob es nun Lob oder Tadel war."[106]

Hier zeigt sich, dass er die beiden wesentlichen Möglichkeiten zur Steuerung eines Unternehmens weidlich nutzte: (1) die Kompetenz und Macht, Personalentscheidungen zu treffen, d. h., Leute einzustellen und rauszuwerfen, und (2) auf der anderen Seite, den Kommunikationsstil zu beeinflussen. Dadurch, dass er sich emotional nicht bedeckt hielt, machte er aus geschäftlichen Angelegenheiten persönliche; er setzte damit auch den Standard der Erwartungen und gab die Grenzen des Verhaltens vor, das innerhalb von GE toleriert bzw. erwartet wurde. Die Emotionalität wurde dabei gewissermaßen zum Symptom oder Maßstab des persönlichen Engagements. Es gab einen internen Wettbewerb, der Konflikte nicht vermied – hier dürfte dann doch ein Unterschied zu vielen Familienunternehmen liegen –, sondern für den „Sieg" der sachlich besseren Lösung offen war. Auch die Bereitschaft, Mitarbeiter schnell wieder zu entlassen, dürfte kulturbestimmend – und abweichend zu Familienunternehmen – gewesen sein. Jedem war seine Austauschbarkeit bewusst, und jedem wurde deutlich, was er für seine Nichtaustauschbarkeit zu tun hatte. Die Prinzipien für das Austeilen von Kritik und Belohnung, von Zuckerbrot und Peitsche, waren durchsichtig.

Nachdem Welch zum Unternehmenschef aufgestiegen war, wurde die Veränderung der Kultur zu einem seiner Hauptziele. Er „wusste genau", welchen „Geist" er dem Unternehmen vermitteln wollte. „In jenen Tagen sprach ich nicht von einer »Kultur«, obwohl es sich genau darum handelte. Ich wusste, dass sich das Unternehmen ändern musste." Wenn es nach Welch ging, dann sollte GE „mit selbstbewussten Unternehmern gefüllt sein, die sich Tag für Tag der Realität stellten. Wenn es nach mir ging, würde beim Erreichen jedes Meilensteins eine Feier veranstaltet, sodass die Arbeit Spaß machen würde. Abgesehen von wenigen rühmlichen Ausnahmen war Spaß an der Arbeit damals nicht die Norm.

Ich wusste, welche Vorteile es hatte, klein zu bleiben, selbst wenn das Unternehmen wuchs. Die guten Unternehmensbereiche mussten von den schlechten getrennt werden. Ich wollte, dass GE nur in Geschäften blieb, in denen es den ersten oder zweiten Rang auf dem Markt einnahm. Wir mussten rascher handeln und die verfluchte Bürokratie beseitigen."[107]

Diese Ziele waren aber nur durch radikale Veränderungen zu erreichen, und nicht mit der bestehenden Führungsmannschaft: „Ich hielt eine Revolution für nötig. Es war offensichtlich, dass wir sie mit diesem Führungsteam nicht bewerkstelligen würden. GEs Unternehmenskultur hatte sich in einer Zeit entwickelt, in der eine hierarchische Befehlsstruktur sinnvoll gewesen war (...) Die zahlreichen Managementschichten waren ein weiteres Nebenprodukt des Wachstums."[108]

Von der Spitze des Unternehmens aus konnte Welch seine abweichenden und gegenüber den alten Werten respektlosen Verhaltensweisen natürlich wirkungsvoller einsetzen. Hier zeigt sich die systemtheoretische Wahrheit, dass es zwar keine instruktive Interaktion zwischen autonomen Systemen gibt, aber destruktive. Welch war der Ansicht, dass er funktionierende Strukturen zerstören muss, wenn er neue etablieren will. Seine Interventionen zielten auf die Auflösung der festen Kopplung von Aktionen, d. h. von Kommunikationsmustern: „In jenen Tagen warf ich laufend Handgranaten, um die Traditionen und Rituale in die Luft zu sprengen, die uns meiner Meinung nach bremsten."[109]

Welch behauptet zwar, er habe es nie auf Konflikte mit der Bürokratie angelegt, schildert aber, dass es immer wieder zu Konflikten gekommen sei.[110] Er war anders und wirkte auf das bürokratische Establishment im Unternehmen bedrohlich. In diesem Anderssein dürfte der wichtigste Erfolgsfaktor für die Umgestaltung von GE gelegen haben. Welch hat buchstäblich „abweichendes Verhalten" praktiziert; es war aber nicht so abweichend, dass es seinen Aufstieg verhindern konnte, da er bei denen, die jeweils die Entscheidung über seine weiteren Karriereschritte hatten, auf ähnliche antibürokratische Affekte stieß oder sie die Aufgabe der Bekämpfung der Bürokratie an ihn delegierten. Allerdings blieb er dabei immer anschlussfähig, d. h., er praktizierte nur eine dosierte Abweichung und vermied den offenen Kampf: „… fand ich einen Weg, um das System zu besiegen, ohne es dabei offen herauszufordern."[111]

Die Zentrale wurde von Welch als CEO systematisch entmachtet, was einherging mit einer systematischen Dezentralisierung. Manche Investitionsentscheidungen, die ihm zur Genehmigung vorgelegt wurden, waren zu dem Zeitpunkt schon von 16 Leuten unterschrieben worden. Solche hierarchischen Bewilligungsverfahren wurden abgeschafft, Entscheidungskompetenz und Verantwortung wurden denjenigen gegeben, die etwas von den jeweiligen Sachfragen verstanden.

Zur Abneigung gegen die Bürokratie gehört auch eine skeptische Einstellung gegenüber Prognosen. Zentralen sind im Allgemeinen wild darauf, Zahlen und Daten zu erhalten, und verwechseln diese dann mit der Realität. Sie verzetteln sich in Kleinkram, der viel Energie absorbiert, aber keine produktiven Folgen hat. Welch definierte die Rechnungsprüfer um: Aus Kontrolleuren sollten Unterstützer des Betriebs werden.[112] Ihre wichtigste Aufgabe war es dabei, die großen Initiativen (Übergang zu den Dienstleistungen, Six-Sigma-Qualitätsprogramm, E-Business) weltweit in allen Bereichen von GE zu unterstützen und die entsprechenden Ideen zu verbreiten. Ähnliches kann über die Rechtsabteilung gesagt werden, die zu einer der besten Rechtsfirmen in den USA wurde.[113]

Ziel seiner kulturverändernden Interventionen war für Welch eine neue Verbindung so genannter „harter" und „weicher" Faktoren: „Um uns als Sieger durchzusetzen, mussten wir das »harte« zentrale Konzept der Führerschaft in Wachstumsbranchen mit schwerer greifbaren »weichen« Wertvorstellungen verknüpfen, um jenen »Unternehmensgeist« zu entwickeln, der unsere neue Kultur kennzeichnen sollte."[114]

Nur die eine dieser Ebenen ist direkt in Zahlen mess- und beobachtbar.

Die Frage der Kultur stellte sich auch bei Unternehmenskäufen und Übernahmen. Hier war von zentraler Bedeutung, dass die Kultur des zu kaufenden Unternehmens zu den GE-Werten passte. Da dies bei den Dotcoms nicht der Fall war, verzichtete er hier lieber auf ansonsten attraktive Zukäufe, was im Rückblick sicher keine schlechte Entscheidung war.[115]

10.4 Kleine Einheiten – Teams

Dass Familienunternehmen als Vorbild für Welch dienen, wird nicht nur im Blick auf die von ihm favorisierten persönlichen Beziehungen deutlich, sondern auch im Blick auf die Organisation. Hier scheint die Größe oder Kleinheit der jeweils handelnden Einheiten für ihn von zentraler Bedeutung.

„Es zeigte sich ein weiteres Mal, welche enormen Vorteile es hatte, wie ein kleines Unternehmen zu arbeiten. Auch heute erzielen wir noch am ehesten große Erfolge, indem wir das Projekt ins Rampenlicht rücken, ausgezeichnete Mitarbeiter dafür abstellen und sie mit ausreichenden finanziellen Ressourcen ausstatten."[116]

Es geht stets darum, das Beste aus beiden Welten zu kombinieren: die Flexibilität, das Engagement, die Informalität des Familienbetriebs und die Ressourcen und Power des Großunternehmens.

Bei der Auswahl seiner Mitarbeiter bevorzugt Welch „intelligente, kenntnisreiche und hart gesottene Leute mit einander ergänzenden Fähigkeiten"[117], was generell kein schlechtes Auswahlprinzip ist, wenn es darum geht, eine Gruppe zusammenstellen, deren kollektive Intelligenz größer ist als die jedes Einzelnen. Es kam aber noch hinzu, dass er Persönlichkeitstypen aussuchte, die zu einem bestimmten Kommunikationsstil passten: „Man hätte keine buntere Zusammenstellung von Charakteren finden können. Doch all diese Leute – ob sie nun aus dem Unternehmen oder von außerhalb stammten – waren bodenständige, unprätentiöse Personen, die stets offen ihre Meinung sagten."[118]

Bezeichnend ist, mit welcher Begeisterung Welch den Arbeitsstil als Leiter einer Bereichsgruppe, fern der Zentrale mit ihren formalen Zwängen, schildert. Der Umgang im Team (sechs Personen) war informell, man trug Jeans und Pullover, und die Atmosphäre war eher wie die in einer Studentenverbindung. Die Woche wurde gemeinsam mit Feiern und unter Einbeziehung der Frauen beendet. Insgesamt gesehen, wurde die Unterscheidung zwischen Privat- und Arbeitsleben durchlöchert. Kampf- und Kriegsmetaphern in der Selbstbeschreibung des Teams sorgten für den Zusammenhalt: „Unseren Kriegserzählungen zuzuhören war nicht das größte Vergnügen für unsere Frauen, doch sie bewiesen großen Sportsgeist. Sie verstanden sich untereinander ebenso gut wie wir. Oft gingen wir am Samstagabend alle miteinander essen oder feierten am Sonntagnachmittag Partys, zu denen wir manchmal die Kinder mitbrachten. Wir hatten die schönste Zeit unseres Lebens und wurden obendrein dafür bezahlt."[119]

Auch hier zeigt sich wieder, dass Welch sich an einem Familienmodell orientiert, ohne die Spezifika von Organisationen zu leugnen oder in ihnen Chancen zu übersehen: „Wir genossen die Vorzüge beider Welten: Einerseits verfügten wir über die Mittel eines großen Unternehmens, andererseits lebten wir jedoch in einer ähnlich familiären Atmosphäre wie im Kunststoffbereich."[120]

Dass er und sein Erfolg von den Mitarbeitern abhing, die er um sich scharte, war ihm klar: „... erkannte ich deutlicher als je zuvor, dass mein Erfolg weitgehend von den Mitarbeitern abhängen würde, mit denen ich mich umgab. Schon im Kunststoffbereich war mir klar geworden, wie wichtig es war, die richtigen Leute zu engagieren. Jeder herausragende Mitarbeiter würde mich entscheidend voranbringen."[121]

Mit dem weiteren Aufstieg zum Sektorleiter und dem Umzug in die Konzernzentrale wurde diese „heile Familie" auseinander gerissen. Es wurde auch deutlich, dass dieses Modell nicht unternehmensweit akzeptiert war.

„Indem ich meine Mitarbeiter zu Freunden gemacht und Beziehungen zu ihren Familien geknüpft hatte, hatte ich wahrscheinlich eine der grundlegenden Verhaltensregeln des Konzerns gebrochen.

Aber wir hatten unsere Arbeit gemacht und Spaß dabei gehabt. Wir fühlten uns nicht als Unternehmen, sondern als eine »Familie«. Das war nun vorbei."[122]

Auch als CEO versuchte er, die Leitungsfunktion durch ein Team ausführen zu lassen. Um eine kollegiale Gruppe an der Unternehmensspitze zusammenzuschweißen, lud er alle Abteilungsleiter und die sieben Sektorenleiter in seinen Golfclub ein. Später wurde daraus der Corporate Executive Council (CEC).[123] In diesem Treffen ging es ihm darum, Auseinandersetzungen in dem ihm gewohnten, sachlich-konflikthaften Stil zu initiieren, da ihm dies als die funktionellste Art erschien, zu Entscheidungen zu gelangen. „Es erwies sich als schwierig, ein offenes Gespräch zu führen. Nur jene, die eng mit mir zusammenarbeiteten, waren bereit, geradeheraus ihre Meinung zu sagen. Die Mehrheit der Anwesenden wollte sich keine Blöße geben. Also beteiligte sich nur etwa die Hälfte der Gruppe an der Diskussion."[124]

Es waren offensichtlich nicht die richtigen Leute für die Art der Unternehmensführung, die Welch sich vorstellte.

In die Beziehung zu den Managern der Geschäftseinheiten mischte Welch sich als Bereichsgruppenleiter ständig ein. Sein Team (das mit den Kriegserzählungen) charterte einen Jet und flog die ganze Woche über zu den verschiedenen Geschäftseinheiten (hier dürfte der Grund für die klare Innen-außen-Unterscheidung in der Selbstbeschreibung des Teams gelegen haben: Man hatte ständig wechselnde „Gegner", blieb aber als Team zusammen). Dort mischte man sich in alle Probleme ein. „Einige Manager fluchten sicher darüber, dass wir ständig vor der Tür standen. Immer verbrachten wir Stunden hinter verschlossenen Türen und zerlegten alle Probleme bis ins Detail. Manche Manager hatten Spaß an den Sitzungen und nannten sie eine große intellektuelle Herausforderung, während sich andere ebenso sehr darauf freuten wie auf eine Zahnwurzelbehandlung."[125]

Was die interne Kommunikation betrifft, änderte er das Verständnis der Rolle der Hierarchie. Das zeigte sich vor allem in „Planungssitzungen". Bislang waren irgendwelche Planungsbücher vorgelegt worden, und die Aufgabe der Hierarchen war es, zu bewerten und zu genehmigen oder eben auch nicht. Jetzt rückten die beteiligten Personen in den Mittelpunkt des Interesses: „In meinen Augen lag der Wert der Planungssitzungen nicht in den Büchern, sondern in den Köpfen und Herzen der Bereichsleiter, die nach Fairfield kamen. Ich wollte tiefer bohren und feststellen, was diese Leute dachten. Ich musste die Körpersprache und die Leidenschaft sehen, mit der sie ihre Argumente vortrugen."[126]

10.5 Personalpolitik

Die Auswahl der Mitarbeiter erhielt mit dem Aufstieg von Welch in die oberen Hierarchieebenen höchste Priorität. „Ich konnte nicht länger jedes Detail persönlich kontrollieren. So wurde meine Besessenheit für die Wahl der richtigen Mitarbeiter noch ausgeprägter."[127]

Zu den Fehlern, die Welch im Laufe seiner Karriere korrigiert hat, gehörte es, sich durch „akademische Stammbäume" oder auch andere Stammbäume beeindrucken zu lassen. Im Nachhinein habe er oft feststellen müssen, dass die Qualität der Bewerber nichts mit ihrer Herkunft zu tun hatte.[128] Daher setzte er an die Stelle formaler Kriterien die persönliche Inaugenscheinnahme. „Gemeinsam mit meinem Personalchef Ralph Hubregsen machte ich mich auf den Weg in die einzelnen Unternehmensbereiche, wo ich jeweils einen ganzen Tag mit dem General Manager und seinem Personalchef und anschließend mit all seinen direkten Untergebenen in einem Konferenzraum verbrachte. Nach zehn bis zwölf Stunden intensiver Diskussionen hatte ich ein gutes Bild davon gewonnen, welche Talente auf den oberen zwei bis drei Ebenen der Organisation zu finden waren."[129]

Wichtig ist es, dass der Vorgesetzte ein Interesse an der Entwicklung seiner Mitarbeiter hat. Das kann er aber nur, wenn er in deren Auswahl involviert ist. Nur so kann und wird er ihnen die nötige Förderung zukommen lassen. „Es gibt wahrscheinlich nichts Schlimmeres für einen Manager, als für einen Vorgesetzten arbeiten zu müssen, der nicht an seinem Aufstieg interessiert ist."[130]

Was er für sich als Mitarbeiter immer forderte, will er auch seinen Mitarbeitern geben: „Ich forderte Spielraum – die Möglichkeit zu wachsen, die ich jedem von mir ernannten Mitarbeiter einräumte. Ich setzte *immer* auf Spielraum. Ich hielt es für besser, ein Risiko mit den Leuten einzugehen, indem ich sie schon zu Beginn ihrer Laufbahn mit anspruchsvollen Aufgaben betraute. In der überwiegenden Mehrzahl der Fälle reagierten sie, indem sie ihrer Tätigkeit mit sehr viel größerer Leidenschaft nachgingen. Dies kam ihrer persönlichen Entwicklung dann sehr zugute."[131]

Der Austausch von Personen und ihre Auswahl nach den strategischen Zielen war immer zentral, vor allem als es um die radikale Veränderung des Unternehmens ging: „Veränderungen kann man nicht mit Slogans oder mit einer Rede bewirken. Sie werden nur möglich, wenn man die richtigen Leute einsetzt, um sie herbeizuführen. Die Menschen sind entscheidend. Die Strategie und alles andere kommen erst an zweiter Stelle."[132]

Die zentrale Rolle des Personals betont Welch nicht nur in seinen Memoiren, er scheint sie implizit durch sein Verhalten auch im Unternehmen stets signalisiert zu haben. Das bezieht sich vor allem auf die Strenge der Personalauswahl und das dazu etablierte System.

„Es bedarf einer Struktur und genauer Richtlinien, damit die Mitarbeiter wissen, an welche Spielregeln sie sich zu halten haben. Im Mittelpunkt des Auswahlprozesses steht ein Personalbeurteilungszyklus, der aus den so genannten »Session C«-Versammlungen besteht. Im April findet an allen großen Betriebsstandorten eine eintägige Session C statt. Es folgt eine zweistündige Videokonferenz im Juli, der »Session C Follow-up«. Den Abschluss bilden die Session-C-II- Sitzungen im November, in denen die im April eingeleiteten Maßnahmen zu Ende geführt werden. Das ist der formale Ablauf."[133]

Alles, was über die Mitarbeiter bekannt ist, kommt in die Akten. Aber sie sind nicht das Wichtigste. „Vielmehr kommt es auf das Engagement an, mit dem die Beteiligten an die Aufgabe herangehen. Wenn ein Manager seinen Kopf für seine direkten Untergebenen hinhält, lernt man ebenso viel über ihn wie über die Mitarbeiter, die beurteilt werden. Manchmal diskutieren wir über eine Stunde über eine Seite.

Die Sitzungen sind informell im Umgang, von Vertrauen, Emotionen, Humor und hitzigen Diskussionen geprägt."[134] Die Leiter von Unternehmensbereichen hatten für ihre Leute zu kämpfen. Formal wurden Potenzial und Leistung in einer Neunfeldermatrix eingeschätzt. Da alle sich klar waren, dass alle Menschen Stärken und Schwächen haben, musste für jeden Manager auch eine Schwäche angegeben werden. Diese Notwendigkeit ist ein elegantes Verfahren, um wiederum der „natürlichen Tendenz", Freundliches über andere Menschen zu sagen und idealisierte Darstellungen zu liefern, gegenzusteuern. „Wir erlauben keine makellosen Ergebnisse."[135]

Damit wird implizit eine „Milde" in der Beurteilung von Menschen signalisiert, die allen Idealisierungen – die, wie der Begriff ja nur zu deutlich sagt, unrealistisch sind – zuwiderläuft. Damit kann im optimalen Fall auch Angstfreiheit gegenüber abweichendem Verhalten ermuntert werden sowie die Bereitschaft, Kreativität zu wagen, selbst wenn sie oder ihr Ergebnis als Fehler angesehen werden könnte.

„In der Herstellung versuchen wir Abweichungen zu verhindern. Bei den Menschen sind wir auf Abweichungen angewiesen."[136]

Mit dieser Fokussierung auf Abweichung wird implizit eine Spielregel etabliert, die jeglicher bürokratischer Ausrichtung zuwiderläuft. Hierin dürfte eine der wichtigsten, Veränderung induzierenden Führungsfunktionen von Welch gelegen haben. Denn Bürokratie beobachtet, was nicht den Regeln (den fest gekoppelten Elementen prozeduraler Vorschriften) entspricht, und versucht durch entsprechende kontrollierende Maßnahmen, ihre Realisierung durchzusetzen. Bürokratie ist daher immer konservativ, sie stellt Berechenbarkeit und Vorhersehbarkeit her und bildet daher das Gegenbild zu einer Kreativität fördernden Organisationsform.

Dynamik und ständige Spannung – um nicht zu sagen: Dauerstress – kam in das Personalbeurteilungssystem dadurch, dass die Notwendigkeit zur Veränderung als prinzipielle Vorannahme eingebaut wurde. Es ist ein System, das den Erhalt des Status quo unmöglich macht und sich in der so genannten „Vitalitätskurve" ausdrückt:

„Im Grund ging es uns darum, die Bereichsleiter zur Differenzierung ihrer Führungsteams zu zwingen. Sie mussten erklären, welche ihrer Manager sie zu den besten 20 Prozent zählten, welche den 70 Prozent der »vitalen Mitte« angehörten und welche sie als die schlechtesten zehn Prozent einstuften (…) Die Manager, deren Leistungen besonders schlecht waren, mussten das Unternehmen üblicherweise verlassen."[137]

Durch dieses Verfahren war Veränderung vorprogrammiert. Auf der Ebene der interpersonellen Beziehungen war Wettbewerb zur Norm erklärt, sodass jeder sich und die anderen im Blick auf die unternehmensspezifischen Leistungskriterien beobachten musste. Was die Organisationseinheit betraf, so war auf diese Weise für eine

Fluktuation gesorgt und für eine ständige Leistungssteigerung (wenn man einmal unhinterfragt lässt, was dabei als Leistung beurteilt wurde). So musste ständig „frisches Blut" zugeführt werden. Das half sicher, der Verkrustung von Strukturen vorzubeugen; da aber nur ein relativ geringer Prozentsatz (10 %) aus dem Spiel fiel, wurde kein für das Überleben des Unternehmens elementares Wissen „rausgeworfen". Die prinzipielle Austauschbarkeit, das Kommen von neuen Mitarbeitern und das Gehen von alten, wurde zum Bestandteil der Erwartungen.

Dies ist ein gutes Beispiel für die Etablierung eines Verfahrens, das den spontanen Selbstorganisationsmechanismen zuwiderläuft. Kein Vorgesetzter mag der „Böse" sein, der Mitarbeiter disqualifiziert und dafür sorgt, dass sie ihren Arbeitsplatz verlieren (vor allem, wenn sie einigermaßen gut arbeiten). Dadurch, dass die prozentuale Differenzierung vorgenommen werden muss, fällt immer jemand durch den Rost. Es gibt dann einfach kein Team oder keine Organisationseinheit, in der alle gleich gut sind. Niemand kann sich sicher fühlen. Dies läuft allerdings den von Welch gepredigten Prinzipien von Arbeitsbeziehungen zuwider, die eher auf Familienartigkeit hin orientiert sind. In einer Familie benennt man einfach nicht die 10 % der Mitglieder, die ihren Job nicht richtig erledigen. Das zeigt, dass bei aller Personenzentrierung GE eben doch keine heile Familie ist, sondern vor allem ein profitorientiertes Unternehmen.[138]

Auch dies ist eine Fokussierung, die kulturelle Standards setzt: Konfliktvermeidung ist nicht erlaubt, d. h., sie führt zum Konflikt mit Welch. Ob dies langfristig wirklich ein intelligenter Mechanismus ist, mag dahingestellt sein. Es ist ein Selektionsmechanismus, der dafür sorgt, dass bestimmte Konflikte auf jeden Fall entschieden werden müssen. Und man kann zu Recht in Frage stellen, ob dies immer nützlich ist. Wenn solch ein Prinzip wichtiger ist, als es persönliche Loyalitäten sind, so kann sich dies auch gegen das Unternehmen wenden: spätestens dann, wenn das Unternehmen auf die Loyalität seiner Mitarbeiter angewiesen ist. Dass die Motivation der Mitarbeiter bei GE seit der Amtsübernahme Jack Welchs abgenommen hat, wurde ja bereits erwähnt.

Bei der qualitativen Differenzierung der Mitarbeiter unterscheidet Welch drei unterschiedliche Typen der „Player":

A-Player: Sie besitzen „energy", können andere „energize", haben die Entschlossenheit („edge") zu entscheiden und liefern Ergebnisse („execute").¹³⁹ Das erreichen sie dadurch, dass sie mit „Leidenschaft" an der Arbeit sind. Das sind die „Besten". Was sie von den „Guten" (B-Player) unterscheidet, ist diese Leidenschaft. „Wir versuchen sie dazu zu bewegen, jeden Tag darüber nachzudenken, was ihnen zu A-Playern fehlt. Die Aufgabe ihrer Vorgesetzten besteht darin, ihnen dabei zu helfen, sich zu verbessern."¹⁴⁰

A-Player erhalten Gehaltserhöhungen, die zwei- bis dreimal so hoch sind wie die der B-Player, und auch die sollten deutliche Erhöhungen bekommen. Außerdem erhalten die A-Player bei jeder Gehaltserhöhung große Mengen Aktienoptionen, B-Player bekommen zu 60–70 % auch welche, wenn auch nicht bei jeder Gehaltserhöhung. C-Player erhalten keine Erhöhung oder verlassen das Unternehmen.

„Einen A-Player gehen zu lassen ist eine Sünde. Man muss sie lieben, hätscheln und unbedingt an das Unternehmen binden. Wir führen nach dem Weggang eines A-Players Gespräche mit ihm, um Aufschluss über seine Beweggründe zu gewinnen, und ziehen das Management für den Verlust zur Verantwortung. Das funktioniert. Wir verlieren jedes Jahr weniger als ein Prozent unserer A-Player."¹⁴¹

Hier zeigt sich am deutlichsten die Unterscheidung zwischen Mitarbeitern, die als mehr oder weniger austauschbar betrachtet werden. Wer als „top" eingeschätzt wird, wird systematisch ans Unternehmen gebunden, vor allem wohl durch Aktienoptionen.

Insgesamt kann gesagt werden, dass bei GE unter Welch (zumindest, wenn man seiner Darstellung Glauben schenkt) die klare und strenge Trennung von persönlicher und sachlicher Ebene in der Kommunikation und in den Entscheidungen vollzogen worden ist. Das heißt, dass Konflikte nicht vermieden wurden und dass auch persönliche Beziehungen harte Entscheidungen nicht verhinderten, wenn sie sachlich geboten erschienen, auch wenn dabei Freundschaften aufs Spiel gesetzt wurden.¹⁴² Ob die Bindung ans Unternehmen wirklich überwiegend, wie es scheint, auf der finanziellen Ebene gesucht wurde, ist schwer zu entscheiden. Erfahrungsgemäß hat Geld nur eine geringe motivierende Kraft, wenn man erst einmal genug davon hat. Die Art, in der Welch die Teamarbeit und die Pizzapartys schildert, deutet eher darauf hin, dass ein elitäres Gruppenbewusstsein mindestens so wichtig war wie die ausgelobten Aktienoptionen. Und wahrscheinlich sorgte die regelmäßige

Ausmusterung von 10 % der „Player" für das nötige Selbstwertgefühl derer, die es nicht erwischte ...

10.6 Kapital und Arbeit

In einem Memo anlässlich der Bewerbung um den Posten des neuen GE-Chefs schildert Welch seine Führungsprinzipien folgendermaßen:

„Dies bestärkt mich in der Überzeugung, dass das Wesentliche, was wir als Unternehmen den Investoren anzubieten haben, ein beständiges überdurchschnittliches und von den Konjunkturschwankungen nicht betroffenes Ertragswachstum ist (...) Aufgrund unserer Größe ist dies möglicherweise unsere einzige Wahl. Entscheidend für das Funktionieren einer solchen Strategie ist die Fähigkeit, kurzfristige und langfristige Erwägungen miteinander in Einklang zu bringen."[143]

Hier zeigt sich, dass Welch sich seit Anbeginn seiner Tätigkeit als Chef von GE an den Investoren als entscheidender Umwelt orientiert. Hier hat er klare und eindeutige Ziele, alles andere ist Mittel, um diese Ziele zu erreichen.

Dennoch zeigte Welch als CEO auch in der Beziehung zu den Investoren eine Form des abweichenden Verhaltens („... ließ eine Bombe platzen"[144]). Er präsentierte nicht die von den Analysten erwarteten und für sie gewohnten Zahlen, sondern eröffnete die qualitative Diskussion über seine Vision für das Unternehmen. Es war die Verkündung einer Idee: Nur die Unternehmen werden erfolgreich sein, die „in der Lage sind, die wirklichen Wachstumsbranchen aufzuspüren und darin tätig zu werden, und die darauf beharren, in jeder Branche, in der sie sich engagieren, den ersten oder zweiten Rang zu erobern – sie müssen das schlankste oder zweitschlankste Unternehmen in der Branche sein, die niedrigsten oder zweitniedrigsten Kosten haben und weltweit hochwertige Güter und Dienstleistungen anbieten."[145]

Für die vermeintlich weichen Themen („Realität", „Qualität", „Vortrefflichkeit" und „menschlicher Faktor") interessierte sich das Publikum offenbar nicht. Dennoch spielten sie für Welch eine entscheidende Rolle (sagt er). Aber es dauerte lange, ehe Analysten sich solch einer Bewertung anschlossen.

Was die verkündeten Ziele anging, so gehörte „stetiges Ertragswachstum" zu den zentralen Aufgaben.[146] Deswegen wurden Unternehmensteile, die dies nicht versprachen, konsequent verkauft. Die dabei erzielten Erträge wurden nie dem Reingewinn zugeschlagen, sondern stets zur Verbesserung der Wettbewerbsfähigkeit genutzt. Die klare Orientierung am Interesse der Investoren bestimmte die Beziehung von Welch bzw. in der Konsequenz davon zu den Arbeitskräften bzw. dem Arbeitsmarkt als anderer relevanter Umwelt des Unternehmens. Hier endet die Familienartigkeit des Unternehmens. Es gibt keine zuverlässigen und unkündbaren Beziehungen zwischen Unternehmen und Mitarbeiter. Dies bei GE durchgesetzt zu haben war ein weiterer Kulturbruch, der ihm den Kosenamen „Neutronen-Jack" eingebracht hat. Seine Meinung dazu ist klar und unmissverständlich:

„Ein Unternehmen, das glaubt, sichere Arbeitsplätze garantieren zu können, manövriert sich in eine Sackgasse. Nur zufriedene Kunden können die Arbeitsplätze sichern. Unternehmen sind dazu nicht in der Lage. Diese Tatsache erzwang die Kündigung des unausgesprochenen Vertrags, den die Unternehmen einst mit ihren Mitarbeitern geschlossen hatten. Dieser »Vertrag« beruhte auf der Vorstellung einer lebenslangen Beschäftigung und brachte eine paternalistische, feudalistische und unklare Loyalität hervor. Wer seine Zeit opferte und hart arbeitete, durfte davon ausgehen, dass das Unternehmen sein Leben lang für ihn sorgen würde."[147]

Wer sich aber dem weltweiten Wettbewerb als Unternehmen stellen muss, kann solch einen Vertrag nicht mehr einhalten. Wo lebenslange Beschäftigung nicht mehr zu gewährleisten ist und Arbeitsplätze gestrichen werden müssen, verändert sich der Inhalt der Loyalität zwischen Unternehmen und Mitarbeiter. An die Stelle der Beschäftigung, die zu garantieren ist, muss die „lebenslange Beschäftigungsfähigkeit" *(employability)* gesetzt werden.

Hier geht Welch einen Weg, der auf den ersten Blick dafür sorgt, dass die Mitarbeiter unabhängiger von der Firma werden – was sich als Verhandlungsnachteil bei Lohnfragen herausstellen könnte; aber auf der Gewinnseite steht, dass das Unternehmen von Loyalitätspflichten und den emotionalen Kosten bei ihrer Verletzung entlastet wird. Und als Drittes ist ins Feld zu führen, dass gut ausgebildete Mitarbeiter, deren *employability* gesichert ist, während ihrer Beschäftigung auch hohe Leistungen erbringen.

Insgesamt ist interessant, dass Welch nie die Mitarbeiterschaft als Gesamtheit oder Einheit betrachtete, sondern immer darauf Wert legte, dass jeder einzelne Mitarbeiter *individuell* und *differenziert* beurteilt und bewertet wird und dementsprechend auch nie irgendwelche kollektiven Maßnahmen nach dem Gießkannen- oder Rasenmäherprinzip erfolgten.

„Wir griffen nie auf zwei beim Management beliebte Maßnahmen zur Kostensenkung zurück: Wir nahmen nie »umfassende Personalkürzungen« vor oder froren Löhne ein. Diese Maßnahmen unter dem Deckmantel des »geteilten Leids« werden von Managern ergriffen, die nicht bereit sind, sich der Wirklichkeit zu stellen.

Das hat nichts mit Management oder Führung zu tun. Eine allgemeine Personalverringerung um zehn Prozent oder eine Aussetzung der Lohnzahlungen macht es unmöglich, für die Besten zu sorgen."[148]

10.7 Paradoxien der Unternehmensführung

Welch ist sich der Paradoxie der Unternehmensführung bewusst, die auf der einen Seite die besten Leute an die Firma zu binden sucht und gleichzeitig auf der anderen Seite der kostengünstigste Anbieter von Gütern und Dienstleistungen sein will. Dazu müssen die höchsten Gehälter gezahlt werden, und dennoch muss die Firma die niedrigsten Lohnkosten haben. Entscheidend ist, langfristig zu managen und trotzdem kurzfristig genug „auffressen" zu können. Er selbst sieht die Lösung dieser Paradoxie darin, „Leistung" in den Mittelpunkt zu stellen: „Nur wer zu harten Entscheidungen in Bezug auf Menschen und Anlagen bereit ist, erwirbt sich das Recht, über »weiche« Werte wie »Vortrefflichkeit« oder die »lernende Organisation« zu sprechen. Die auf den Menschen zielenden Maßnahmen werden nicht funktionieren, wenn ihnen keine Demonstration der Härte vorausgeht. Sie funktionieren nur in einer Kultur, welche die Leistung in den Mittelpunkt stellt."[149]

Kritisch muss hier allerdings eingewandt werden, dass „Leistung" eine dieser Leerformeln ist, die schwer zu definieren sind und daher von jedem für alles als Legitimation verwendet werden können. Die Leistungsdefinition von Welch ist allerdings ziemlich eindeutig. Da er sich zum Anwalt des Shareholdervalue gemacht hat, ist Leistung das, was diesen steigert. Dass dies, bezogen auf die Ziele „langfristiges Überleben des Unternehmens" oder „technische Innovation" auch der Fall ist, darf bezweifelt werden.

Zu den von Welch nicht näher thematisierten Paradoxien gehört auch der Umgang mit Hierarchie. Einerseits predigt er deren Abschaffung, andererseits nutzt er knallhart die Macht, die er aufgrund hierarchischer Strukturen hat. Hier scheint er nicht klar zwischen Inhalts- und Beziehungsaspekt der Kommunikation zu unterscheiden. Er nutzt die Beziehung, predigt aber auf der Inhaltsebene, die Verantwortung denen zu übertragen, die vor Ort die Arbeit machen, oder aber an Teams und deren kollektive Entscheidungsfindung zu delegieren. Daher sind seine Formulierungen bezüglich der Hierarchie widersprüchlich und missverständlich:

„Die Hierarchie gehört der Vergangenheit an. Das Unternehmen der Zukunft wird praktisch keine Managementschichten mehr haben und die Grenzen zwischen den Bereichen und Funktionen aufheben (…) Die Informationen werden durch die gesamte Organisation fließen. Die Führungskräfte werden keine Möglichkeit mehr haben, jene Informationen zu horten, die ihnen einst große Macht sicherten."[150]

Was er im Sinn hat, ist offensichtlich ein System, in dem niemand sich darauf berufen kann, besser informiert zu sein, um sachliche Auseinandersetzungen zu vermeiden und seine Entscheidungen zu legitimieren. In eine ähnliche Richtung ging sein Bemühen um ein „grenzenloses Unternehmen". Sein Ziel war es, der Monopolisierung von Wissen durch Untereinheiten und der Entwicklung von Spezialinteressen, die sich nicht dem Gesamtinteresse von GE unterordnen, entgegenzuwirken. Aus systemischer Sicht scheint dies nicht ohne Logik, denn auch dies muss als eine Maßnahme angesehen werden, die der spontanen Form der Selbstorganisation zuwiderläuft. An die Stelle abgegrenzter Subsysteme sollte eine radikale Prozessorientierung gesetzt werden, die auch nicht an den Grenzen des Unternehmens ihr Ende findet, sondern den Kunden miteinbezieht. Nicht nur Ideen sollten sich ungehindert („boundaryless") verbreiten, sondern auch die Anerkennung für Leistung sollte dort landen, wo sie erbracht wurde. Insgesamt war dies wohl der Versuch, eine Teamorientierung auf das gesamte Unternehmen zu übertragen.[151]

Aus systemischer Perspektive ist dies jedoch weit mehr: Die Unterscheidung zwischen internen und externen Prozessen wird aufgehoben und an ihre Stelle die radikale Orientierung an der Funktionalität von Prozessen gesetzt, wobei die Beurteilung der Funktionalität bei denen liegt, die sie zu vollziehen haben (Kunden und Mitarbeitern).

10.8 Weiterbildung als Management der Beobachtung

Auch der Chef eines Unternehmens ist auf kommunikative Mittel angewiesen, wenn er Einfluss gewinnen will. Er hat allerdings den Vorteil, dass man ihm zuhört (wenn auch nicht unbedingt gehorcht). Er steht aufgrund seiner Position im Fokus der Aufmerksamkeit. Welch hat dies systematisch genutzt, indem er anfing, Geschichten zu erzählen, um neue Ideen im Unternehmen zu verbreiten. Und das Unternehmen begann zuzuhören.[152]

Die Beeinflussung der Beobachtung des Unternehmens ist die wichtigste Methode, eine schlagkräftige Organisation zu bilden und handlungsfähig zu machen. Jack Welch erkannte wohl als Erster, dass dies durch die Weiterbildung der Mitarbeiter erreicht werden kann – aber nicht durch eine Weiterbildung, die der Entwicklung irgendwelcher sachlicher „skills" oder dem Erwerb von „tools" diente, sondern durch eine Weiterbildung, die in einem Prozess der Sozialisation Individuen befähigt, in einer bestimmten Kultur zu agieren, sie zu erhalten und weiterzuentwickeln. Analog zu umfassenderen gesellschaftlichen Strukturen schuf er eine Institution, die diesem Ziel diente. Zum Zentrum zur Verbreitung seiner Vorstellungen machte er das bis dahin etwas verstaubte und unattraktive Schulungszentrum Crotonville, das er zur „Corporate University" umformte.

Es sollte zu einem Ort werden, an dem in einer offenen Atmosphäre diskutiert werden konnte und wo er seine Geschichten erzählen und Ideen streuen konnte. Er nutzte Weiterbildung nicht im traditionellen Sinne zur individuellen Personalentwicklung, sondern als strategische Intervention im Unternehmen. Sie bot ihm persönlich die Möglichkeit, hierarchische Grenzen zu überwinden und jeden Teilnehmer einer Veranstaltung persönlich erreichen zu können. „Ich wollte den Kontakt zu den Managern tief im Bauch der

Organisation suchen, ohne die Botschaft von mehreren Führungsebenen filtern zu lassen."[153]

Neben der Verbesserung der Attraktivität der Gebäude sorgte er dafür, dass nur noch die Leute mit „hohem Pozential" dorthin kommen konnten. „Ich will, dass sich dort die Besten ein Stelldichein geben, nicht die Erschöpften, die eine letzte Belohnung brauchen."[154] Ein ganz und gar unegalitärer Ansatz, der auf die Herstellung eines elitären Bewusstseins zielte.

Mit Methoden des Actionlearning wurde in den Kursen und Seminaren an den realen Problemen des Unternehmens gearbeitet, nicht an vorgefertigten Case Studies. „In den Kursen wurde derart großer Wert auf die praktischen Maßnahmen gelegt, dass sich die Teilnehmer in interne Berater des Topmanagements verwandelten (…) Die Teilnahme an einem dieser Kurse wurde zu einer Auszeichnung für besondere Leistungen (…) Alle für die Teilnahme an den Kursen vorgeschlagenen Manager wurden einer Personalbeurteilung unterzogen."[155]

Die Offenheit in Crotonville, in der ohne Rücksicht auf hierarchische Erwägungen diskutiert wurde, wurde zum Modell für das Unternehmen, d. h., es wurde zum Vorbild für das so genannte Work-out-Programm. Es handelt sich dabei um ein Großgruppenverfahren, das sich an den traditionellen neuenglischen Gemeindeversammlungen orientiert. „Gruppen von 40 bis 100 Mitarbeitern wurden aufgefordert, sich zu ihrem Unternehmen und der Bürokratie zu äußern, insbesondere zu Genehmigungen, Berichten, Sitzungen und Leistungsmessungen."[156] Ziel war es, überflüssige Arbeit zu beseitigen. Eine typische Veranstaltung dieser Art dauerte zwei bis drei Tage. Der Manager formulierte die Aufgabe oder das Ziel und zog sich dann zurück. In seiner Abwesenheit und betreut durch einen externen, neutralen Moderator, arbeiteten die Mitarbeiter Vorschläge usw. aus. „Die eigentliche Neuerung bestand darin, dass wir die Manager verpflichteten, auf der Stelle über die Vorschläge zu entscheiden. Sie hatten zumindest 75 Prozent der Ideen sofort anzunehmen oder abzulehnen. War es nicht möglich, sofort eine Entscheidung zu fällen, so musste sie bis zu einem bestimmten Termin erfolgen. Es war unmöglich, einen Vorschlag in der Schublade verschwinden zu lassen. Als die Mitarbeiter sahen, dass ihre Ideen tatsächlich umgehend in die Praxis umgesetzt wurden, verwandelte sich Work-out in das Jüngste Gericht für die Bürokratie."[157]

Und das sollte es wohl auch sein. Welch verbündet sich hier offenbar wie Mao Tse Tung bei seiner Kulturrevolution mit „den Massen". Allerdings geht er eher subversiv als revolutionär vor, indem er die Hierarchen in ihrer Rolle nicht in Frage stellt, sie aber zu einer anderen Praxis zwingt. Durch diese Praxis wird das Engagement der Mitarbeiter gesteigert, da sie sich gehört und gesehen fühlen. Ihr Wissen und ihre Intelligenz werden so für die Organisation nutzbar.

„Fast alle vorteilhaften Entwicklungen im Unternehmen haben ihren Ursprung darin, dass eine Betriebseinheit, ein Team oder ein einzelner Mitarbeiter autonom entscheiden durfte. Work-out setzte die Kreativität vieler Mitarbeiter frei. Das Programm trug dazu bei, eine Kultur zu schaffen, in der sich jedermann zu beteiligen begann, in der die Ideen aller Mitarbeiter zählten und in der die Führungskräfte führten, anstatt Kontrolle auszuüben."[158]

Ein anderes Beispiel für die unternehmensweit wirkenden Initiativen, die aus Crotonville hervorgingen, war die Veränderung der Selbst- und Fremdbeobachtung von GE und seinen Märkten. Ein Team empfahl eine Änderung der Grundhaltung: „Wir sollten alle unsere gegenwärtigen Märkte neu definieren, sodass kein Unternehmensbereich einen Marktanteil von mehr als zehn Prozent haben würde. So würden alle Bereiche gezwungen sein, eine andere Vorstellung von ihren Geschäften zu entwickeln. Dies war die beste Übung zur Erweiterung des Horizonts sowie ein Durchbruch auf dem Weg zur Erweiterung der Märkte."[159]

Das war ein Vorschlag, der gegen die Doktrin lief, die Nummer 1 oder 2 in seinem jeweiligen Markt zu sein. Doch diese Doktrin zeigte sich als Behinderung der Entwicklungsmöglichkeiten. Mit diesem Szenario wurde es möglich, mit (Markt-)Definitionen zu spielen und diejenigen zu wählen, die am nützlichsten waren. Es war ein Schritt, der die Orientierung zu den Dienstleistungen verstärkte.

Ein weiteres Beispiel, wie die Selbstbeobachtung bewusst reflektiert und Alternativen in das System eingeführt wurden, ist die Veränderung der Bewertung der Liefergenauigkeit. Während früher Durchschnittswerte gemessen wurden (d. h., zu früh oder zu spät gelieferte Waren glichen sich aus), wurde nun die Spanne des Liefertermins bewertet. Dadurch wurde systemintern eine Form der Beobachtung eingeführt, die der Beobachtung des Kunden entsprach. Denn der beobachtete ja nicht den Durchschnitt, sondern erlebte, dass Waren zu früh oder zu spät geliefert wurden. Hinzu kam, dass die jeweiligen Abweichungen auch intern systematisch kommuniziert wurden und so für alle Beteiligten beobachtbar wurden.

Ein anderes Beispiel dafür, dass Beobachtung bewusst gesteuert wurde, ist der Umgang mit den Chancen oder Bedrohungen durch das Internet. In GE wurden Gruppen eingesetzt, die keine andere Aufgabe hatten, als sich in die Perspektive möglicher Konkurrenten zu versetzen und zu überlegen, wie sie GE das Geschäft kaputtmachen konnten. „Destroy your business" hieß das Motto, und das Ergebnis war, dass man sah, welche Chancen sich für GE aus dem E-Business ergaben. Aber das Prinzip, nach dem man zu diesen Ergebnissen kam, war die positive Kraft des negativen Denkens[160], d. h. die bewusste Perspektivübernahme der Position des cleveren Mitbewerbers. Um dies tun zu können, musste man allerdings einen weiteren antihierarchischen Schritt machen: Die netzerfahrenen Jüngeren mussten als Mentoren für die Älteren fungieren. Auf diese Weise wurde General Electric „neu erfunden".[161]

Der firmeninternen Selbstbeobachtung dienten systematische Mitarbeiterbefragungen, vor allem durch anonyme Onlineumfragen. Es waren Erhebungen, die sich auf identitätsstiftende Merkmale richteten: „Ist das Unternehmen, über das Sie im Jahresbericht lesen, das Unternehmen, für das Sie arbeiten?"[162]

10.9 STRATEGIE

Eine Strategie ist immer nur so viel wert wie die Menschen, die sie umzusetzen haben. „Für eine Aufgabe die richtigen Leute zu finden ist wesentlich wichtiger als eine Strategie zu entwickeln."[163] Da kann man natürlich auch anderer Meinung sein als Jack Welch. Richtig ist aber sicher, dass es nichts nützt, eine Strategie zu entwickeln oder vielleicht auch zu verkünden, wenn niemand bereit ist, sie umzusetzen. Deswegen sind Einrichtungen wie die Corporate University von GE und die persönliche Einmischung in alle Unternehmensbereiche durch Welch so wichtig.

Da der geschäftliche Erfolg von GE in erster Linie darauf beruhte, dass schnell auf Veränderungen reagiert wurde, musste jede Strategie dies berücksichtigen, d. h., langfristige Festlegungen waren eher hinderlich. Jack Welchs strategisches Denken beschränkte sich daher auf fünf – wie er sagt – einfache Fragen:

- Welche Position nimmt das Unternehmen weltweit im Blick auf Marktanteile, Produktlinien und Regionen im Vergleich zu den Konkurrenten ein?
- Welche Aktivitäten der Konkurrenten haben in den letzten beiden Jahren die Wettbewerbslandschaft verändert?
- Was hat das eigene Unternehmen getan, um diese Landschaft zu verändern?
- Welche Aktivitäten der Konkurrenten sind in den kommenden beiden Jahren am meisten zu fürchten?
- Was ist in den nächsten beiden Jahren zu tun, um diesen Aktivitäten zuvorzukommen?

In diesen Fragen spiegelt sich die radikale Orientierung am Markt und an den dort zu findenden Gegen- oder Mitspielern bzw. ihren oder den eigenen Aktivitäten. Das heißt, es ist ein Denken in Dreiecksbeziehungen: GE, potenzielle Kunden, potenzielle Mitbewerber.

In der Beziehung zu den Konkurrenten – das ist nicht nur Jack Welchs Auffassung, sondern auch systemtheoretische Erkenntnis – muss stets davon ausgegangen werden, dass jedes Unternehmen immer nur direkten Einfluss auf das eigene Verhalten hat, nicht auf das des Konkurrenten. Aber dabei ist es hilfreich, den Konkurrenten und seine Wettbewerbsmaßnahmen mitzudenken.

Es geht darum, den dauernden Wandel zu managen. „Ich bin seit jeher der Überzeugung, dass ein Unternehmen, dessen innerer Wandel nicht mit der Veränderung der Außenwelt Schritt hält, zum Scheitern verurteilt ist."[164]

Welch bezieht sich, seiner üblichen Kampfmetaphorik folgend, explizit auf Clausewitz, der schon festgestellt hatte, dass es keine Formel für strategische Planung gibt, sondern nur allgemeine Ziele festgelegt werden können. „Vielmehr müsse den menschlichen Elementen Vorrang eingeräumt werden: Führung, Moral und dem instinktiven Vermögen der besten Generäle." Die Strategie der preußischen Generäle „bestand nicht in einem langfristigen Aktionsplan. Sie bestand in der Entwicklung einer zentralen Idee unter sich ständig ändernden Bedingungen."[165]

Für Welch war die zentrale Idee, in jeder Branche die Nummer 1 oder 2 zu sein – ein zugegeben sehr allgemeines Ziel, weil es offen lässt, in welcher Branche sich GE bewegt. Rund um diese Idee sind zentrale Werte angeordnet, die eher einen instrumentellen Charakter zur Erreichung des Ziels haben: „Realität, Qualität/Vorzüglichkeit und das menschliche Element."[166] Allerdings sind dies Begriffe, die auch sehr allgemein sind, und was sie im Alltag des Unternehmens tatsächlich bedeuteten, kann daraus nicht abgeleitet werden.

An die Stelle konkreter strategischer Ziele setzte Welch Werte, die es aus seiner Sicht zu realisieren galt. An ihnen sollten sich die Manager von GE orientieren. Diese Werte lassen sich als Imperative etwa folgendermaßen darstellen: Stelle das Kundeninteresse in den Vordergrund! Sichere die Qualität deiner Produkte und Dienstleistungen! Sei intolerant gegenüber der Bürokratie! Wende die besten Ideen an, woher sie auch immer stammen mögen! Schätze globales, intellektuelles Kapital wert und bilde Teams, um es auszuschöpfen! Sieh Wandel als eine Chance zum Wachstum! Schaffe eine einfache und klare, auf den Kunden orientierte Vision, erneuere sie ständig und setze sie um! Schaffe ein Umfeld der Spannung, des Vertrauens, der informellen Kommunikation! Belohne Verbesserungen und feiere Erfolge! Zeige deinen ansteckenden Enthusiasmus für den Kunden und realisiere die vier E der Führung (siehe oben)![167]

10.10 Ritualisierte Jahresstrukturierung

Versammlungen und Meetings sind als Interventionen für das Gesamtunternehmen geplant. Es werden regelmäßige Kommunikationsforen geschaffen, wo Manager der unterschiedlichen Bereiche und Unternehmensteile zusammentreffen. Sie sind relativ lustvoll angelegt. Das ganze Jahr ist durch solche regelmäßig stattfindenden Treffen strukturiert. Sie dürften etwa dieselbe Wirkung wie Feiertage für die Kirche haben.

Anfang des Jahres (Januar) werden die 500 Topmanager versammelt und die besten Leute und Ideen gefeiert. Redner aus allen Ebenen beschreiben in zehnminütigen Vorträgen ihre Fortschritte bei der Umsetzung von Unternehmensinitiativen.

Im Quartalstreffen (März) des CEC (Corporate Executive Council), dem die 35 Führungspersonen des Gesamtunternehmens angehören, beschreiben die Teilnehmer nicht nur ihre Fortschritte usw., sondern es wird von ihnen erwartet, dass sie jeweils eine neue Idee vorstellen, die auch von den anderen Bereichen übernommen werden kann. Hier wird wieder eine Regel oder Forderung etabliert, die auf Grenzenlosigkeit zielt und gegen den Egoismus der Untereinheiten gerichtet ist.

Im April und Mai werden die Personalbeurteilungen begonnen. „Dies kann sehr anregend sein: Wir führen aggressive, von brutaler Ehrlichkeit gekennzeichnete Gespräche über unsere besten Köpfe. Wir sehen uns an, welche Fortschritte die Unternehmensbereiche mit Blick auf unsere Initiativen gemacht haben und wie gut deren Umsetzung auf den unteren Ebenen vorankommt."[168]

Im Juli gibt es eine Videokonferenz, in dem die beschlossenen personellen Maßnahmen überprüft werden.

Im Juni und Juli kommen die Bereichsleiter nach Fairfield, um an Strategieanalysen für ihren Bereich teilzunehmen. Dabei wird vor allem das zu erwartende Verhalten der Konkurrenten in den Fokus der Aufmerksamkeit gerückt und überlegt, wie man ihnen zuvorkommen kann.

Im Oktober treffen sich 170 Führungskräfte in Crotonville, bei dem die besten Ideen, die sich bei den Strategie- und Personalbeurteilungen ergeben haben, vorgestellt werden (wieder nur 10 Minuten Präsentationen).

Im November stellen die jeweiligen Bereichsleiter ihre Betriebspläne für das nächste Jahr vor. Auch hier geht es wieder um den Austausch und die Entwicklung neuer Ideen.

Im Januar geht es dann wieder von vorne los. Alles in allem ist dies ein System, das den Beteiligten große unternehmensweite Aufmerksamkeit sichert und nebenbei der Unternehmensleitung eine sanfte Form der Kontrolle bietet. Jeder weiß, dass er von allen anderen beobachtet wird. Und die Unternehmensleitung kann deutlich zeigen, worauf sie in ihrer Beobachtung achtet. Wichtig scheint hier, zumindest wenn man der Selbstdarstellung Jack Welchs glaubt, dass der Abweichung, d. h. der Kreation von neuen Ideen, ein besonderer Wert zugemessen wird. Ziel ist es, einen Lernzyklus für das Unternehmen in Gang zu setzen und zu halten.

Alles in allem scheinen viele der von Jack Welch beschriebenen Interventionsmethoden auch aus einer systemischen Perspektive sinnvoll und nützlich zu sein. Eigentlich müsste hier nun ein Kapitel anschließen, in dem aufgeführt und analysiert ist, was Welch alles getan hat, was dem Unternehmen geschadet hat. Dann hätte jeder in vergleichbarer Position die Chance, zwischen Imitation von Welch und ihrer Vermeidung seinen Weg zu suchen. Zu diesem Zweck sei auf die Publikationen seiner Kritiker verwiesen, vor allem auf Thomas O'Boyle, der auch nachzeichnet, wie Welch durch seinen Kommunikationsstil, der als Angst erzeugend und egozentrisch erlebt werden konnte, wichtige Geschäfte zum Scheitern gebracht hat. Aber hier stand eher die Lösungsorientierung im Mittelpunkt der Aufmerksamkeit, d. h. die Möglichkeit aus dem positiven statt dem negativen Beispiel Jack Welch zu lernen.

Trotzdem seien zum Schluss noch zwei weitere Stimmen zitiert, um hier keinen ambivalenzfreien Eindruck zu erwecken. Tom Peters fragt, ohne alle Umschweife: „Was beweist Welch, außer dass es unter 6 Milliarden Menschen auch einen richtigen Freak gibt?"[169] – was interessanterweise dazu geführt hat, dass die Frage gestellt wurde, ob nun Tom Peters vollkommen durchgedreht sei.

Noel Tichy, angesehener und auch in Deutschland nicht ganz unbekannter Managementprofessor, sagt dazu: „… die Meinungen über Welch reichen von »Jack ist der großartigste CEO, den GE jemals hatte« bis zu »Jack Welch ist ein asshole«. Die beiden Sichtweisen sind gut kompatibel. Führung macht es notwendig, manchmal ein asshole zu sein."[170]

Aber auch dem ist anzufügen, dass die Zuschreibung des Etiketts „asshole" immer von einem Beobachter vorgenommen wird, der seine perspektivabhängigen Beschreibungen, Erklärungen und Bewertungen vornimmt.

11. Kultur? ... Wer? Wo? Was?

11.1 Kulturelle Grenzenbildung: Die Unterscheidung Insider/Outsider

In der Zeit nach dem Zweiten Weltkrieg, als die US-Besatzungsarmee die deutsche Bevölkerung mit Schokolade und Zigaretten versorgte, wurde scherzhaft, und deshalb wahrscheinlich sehr ernst gemeint, die Frage gestellt: „Warum reden die Amerikaner immer von Kultur und die Deutschen vom Essen?" Antwort: „Man redet immer von dem, was man nicht hat!" In diesem Sinne sollte es misstrauisch machen, dass in den letzten Jahren so viel von Unternehmenskultur geredet wird. Wahrscheinlich wird ja auch nur ein Mangel sichtbar. Aber, Scherz beiseite, so ist der Kulturbegriff im Zusammenhang mit Fragen der Unternehmensführung ja nicht gemeint. Denn bei dieser Verwendung stellt sich nicht die Frage „ob Kultur?", sondern nur die Frage „welche Kultur?".

Kultur gehört zu den Begriffen wie Wetter, ohne Außenseite, ohne Gegenbegriff. Es gibt keinen kulturfreien Raum, und es gibt keine Zeit ohne Wetter. Und selbst die Tatsache, dass der Niedergang der Kultur (und das schlechte Wetter) beklagt wird, ist ein kulturelles Phänomen. Der Anthropologe Clifford Geertz[171] definiert „Kulturen" sehr weit und umfassend als ineinander greifende Systeme auslegbarer Zeichen, die es ermöglichen, soziale Ereignisse, Verhaltensweisen, Institutionen oder Prozesse zu deuten und zu verstehen. Sie bilden einen Kontext, einen Rahmen für die Interpretation der wahrnehmbaren Phänomene. Wenn wir soziale Systeme als Kommunikationssysteme verstehen, so stellt sich die Frage, ob der Begriff „Kultur" nicht einfach ein Synonym für „soziales System" ist. Denn ohne verbindende, „kulturelle" Interpretationssysteme, die zumindest annähernd die Richtung weisen, welche Bedeutung oder welchen Sinn die Beobachter dem Verhalten von

Menschen oder Ereignissen zuschreiben können oder sollen, wäre Kommunikation gar nicht möglich.

Hier erweist sich die Ähnlichkeit von Sprache und Kultur. Auch die Sprache liefert solch einen Interpretationsrahmen. Er ermöglicht, eine Auswahl von Lauten, Worten, Sätzen, Formulierungen oder Geschichten (usw.) zu treffen, mit deren Hilfe man anderen etwas mitteilen und von ihnen auch einigermaßen zuverlässig verstanden werden kann. Das funktioniert aber nur deshalb bzw. dann, wenn die Beteiligten sich an dieselben oder ähnliche Spielregeln der Interpretation dieser Laute, Worte, Sätze halten. Oder anders gesagt: Wenn sie ähnliche Sprachspiele spielen.

Auch um sprachliche Äußerungen zu verstehen, reicht es nicht aus, allein die Bedeutung der Worte zu verstehen. Man braucht auch Ideen darüber, wie der Kontext, in dem etwas gesagt wird, und die Art und Weise, wie es gesagt wird, sowie die Umstände, wann und wem es gesagt wird, die Bedeutung des Gesagten beeinflussen. All dies sind Aspekte des Spiels, das wir üblicherweise Kultur nennen. Ihre Interpretationsrahmen umschließen einen viel umfassenderen, die Produktion von Lauten überschreitenden Bereich von Phänomenen, die als Symbole und Zeichen gedeutet und genutzt werden.

Man trägt dreiteilige, dunkelblaue oder graue Anzüge, um zu signalisieren, dass man seine Arbeit ernst nimmt und an seriösen Geschäften interessiert ist. Man fährt ein Auto mit einer gewissen PS-Stärke und einem entsprechenden Preis, um gar nicht erst Zweifel darüber aufkommen zu lassen, wie hoch man in der Hierarchie seines Unternehmens aufgestiegen oder wie kreditwürdig man ist. Wenn man hingegen amerikanische Sportwagen eines bestimmten Typs fährt, seinen Kampfhund auf dem Beifahrersitz Platz nehmen lässt, Goldkettchen am Handgelenk trägt und die Haare zu einem Pferdeschwanz zusammengebunden hat, so ist das mit der Stellung als Chef einer Produktionsfirma für Pornofilme durchaus kompatibel, nicht aber mit dem Vorstandsposten einer Sparkasse. Wer zu einer Kultur gehört, weiß diese Zeichen zu deuten, und sein Verhalten orientiert sich an ihnen.

Der Kulturbegriff ist also inhaltlich sehr unbestimmt und weit, ein großer Beutel, in den fast alles, was den Alltag in einem sozialen System bestimmt, hineingepackt werden kann (selbst der Kulturbeutel, der als Symbol und Mittel einer in einem bestimmten sozialen Kontext erwarteten Form der Körperpflege und Hygiene fungiert). Diese Weite des Begriffs ist allerdings auch problematisch, denn was wird dann noch unterschieden, wenn alles irgendwie Kultur ist?

Das ist die Frage, die uns zu einer etwas spezifischeren Definition von Kultur führt: Unter Kultur kann in einem gegebenen sozialen System das Spiel verstanden werden, dessen Regeln als selbstverständlich vorausgesetzt und angewandt werden und die erst ins Bewusstsein treten, wenn sie verletzt werden.[172]

Auch dies ist am besten am Beispiel der Sprache zu illustrieren: Wir gehorchen im Allgemeinen den Regeln der Grammatik unserer Muttersprache, ohne uns dessen bewusst zu werden. Erst wenn jemand dem Akkusativ falsch verwendet oder einen anderen etwas sagen tut, was nicht die formalen Sprachregeln entspricht, fällt uns auf, welche Spielregeln wir und denjenigen, wo zu unserer Sprachgemeinschaft gehören, selbstverständlich und automatisch anwenden tun, und erst das Abweichung führt zum Bewusstwerdung unseren Sprachregeln für Grundlage von die Kommunikation und damit als konstituierenden Faktors von jeweiliges soziales Gefügen. Analog funktionieren kulturelle Spielregeln. Auch sie werden uns erst bewusst, wenn wir auf jemanden stoßen, der gegen sie verstößt, oder wenn wir selbst in einen anderen kulturellen Kontext versetzt werden. Allerdings ist dann nicht gesagt, dass wir unser Verhalten in Frage stellen ... („Achtung Autofahrer! Auf der Autobahn A 7 kommt ihnen ein Geisterfahrer entgegen!" – „Was heißt einer? Hunderte!").

Erst diese Wirkung der Abweichung von kulturellen Spielregeln macht es sinnvoll, den Kulturbegriff zu spezifizieren, ja, ihn überhaupt zu verwenden. Denn wo ein Unterschied benannt wird, dessen Merkmale nicht angegeben werden können, bleibt der Begriff inhaltsleer. Eng verbunden mit der das Bewusstsein für kulturelle Muster fördernden Wirkung abweichenden Verhaltens ist eine andere soziale Funktion kultureller Regeln: Sie sorgen für eine klare Innen-außen-Unterscheidung zwischen denen, die zu der betreffenden Kultur gehören, und denen, die nicht dazugehören.

Dies ist nicht unbedingt ein geplanter oder bewusst herbeigeführter Effekt, sondern eine kaum vermeidbare Nebenwirkung von Spielregeln im Allgemeinen. Wer sie nicht kennt, kann nicht mitspielen. Je schwerer sie zu lernen sind, desto höher ist der Zaun um das Spielfeld. Und Sprache wie auch andere kulturelle Regeln erfordern eben viel Zeit, um sie so zu lernen, dass man von den Eingeborenen als einer der ihren betrachtet wird.

Witze über Fremde verweisen fast immer auf unkorrekten Sprachgebrauch, angefangen bei der Aussprache bis zu einem spezifischen Akzent oder eben auch grammatikalischen Fehlern („Strunz ist Flasche leer", „Ich habe fertig!"). Kulturelle Regeln sorgen für die Herstellung und Aufrechterhaltung der Grenzen sozialer Systeme. Das kann exemplarisch bei wissenschaftlichen Fachsprachen beobachtet werden, die ein langes Studium erfordern, um manchmal einfache Tatbestände kompliziert und für den Durchschnittsbürger unverständlich auszudrücken. Auf diese Weise sorgt das System dafür, dass nicht Hinz und Kunz einfach mitspielen. Da solche Terminologien und die damit verbundenen Denkfiguren nicht von heute auf morgen zu lernen sind, werden so gewissermaßen die Festlegung einer offiziellen Lehrzeit und eine ritualisierte Aufnahmeprüfung überflüssig – die Tatsache, „dass man mitreden kann", beweist, dass man mitreden kann. Dasselbe Prinzip gilt wohl für alle Professionen, nur dass es beim Handwerk nicht um die richtige Wortwahl, sondern um die Wahl des richtigen Schraubenziehers geht. Durch diesen Lehrlauf (Karriere) kommt es mehr oder weniger zwangsläufig – schon wegen der dazu aufgewandten Lebenszeit – zu einer festen Kopplung zwischen Akteuren und Aktionen (den professionsspezifischen Verhaltensmustern und -standards, die erwartet werden, und den Personen, die sie praktizieren und ihre Einhaltung beobachten und gelegentlich auch kontrollieren).

Das gilt auch für die Wirkung von Unternehmenskulturen, ja sogar für Abteilungskulturen oder Teamkulturen. Sie bestimmen, wer dazugehört und wer nicht. Das Erlernen der Spielregeln ersetzt die Aufnahmeprüfung in den Club. Sie ist das Selektionsverfahren, durch das Unternehmen ihre Identität und Kontinuität trotz aller notwendigen Wandlungen sichern. Es werden nur diejenigen langfristig mitarbeiten können, die sich an die identitätsstiftenden Regeln halten (das sind nicht *alle* Regeln), und es werden nur solche Veränderungen in den Spielregeln dauerhaft Bestand haben, die von den Mitarbeitern als mit ihrer Identität vereinbar betrachtet, akzeptiert und praktiziert werden. So (be)nutzen sich Unternehmen und Mitarbeiter gegenseitig zur Herstellung, Erhaltung und Veränderung ihrer Identität. Beide müssen miteinander kompatibel sein.

Unternehmenskulturen bestehen nur so lange, wie sie von irgendwelchen Mitarbeitern (immer wieder) inszeniert werden. Die Wiederholung ist das Gedächtnis der Kultur.

Je länger jemand bei einer Firma arbeitet, desto mehr ist seine persönliche Identität mit der des Unternehmens gekoppelt. Wer neu hinzukommt, hat erst einmal Verständigungsschwierigkeiten. Er versteht nicht, und er wird nicht verstanden. Das kann ein Vorzug oder eine Behinderung sein. Und es kann für das Unternehmen funktional oder dysfunktional sein – je nachdem, ob die Unternehmenskultur verändert werden muss oder nicht.

Jack Welch hat sich darüber ausgelassen, wie sich seine Interventionen auf die Unternehmenskultur auswirkten. Aus seiner Sicht war es wichtig, dass er konstant gegen ihre Regeln, vor allem gegen deren bürokratischen Aspekt verstoßen hat. Dadurch, und das ist eine der Wirkungen von Macht und Hierarchie, hat er einen „störenden" Einfluss auf die Kultur genommen, er hat sie aber nicht steuern können. Er hat durch seine Regelverstöße Reaktionen hervorgebracht, die sich aus der Logik der Kultur von General Electric ergaben. Sein Vorteil dürfte gewesen sein, dass er selbst in dieser Kultur groß geworden ist und daher wahrscheinlich ganz gute Hypothesen darüber erstellen konnte, wie das System reagiert.

Wichtig ist, sich bewusst zu machen, dass jeder Fremde, der in ein Unternehmen kommt, erst einmal im Dunkeln steht und blind von einem Fettnäpfchen ins andere tappt. Er ist der ignorante, die Regeln nicht kennende, ahnungslose und kommunikationsunfähige Asylant, der nicht weiß, welche Bedeutung seinen Aktionen von allen anderen gegeben wird. Wenn er deren Chef wird, so kann das gefährlich werden, vor allem dann, wenn die Spielregeln des Unternehmens – seine Kultur – funktionell sind und das Unternehmen erfolgreich ist. Dann nämlich hat dieses Nichtwissen destruktive Folgen.

So sollte auch nicht überraschen, dass gemäß empirischen Untersuchungen dauerhafte Erfolge eher von einem Topmanagement zu erwarten sind, das im Unternehmen groß geworden ist, als von irgendwelchen von außen kommenden Stars. Um noch einmal auf die Studie von Jim Collins zu kommen: In zehn der elf Fälle, in denen Unternehmen erfolgreicher als der Markt waren, hatten die CEO ihre Karriere innerhalb der betreffenden Unternehmen gemacht. Sie hatten den größten Teil ihres Berufslebens dort verbracht und kannten daher das Unternehmen und seine Kultur mit all ihren Vorzügen und Schwächen besser, als das jemand, der von außen kommt, je hätte kennen lernen können (ungeachtet aller persönlichen Talente und Fähigkeiten). Es waren selbst gezüchtete Pflanzen, keine Importware. Der von außen kommende Manager ist, bezogen auf die Kultur „seines" neuen Unternehmens, erst einmal genauso anschlussfähig wie ein Hopi-Indianer im Vatikan – und das gilt auch, wenn er zufälligerweise Papst werden sollte (was in der katholischen Kirche aber durch die entsprechende Vorselektion der wählbaren Kardinäle eher unwahrscheinlich ist).

Auch die in einem der vorigen Kapitel geforderte polykontexturale Kompetenz findet beim Kulturwechsel ihre Begrenzung. Wie viele „Sprachen" kann ein Mensch wirklich so lernen, dass er sich angemessen verständlich machen kann und sie hinreichend versteht? Unterschiedliches Talent mal nicht mitgerechnet, erfordert dies immer erst eine gewisse Bescheidenheit und Demut gegenüber den bestehenden Spielregeln, um sie überhaupt in ihrer Wirkung sehen und in einem zweiten Schritt dann bewerten zu können – vom Verändern ganz zu schweigen.

Exkurs: Experiment 2 (Fortsetzung:
Zur Wirkung einflussreicher Ignoranten)
Zurück auf die Betonplatte. Sie schicken einen neuen Mitspieler auf die Platte, dessen individuelle Bedingungen vollkommen anders sind als die der bisherigen Bewohner: Er hat einen Fallschirm. Er kann also gegebenenfalls abspringen oder hat, falls die Platte kippt, gute Chancen, weich zu landen.

Geben Sie ihm nun den Auftrag, auf die Platte zu gehen und sich gezielt „unverantwortlich" zu verhalten. Ja, sagen Sie ihm, er würde eine Erfolgsprämie bekommen, wenn er die Platte zum Kippen bringt.

Was passiert, wenn er die Platte betritt? Zunächst dasselbe wie bei dem Neuankömmling mit den verbundenen Augen. Auch er verhält sich nicht den Erwartungen der anderen entsprechend, und sie beobachten ihn misstrauisch. Da er die Augen nicht verbunden hat und offensichtlich wahrnimmt, was er tut, werden ihm keine „mildernden Umstände" zugebilligt. Seine Mitspieler können wiederum nur sein Verhalten beobachten, müssen nun aber eine alternative Erklärung für sein abweichendes Verhalten konstruieren. Sie werden ihn darauf hin beobachten, welche verborgenen Motive sich in seinem Verhalten zeigen mögen, unabhängig davon, was er sagt.

Je nach psychischer Konstitution des Fallschirmträgers entwickeln sich nun unterschiedliche Szenarien. Das erste sieht in etwa so aus: Nach vorsichtigem Experimentieren mit unangepasstem Verhalten kann unser potenzieller Change Agent der Versuchung nicht widerstehen. Es sind so nette Leute auf der Platte, und sie haben so eine hübsche Choreografie entwickelt, dass er die „Einladung" annimmt, sich in diese harmonische Muster einzufügen. Er übernimmt die Spielregeln und integriert sich in das bestehende System. Dass er aufgrund seines Fallschirms im Prinzip einen viel größeren Freiraum hätte als alle anderen, spielt keine Rolle, er wird einer von ihnen. Seinen Auftrag, sich unverantwortlich zu verhalten, hat er vergessen (was ihm nicht vorzuwerfen ist, welcher „reife" Mensch nimmt solche Aufträge schon an).

Er hat aber auch den weiter reichenden Auftrag, die Platte zum Kippen zu bringen, vergessen. Und dieser Auftrag ist nicht so sinnfrei, wie der erste erschien. Denn das Kippen der Platte kann als Metapher für einen radikalen Wandel des Systems gesehen werden. Und das ist ein Ziel, mit dem man als Führungskraft ja durchaus konfrontiert sein kann. In unserem Experiment kann das Kippen die lose Kopplung zwischen Akteuren und Unternehmen symbolisieren. Das Überleben der Versuchsperson mit dem Fallschirm ist nicht an das Gleichgewicht der Platte gebunden. Sie kann daher wagemutige und scheinbar unverantwortliche Verhaltensweisen zeigen. Für diejenigen, deren Überleben fest an die Balance der Platte gebunden ist, sieht die Situation anders aus. Sie werden jedem Versuch, das Ding zum Kippen zu bringen, erbitterten Widerstand entgegensetzen.

Und damit sind wir bei dem zweiten Szenario. Unsere Versuchsperson versucht radikal, die Platte aus dem Gleichgewicht zu bringen. Dazu begibt sie sich in die äußerste linke Ecke – was dazu führt, dass einer der alteingesessenen Mitspieler in die äußerste rechte Ecke geht usw. Jede langsame und berechenbare Bewegung wird durch eine Gegenbewegung in ihrer Wirkung neutralisiert. Dadurch hat unser Neuankömmling einen starken, steuernden Einfluss auf die Veränderung der Interaktionsmuster. Allerdings stets in einem paradoxen Sinn, was die ganze Sache etwas kompliziert macht. Schließlich entschließt sich unsere Versuchsperson zu einem vollkommen unberechenbaren, chaotischen Verhalten. Jetzt reagieren die anderen nicht mehr so gemessen: Sie laufen wie die vom Fuchs verschreckten Hühner hin und her, es gibt keine koordinierten Aktionen mehr, sondern nur noch sterile Aufgeregtheit.

Nach einer gewissen Zeit des Chaos kommt es wieder zu koordinierten Aktionen. Sie zielen auf die Bändigung des Störers. Er wird durch mehrere Mitspieler eingekreist und „fürsorglich" (?) in deren Mitte genommen. Ob dies nun als Umarmung oder aber als Einsperren verstanden wird, der Effekt ist auf jeden Fall die Einschränkung der Handlungsfreiheit des Störers. Das ist, nebenbei bemerkt, auch gesellschaftlich die bewährte Form, mit Menschen umzugehen, die abweichendes Verhalten zeigen. Entweder sie werden in eine enge, bindende Beziehung verwickelt (das therapeutische oder sozialarbeiterische Modell), oder sie werden weggeschlossen (das Einsperren als Aussperren aus der Alltagsinteraktion).

Die radikalere Form der Ausgrenzung hat denselben Effekt: Der Störer wird von der Platte geschubst, der Frieden ist wiederhergestellt, und man kann da weitermachen, wo man vorher aufgehört hat.

Für den Bereich des Managements scheint der wichtige Punkt an diesem Experiment zu sein, dass die Aufgeregtheit und Bewegung, die durch den Fuchs in den Hühnerhof kommt, nicht zu schnell als Erfolg bewertet wird („Da kommt endlich Bewegung rein!"). Die hier experimentell herbeigeführte Dynamik ist immer dann in einem Unternehmen zu beobachten, wenn ein neuer Chef auftaucht oder Berater das Spielfeld betreten, die mit den etablierten Kommunikationsmustern nicht vertraut sind. Die Alten wissen nicht, was im Kopf des Neuen abläuft, und der Neue weiß nicht, wie man sich unter den Alten „anständig" benimmt. Aufgrund ihrer Position haben derlei Ignoranten einiges Gewicht und können daher das Ganze in seiner über die Zeit entstandenen Balance gefährden. Das, was üblicherweise „Widerstand" genannt wird, ist die logische Folge. Denn die Alten tun nur, was ihnen sinnvoll und rational erscheint.

Dass der „neue Besen" wirklich besser „kehrt", ist meist nur eine Hoffnung. Was er auf jeden Fall tut: Er wirbelt viel Staub auf. Die Paradoxie, in der sich jeder befindet, der die Aufgabe übernimmt, radikale Veränderungen in einem Unternehmen zu initiieren, besteht darin, dass er Anschluss an die kulturellen Muster der Organisation finden muss, ohne in sie integriert zu werden. Denn wenn er sich einfügt, bestätigt er die Regeln. Auf der Gegenseite besteht das Risiko, dass er nicht hinreichend Anschluss an die Kultur findet (die „Sprache" nicht beherrscht) und – über kurz oder lang – von der Platte geschubst wird. Auch dies ist ein Schicksal, das so manchen vermeintlichen Sanierer, vor allem aber viele Berater ereilt (die sind eben ziemlich lose gekoppelt).

Wenn wir die Platte als Metapher für ein kulturelles System nehmen, so ist dort zwar nicht jede Veränderung mit dem Tod der Mitglieder verbunden, aber eine Art Absturz kann es für sie schon sein – dann vor allem, wenn die Veränderungen mit der Bedrohung der Identität der Akteure verbunden ist. Existenziell relevant sind nicht nur Fragen, in denen es tatsächlich oder ökonomisch um Leben und Tod geht, sondern auch solche, in denen entschieden wird, ob man der bleiben kann, der man war (und der man gerne sein will – schon, weil man sich an sich gewöhnt hat). Wenn immer das der Fall ist, sollte jeder Möchtegernveränderer mit erbittertem Widerstand rechnen.

Daher scheint ein Blick auf die Feinheiten kultureller Regeln nützlich, weil nur so ein dritter Weg zwischen Integration und Ausgestoßenwerden gefunden werden kann. Denn nicht jede Veränderung wird als Bedrohung der Existenz erlebt, sondern nur manche …, ganz spezielle …

11.2 GRAMMATISCHE REGELN

Analytisch erscheint es in Anlehnung an die kulturanthropologischen Studien Edward T. Halls[173] nützlich, drei Ebenen kultureller Regeln zu unterscheiden. Die durch sie geregelten Verhaltensweisen unterscheiden sich unter anderem in ihrer Veränderbarkeit und in ihrer Bedeutung für die Identität der jeweiligen Kultur bzw. der ihr angehörigen Menschen. Wer in Organisationen kulturelle Muster beeinflussen will, tut gut daran, sich darüber klar zu werden, an welcher dieser Regelarten er gerade herumzuschrauben versucht. Bei den einen wird es ihm leicht fallen, Veränderungen in Gang zu setzen, bei den anderen wird er aller Wahrscheinlichkeit nach gegen die Wand fahren …

Hall nennt die drei unterschiedlichen Typen kultureller Regeln „formal", „informell" und „technisch". Da im Organisationskontext der Begriff „formal" schon mit anderen als den von Hall gemeinten Bedeutungen besetzt ist, empfiehlt sich für unsere Zwecke eine andere Wortwahl. Die Bezeichnungen, die hier vorgeschlagen werden, lauten deshalb: *technische*, *informelle* und *grammatische* Regeln (wobei „grammatisch" an die Stelle von „formal" gesetzt ist).

Damit soll darauf verwiesen werden, dass dieser Typ kultureller Regeln analoge Funktionen hat wie die Grammatik für eine Sprache. Sie bestimmen Formen und Strukturen, d. h., sie wirken als Bauanleitung für Formulierungen (Verhaltens- und Interaktionsmuster). Genauso wie die Zusammensetzung von Lauten und Worten ohne diese Strukturen keinen Sinn ergibt, werden auch die Verhaltensweisen der Mitglieder einer Kultur erst durch diese Regeln verstehbar. Das Musterbeispiel grammatischer Regeln liefert die Muttersprache. Sie wird gesprochen, ohne dass die Grammatik reflektiert wird. Ihre Intonations- und Konstruktionsregeln werden praktiziert, sie sind „in Fleisch und Blut übergegangen" und werden „zur zweiten Natur" derer, die sie in früher Kindheit „erworben" haben.

Ihre Einhaltung wird als selbstverständlich vorausgesetzt, ohne dass die Frage nach ihrem Sinn oder Zweck gestellt würde. Was dabei erwartet wird oder nicht erwartet wird, wird überwiegend *explizit* vermittelt. Es ist daher klar, d. h., jeder „weiß", was „richtig" und „falsch" ist, auch wenn die Regeln selbst nicht reflektiert werden.

Grammatische Regeln leiten die Kommunikation über Grenzen des vorgeschriebenen und des verbotenen Verhaltens, d. h. dessen, was auf jeden Fall „zu tun" ist und was auf jeden Fall „zu unterlassen" ist, wenn man dazugehören und nicht riskieren will, ausgestoßen zu werden. Sie werden wie Naturgesetze betrachtet, und ihre Einhaltung wird als selbstverständlich vorausgesetzt („Das haben wir schon immer so gemacht!" bzw. „Das haben wir noch nie so gemacht!").

Die Regeln der Kultur, in die wir hineingeboren werden (sei es eine familiäre, religiöse, ethnische, subkulturelle, nationale usw.) werden uns schon in einer vorsprachlichen Entwicklungsphase vermittelt. Noch bevor wir unsere Muttersprache erlernt haben, haben wir eine Unmenge grammatischer kultureller Regeln gelernt. Sie sind uns nicht erklärt worden, da Sprache noch nicht das wichtigste Kommunikationsmittel war; sie sind uns gezeigt und erlebbar gemacht worden. Wann immer ein kleines Kind ein Verhalten zeigt, das gegen diese Regeln verstößt, dann erntet es sehr starke affektive Reaktionen seiner erwachsenen Mitmenschen. Sie zeigen Ärger, Sorge, Wut, Traurigkeit usw. – und das zeigen sie nonverbal, d. h. durch ihr Verhalten. Und wenn das Kind ein erwünschtes oder positives Verhalten zeigt, so wird darauf mit „Eiteitei", strahlendem Lächeln der Tanten usw. reagiert. Grammatische Regeln steuern insofern die Selektion von Verhalten in einem sehr starken Maße, und sie werden in einer Zeit vermittelt, in der noch nicht auf einer Metaebene sprachlich über sie reflektiert werden kann.

Grammatische Regeln werden – so kann allgemein festgestellt werden – vom Einzelnen durch Versuch und Irrtum erlernt, wobei die Selektion des erwünschten bzw. unerwünschten Verhaltens dadurch erfolgt, dass die Interaktionspartner „richtiges" Verhalten affektiv positiv und „falsches" affektiv negativ bewerten (Auslösung von „Stolz" und „Anerkennung" einerseits und „Schuld" und „Scham" andererseits). Das ist natürlich beim Erlernen der grammatischen Regeln der familiären „Heimat"-Kultur am ausgeprägtesten, aber diese Reaktionen steuern auch in Unternehmen Versuch und Irrtum. Wenn man etwas macht, das nicht „passt", dann zeigen die meist sehr gefühlsgeladenen Reaktionen der anderen sehr deutlich, dass dies ein Irrtum war.

Die Lernaktivität liegt beim Lernenden; die Umwelt korrigiert in der Kommunikation überwiegend damit, dass sie die Aufmerksamkeit auf die Überschreitung der Grenzen des Tolerierbaren fokussiert. Die Merkmale der Unterscheidung sind eindeutig markiert: „Das macht man so …!" bzw. „Das tut man nicht!", „Das gehört sich so!" bzw. „Das gehört sich nicht!".

Durch die starke Affektivität der Reaktionen wird die Fokussierung der Aufmerksamkeit beim Lernenden gesichert und die Wichtigkeit des Geschehens für den Einzelnen betont (die moderne Hirnforschung zeigt, dass die gedächtnismäßige Speicherung jeglicher Informationen von der Stärke der damit verknüpften Affekte abhängt)[174].

Die starken negativen, emotionalen Reaktionen auf die Verletzung grammatischer Regeln führt dazu (oder ist Folge davon – das ist nicht ganz klar), dass sie als Ausgrenzungs- und/oder Trennungsdrohungen erlebt werden und wirken. Wer sie verletzt, gehört nicht mehr dazu oder will nicht mehr dazugehören oder darf nicht mehr dazugehören. Das hat für alle Beteiligten Folgen: Man ist sich der gegenseitigen Zusammengehörigkeit nicht mehr sicher, die wechselseitigen Identifikationsmöglichkeiten werden in Zweifel gezogen und verunsichert.

Diese Art der Vermittlung und des Lernens grammatischer Regeln erfolgt im Unternehmen nach ähnlichen Prinzipien. Allerdings kann ein Neuer nicht die mildernden Umstände des Kleinkindseins für sich in Anspruch nehmen, wenn er in eine bestehende Kultur eintritt. Bemerkt wird in der Interaktion mit ihm deshalb vor allem abweichendes Verhalten, d. h., der Regelverstoß tritt in den Fokus der Aufmerksamkeit und fällt auf.

Auf solche Normverletzungen wird von den Kommunikationspartnern mit starken und heftigen Gefühlsäußerungen reagiert, was dem Außenstehenden meist unangemessen oder unverhältnismäßig erscheint. Auch hier wird implizit durch die negativen Affekte mit Rauswurf gedroht. Der Sinn der Probezeit ist, dies gegebenenfalls ohne allzu große Folgekosten machen zu können. Werden hingegen positive Gefühle gezeigt, so kann man dies als Zeichen werten, dass man als dazugehörig akzeptiert wird.

Solche grammatischen Regeln sorgen für ein hohes Maß an Erwartungs- und Verhaltenssicherheit für die beteiligten Akteure, und sie sorgen für die Schließung des Systems gegenüber Außenstehenden. Sie etablieren und sichern interne Beziehungen und Außengrenzen.

Das gilt auch für die Arbeit im Unternehmen. Es gibt Ansichten, die man besser nicht äußert („Sie sind ja nur durch politische Beziehungen auf ihren Posten gekommen!"), Verhaltensweisen, die man besser nicht zeigt („Wir mögen hier keine Opel-Fahrer!"), Formulierungen, die man besser unterlässt („Auf keinen Fall dürfen Sie hier »Mahlzeit« sagen! Wenn das der … hört, dann können Sie keinen Blumentopf mehr gewinnen"), Vorschläge, die Tabus verletzen, Kleidungsstücke, die bei der Arbeit auf keinen Fall getragen werden dürfen (Trainingsanzüge – „Wir sind doch hier nicht auf dem Ballermann!") usw.

Grammatische Muster wirken konservativ. Wenn in der Kommunikation die Aufmerksamkeit auf *Abweichungen* von der Norm (die Anpassung an die Regeln fällt nicht in gleichem Maße auf, da dies ja erwartet wird) fokussiert wird, werden negative Rückkopplungsschleifen geschaffen, die stabilitäts- und strukturerhaltend wirken. Wer oder was abweicht, wird ausgegrenzt oder grenzt sich selbst aus. Dies kann erklären, warum sich auch „gestandene Leute" in manchen Auseinandersetzungen wie die Hasenfüße verhalten. Die Hypothese, dass sie mit Widerspruch gegen grammatische Regeln verstoßen würden, ist allemal angebracht.

Derartige Regeln ändern sich nur langsam; ihre Muster repräsentieren Traditionen. Sie sind unflexibel, starr und langlebig, vor allem aber sind sie identitätsstiftend für das System und seine Teilnehmer.

Die Bildung ihrer Muster erfolgt nicht aufgrund irgendwelcher bewusster sachlicher Ziele, sondern ergibt sich selbstorganisiert und ist aufgrund evolutionärer Selektionsmechanismen weitgehend vom Zufall bestimmt. Und da diese Regeln als selbstverständlich praktiziert werden, wird ihre Sinnhaftigkeit auch nicht hinterfragt.

11.3 Informelle Regeln

Die Bedeutungen von „richtig" und „falsch" sind bei den informellen Regeln erheblich uneindeutiger und vager definiert, die Grenzen zwischen beiden sind verwischt.

Auf *Abweichungen* von informellen Normen gibt es keine eindeutigen Reaktionsmuster, d. h., es wird ebenfalls informell reagiert (z. B. mit dem Gefühl der Peinlichkeit und den verschiedenen Möglichkeiten, mit diesem Gefühl umzugehen). Die affektiven Reaktionen auf Normverstöße sind milder, weniger dramatisch, man nimmt sie relativ gelassen.

Informelle Muster betreffen die größten Teile des Alltagshandelns im öffentlichen wie im privaten Leben, in der Familie wie im Unternehmen. Es können ganz unterschiedliche Inhalte informell vermittelt werden. Es gibt eine große Bandbreite erlaubter und erwarteter Möglichkeiten von Verhalten, ohne dass im Einzelfall die Betreffenden genau sagen könnten, was denn nun eigentlich erwartet würde (z. B. eine bestimmte Sorte Turnschuhe zu tragen, die mit der Mode wechselt).

Informelle Regeln werden durch Imitation erlernt. Am Modell beobachtbare Verhaltensweisen werden nachgeahmt, d. h., was getan werden muss oder sollte, wird am Beispiel anderer abgelesen. Es werden ganze Muster (z. B. Rollenbilder) durch Nachahmung gelernt.

Die Regeln werden überwiegend *implizit* vermittelt und bleiben daher meist wenig bewusst, auch wenn sie bewusst werden könnten, wenn man genauer hinschaut und sich der Mühe der Reflexion unterzieht.

In der Kommunikation wird die Aufmerksamkeit auf das fokussiert, was sein *soll* (Merkmale der Unterscheidung). Positive Rückkopplungsschleifen verstärken Abweichungen, d. h., es wird etwas Neues gelernt. Da dieser Selektionsprozess in der Kommunikation wie auch individuell weniger mit Affekten verknüpft ist als bei grammatischen Regeln, lassen sich diese Muster erheblich leichter verändern als grammatische Muster.

Die Wirkung von Normverstößen ist langfristig nicht eindeutig festgelegt: Sie kann zur Ausgrenzung dessen führen, der gegen die Norm verstößt, sie kann aber auch zur Änderung der Normen führen. Das Ergebnis von Regelverletzungen ist also weit weniger gut und zuverlässig zu kalkulieren als bei grammatischen Regeln. Es ist für den Einzelnen mit der Chance verbunden, Einfluss zu gewinnen und innovativ wirksam zu werden, aber auch mit dem Risiko, zum Außenseiter und Ausgestoßenen zu werden.

Informelle Regeln sind meistens – aber nicht immer – kurzlebig. Das mag Ursache oder Wirkung der Tatsache sein, dass sie *nicht* identitätsstiftend für das System und seine Teilnehmer sind. Sie können sich aber im Einzelfall auch stabilisieren und verfestigen, was dann, falls sie Konflikte zu grammatischen Regeln zur Folge haben, sogar zu deren Veränderung führen kann. Auch hier kann die Veränderung des Sprachgebrauchs wieder als Analogie herangezogen werden. Wenn lange genug „dem" und „den" verwechselt worden sind, so wird dies zur grammatischen Regel, und die Abweichung davon als „falsch" erlebt.

Die Musterbildung informeller Regeln erfolgt wie die der grammatischen Regeln überwiegend ungezielt nach evolutionären Selektionsprinzipien und selbstorganisiert.

11.4 Technische Regeln

Technische Regeln legen die Prozeduren zum Erreichen bewusster Ziele fest. Sie sind *explizit*, eindeutig und im Allgemeinen nicht nur der Reflexion zugänglich, sondern aufgrund von Reflexion beschlossen worden. Sie folgen einer rationalen Erklärung und sind aus ihr abgeleitet. Beispiele sind wissenschaftliche Prozeduren und professionelle Regeln. Sie können in einem „Rezeptbuch" niedergeschrieben und „nachgekocht" werden. Alternativen können diskutiert, erprobt und bewertet werden.

Affektivität ist bei der Anwendung solch prozeduraler Regeln unterdrückt bzw. ein Zeichen des Mangels (z. B. mangelnder Professionalität). Man hat das zu tun, was „richtig" ist und den „Regeln der Kunst" oder dem „wissenschaftlichen Standard" entspricht, und lässt sich dabei nicht von seinen Gefühlen lenken.

Solche Regeln werden meist *explizit* durch einen Lehrer oder Trainer vermittelt. Die didaktische Aktivität ist beim Lehrenden. Er gibt vor und beurteilt, was „richtig" oder „falsch" ist, er entwickelt die Lernmethode, und er prüft, ob derjenige, der aufs Spielfeld will, auch die Regeln kennt und das Know-how beherrscht, die seiner Rolle entsprechen.

In der Kommunikation kann die Aufmerksamkeit sowohl auf das, was sein soll, als auch auf das, was nicht sein soll, fokussiert werden (Markierung des Sollzustands und der Abweichung).

Technische Regeln sind neutral, d. h., sie können sowohl konservative, stabilitäts- und strukturerhaltende, als auch innovative, beides auf den Kopf stellende und verändernde Wirkungen haben. In der Kommunikation sind negative und positive Rückkopplungsschleifen zu beobachten. Wissensgebundene Standards (z. B. die Qualität eines Produktes) können so erreicht oder erhalten werden. Schnelle Änderung der Regeln sind von einem Moment zu einem anderen möglich (z. B. so zu beobachten bei technologischen Neuerungen oder auch bei der Einführung des Euro). Man muss es nur beschließen und für die Durchsetzung sorgen.

Die Musterbildung erfolgt überwiegend bewusst und zielgerichtet, sie wird nach dem Ingenieursmodell konstruiert oder „designt". Das macht technische Regeln zu der bevorzugten Ebene, auf der Veränderungen angestrebt werden.

11.5 Die Veränderung kultureller Muster

Die Annahme, dass der Beschluss einer Veränderung in einem Unternehmen auch zu Veränderungen führen würde, ist naiv. Bei technischen Regeln mag dies noch funktionieren, aber bei grammatischen Regeln ist es aussichtslos. Man kann nicht beschließen, plötzlich eine andere Sprache zu sprechen. Und man kann es erst recht nicht anordnen.

Das Maß und die Geschwindigkeit, in denen sich kulturelle Muster spontan ändern, scheint von der Verknüpfung der Kommunikation mit Affekten abzuhängen: Je stärker diese Verknüpfung ist, desto langsamer und geringer die spontane Veränderung. Auf der anderen Seite scheint die Veränderungsgeschwindigkeit der Muster mit der Zieldienlichkeit, welche die Beteiligten den Mustern bewusst zuschreiben, verknüpft zu sein:

Ebene der Kultur:	*grammatisch*	*informell*	*technisch*
Verknüpfung mit Affekten:	stark	mittel	schwach
Veränderung der Muster:	langsam	mittel	schnell
Zielorientierung:	gering	mittel	stark

Je stärker die Zielorientierung, desto leichter die Veränderung. Wenn jemand zum dritten Mal auf der Suche nach dem Bahnhof an derselben Kreuzung rechts abgebogen ist und ihm dann endlich ein hilfreicher Passant sagt, dass er, um an sein Ziel zu gelangen, links abbiegen müsse, so wird er das ohne größere Identitätsprobleme tun können. Das ist bei politischen Richtungsänderungen zwischen links und rechts – zumindest für Parteimitglieder – weit schwieriger, weil hier das Verhalten („Seit meiner Volljährigkeit wähle ich die Partei XY!") im Sinne der grammatischen Regel eng mit Gefühlen und dem persönlichen Weltbild verbunden ist. (Allerdings scheint sich das im Moment gerade zu ändern: Den Parteien laufen die Mitglieder weg, und die Bürger werden zu einem einig Volk von Wechselwählern).

Bei der Betrachtung der Unterschiede und Gemeinsamkeiten von Teams, Unternehmen, Märkten usw. hat sich gezeigt, dass eine festere bzw. losere Kopplung zwischen Aktionen einerseits und die zwischen Akteuren andererseits das Entstehen dazu passender Kommunikationsmuster wahrscheinlich machen. So entsteht ein Spektrum von stabilen Ablaufmustern auf der einen Seite (in Organisationen die Prozesse, die durch Verfahrensregeln festgelegt sind) bis zu der festen Kopplung von Akteuren auf der anderen Seite (z.

B. Familienmitglieder, die emotional aneinander gebunden sind). Die Spielregeln, die sich in diesen unterschiedlichen Typen sozialer Systeme entwickeln, unterscheiden sich dadurch, dass aufgrund ihrer Funktion gegenläufig einmal die Akteure, das andere mal die Aktionen austauschbar sind. Eine Familie gerät nicht unbedingt in eine Identitätskrise, wenn alltägliche Verfahrensweisen mehr oder weniger willkürlich verändert werden, solange Mama, Papa und die Kinder dieselben bleiben. Das Rechtssystem hingegen verträgt den Austausch der Richter, Staatsanwälte und Angeklagten, solange die Verfahrensweisen die gleichen bleiben.

Im konkreten Unternehmen aber haben die Mitarbeiter eine gemeinsame Geschichte durchlaufen, es sind Bindungen und Gewohnheiten gewachsen. Trotz ihrer theoretischen Austauschbarkeit – dem evolutionären Überlebensvorteil von Organisationen – sind die Beteiligten emotional aneinander gebunden. Es ist eine unverwechselbare Unternehmenskultur entstanden.

Bei Unternehmenskulturen – wie bei Kulturen im Allgemeinen – sind nicht nur Aktionen oder Akteure jeweils fest gekoppelt, sondern obendrein sind auch noch die beteiligten Akteure mit den Interaktions- und Kommunikationsmustern fest gekoppelt. Erklären lässt sich dies dadurch, dass es einen ungeheuren zeitlichen und emotionalen Aufwand erfordert, um die grammatischen Regeln einer Kultur zu verinnerlichen. Erschwerend wirkt dabei, dass sie sich nur durch persönliches Erleben, durch Erfahrung vermitteln und sich nicht in einem Crashkurs lehren oder lernen lassen. Wer als zugehörig zu einem bestimmten kulturellen System akzeptiert werden will, muss sich zeitlich langfristig darauf einlassen. Da er seine Mitgliedschaft durch sein Verhalten, sein Denken und Fühlen – bzw. die Art, wie er dies in der Kommunikation zeigt – immer wieder aufs Neue beweisen muss, hat er wenig Möglichkeiten, gleichzeitig andere Spielregeln zu leben. Manches muss er tun, um sein Engagement zu zeigen („Ich bin einer von uns!"), manches darf er nicht tun („Ich bin keiner von denen!"). Da ist es in der Wechselbeziehung zwischen Individuum und sozialem System, in der Koevolution von Kommunikationsmustern und psychischen Mustern, einfach wahrscheinlich, dass persönliche Identität und Identität des Systems zueinander passen.

Was für Kulturen im Großen gilt, kann tendenziell auch für Unternehmenskulturen gesagt werden – nur dass die Kopplung der

Akteure nicht durch Geburt und Frühsozialisation erfolgt, sondern durch die Selektion der Mitspieler beim Recruiting des Personals und durch den Verlauf der Karriere. Wer nicht zum System bzw. seinen grammatischen Regeln passt und sich dort affektiv nicht anschließen kann, wird sich entweder gar nicht erst um eine Stelle bewerben oder schon beim ersten Bewerbungsgespräch ausgesondert. Und das ist im Allgemeinen auch gut so, da er sich hätte quälen und selbst verleugnen müssen, wenn er genommen worden wäre. Aber auch das Unternehmen hätte sich mit ihm gequält. (Deswegen sollte man sich bei Bewerbungen nicht allzu sehr verstellen und verbiegen, d. h. nichts tun, mit dem man sich nicht wohl fühlt: Denn tut man das und wird genommen, so hat man gewissermaßen versprochen, so verbogen weiterzuleben; wird man nicht genommen, so war es wahrscheinlich gut, weil man sich in dieser Umgebung nicht wohl gefühlt hätte.)

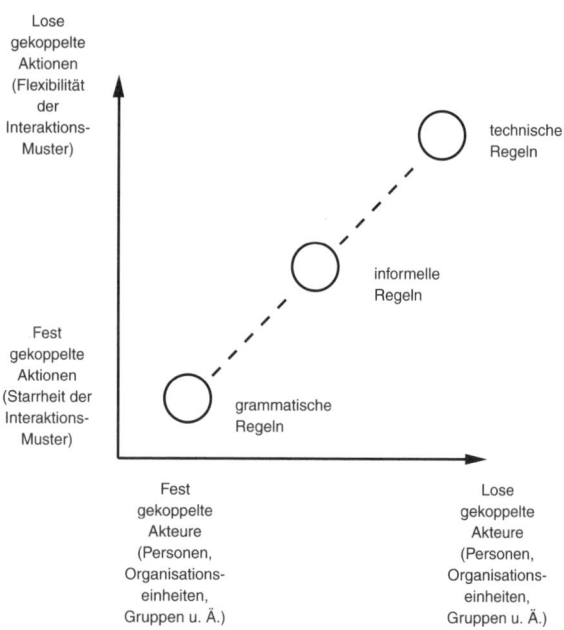

Abb. 11.1

Diese Kopplung der persönlichen Identität der Mitarbeiter und der Unternehmensidentität bezieht sich in erster Linie auf den Bereich der grammatischen Regeln. Sie zu verändern oder in Frage zu stellen wird mit Widerstand beantwortet werden, damit sollte jeder rechnen – sei er im Management oder als Berater damit betraut –, der Interventionen setzen will, die in diese Richtung zielen.

Die technischen Regeln bilden den Gegenpart. Hier sind sowohl Aktionen und Akteure lose gekoppelt. Das Ziel bestimmt, wer was wie macht. So genannte Management-Tools sind immer technische Regeln. Sie versprechen den Erfolg, wer immer die angegebenen Rezepte auch nachkochen mag. Gewusst wie! Hier befinden wir uns auf der Ebene, die durch ein gutes Wissensmanagement nutzbar gemacht werden kann. Sachliche Erfahrungen lassen sich operationalisieren, in Einzelschritte zerlegen, patentieren und auf diese Art im Sinne des Know-how-Transfers weitergeben. Techniken lassen sich relativ leicht verändern, da die persönliche Identifikation mit ihnen (es sei denn, man beherrscht nur eine und ist obendrein lernbehindert) relativ gering ist. Der Abschied von ihnen fällt nicht so schwer (eine Träne im Augenwinkel), solange das Ziel dasselbe bleibt (denn das ist meist Sinn stiftend für die Beteiligten und durch grammatische Regeln abgesichert).

Die informellen Regeln sind irgendwo in der Mitte zwischen diesen beiden Polen anzusiedeln. Hier gibt es eine Kopplung zwischen Aktion und Akteur, aber die ist nicht sehr fest und kann sich schnell ändern. Außerdem handelt es sich meist um eine Teilgruppe, d. h. nicht alle Mitglieder des Systems, die sich an diese Regeln halten. Aber auch für sie ist es meist nicht lebensentscheidend, dass diese Regeln durchgezogen werden.

Wer als Manager oder Berater kulturelle Muster beeinflussen möchte, sollte sich über den Unterschied dieser drei Typen kultureller Regeln bewusst sein. Und wenn es nicht für das Überleben des Unternehmens absolut notwendig ist, so sollte er sich lieber davor hüten, hier Veränderungen zu initiieren. Die Kosten-Nutzen-Rechnung könnte sehr ungünstig ausfallen. Berater werden an diesem Punkt üblicherweise des Hauses verwiesen (von der Platte geschubst). Aber ungeachtet dieser Tatsachen muss die Identität eines Unternehmens manchmal radikal in Frage gestellt und verändert werden, um seine Zukunft zu sichern. Und wenn das der Fall ist, so kann die Dynamik spontaner kultureller Veränderungen als Vorbild für die Strukturierung dienen.

Spontan verändern sich kulturelle Muster weitgehend nach evolutionären Prinzipien. Die Abfolge lässt sich etwa folgendermaßen skizzieren: Grammatische Muster werden durch informelle in Frage gestellt bzw. konterkariert. Sie verlieren dadurch ihre Selbstverständlichkeit und ihren affektiven Gehalt, alternative Regeln erweisen sich als vorteilhaft für die Beteiligten (in welcher Hinsicht auch immer). Sie werden schließlich stabilisiert, indem sie zunächst auf einer technischen, rationalen Ebene eindeutig definiert und so erneut interpersonell überprüfbar werden.

Zur Illustration mag die Auseinandersetzung um den Abtreibungsparagraphen (§ 218) dienen, die vor etlichen Jahren die Bundesrepublik erregte. Seit ewigen Zeiten war die Abtreibung unter Strafe gestellt. Sowohl den Frauen als auch den „Engelmachern" drohte eine Gefängnisstrafe. Dem widersprach schon seit genauso ewigen Zeiten die Praxis. Ungewollt schwangere Frauen ließen abtreiben, und da es verboten war, gefährdeten sie dabei ihr Leben, weil die „Engelmacher" nicht immer über das notwendige medizinische Fachwissen verfügten, die hygienischen Voraussetzungen nicht gewährleisten konnten usw. Als dann eine Reihe prominenter Frauen auf der Titelseite eines großen Magazins (*Stern*) öffentlich bekannten: „Wir haben abgetrieben!", gewann die öffentliche Diskussion eine neue Qualität. Die Tatsache, dass zwischen Gesetzestext und Praxis ein Widerspruch bestand, konnte nicht mehr geleugnet werden. Da es hier um Werte ging, die für viele aus ethischen oder politischen Gründen zentral waren, wurde die Debatte emotional hitzig geführt. Schließlich konnte eine „technische Lösung" gefunden werden. Durch die Setzung einer Frist, d. h. durch die Einführung von Zeit, wurde der Konflikt zwischen Strafbarkeit und Straffreiheit aufgelöst. Vor dem dritten Monat war Abtreibung erlaubt, danach nicht mehr. Ein relativ willkürlich gesetztes Datum konnte als Merkmal der Unterscheidung eingeführt werden, das aus einer Alles-oder-nichts-Unterscheidung eine Vorher-nachher-Unterscheidung machte. Die Lösung ist klassisch technisch, da die Einhaltung der Regel für jeden, der zählen kann, überprüfbar ist.

Was in diesem Beispiel deutlich wird, gilt generell: Es lässt sich das Dreischrittmuster aller evolutionären Prozesse, bestehend aus *Variation*, *Selektion* und *Stabilisierung*, beobachten: Auf informeller

Ebene erfolgt die Variation, auf technischer Ebene die Selektion, auf grammatischer Ebene die erneute Stabilisierung (auch gelegentlich „Retention" genannt, d. h., eine Verfahrensweise wird beibehalten).

Die Entwicklung informeller Regeln führt dazu, dass die grammatischen Regeln in Frage gestellt werden (d. h. nicht mehr selbstverständlich befolgt werden). Der Verstoß gegen sie wird nicht mehr automatisch mit Ausgrenzung („Rauswurf") beantwortet, sondern auf die laut werdenden Forderungen nach Rauswurf dessen oder derer, die sich nicht an die geheiligten Spielregeln halten, folgt die Frage „Wieso eigentlich?" Wenn aber erst einmal der Sinn konkreter grammatischer Regeln in Frage gestellt wird, so haben sie ihre Funktion schon verloren. Denn ihr Charakteristikum ist ja gerade, dass sie selbstverständlich praktiziert werden und die Frage nach ihrer Sinnhaftigkeit gar nicht erst gestellt wird.

In solch einer Situation gerät jedes kulturelle System – also auch ein Unternehmen – in eine Krise: Entweder es fällt zurück in alte Muster, die rigide durchgesetzt werden, oder aber es findet einen Kompromiss, der darin besteht, dass der Konflikt mit Hilfe technischer Regeln gelöst wird. Im ersten Fall – der revisionistischen Lösung – zahlt das Unternehmen den Preis dafür, dass die innovativen Kräfte das Feld räumen. Im zweiten Fall besteht die Herausforderung darin, die neuen Regeln aktiv durchzusetzen, da sie nicht spontan, sondern nur aufgrund eines Beschlusses in Szene gesetzt werden und schon gar nicht von denen, die Veränderung für falsch halten.

Wenn wir vor diesem theoretischen Hintergrund noch einmal die Selbstbeschreibung der Interventionen Jack Welchs bei General Electric betrachten, so wird deutlich, dass er auf mehreren Ebenen intervenierte. Basis für alle war eine paradoxe Ausgangssituation: Dass er die Rolle des CEO übertragen bekam, war schon eine Herausforderung, um nicht zu sagen: ein Verstoß, gegen die bestehenden Normen und Werte auf informeller Ebene. Aber dessen ungeachtet hatte er als CEO die Macht und das Recht, die Richtung der Unternehmensentwicklung vorzugeben. Dies gehört zum ehernen Bestand der grammatischen Regeln, und diese grammatischen Regeln nutzte er, um (andere) grammatische Regeln zu verändern. Allerdings war seine Möglichkeit, sie zu verändern, begrenzt. Was er tun konnte, war der Tabubruch, der Regelverstoß des Insiders, der sich dadurch wie ein Outsider verhielt. Er ermunterte so zum Praktizieren informeller Regeln, die den grammatischen widersprachen.

Dies sind Interventionsformen, die ein sich selbst erhaltendes Kommunikationsmuster unterbrechen und stören. Die übliche Methode der Störungsbeseitigung (= Beseitigung des Störers) konnte aber im Falle des obersten Hierarchen nicht ohne weiteres angewandt werden. Und da die Störung nicht nur einmal erfolgte, konnte sie nicht ignoriert werden: eine Irritation des Systems, die zu Veränderungen führte. Es war eine informelle (Kultur-)Revolution von oben, die auf der Grundlage der Oben-unten-Unterscheidung erfolgte.

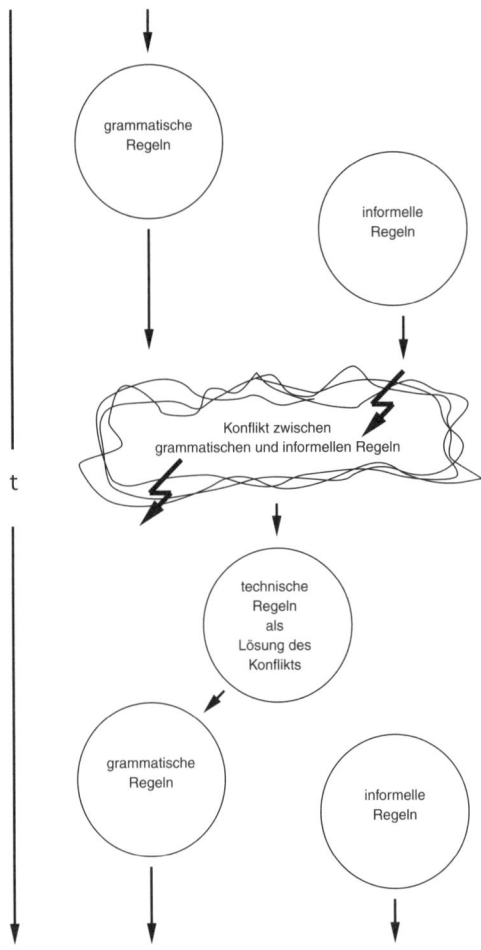

Abb. 11.2

Was Welch inhaltlich vorangetrieben hat, verstieß gegen viele lieb gewonnene Gewohnheiten des Unternehmens, doch waren das nicht immer grammatische Regeln. In seinem Kampf gegen die Bürokratie hat er beispielsweise tief verwurzelte Muster ins Visier genommen, die sicher die Tradition des Unternehmens mitbestimmten. Aber, und das scheint wichtig, sie waren nicht identitätsstiftend für GE. In der Außendarstellung und im Selbstbild lag die Qualität von GE nicht in seiner großartigen Bürokratie. Gegen sie anzugehen war daher wahrscheinlich für die betroffenen Bürokraten mit Identitätsproblemen verbunden, nicht aber für das Unternehmen. Wenn es zu solchen Widersprüchen zwischen Unternehmen und Mitarbeitern kommt, besteht die einfachste Konfliktlösung in der Entkopplung von beiden (der Entlassung der Mitarbeiter, die sich der neuen Zeit nicht anpassen können oder wollen). Dieser Kampf gegen die Bürokratie erfolgte bei GE in erster Linie auf einer technischen Ebene. Welch hat eine Vielzahl von („technischen") Prozeduren eingeführt – vom Six-Sigma-Qualitätsprogramm bis hin zu den Managementmeetings, die den Jahreszyklus strukturierten. Sie alle setzten auf der impliziten Ebene tradierte Regeln außer Kraft. Ein ganz wichtiges strategisches Instrument war die Corporate University in Crotonville, die es ihm ermöglichte, ungeachtet aller offiziellen Kommunikationswege das Management – jeden Einzelnen – direkt zu erreichen. Es war so etwas wie eine über das Jahr verteilte Dauergroßgruppe, in der Welch das Management direkt ansprechen konnte. Überhaupt scheint sein wichtigstes Instrument die Schaffung von Kommunikationsforen gewesen zu sein, die den formalen Strukturen der Organisation zuwiderliefen. Informell traf er mit allen Managern zusammen und konnte sich inhaltlich mit ihnen auseinander setzen (und sie – wahrscheinlich – an sich binden). Was aber noch entscheidender ist: Durch die Regelmäßigkeit und Ritualisierung dieser Foren führte er eine Metaregel ein, die für Wiederholung, Zuverlässigkeit und Berechenbarkeit sorgte. (Zur Erinnerung: Was in einem sozialen System nicht wiederholt wird, ist vergessen.)

Diese nicht an die Identität von General Electric rührenden informellen und technischen Veränderungen scheinen aus der Perspektive der Kulturveränderung relativ unproblematisch. Das kann aber nicht für alle von Welch durchgesetzten Entscheidungen gesagt werden. Manche rührten an das Herz und die Seele des Unternehmens.[175] So hat die Verlegung der Produktion aus Traditionsorten der amerikanischen Industriegeschichte nach Mexiko und Ostasien ganze Regionen in ihrer Sozialstruktur verändert. Sie waren eng mit GE verbunden, Familien arbeiteten seit Generationen für die Firma, sie waren mit GE identifiziert. Diese Bindung, dieses Vertrauen der Mitarbeiter in das Unternehmen wurde enttäuscht. Tausende wurden auf die Straße gesetzt. Das hatte Folgen für die Motivation derjenigen, die blieben … Die Ausrichtung des Managements auf die Interessen der Shareholder hat Werte, die mit der Identität des Unternehmens eng verbunden waren, als nicht mehr gültig deutlich gemacht: ein Bruch in der Entwicklung. Auch die Tatsache, dass GE sich unter Jack Welch von einem der führenden Vorreiter der technologischen Entwicklung zu einem Konzern gewandelt hat, der jetzt als Finanzdienstleister kategorisiert wird, weist auf die massive Verletzung der GE-Kultur hin. Welche Folgen dies langfristig haben wird, ist noch nicht abzusehen. Das letzte Wort ist sicher noch nicht gesprochen. (Aber wenn es denn einmal gesprochen sein sollte, wird es wahrscheinlich nicht den Entscheidungen Jack Welchs zugeschrieben werden.)

11.6 Nachtrag: Globalisierung als Amerikanisierung

Die zu Beginn dieses Kapitels erwähnte weit verbreitete Behauptung, die Amerikaner hätten keine Kultur, ist nicht ganz unberechtigt, selbst wenn man den weiten Kulturbegriff verwendet. Es lassen sich in den USA nur wenige grammatische Regeln finden, die eine integrierende Wirkung auf die Gesamtkultur haben könnten. Der viel zitierte „melting pot" existiert nicht.

Verwundern sollte das nicht, denn schließlich ist die Geschichte der Vereinigten Staaten davon bestimmt, dass Einwanderer (und Sklaven aus Afrika, Kontraktarbeiter aus China usw.) aus den unterschiedlichsten Herkunftskulturen ihre Heimat verlassen haben, um in der „Neuen Welt" ihr Glück zu machen. Viele von ihnen sind aus Europa oder Asien ausgewandert, weil sie dort ihre (oft fundamentalistische) Religion oder ihre politischen Überzeugungen nicht leben konnten oder aufgrund der verfestigten Sozialstrukturen keine Chance sahen, ihr Leben in Freiheit zu gestalten. Doch diese verschiedenen Herkunftskulturen konnten nicht verschmolzen werden (wie will man aus 100 verschiedenen „Sprachen" mit unterschiedlichen Grammatiken eine einzige machen?). Statt des „melting pot" wurden viele kleine Töpfe auf den Herd gestellt. Verschiedene ethnische, religiöse usw. Subkulturen existieren nebeneinander, ohne sich gegenseitig im Kern zu beeinflussen. So liegt New Yorks Chinatown direkt neben Little Italy, und es sind auch nur ca. 50 Straßen weiter, bis man in ein Viertel orthodoxer Juden kommt. Ein großer Teil der Bewohner Chicagos hat polnische Nachnamen, und es gibt mehr Katholiken als in anderen Städten. In Südkalifornien und Miami ist Englisch zur Fremdsprache geworden, weil die „Hispanics" die Mehrheit stellen usw. Diese Subkulturen und Szenen bilden geschlossene Systeme und haben interne grammatische Regeln, die ihre Identität bestimmen. Aber es gibt keine oder kaum derartigen Regeln, die man als verbindlich für die USA benennen könnte.

Und das ist offensichtlich das Geheimnis des amerikanischen Erfolges. Es ist ein Land, das intern die Globalisierung schon realisiert hat. Was über alle kulturellen Grenzen die Kommunikation ermöglicht, sind technische Regeln. Sie sind es, die Amerika (das gilt auch zu einem guten Teil für Kanada) integrieren. Sie sind leicht durchschaubar und lernbar. Hier wird ein Spiel gespielt, bei dem jeder ohne lange Sozialisationsphase anschlussfähig ist und mitspielen kann. Die Zugangsschwelle ist niedrig, die Vergangenheit zählt nicht, die Tradition wirkt nicht als Behinderung dessen, der sie nicht kennt. Der Blick ist nach vorne gerichtet, allein die Zukunft zählt.

Die USA haben, so lässt sich als Hypothese formulieren, technische Regeln an die Stelle der grammatischen gesetzt. Da sie sich schnell ändern können, legen sie die Grundlage für ein Gesellschafts- und Wirtschaftssystem, das in der Lage ist, sich enorm schnell zu ändern.

So sind die größten Leistungen von Amerikanern in Bereichen zu beobachten, die technisch geregelt sind. Im Sport, in der Wissenschaft, in der Entwicklung neuer Technologien. Und – last not least – in der (Markt-)Wirtschaft.

Der Markt ist wohl das wichtigste technisch definierte Spielfeld, denn er legt fest, unter welchen Bedingungen Menschen ihren Lebensunterhalt verdienen und „ihr Glück" („fortune") machen können. Jeder, der das Prinzip von Kaufen und Verkaufen versteht – und das tut jeder, dessen IQ die Höhe der Temperatur eines gut beheizten Wohnzimmers erreicht –, kann mitspielen. In dieser Zugangsoffenheit liegt der demokratische Wert der Marktwirtschaft, oder genereller: technischer Regeln. Sie zu erlernen liegt in der Macht eines jeden Individuums, es ist keine Frage der Geburt oder der „richtigen" Schulen und Universitäten, des Stallgeruchs, der Beziehungen o. Ä. Diese grammatisch geregelten Strukturen begrenzen ansonsten die Chancen des individuellen Aufstiegs. Hier, im Land der unbegrenzten Möglichkeiten, kann ein steirischer Bauernbub zum millionenschweren Filmstar und ohne Parteikarriere oder politische Ausbildung und Vorerfahrung Gouverneur von Kalifornien werden.

Aber es ist natürlich auch das Land der unbegrenzten Unmöglichkeiten. Denn grammatische Regeln bzw. die Integration in ein kulturelles System mit solchen Regeln schränken die Freiheitsgrade des Individuums ein. Man macht sich „unmöglich", wenn man gegen sie verstößt. Die Kultur benutzt (analog zum egoistischen Gen) die Individuen, um sich zu erhalten. Damit die Werte und Regeln der Vergangenheit in die Zukunft transportiert werden können, müssen bestimmte Verhaltensweisen – ungeachtet ihrer persönlichen Sinnhaftigkeit – von vielen Menschen wiederholt oder dauerhaft unterlassen werden (am Sonntag wird nicht gearbeitet, am Freitag kein Fleisch gegessen, am Sabbat nicht Auto gefahren, viermal am Tag mit Verneigung nach Mekka gebetet, mit dem Messer werden keine Erbsen gegessen, mit der Gabel kratzt man sich nicht in den Haaren usw.). Deswegen muss derjenige seine Freiheit aufgeben oder zumindest einschränken, der dazugehören will. Amerika, du hast es besser, weil du diese Forderungen nicht stellst (oder nur auf einer subkulturellen Ebene: Schließlich gibt es nirgends auf der Welt so viele fundamentalistische Sekten und Religionsgemeinschaften …). Wer sich nicht selbst die Schranken auferlegt, für den reicht es, sich den Gesetzen des Marktes zu fügen. Was Amerika integriert, ist die Orientierung am Markt. Was als Globalisierung bezeichnet wird, ist bei näherer Betrachtung vielleicht doch nichts anderes als die Amerikanisierung der Welt. Denn offenbar sind für manche Amerikaner – auch und gerade in politisch einflussreicher Stellung – die Regeln des Marktes zu grammatischen, identitätsstiftenden Regeln geworden, für die es sich auch zu missionieren lohnt. Das scheint das amerikanische Paradox zu sein.

12. Gezielte Veränderung – Ein Rezeptbuch

Exkurs: Experiment 1 (Fortsetzung:
Zur gezielten Veränderung kommunikativer Muster)
156, 888, 376, 333, 555, 658, 555, 888, 156, 600, 954, 955, 888, 333, 156, 555, 888, 376, 333, 555, 376, 600, 954, 333, 156, 954, 955, 555, 333, 600, 955, 156, 600, 888, 333, 555, 600, 888, 600, 955, 954, 333, 376, 734, 888, 156, 888, 600, 555, 376 ...

Wir sind wieder in unserem Zahlenspiel, und es geht in gewohnter Weise weiter. Warum sollte sich auch etwas ändern? Antwort: Weil wir es so wollen!

Daher die Aufgabe an die Teilnehmer des Experiments: Versuchen Sie das Muster zu ändern, während das Spiel weitergeht!

Die erste Schwierigkeit besteht darin, dass Sie nicht gleichzeitig nach einer alten und einer neuen Regel spielen können. Das ist der Grund, warum Provisorien so gern chronifizieren. Wenn eine mittelmäßige Lösung für ein Problem praktiziert wird, macht dies die Entwicklung einer besseren Lösung unwahrscheinlich – das Problem ist ja gelöst. Wie kann man etwas Neues tun, während man noch das Alte tut?

Die zweite Schwierigkeit besteht darin, dass Sie allein solch eine Regel gar nicht ändern können. Zur Kommunikation gehören immer mindestens zwei Teilnehmer: einer, der etwas mitteilt (die Zahl), und einer, der es versteht (den Ball annimmt). Allein kann man daher in einem sozialen System keine Regeländerung durchsetzen. Man kann zwar abweichendes Verhalten zeigen (statt einer Zahl beispielsweise den Namen des betreffenden Mitspielers nennen), und man kann dies auch für innovativ und nützlich halten, für diejenigen, die sich an die tradierten Regeln halten, ist dies erst einmal eine Störung. Und der Störer läuft Gefahr, rausgeworfen (von der Platte geschubst) zu werden.

Sie brauchen also Verbündete. Mit denen müssen Sie sich absprechen, ob nun öffentlich oder konspirativ. Wenn Sie dann eine kritische Masse von Spielern auf Ihrer Seite haben, so können Sie ihre neue Regel spielen und damit den Konflikt wagen. Denn wenn Sie nun die Namen der Mitspieler nennen, dann können Sie nicht gleichzeitig deren Zahlen nennen (na ja, vielleicht schon, aber es geht ja hier um das Beispiel der Nichtvereinbarkeit widersprüchlicher Verhaltensweisen und nicht tatsächlich um irgendwelche blödsinnige Zahlen oder Namen).

Da nicht zu erwarten ist, dass alle von dieser neuen Mode überzeugt sind, wird es einige geben, die nach der neuen Regel, einige, die nach der alten spielen. Wenn noch andere auf dieselbe Idee wie Sie gekommen sind, so wird das Chaos komplett sein.

Wenn Sie nun aber der formale Vorgesetzte der Spieler sind, was ändert sich dann an Ihrer Veränderungsstrategie? Oder wenn Sie Berater sind, ohne alle formale Macht? Welche Möglichkeiten haben Sie, das Muster zu beeinflussen, angesichts der Tatsache, dass viele Leute entweder nicht mitbekommen, dass Sie etwas ändern wollen, oder Freude am alten Muster haben oder zu den Verlierern einer Veränderung gehören würden usw.?

Alle schauen auf Sie ... (oder?).

12.1 Warum sich Organisationen nur von innen ändern lassen

„Würdest du mir bitte sagen, wie ich von hier weitergehen soll?" – „Das hängt zum großen Teil davon ab, wohin du möchtest", sagte die Katze.

„Ach, wohin ist mir eigentlich gleich –", sagte Alice.

„Dann ist es auch egal, wie du weitergehst", sagte die Katze.

„– solange ich nur *irgendwohin* komme", fügte Alice zur Erklärung hinzu.

„Das kommst du bestimmt", sagte die Katze, „wenn du nur lange genug weiterläufst."[176]

Evolutionäre Veränderungen erfolgen nicht zielgerichtet. Intelligenz als Fähigkeit, Probleme zu lösen, ist per definitionem zielorientiert. Unternehmen bzw. die für sie verantwortlichen Führungskräfte, die Ziele verfolgen, können sich also nicht darauf verlassen, dass spontane, ungelenkte Veränderungen zu intelligenten Lösungen führen. Sie befinden sich in der paradoxen Situation, dass sie den nichtzielgerichteten Gesetzmäßigkeiten evolutionärer, d. h. selbstorganisierter, Prozesse unterworfen sind und gleichzeitig Prozesse zielgerichtet organisieren müssen. Die Paradoxie lässt sich auflösen oder zumindest handhaben, wenn man als Manager seine eigenen Interventionen als Elemente selbstorganisierter Prozesse beobachtet und konzipiert.

Wer einen Veränderungsprozess „designen" will, sollte zumindest rudimentäre Vorstellungen davon haben, wie Veränderung in Organisationen im Allgemeinen abläuft. Welches sind die einzelnen Schritte? Wie sind sie geordnet? Wie verläuft der Spannungsbogen, und welcher Dramaturgie folgen sie? Woran erkennt man Anfang und Ende (oder wenigstens die Möglichkeit, eine Pause einzulegen)? Einige Hinweise darauf haben sich ja aus der Analyse kultureller Systeme bereits ablesen lassen. Sie sind aber zu allgemein, um sie direkt in Strategien des Wandels übersetzen zu können.

Aus pragmatischer Sicht lassen sich allgemeine Prinzipien und spezifische Methoden des Managements solcher Veränderungsprozesse unterscheiden. Abstrakt gesehen, geht es um die gezielte Organisation der drei Schritte evolutionärer Veränderung: 1. Variation, 2. Selektion, 3. Retention bzw. besser: Repetition (da es sich nicht um die Stabilisierung einer statischen Struktur, sondern von Prozessmustern handelt, muss die Wiederholung und Routinisierung der neuen Muster sichergestellt werden). Da man es mit sozialen Systemen – Unternehmen – zu tun hat, muss es sich dabei stets um die Variation kommunikativer und interaktioneller Strukturen und Muster, ihre Selektion und schließlich – der schwierigste Punkt – ihre Stabilisierung handeln. Dieser letzte Punkt wird in der Regel vergessen oder vernachlässigt: Wenn ein Prozess einmal vollzogen wurde, heißt das leider (manchmal auch: glücklicherweise) nicht, dass er auch ein zweites, drittes oder x-tes Mal wiederholt wird.

Als autopoietische Systeme können sich Unternehmen immer nur von innen ändern. Von außen, vom Markt, von der Politik, den Shareholdern, den Gewerkschaften oder Beratern her mag es Irritationen geben, aber die Art, wie das Unternehmen auf diese Herausforderungen reagiert, wird durch seine intern definierten Spielregeln festgelegt. Die Überlebens- und Anpassungsfähigkeit eines jeden solchen Systems hängt davon ab, ob es in der Lage ist, seine internen Strukturen und Prozesse autonom zu verändern, d. h., ob es in der Lage ist, *sich* zu verändern. Eine erste Voraussetzung dafür ist die Beobachtung der eigenen Strukturen und Strategien sowie die Überprüfung, ob sie in absehbarer Zukunft angesichts sich verändernder Umwelten (Märkte) noch tragfähig sind. Dies ist eine Führungsaufgabe. Führungsaufgabe heißt allerdings nicht, dass sie von einer bestimmten Person oder einem Rollenträger ausgeführt werden muss. Sie kann beispielsweise auch innerhalb eines Managementteams kollektiv geleistet werden.[177] Intelligente Organisationen oder Organisationseinheiten haben deshalb Selbstbeobachtung bzw. die Beobachtung der Selbst-Umwelt-Beziehungen routinisiert. Sie einer Rolle (der Führungsrolle) zuzuschreiben ist nur eine Möglichkeit. Eine andere ist, routinemäßige Sitzungen, die diesem Thema gelten, zu etablieren (was bei GE auf den verschiedenen Ebenen geschehen ist; und nur, wenn das nicht wirksam war, wurde diese Funktion personalisiert, und Jack Welch übernahm sie als „virtueller Projektleiter").

Da soziale Systeme in ihrer Tendenz immer konservativ sind, besteht ein erster Schritt in Richtung Veränderung darin, die Beobachtung der Nichtanpassung oder der drohenden Nichtanpassung in die Kommunikation des Unternehmens einzuspeisen. So kann sich die Beschreibung des Unternehmens durch seine Mitarbeiter verändern, d. h. die Art, wie innerhalb des Unternehmens über das Unternehmen gesprochen wird, wie die eigene Situation bewertet wird, wie Änderungsnotwendigkeiten beurteilt werden ...

Die Realitäten des Istzustands (manchmal in all ihrer Schrecklichkeit) zu sehen und nicht zu erlauben, dass die unternehmensinterne Öffentlichkeit sie verleugnet, gehört zu den elementaren Führungspflichten. Das heißt aber nicht, dass auch schon eine Lösung gefunden sein muss oder gar ein Masterplan vorgelegt wird. Es kann und sollte immer nur der Anstoß für einen Suchprozess nach Lösungen sein.

Hier kann allein das Topmanagement die treibende Rolle übernehmen, es muss sich – man mag es kaum glauben – an die Spitze der „Revolution" setzen. Es ist ein weiteres Paradox sozialer Systeme, dass Revolutionen langfristig die größte Aussicht auf Erfolg haben, wenn sie von den „Herrschenden" betrieben werden. Wenn die Spitze der Hierarchie Änderungen beschließt (wie am Beispiel von Jack Welch zu studieren), haben sie eine Chance, realisiert zu werden. Denn die Mitteilungen und Interventionen der Leitung stehen immer im Fokus der Aufmerksamkeit. Sie können nicht ignoriert werden. Sie zur Kenntnis und ernst zu nehmen ist Teil der (grammatischen) Spielregeln. Das heißt aber nicht, dass ein Vorstandsbeschluss schon die Veränderung wäre oder sie gewährleisten würde, selbst wenn er mit viel Tamtam verkündet wurde. Denn die Veränderung der Selbstbeschreibung des Systems mag zwar auch schon eine Veränderung sein, entscheidend ist aber, welche Handlungskonsequenzen daraus folgen.

Der Schwerpunkt der folgenden Überlegungen richtet sich daher auf die kommunikativen Aspekte des Veränderungsmanagements in Unternehmen.

12.2 Die Logik der Beobachtung und Kommunikation

Zu den allgemeinen Rahmenbedingungen, die über den Erfolg oder Misserfolg einer jeden Aufgabe entscheiden, gehört, dass die betroffenen Akteure auf dem Weg zu ihrem Ziel mal „streng" und mal „lose" denken und entsprechend miteinander kommunizieren. Das soll heißen: Im Laufe eines Veränderungsprojektes bedarf es der Verwendung unterschiedlich eindeutiger und vieldeutiger „Sprachen", d. h. Zeichen und Begriffe, um die Aufgabe zu beschreiben, die Abläufe zu ihrer Erfüllung zu planen usw. Sie müssen in manchen Phasen des Prozesses vage bleiben und viele Entscheidungen offen lassen, in anderen konkret werden und Verbindlichkeit schaffen. Die Kunst (!) besteht darin, jeweils herauszufinden, wann das eine oder das andere funktionell ist, d. h. die jeweils passende „Fein"- oder „Grobkörnigkeit" der Unterscheidungen zu wählen. Das gilt sowohl für das individuelle Denken wie die Kommunikation.

Wenn Unterscheidungen verwendet werden, die sehr grobkörnig sind, dann haben wir es in der Regel mit Abstraktionen zu tun. Die Bedeutung bleibt auf einer sehr allgemeinen und wenig verbindlichen Ebene. Das Schöne an Abstraktionen ist, dass sich jeder die ihm passende Konkretisierung dazu ausdenken kann. Solange die nicht verbindlich festgelegt ist, gewinnen grobkörnige Unterscheidungen wenig Verbindlichkeit. Wo dies vermieden werden soll,

**Grobkörnige Unterscheidungen:
Begriffe haben großen Bedeutungsumfang**

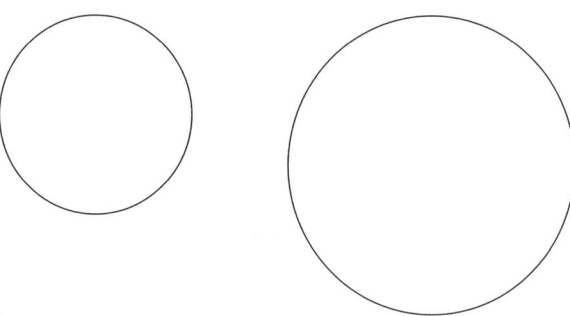

Abb. 12.1

empfiehlt es sich, solche Worthülsen und „Blasen" zu verwenden (das ist nicht ironisch gemeint).

Wenn das nicht der Fall ist und es etwa um konkrete Aktionen gehen soll, die durchgeführt werden müssen, so empfiehlt es sich, feinkörnige, möglichst konkrete Unterscheidungen zu verwenden. Allerdings sind sie fast immer mit dem Risiko des Konfliktes verbunden, eben weil sie nicht so viel Spielraum für eine jeweils passende und genehme Interpretation lassen.

**Feinkörnige Unterscheidungen:
Begriffe haben eng begrenzten Bedeutungsumfang**

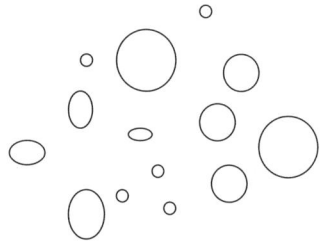

Abb. 12.2

Die Verwendung grob- oder feinkörnigerer Unterscheidungen hat daher weit reichende Konsequenzen für die Strukturierung kognitiver und kommunikativer Prozesse. Je grobkörniger und allgemeiner beispielsweise ein Ziel formuliert wird, umso weniger Konflikte gibt es in der Kommunikation. Der Formulierung „Wir wollen zukunftsfähig bzw. erfolgreich werden!" kann wahrscheinlich jeder zustimmen. Das ist auch einer der Vorteile von Kennzahlen: Wenn eine Steigerung des Ertrags um 15 % gefordert wird, so bleibt völlig offen, wie das zu erreichen ist. Wenn eine Kürzung des Personals um 10 000 Mitarbeiter beschlossen wird, so ist damit nicht klar, wer über die Klinge springen muss usw. Ganz allgemein kann festgestellt werden: Je „blasiger" die Formulierungen, je mehr Worthülsen und Abstraktionen in der Kommunikation – und im individuellen (= „loseren") Denken – verwendet werden, umso mehr hat dies eine konfliktvermeidende Wirkung. Das kann man gut an den Formulierungen des UN-Sicherheitsrates studieren, z. B. bei der Resolution, die dem Irak unter der Herrschaft Saddam Husseins mit „ernsthaften Konsequenzen" für den Fall drohte, dass er nicht angemessen mit den UN-Waffeninspekteuren „kooperiere". Die Vagheit der Formulierung war insoweit funktionell, als sie allen Mitgliedern des Sicherheitsrates erlaubte, dem Text zuzustimmen. Ihre Dysfunktionalität wurde offenbar, als sie im Blick auf konkrete Handlungskonsequenzen interpretiert werden sollte. Was zuvor der konfliktvermeidende Vorteil war, erwies sich nun als Problem: Jeder konnte diese Formulierungen so deuten, wie sie ihm in den Kram passten.

Konflikte entstehen immer dort, wo es feinkörniger wird (= „strengeres Denken") und wo gefragt wird, was denn die konkreten Merkmale des „Erfolgs" bzw. der „Zukunftsfähigkeit", der „Kooperation" usw. sind. Der Teufel liegt bekanntlich im Detail bzw. bei denen, die konkret etwas anderes tun sollen und in der Regel nicht dazu gezwungen werden können.

Die Verwendung eines feiner oder gröber differenzierenden Zeichensystems hat daher gruppen- und organisationsdynamische Konsequenzen. Ihre Wahl ist ein Instrument zur Steuerung des Prozesses. Das gilt nicht nur für interpersonelle, sondern auch für intrapsychische Prozesse. Denn auch bei der individuellen, intelligenten Erfüllung von Aufgaben geht es darum, angemessen mit Konflikten umzugehen und sie zeitweise zu vertagen (durch die

Wahl allgemeiner und vieldeutiger Formulierungen, die dafür sorgen, dass Entscheidungen für eine gewisse Zeit offen bleiben) oder ihnen – im Gegensatz dazu – aktuell ins Auge zu sehen (durch die Konkretisierung der zur Entscheidung stehenden Alternativen). Ohne dass es jemandem bewusst wird, hat die Wahl der Ein- oder Vieldeutigkeit der verwendeten Begriffe, der Fein- oder Grobkörnigkeit der Unterscheidungen einen wesentlichen Anteil an der Strukturierung des Prozesses.

12.3 Das Paradox der Zieldefinition

Am Anfang eines jeden Veränderungsprojektes steht – zugegeben: nicht sehr originell – der Anfang. Irgendjemand (d. h. ein Beobachter, wer immer das auch sein mag) muss die Idee in die Kommunikation einführen, dass etwas (zum Besseren natürlich) verändert werden kann oder muss. Ohne sie gibt es kein Veränderungsprojekt. Allerdings reicht sie nicht zur Realisierung solch eines Projektes aus, dazu bedarf es vieler Akteure. Je mehr man dazu braucht, umso *un*wahrscheinlicher ist allerdings ihre Realisierung. Denn es reicht nicht, dass einige wenige Mitarbeiter – schon gar nicht in untergeordneten Positionen – der Meinung sind, es müsse sich etwas ändern. Solange die Mehrheit der Akteure glaubt, alles laufe bestens, so wie es gerade läuft, werden sie sich kaum auf einen schmerzhaften Wandel einlassen. Sie werden das produzieren, was üblicherweise als „Widerstand" bezeichnet wird, aus ihrer Sicht aber nur als rationaler Versuch erlebt wird, das zu bewahren, was sich bewährt hat (ob das nicht tatsächlich richtig ist, sollte ausreichend bedacht werden).

Trotzdem: Der erste Schritt zur Veränderung ist immer die Infragestellung der Selbstzufriedenheit der Organisation bzw. ihrer Mitarbeiter. Dies erfolgt erfahrungsgemäß am wirksamsten durch die Spitze der Hierarchie. Wenn die sich mit dem Istzustand zufrieden zeigt, gibt es keinen Wandel. Nach dem Wechsel eines Vorstandsvorsitzenden ändert sich denn auch meist die Art, wie innerhalb eines Unternehmens über das Unternehmen geredet wird. Während bei der Verabschiedung des alten Chefs noch gepriesen wird, dass das Unternehmen besenrein übergeben werde, redet der neue bei seinem ersten öffentlichen Auftritt von der katastrophalen Lage und dem Saustall, der bereinigt werden müsse. Das tut er meist selbst dann, wenn er bis zu seinem Amtsantritt enger Mitarbeiter des Vorgängers war. Doch das ist weniger als Illoyalität zu interpretieren, sondern als Nutzung der einmaligen Chance, eine neue Kontextmarkierung vorzugeben und die Selbstzufriedenheit der Organisation herauszufordern. Die Aufmerksamkeit der Mitarbeiter konzentriert sich immer auf „den da oben", erst recht, wenn er neu ist.

Vor jedem Versuch der Veränderung muss der Änderungsbedarf in die Selbstbeschreibung der Organisation aufgenommen sein. Ohne Leidensdruck, sei er aktuell erlebt oder hypothetisch als Zukunftsprojektion (berechtigte Sorge) vorweggenommen, gibt es keine Veränderung.

Nach diesem ersten Schritt, der nicht einfach zu realisieren ist, vor allem, wenn es dem Unternehmen aktuell gut genug geht („Die Zahlen stimmen"), kann als zweiter Schritt mit der Suche nach einer akzeptablen und nützlichen Zieldefinition begonnen werden.

Die Lösung eines jeden Problems bzw. das Erreichen eines jeden Ziels ist an einen Prozess gebunden, der vom Istzustand zum Sollzustand führt. Jedes Veränderungsprojekt kann daher so konzipiert werden, als würde es einen Anfang und ein Ende haben, die durch den Weg vom „Start" zum „Ziel" verbunden werden (die Gruppe besoffener Bergwanderer will wieder ins Tal, und der im Schneegestöber verirrte Spähtrupp muss wieder zurück in seine Stellung). Um diesen Weg gehen zu können und nicht auf der Stelle zu treten, ist es wichtig, den Unterschied zwischen Start und Ziel, d. h., die Merkmale der Unterscheidung für die Problemlösung bzw. Zielerreichung möglichst eindeutig und interpersonell *überprüfbar* (!) zu definieren. Bei der Rückkehr von einer Bergwanderung ist das so einfach und selbstverständlich, dass es keiner Diskussion bedarf, aber sobald es um abstrakte Ziele geht, wird es komplizierter. Anders als in den Bergen ist das Territorium „Zukunft" nicht vorhersehbar und kartographisch zu erfassen. Wie soll man ein Ziel definieren, wenn man nicht weiß, in welcher Welt – welcher wirtschaftlichen und politischen Lage – man leben wird? Wie kann man da ein sinnvolles Ziel angeben? Das ist umso weniger möglich, je weiter das Ziel zeitlich entfernt ist. Auf der anderen Seite: Wie soll man Entscheidungen treffen, wenn es keine Kriterien gibt, die gut von besser, schlecht von schlechter unterscheiden? Dazu braucht man eine Vorstellung des Soll-„Zustandes", so vorübergehend er auch sein mag. Er kann einen Maßstab liefern, der handlungsleitend nutzbar gemacht werden kann. Wenn man sich aber zu eng auf eine vorgestellte Zukunft einstellt, so wird man aller Wahrscheinlichkeit nach unangenehm überrascht; denn erstens kommt es ja immer anders und zweitens als man denkt.

Diese Paradoxie lässt sich auflösen, indem auf zwei logischen Ebenen das scheinbar Widersprüchliche miteinander vereint wird: Das *Ziel* muss *vage und allgemein* gehalten werden, die *Merkmale* dafür, dass das *Ziel erreicht* ist, müssen hingegen *konkretisiert* werden.

Nehmen wir als Beispiel den beliebten Begriff „Erfolg". Wenn keine Merkmale für Erfolg benannt werden können, dann kann man nicht feststellen, wann man das Ziel erreicht hat. Am einfachsten ist es hier, sich (und allen anderen) die beliebte Gutefeefrage zu stellen: Wenn eine gute Fee käme und über Nacht, wenn alle schlafen und keiner mitbekommt, was geschieht, den Erfolg (oder was sonst als Ziel benannt sein mag) herbeizaubern würde, woran würde ich/woran würden wir oder andere es merken? Was wäre alles anders? Was würde ein Videofilm, der am Morgen gedreht würde, anderes zeigen, als der am Abend gedrehte Film? Usw.

Das Prinzip dieser Frage besteht darin, das Ziel vom Weg zu entkoppeln und sich klar zu werden oder zu entscheiden, wo das Unternehmen hin will oder soll (das Verfahren funktioniert natürlich auch für individuelle Zieldefinitionen). Obwohl dies schrecklich banal klingt, ist es, gemessen an der Alltagspraxis, revolutionär. Schaut man sich beispielsweise die alle zwei Jahre neuen Managementmoden oder die neu auf den Markt kommenden Tools an, so werden stets Anleitungen angeboten, einen bestimmten Weg zu gehen, ohne dass die Frage gestellt wird, wo es denn eigentlich hingehen soll. Reengineering, TQM, Lean Management, Restrukturierung, lernende Organisation, Wissensmanagement, Kaizen, Qualitätszirkel, Großgruppenverfahren, Appreciative Inquiry, Whole Scale Change. Was immer an wunderbaren Namen gewählt wird, stets wird so getan, als sei es selbstverständlich, wo die Reise hingehen soll. Das ist aber eine Illusion. Es wird eher nach dem Motto gehandelt: Wir wissen zwar nicht, wo wir hin wollen, das aber schnell! Daher: Am Anfang steht die Beschreibung der erstrebten Zukunft (die Sinnfrage). Wenn man sie konkretisiert, hat man die Möglichkeit zu überprüfen, ob man da wirklich hin will und ob die

Kosten-Nutzen-Rechnung „stimmt". Ist das, was durch die Veränderung gewonnen werden kann, wirklich all den Aufwand und die Mühe und das Geld und die emotionale Energie und die Lebenszeit der Beteiligten usw. wert? Wenn nicht, trägt man das Vorhaben besser schnell zu Grabe, bevor es einen unangenehmen Geruch entwickelt.

Wenn sich die Akteure, die schließlich die Veränderungen realisieren sollen, auf solch eine konkrete Beschreibung einigen, können sie sich mit einiger Aussicht auf Erfolg auf die Suche nach dem günstigsten Weg zu diesem Ziel machen. Denn es gibt bekanntlich ja viele Wege (nicht nur) nach Rom.

Wenn beispielsweise gesagt wird: „Erfolg heißt, dass wir in unserer Branche zu den zwei umsatzstärksten Unternehmen weltweit gehören!", so ist dies ein überprüfbares Merkmal. Das Ziel ist allgemein und abstrakt formuliert, die Merkmale der Zielerreichung sind aber konkret genug, um überprüfbar zu sein („Lasst Zahlen sprechen!"). Doch – das ist der entscheidende Punkt angesichts der Nichtvorhersehbarkeit der Zukunft – der konkret zu beschreitende Weg zum Ziel bleibt offen.

Die Beschreibung des Ziels ist häufig zunächst an die Beschreibung des Status quo, d. h. des Istzustandes, gebunden, um die Differenz zu ihm deutlich zu machen. Das funktioniert so ähnlich wie die Illustration einer neuen Wunderdiät in manchen Frauenzeitschriften: Es werden Fotos einer glücklichen Leserin vor und nach ihrer Kur abgebildet. Im Allgemeinen wird der Istzustand als problematisch, potenziell problematisch oder zumindest schlechter als der zu erstrebende Sollzustand bewertet. Andernfalls käme niemand auf die Idee, es müsse sich etwas ändern (Leidensdruck).

Die Zieldefinition sollte, wie am Beispiel der Gutefeefrage, dargestellt auf der Phänomenebene erfolgen. Sie braucht keine Erklärungen oder Hypothesen darüber zu enthalten, wie der Karren in den Dreck gefahren wurde oder wie er wieder rausgezogen werden könnte. Aus Erklärungen werden in der Regel Handlungsanweisungen abgeleitet. Schließlich wird durch Erklärungen ein „generierender Mechanismus" für ein Phänomen erfunden oder konstruiert. Daher liegt es nahe, diesen Mechanismus für ein angestrebtes Phänomen sofort zu realisieren. Doch wenn zu schnell ein Lösungsweg „gefunden" wird, bevor noch Klarheit über das Ziel besteht, droht die „Buddhisierung" des Projektes (Motto: „Der Weg ist das Ziel").

Aufgrund der Beschreibung des Zielzustandes lässt sich ein Design für den Transformationsprozess konstruieren.

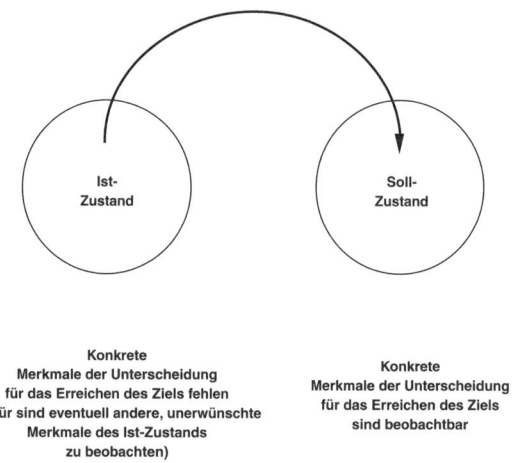

Abb. 12.3

Da Veränderungsprojekte nicht im luftleeren bzw. kontextfreien Raum angesiedelt sind, sind sie in ihren Möglichkeiten immer begrenzt. Um nicht zu visionär zu werden, empfiehlt es sich, Veränderung nicht nur im positiven Sinne zu definieren, sondern auch im negativen: Was muss vom Istzustand auf jeden Fall erhalten bleiben? Welches sind die Begrenzungen, denen das Projekt unterworfen ist? Wie groß ist das finanzielle Budget, das nicht überschritten werden darf? Welches sind die zeitlichen Vorgaben? Welche qualitativen Ansprüche müssen befriedigt werden? Wie eng oder weit ist der Zugriffsrahmen auf sonstige Ressourcen (Personen, Abteilungen, andere Organisationen oder Unternehmen usw.) gesteckt? Wer ist von den Veränderungen betroffen? Wer muss auf jeden Fall einbezogen werden? Wer kann ungestraft weggelassen werden?

Am wichtigsten ist aber, die üblicherweise nicht beabsichtigten Nebenwirkungen, die mit ein wenig Fantasie durchaus prognostizierbar sind, ins Blickfeld zu nehmen. Es gibt offenbar eine menschliche Tendenz des Wunschdenkens, nach der die Chancen gesehen und vor den Risiken die Augen verschlossen werden. Nur bei nüchterner Betrachtung und Kalkulation ihrer Wahrscheinlichkeit lassen sich angemessene Entscheidungen treffen. Häufig lassen sich nichtintendierte Nebenwirkungen von Veränderungen vorhersehen. Dann stellt sich die Frage: Sind sie mit den angestrebten Zielen fest oder lose gekoppelt? Im ersten Fall kann dies das ganze Vorhaben scheitern lassen, im zweiten Fall kann eine Methode gesucht werden, das Ziel zu erreichen, ohne die Nebenwirkungen in Kauf nehmen zu müssen.

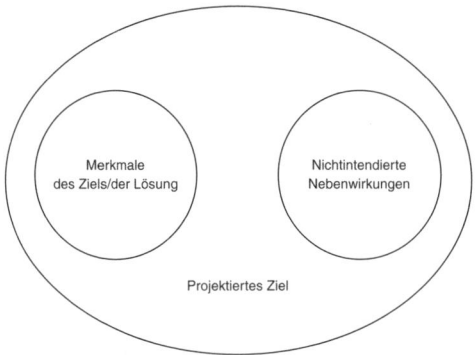

Abb. 12.4

12.4 Zeitliche Ordnung

Um das so definierte Ziel zu erreichen, sind koordinierte Aktionen und Kommunikationen nötig, an denen eine Vielzahl von Personen, Organisationseinheiten oder auch anderer Organisationen beteiligt sind. Dabei besteht prinzipiell die Möglichkeit, solche Aktionen parallel und/oder sequenziell durchzuführen. Wenn die Aktion A ausgeführt sein muss, um die Aktion B durchführen zu können, besteht zwischen beiden eine feste Kopplung, d. h. eine Abhängigkeitsbeziehung. Mit ihr muss gerechnet werden, sie muss in die Planung einbezogen werden, und es müssen Möglichkeiten der zeitlichen und/oder räumlichen Koordination von Maßnahmen bereitgestellt werden.

Veränderung als Netzwerk von Aktionen und Interaktionen

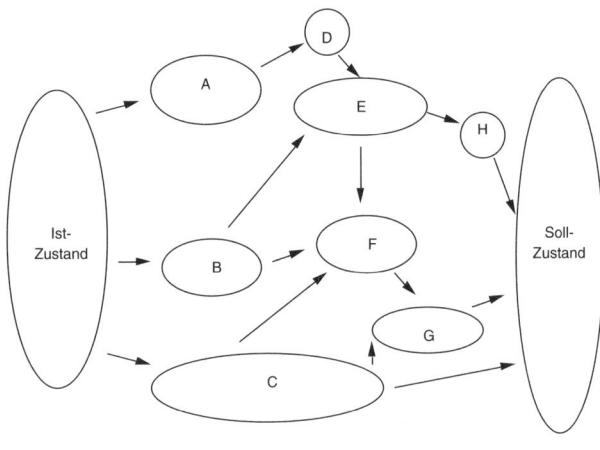

Abb. 12.5

Die Koordination der Aktionen von Mitarbeitern kann in Organisationen im Prinzip auf drei Arten vorgenommen werden: Die erste besteht darin, sich nicht einzumischen und den ganzen Prozess der spontanen Selbstorganisation zu überlassen. Das ist auf den ersten Blick ein kostengünstiger Weg. Allerdings hat er gewisse Nachteile, die sich daraus ergeben, dass die konservative Dynamik kommunikativer Muster ihre volle Wirkung entfalten kann, d. h., es wird sich wahrscheinlich erst dann etwas ändern, wenn ein Notstand eingetreten und für jedermann offensichtlich geworden ist.

Der zweite Weg besteht darin, die Koordinationsaufgabe einer Rolle und damit einem Rollenträger zuzuweisen. Das ist dann der klassische Managementjob nach dem Motto: „Du machst dies! Du machst jenes! Und ihr anderen haltet still!" Diese hierarchische Methode ist, wie an anderer Stelle schon diskutiert, gut geeignet, wenn es darum geht, schnell irgendwelche Maßnahmen notfallmäßig ergreifen zu müssen und zu können. Bei Veränderungsprozessen wäre sie nur angemessen, wenn der betreffende Rollenträger tatsächlich über das Wissen verfügt, wie es geht. Das Risiko, mit dem sie verbunden ist, liegt in der beruhigenden Wirkung gestopfter Löcher. Wenn niemand mehr sieht, dass es Löcher in der Bordwand gibt und kein Wasser mehr ins Boot strömt, kommt es zu einer unangebrachten Beruhigung. Notwendige Veränderungen werden verschlafen, bis es dann zu spät ist. Die Stopfen halten nicht mehr, der morsche Boden gibt nach. Das Schiff sinkt, weil es nicht rechtzeitig, als es noch möglich gewesen wäre, ins Trockendock gebracht wurde. Wo immer ein einsamer Koordinator vorgibt, was zu tun ist, kann die Organisation nicht intelligenter sein als er (allerdings zeigt sie meist ihre Intelligenz dadurch, dass einfach niemand macht, was er vorgibt = Widerstand). Sein Intelligenzmangel bezieht sich nicht nur darauf, dass ihm in der Regel das Wissen fehlt, was sich vor Ort, bei den Kunden, in der Produktion usw. tatsächlich abspielt, sondern dass er keinerlei Macht hätte, seine Ideen und Vorstellungen umzusetzen, selbst wenn sie auf korrekten Vorannahmen beruhen würden. Da Unternehmen aus Aktionen bzw. den Kommunikationen, die sie verknüpfen, bestehen, kann Änderung nur von den Akteuren vollzogen werden, die diese Aktionen produzieren.

Das führt zur dritten Variante, dem Trockendock: Die Koordination der Akteure wird durch Kommunikation zwischen ihnen hergestellt. Das erfordert eine gewisse Zeit, die in Sitzungen und Meetings verbracht wird, und es führt vorübergehend zur Defokussierung der Debatte. Denn es ist nicht klar, was wichtig und was unwichtig ist. Doch darin liegt gerade die Intelligenz des Prozesses. Da es um Zukunft geht, kann keiner im Voraus wissen, welches ein gangbarer Weg sein wird, welcher am kostengünstigsten und vielversprechendsten ist usw. Wenn diejenigen, die letztlich die Veränderung zu realisieren haben, in den Denk- und Entscheidungsprozess einbezogen werden, können sie ihr Know-how, das Spezialwissen und die Erfahrung, die sie vor Ort gesammelt haben, zur Verfügung stellen. Ziel- oder Wertkonflikte werden deutlich, Prioritätensetzung notwendig und möglich. Wird dieser Kommunikationsaufwand vermieden, besteht die Gefahr, dass Wunschdenken und Blauäugigkeit die Entscheidungen beeinflussen.

Das Problem des Topmanagers ist – entgegen verbreiteten Vorurteilen –, dass er in der Regel schlecht informiert ist. Er hat nicht den besseren Überblick, die relevanteren Informationen – im Gegenteil, er erhält nur gefilterte Informationen. Da seine Mitarbeiter einfühlsam sind und lieber das mitteilen, was ihr Vorgesetzter hören will, erzählen sie ihm aller Wahrscheinlichkeit nach genau das. Schließlich werden die Boten für die Nachrichten, die sie bringen, oft genug verantwortlich gemacht. Das gilt bei guten wie bei schlechten Meldungen. Also besteht eine zentrale Verantwortung von Führungskräften darin, sich auch und gerade die nötigen schlechten Nachrichten zu besorgen. Am einfachsten ist dies, wenn ein Kommunikationsprozess initiiert wird, der ergebnisoffen alle nötigen, verfügbaren Ressourcen des Unternehmens nutzt. Dazu empfiehlt es sich, alle relevanten Akteure, seien es nun Einzelpersonen oder Vertreter von Organisationen oder Organisationseinheiten, an einen Tisch zu holen und in die Auseinandersetzung zu ziehen. Jack Welch ist in dieser Hinsicht ein gutes Beispiel. Es gilt, das Potenzial der Organisation zu aktivieren und ihre Intelligenz zu nutzen (wie im Kap. 7 zur Teamarbeit skizziert).

Wenn diejenigen, die den Weg zum Ziel beschreiten (d. h. die Veränderung realisieren) sollen, ihn gefunden oder besser: erfunden haben, ist die Wahrscheinlichkeit, dass sie ihn auch tatsächlich gehen, am größten.

12.5 DIE STEUERUNG DES PROZESSES DURCH FOKUSSIERUNG DER AUFMERKSAMKEIT

Unabhängig von der inhaltlichen Definition des Ziels: Die Steuerung des Prozesses erfolgt über die Fokussierung der Aufmerksamkeit. Das heißt für den Manager, dass er die für die Zielerreichung relevanten Fragen im Blick behalten und die Aufmerksamkeit der Beteiligten auf sie fokussieren muss.

Die relevanten Themen sind:

– *Wer trägt die formale Verantwortung für das Veränderungsprojekt?* Von wem geht die Initiative zur Veränderung aus? Das hängt natürlich davon ab, welche Dimensionen die Veränderung haben soll. Wenn sie das ganze Unternehmen betrifft, so muss dies sowieso ganz oben aufgehängt sein. Aber auch in kleineren Organisationseinheiten gibt es ja Veränderungsnotwendigkeiten und -projekte. Dann muss der hierarchisch übergeordnete Verantwortliche immer einbezogen werden. Er kann nicht ungestraft weggedacht werden. Daher muss er über den Fortschritt der Arbeit so informiert sein, dass er die Belange des Veränderungsprojektes nicht nur nicht behindert, sondern gegebenenfalls nach „oben" vertreten kann und sie stützt. Durch ihn bleibt oder wird das Projekt innerhalb der vorgegebenen Organisation anschlussfähig und legitimiert. Er ist es auch, der die Grenzen und Möglichkeiten des Wandels bestimmt. Wenn er sagt, es sei Schluss, hilft es angesichts der organisatorischen Machtverteilung nicht, wenn die direkt betroffenen Personen von dem Prozess begeistert sind. (Um seine Fortführung kann man natürlich trotzdem kämpfen.)

– Die Überprüfung der Realisierbarkeit von Ideen:
Sind die umherschwirrenden Vorstellungen und Ideen im Hinblick auf das Ziel realistisch? Hier gilt es, eine unvoreingenommene („objektive") Außenperspektive auf die Organisation (Organisationseinheit) und ihre relevanten Umwelten einzunehmen und sich nicht in die Tasche zu lügen. Die nüchterne Bewertung der Machbarkeit praktischer Vorschläge und Pläne wird erleichtert, wenn nicht sofort eine Entscheidung getroffen werden muss. Hier kann hypothetisches Fragen Ideen liefern, Best- und Worst-Case-Szenarien liefern die nötige Konkretisierung. Diese Fragen zu stellen ist eine Managementfunktion, die aber gegebenenfalls von einem neutralen Berater übernommen werden kann. Das mag sich empfehlen, wenn eine Führungskraft aufgrund ihrer persönlichen Involviertheit nicht in der Lage ist, diese Distanz aufzubringen. Eventuell kann auch ein Steuerkreis diese Aufgabe übernehmen. Nützlich scheint es, alle Vorstellungen und Ideen aus einer wohlwollend skeptischen Perspektive zu betrachten, um weder negativistisch noch betriebsblind auf die innovativen Ideen zu reagieren, nur weil sie auf den ersten Blick aus dem Rahmen fallen mögen oder von den „falschen" Personen geäußert werden.

– Das Entwerfen von „generierenden Mechanismen" zur Herstellung einer Lösung bzw. zur Erreichung des Ziels:
Bevor irgendwelche neue Prozessmuster etabliert und bislang bewährte aufgegeben werden, sollten sie „geistig" durchgespielt werden. Hier empfiehlt es sich, zwischen zwei Typen von Zielen zu unterscheiden: (1) Zielen, die dadurch erreicht werden können, dass ein bisheriges – ein Problem herstellendes und am Leben haltendes – Kommunikationsmuster unterbrochen wird („Ent-lernen" der

Organisation), und (2) Zielen, die dadurch zu erreichen sind, dass ein neues Kommunikationsmuster etabliert wird („Neu-lernen" der Organisation).
Dabei gilt es, mehrere Alternativen zu entwickeln und auf ihre jeweiligen nichtintendierten Nebenwirkungen hin zu überprüfen. Auch sollte jeweils sehr sorgfältig die Kosten-Nutzen-Relation betrachtet werden. Wenn es zu einer Entscheidung kommt, so ist die von der jeweils formal verantwortlichen Führungskraft abzusegnen. Das heißt, innerorganisatorisch muss die Entscheidung dieser Person zugeschrieben werden können, und sie muss sich damit auch identifizieren können.

– *Reflexion der Koordination der Aktivitäten:*
Um alte Abläufe nicht mehr stattfinden zu lassen oder/und neue Prozesse zu etablieren, bedarf es eines hohen Kommunikationsaufwandes, zumal sich vieles nicht planen und vorhersehen lässt. Dies muss den Beteiligten bewusst sein, deshalb empfiehlt es sich, im Verlaufe des Prozesses immer wieder die Aufmerksamkeit auf die Frage zu richten: Wer macht was? Wer trägt für die *tatsächliche* Umsetzung welcher Ideen und Maßnahmen die Verantwortung? Wer koordiniert die beteiligten Akteure? Wie wird überprüft und kommuniziert, was bislang erreicht wurde und was noch offen ist bzw. welche Nebenwirkungen unerwartet eingetreten sind usw.?

– *Die Beobachtung der relevanten Umwelten:*
Welches sind die für das Erreichen des Ziels relevanten Umwelten, d. h. Personen, Institutionen, Organisationen, Märkte usw.? Wer ist durch die angestrebte Veränderung betroffen oder könnte es sein? Welches sind – soweit vorhersehbar – Gewinner und Verlierer der Veränderung (das ist besonders bei Strukturveränderungen zu bedenken, wo sich durch die Veränderung der Status und damit die Beziehung der Beteiligten radikal verändern kann)? Die – im Hinblick auf die Veränderung positiv wie negativ gefärbten – Meinungen, Einstellungen und Reaktionsmöglichkeiten all dieser Akteure müssen berücksichtigt werden. Das gilt natürlich in besonderem Maße für all diejenigen, die das Projekt scheitern lassen könnten. Generell kann gesagt werden, dass es ökonomisch sinnvoller ist, die möglichen Einwände (aber auch Anregungen) Außenstehender frühzeitig zu kennen, um sie in die Überlegungen miteinbeziehen

zu können. Wo immer sich Widerstand gegen die Veränderung zeigt, sollte er – etwa in Form eines extra bestellten Advocatus Diaboli – in die Überlegungen einbezogen werden. Es ist nützlich, potenzielle Konflikte intern repräsentiert zu haben, weil damit die tatsächlichen Konflikte mit den jeweiligen Umwelten verringert und eventuell sogar als Ressourcen und Ideenlieferanten nutzbar gemacht werden können.

– *Die Dokumentation dessen, was geschehen sollte und tatsächlich geschieht, sowie die Sicherung des Informationsflusses:*
Es empfiehlt sich, die jeweiligen Entscheidungen zu dokumentieren, um den Überblick über die Entwicklungsschritte zu sichern. Der Zweck besteht zu einem guten Teil darin, die Selbstbeobachtung der Organisation zu gewährleisten und ein Gedächtnis für sie zu schaffen. Organisationen haben ein löchriges Gedächtnis: Was nicht erinnert wird, wird vergessen, doch was aufgeschrieben ist, kann wenigstens erinnert werden ...

Es sei hier noch einmal ausdrücklich darauf hingewiesen, dass aus systemtheoretischer Sicht allein wichtig ist, dass diese Funktionen erfüllt werden. Die Art und Weise, wie ihre Sicherung gewährleistet oder wahrscheinlicher gemacht wird, ist nicht allgemein gültig festzulegen. Die Zuordnung zu Rollen ist nur eine Möglichkeit, die sich oft spontan herausbildet (einer schreibt z. B. immer mit), aber nicht notwendig ist.

12.6 Das Er-Finden von Lösungswegen

Diese Phase dient dazu, das Ziel so detailliert und handlungsnah zu beschreiben, dass die Planung des Weges dorthin möglich wird. Wäre das Ziel zum Beispiel ein fertiger Spielfilm, so wäre das Drehbuch der Entwurf des Films; wäre es die Herstellung eines Gebäudes, so wären es die Baupläne usw. Da bei Veränderungsprojekten eine neue soziale Architektur erstrebt wird, gilt es, sich über die zur dauerhaften – d. h. nicht nur einmaligen – Realisierung des Ziels notwendigen Kommunikationsstrukturen klar zu werden.

Die einzelnen Schritte dieses Kreationsprozesses bestehen darin, die Merkmale der „besten" denkbaren Lösung zu katalogisieren. Welche unterschiedlichen Optionen gibt es? Wie können ihre

Vor- und Nachteile bewertet werden? Wie steht es um ihre Realisierbarkeit? Welche Umwelten sind durch sie betroffen? Welche Akteure (intern wie extern: Personen, Organisationen, Gruppen, Institutionen usw.) braucht man auf jeden Fall zur Realisierung? Welche könnten das ganze Projekt scheitern lassen? Ergebnis dieser Phase ist ein vorläufiger Entwurf, ein Strukturvorschlag, der noch viele Details offen lässt (beim Spielfilm wäre es ein grobes Script, aus dem der Plot und der dramaturgische Aufbau ersichtlich ist, beim Hausbau ein grober Entwurf, in dem noch nichts über die Farbe der Kacheln im Klo steht).

Für die Detailplanung sollte ein grober Zeitplan erstellt werden. Veränderungsprozesse brauchen ihre Eigenzeit und lassen sich nur begrenzt durch Anordnung beschleunigen.

Es ist immer günstig, die Meinung derer, die von einem Projekt betroffen sind, einzuholen, vor allem dann, wenn man zu seiner Realisierung auf ihre Kooperation angewiesen ist. Der Begriff „Betroffene" ist hier in seiner weiten Form zu verstehen. Gemeint sind hier alle, an denen die Veränderung oder das Erreichen des Ziels *scheitern* kann, d. h. vor allem die Mitarbeiter, insbesondere aber auch die zuständigen Hierarchen, die – wie auch immer, aktiv oder passiv, wohlwollend oder feindselig – mit dem Ergebnis der Veränderung konfrontiert sind.

Es ist daher wichtig (Aufgabe der zuständigen Führungskraft), möglichst von Anbeginn die Perspektive der relevanten sozialen Umwelten zu vertreten und dafür zu sorgen, dass keine der Gruppen oder Personen, die eine für das Gelingen des Projektes entscheidende Rolle spielen, vergessen wird, sodass im Idealfall zu den Betroffenen eine Kooperationsbeziehung entstehen kann (was natürlich nicht immer klappt).

Manchmal ist es nötig, die Definition der Ziele, den Strukturentwurf (allgemein oder im Detail) nach dieser Phase zu verändern, um Anregungen gerecht zu werden oder Widerstände auszuräumen. Dann muss auch die grobe Zeitplanung erneut überarbeitet werden.

Zum Erreichen des Ziels bedarf es einer Unmenge von Aktivitäten, die unterschiedliche Fähigkeiten erfordern, unterschiedlich lange dauern und in einer bestimmten Reihenfolge zu erfolgen haben. Solche sequenziellen Anordnungen sind nicht immer naturgesetzlich vorgegeben, es gibt aber meist Erfahrungswerte darüber, Aktivitäten auf die eine und nicht die andere Weise durchzuführen. Bei der gemeinsamen Planung können auch vollkommen neue Ideen entstehen, die von der bisherigen Erfahrung abweichen. Wichtig ist, dass sie jeweils auf ihre Realisierbarkeit und ihre Auswirkungen auf andere Aktivitäten hin überprüft werden. Sie müssen in Rezepte übersetzbar sein im Sinne von „Man nehme erst dies, dann das usw." Auch bei Kochrezepten gilt, dass die Reihenfolge der Aktivitäten von entscheidender Bedeutung ist. Wenn man die Kuchenform in den Ofen schiebt, bevor man den Teig gemixt hat, wird man lausige Backresultate erzielen.

Es gilt also,

(1) die einzelnen zur Realisierung der Aufgabe nötigen Aktivitäten zu unterscheiden und zu beschreiben (Was muss wie getan werden?),
(2) ihre Dauer abzuschätzen (Wie lange dauert das?),
(3) die Ressourcen zuzuordnen (Welches Personal, welche Hilfsmittel werden benötigt?),
(4) die Verknüpfung mit anderen Aktivitäten zu reflektieren (Was muss vor dieser Aktivität realisiert sein, welche anderen Aktivitäten sind von der Realisierung dieser speziellen Aktivität abhängig?),
(5) die Akteure zu bestimmen.

Die hier angegebene Reihenfolge ist nicht zwingend. Wahrscheinlich ist es sogar praktikabler, anders herum zu verfahren und sich erst die Akteure zu suchen, bevor darüber philosophiert wird, was wie getan werden muss. Schließlich hängt es von deren Kreativität ab, was dabei herauskommt.

Es ist nicht nur nützlich, sondern realistisch, sich von vornherein darüber im Klaren zu sein, dass solch ein Veränderungsprozess eine mehr oder weniger „chaotische" Phase durchlaufen muss. Sie entsteht in der Übergangsphase, wenn die alte Ordnung nicht mehr zuverlässig funktioniert und die neue entweder noch nicht gefunden oder nicht etabliert ist. Einige Mitarbeiter glauben noch nicht an den Wandel, spielen nach den alten Regeln, einige spielen nach neuen Regeln usw. Das Ergebnis ist große Unsicherheit, aber sie ist unvermeidbar und Vorraussetzung für die Entstehung neuer Muster. Das soziale System muss nicht nur neue Spielregeln lernen, sondern auch die alten ent-lernen. Und das geht in seltenen Fällen von einem Tag zum anderen. (In unserem Zahlenexperiment: Das alte Muster wird *nicht* weiter reproduziert, obwohl dies wahrscheinlich ist, sondern ein neues Muster wird stattdessen realisiert.)

Die Phasenfolge ist davon bestimmt, dass zu Beginn des Prozesses im Allgemeinen eine relativ feste Kopplung der Akteure besteht (man arbeitet schon lange zusammen, manche Leute haben jeden Tag miteinander zu tun, andere nie) und diese Akteure immer wieder Ähnliches tun. Sie sind aufeinander eingespielt (feste Kopplung der Aktionen). Deswegen sind die Kommunikationsmuster stabil, und es geschieht wenig Überraschendes (Modell: altes Ehepaar). Ist dieses alte Muster erst einmal zur Disposition gestellt, so eröffnet sich in beiden Dimensionen ein großer Möglichkeitsraum. Neue Leute können ins Spiel kommen, alte neu zusammengewürfelt werden, und jeder steht eventuell vor der Notwendigkeit, etwas zu tun, was er bisher noch nicht oder nicht in dieser Form getan hat. Die Kopplung der Aktionen und die der Akteure ist lose und unzuverlässig. Wenn dann die Schritte zur Implementierung neuer Muster und Strukturen in Angriff genommen werden, kommt es wieder zu einer (funktionalen) Verfestigung der Kopplungen in beiden Bereichen. Wenn das Ziel eher personenorientiert ist (in Abb. 12.6 als Ziel A gekennzeichnet), weil man mit bestimmten Leuten arbeiten will oder muss (das Arbeitsrecht als Äquivalent oder Ersatz emotionaler Bindungen), dann wird sich das Ziel eher in Richtung festerer Kopplung der Akteure finden lassen. Wenn es eher sachlich definiert ist (Ziel B in Abb. 12.6), dann kann mehr mit der loseren Kopplung der Akteure gespielt werden. Aber wie diese Zieldefinition im Einzelnen auch ausfallen mag. Nach einiger Zeit kommt es erfahrungsgemäß zur Erstarrung der Muster. Neue Kooperationspartner stellen sich aufeinander ein, Routinen werden entwickelt ... und irgendwann sind die Muster wieder so festgerostet, dass das nächste Veränderungsprojekt starten muss.[178]

12.7 Die Realisierung

Wenn die Planung detailliert (feinkörnig) und umfassend genug war, so ist die Realisierung vergleichbar dem Kochen mit Kochbuch. Man hat ein Rezept („generierender Mechanismus"), das Hand-

Die Phasen des Veränderungsprozesses

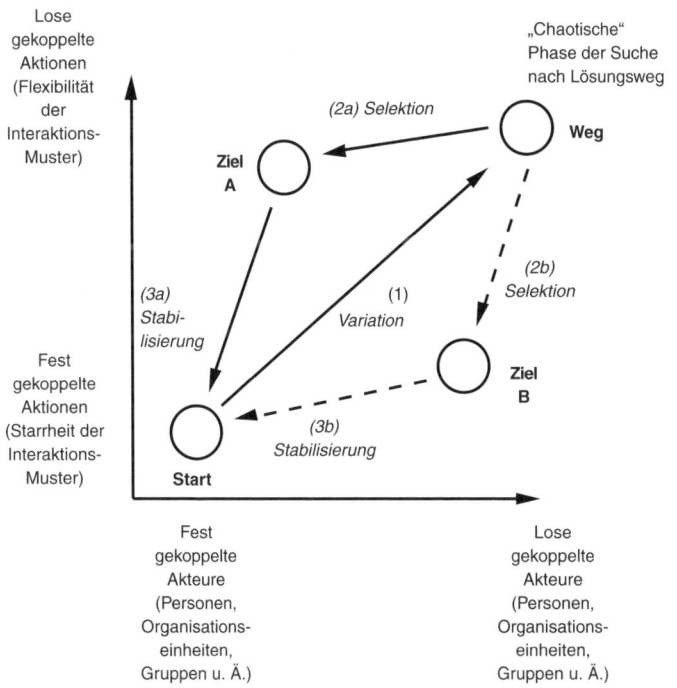

Abb. 12.6

lungsanweisungen gibt, wann was wie zu tun ist. Da nicht alles planbar ist, ist es notwendig, die Planung hin und wieder zu revidieren. Die Planungsprinzipien bleiben aber die gleichen und ihr Ergebnis auch: Man handelt nach der Logik eines auf die festere oder losere Kopplung von Aktionen und Akteuren fokussierenden Ablaufschemas.

Die Realisierung ist immer entweder mit der Beseitigung alter oder der Etablierung neuer Kommunikationsmuster, mit der Einbeziehung neuer und dem Ausschluss alter Akteure verbunden. Das kann heißen, dass Leute, Organisationseinheiten usw. miteinander in Kommunikation kommen, die bisher nicht miteinander kommuniziert haben, oder aber dass die, die bisher miteinander in Kommunikation waren, nicht mehr miteinander kommunizieren. Oder

Trilemma von Kosten, Zeit, Qualität

Abb. 12.7

aber die Inhalte der Kommunikation ändern sich ... Ohne Veränderung der Kommunikation gibt es keine Änderung der Organisation. Bei Veränderungen, die dabei notwendig werden sollten, muss stets das „Trilemma" von *Qualität*, *Zeit* und *Kosten* berücksichtigt werden.

Die Wechselbeziehung dieser drei Faktoren führt bekanntlich dazu, dass man keinen der drei Faktoren isoliert verändern kann. Wenn man zum Beispiel die Anforderungen an die Qualität eines Prozesses erhöht, so hat dies entweder Auswirkungen auf die Kosten oder die Zeit, die aufgewandt werden muss (oder auf beides); ändert man die Zeitvorgaben, so hat dies Auswirkungen auf die Kosten oder die Qualität (oder auf beides); und verändert man den Kostenrahmen, so hat dies Konsequenzen für die Zeit und die Qualität (oder für beides). Das gilt im Prinzip im positiven wie im negativen Sinn (wobei die positiven Auswirkungen nicht gleichermaßen zwangsläufig sind wie die negativen).

Da ein Veränderungsprojekt im hier referierten Sinne ein zeitlich befristetes System darstellt, sollte sein Ende deutlich markiert werden. Zu diesem Zweck bieten sich Rituale an. In allen Gesellschaftsformen gibt es Übergangsrituale, die für alle eindeutig den Anfang und das Ende wichtiger Lebensphasen oder andere Veränderungen (im sozialen Status zum Beispiel) signalisieren. Beim Schulanfang ist es die Schultüte, beim Schulabschluss die orgiastische Abiturfeier, man feiert Hochzeiten, isst und trinkt gut bei Beerdigungen („Mir schmeckt's, als ob mein bester Freund gestorben wäre!") usw. Solche Rituale sorgen dafür, dass Gestalten geschlossen und Unterschiede markiert werden. Man schließt – öffentlich ratifiziert und legitimiert – mit einer Lebensphase ab. Man entspannt sich und bekommt Kopf und Seele frei für andere, neue Aufgaben. Da bei solch einem Projekt viele Personen beteiligt sind, ist es wichtig, durch ein sozial bedeutungsträchtiges Ereignis die gemeinsame Arbeit abzuschließen (und – gegebenenfalls – zu feiern; siehe die Pizzapartys von Jack Welch). Andernfalls versandet es und wird als irgendwie bedeutungslos erlebt oder einfach vergessen …

Dennoch sollte ein Unterschied zu sachorientierten Projekten, wie sie aus dem alltäglichen Projektmanagement bekannt sind, nicht aus dem Blick verloren werden: Nach dem Ende des Projektes darf es nicht zur Rückkehr zu den alten Interaktions- und Kommunikationsmustern kommen. Die neuen Muster müssen weiterhin realisiert werden, sodass das Projekt eigentlich erst dann für beendet und erfolgreich erklärt werden kann, wenn die Implementierung sichergestellt ist. Dazu bedarf es der Etablierung neuer Strukturen, die in der Lage sind, den Alltag zu überleben. Und solche Strukturen erkennt man daran, dass sie sich in der tatsächlichen Kommunikation zeigen und nicht nur auf einem Flipchart stehen.

Jedes Veränderungsprojekt ist in gewisser Weise einzigartig und doch wie alle anderen. So bietet es die Chance, aus der gemeinsam gemachten Erfahrung zu lernen.

Die einzelnen hier dargestellten Schritte sollten getrennt evaluiert werden:

- Sind die am Anfang formulierten Ziele (Merkmale der Unterscheidung) erreicht worden?
- Wie war die „Erfindung" einer Lösung?
- Wie war die Realisierung?
- War in der Planung das enthalten, was für die Praxis von Bedeutung war?
- Wie war die Kooperation intern/extern?
- Wie müssen – rückblickend – das ursprüngliche Ziel und die Lösungsideen bewertet werden?

Das, was zu lernen ist oder war, sollte – soweit es von allgemeiner Gültigkeit ist – dokumentiert werden: Das nächste Veränderungsprojekt kommt bestimmt. Das Lernen aus diesen Erfahrungen ist –

wie andere Lernprozesse – daran gebunden, eine funktionelle Balance zwischen Konkretheit (Feinkörnigkeit) und Abstraktheit (Grobkörnigkeit der Unterscheidungen) zu finden. Deshalb sollte auch reflektiert werden, ob bei der Planung und Durchführung der verschiedenen Phasen jeweils eine in dieser Hinsicht nützliche Sprache gefunden wurde.

13. Hormonstöße – Großgruppeninterventionen

13.1 Wider die Theoriearmut

Großgruppen erfreuen sich in den letzten Jahren als Interventionen der Management- und Organisationsberatung einer bemerkenswerten Beliebtheit.

Wie die meisten aus den USA zu uns herüberschwappenden Managementmoden zeichnen sie sich durch einige typische Merkmale aus: Sie bieten eine ausgefeilte Technik an (nachzulesen meist in Handbüchern), und sie haben einen griffigen Namen. Die Handbücher versprechen handwerkliche Tools und damit Sicherheit in der alltäglichen Praxis, und die griffigen Namen suggerieren Einmaligkeit und Besonderheit und zielen auf Markenbildung und Schutz des Urheberrechts.[179]

Es soll hier, um das vorauszuschicken, nicht die pragmatische Nützlichkeit der angebotenen Rezepte im Einzelnen in Frage gestellt werden – denn die ist, wie bei vielen Methoden, mit denen die USA die Welt beglückt haben, aus pragmatischer Sicht kaum zu bezweifeln. Was aber als Problem erscheint, ist die gnadenlose Theoriearmut der angebotenen Rezepte.

Dies dürfte ja ganz allgemein einer der Gründe sein, warum das „alte Europa" häufig so große Schwierigkeiten mit dem „jungen Amerika" hat und umgekehrt. Und natürlich hat das junge Amerika irgendwie Recht: Theorien sind eine Form von Landkarten, die nur der braucht, der den Weg nicht kennt. Wer weiß, was er wann zu tun hat, braucht auch keine Theorie, und wer den Weg kennt, kann auf Landkarten verzichten.

Allerdings dürfte hier auch die Wurzel für europäisch-amerikanische Kommunikationsschwierigkeiten liegen: Wer denkt, er wüsste immer, was er tut, macht manches, von dem er sich nicht hätte träumen lassen. Und das ist – nüchtern betrachtet – kein Zeichen von Jugendlichkeit, sondern es ist schlicht und einfach kindisch. Denn manche Wege entstehen wirklich erst beim Gehen, und man sollte sich überlegen, ob man wirklich dahin will, wohin sie führen.

Für die professionelle oder wissenschaftliche Auseinandersetzung über Sinn und Unsinn von Großgruppeninterventionen reicht es nicht, zu wissen, wie man sie organisiert. Dass kann jeder talentierte Schimpanse. Man sollte nicht nur die Technik beherrschen, wie man kurzfristig eine große Zahl von Menschen miteinander in Kommunikation bringt, sondern es bedarf einer Vorstellung davon, was man damit eigentlich – im positiven oder negativen Sinne – anrichtet.

Theorien sind deswegen so praktisch, weil sie ermöglichen, Ad-hoc-Erklärungen für das Geschehen zu konstruieren, um so eine Leitlinie für das eigene Verhalten zu bekommen.

Hier scheint ein generelles Theoriedefizit im Blick auf Großgruppen zu bestehen. Wohlgemerkt, nicht nur ein Systemtheoriedefizit, denn auch die theoretischen Modelle, die in der Gruppendynamik traditionell verwendet werden, scheinen hier nicht besonders überzeugend.

13.2 Was ist eine Gruppe?

Beginnen wir, ganz schulmäßig, mit einer Definition. Was wird eigentlich unter Gruppe verstanden? Wie lässt sich dieser Begriff angemessen definieren? Vor die Definition der Großgruppe hat die Logik die Definition der Gruppe gesetzt.

Um zu solch einer Definition zu gelangen, empfiehlt es sich einmal mehr, der Vorgabe Wittgensteins[180] zu folgen, nach welcher der Gebrauch eines Wortes oder Begriffs seine Bedeutung bestimmt. Wie wird also das Wort Gruppe verwendet?

Wenn man Passanten auf der Straße die Frage stellen würde, was ihnen zu dem Begriff Gruppe einfallen würde, so würde dem einen die Laokoongruppe, dem anderen die Gruppe 47 und einem dritten die Baader-Meinhof-Gruppe einfallen. Das eine, die Laokoongruppe, ist die marmorne Darstellung dreier mythischer Personen, ein Vater mit seinen Söhnen, die sich offenbar beim Versuch, ihre Beziehung zu klären, schon damals so miteinander verwickelt haben, dass es dem Betrachter das Herz zerreißt. Das andere war eine

Ansammlung deutscher Nachkriegsdichter, die sich bei dem Ringen, ihre Erfahrungen mit der deutschen Gesellschaft in Worte zu fassen, zu einer Art posttraumatischer Selbsthilfegruppe zusammengeschlossen hatten. Und die dritte Gruppe versuchte durch das Töten hoher Justizbeamter oder Wirtschaftsbosse und Banker ihre Vorstellung von einer „besseren" Gesellschaft zu erzwingen.

Von diesen drei Gruppen ist es in der Kette der Assoziationen nicht mehr weit zum Gruppentarif der Bundesbahn, der vorwiegend von Gesangs- und Kegelvereinen zwecks gemeinsamer Ausflüge genutzt wird.

Doch diese freien Assoziationen sind wahrscheinlich nicht repräsentativ. In solch einer Situation kann man heutzutage auf das Internet zurückgreifen. Wenn man in der Suchmaschine Google das Stichwort Gruppe eingibt, so wird einem als erstes die „Gruppe Deutsche Börse" angeboten; dann andere Firmengruppen wie die so genannte „Kirch-Gruppe", deren Mitarbeiter vor nicht langer Zeit viel Aufmerksamkeit erregten, da sie ein neues Gruppenritual erfunden hatten: das „Insolvenzsaufen". Es handelt sich dabei um ein spontan entstehendes Kleingruppenphänomen, das bei Teams zu beobachten ist, die unmittelbar vor der Auflösung stehen.

Nimmt man diese Verwendungen des Begriffs, so ist ihre Gemeinsamkeit, dass es sich bei Gruppen offenbar um Zusammenschlüsse von mehreren handelnden Einheiten handelt, oder, wenn man der juristischen Metaphorik folgt und Firmen als juristische Personen betrachtet, von mehreren Personen. Unter Gruppe wird also offenbar in unserer Umgangssprache eine Mehrpersoneneinheit verstanden.

Das entspricht dem, was im Lexikon zu lesen ist. Eine Gruppe ist dort als eine „kleinere Anzahl von miteinander in Beziehung stehenden, einander zugeordneten Personen oder Dingen" definiert, oder auch, seit der zweiten Hälfte des 19. Jahrhunderts, als ein „durch gleiche Interessen verbundener Personenkreis".

Interessant ist dabei allerdings die Etymologie des Wortes Gruppe. Es wird eine Herkunft aus dem germanischen *kruppa* erwogen, das als Bezeichnung für eine „zusammengedrängte, runde Masse" steht und von dem sich auch Kropf ableitet. Nun sind Gruppen nicht immer runde Sachen, auch wenn es da gelegentlich zusammengedrängt zugeht und mancher sie für gleichermaßen überflüssig wie einen Kropf halten mag. Interessanter und wahrscheinlich auch nicht ganz zufällig ist in diesem Zusammenhang die Überlegung, ob der Begriff Gruppe nicht mit dem italienischen *groppo*, was soviel wie „Knoten" oder auch „Verwicklung" heißt, verwandt ist, was uns wieder zur Laokoongruppe führen würde.

Aber lassen wir diese linguistischen Spielereien. Wichtig scheint, dass unter einer Gruppe eine kleinere Anzahl von Personen verstanden wird. Klein oder kleiner heißt dabei in der Regel, dass *jeder mit jedem direkt, „face to face" interagieren und kommunizieren* kann, und zwar nicht nur sequenziell, sondern *gleichzeitig*. Die Beteiligten durchlaufen eine gemeinsame *Interaktionsgeschichte*, und im Verlauf dieser Geschichte konstituiert sich bei ihnen das Verständnis, zu einer gemeinsamen Einheit – der Gruppe – zu gehören. Es entsteht so etwas wie ein *Wir-Bewusstsein*, ein *Gefühl der Zugehörigkeit*. Die gemeinsame Geschichte sorgt für geteilte Erfahrungen und Vertrautheit, die gelegentlich in Vertrauen übergeht.

Um es auf eine Formel zu bringen: Eine Gruppe ist ein soziales System, das durch Kommunikation unter Anwesenden entsteht. Die oben (im Kap. 7, „In-Teamitäten") genannten Voraussetzungen, um von einem Team zu sprechen, sind offensichtlich dieselben wie die bei der Gruppe. Oder anders formuliert: Teams sind Gruppen – was aber nicht heißt, dass Gruppen immer Teams sind.

Zwischen Gruppen und Organisationen gibt es einige gravierende Unterschiede. Organisationen sind zwar ebenfalls soziale Systeme, die durch Kommunikation entstehen und am Leben gehalten werden, aber diese Kommunikation ist nicht auf die Face-to-face-Kontakte der Teilnehmer angewiesen. Schon durch die Zahl der beteiligten Akteure ist es in größeren Organisationen wie etwa einem größeren Unternehmen, einer Kirche, einer Behörde usw. unmöglich, dass jeder mit jedem kommunizieren kann. Selbst wenn man die 100 000 Mitarbeiter eines weltweit operierenden Konzerns zusammensperren würde, könnte nicht jeder der Mitarbeiter mit jedem anderen kommunizieren. Die Zahl der möglichen Zweierbeziehungen steigt exponentiell mit der zunehmenden Zahl der Teilnehmer. Um das Modell des Jeder-kann-gleichzeitig-mit-jedem-Kommunizierens an seine Grenzen zu führen, braucht man aber keine 100 000 Leute, sondern die Schwierigkeiten entstehen schon bei etwa zwölf Personen (siehe ebenfalls Kap. 7).

Ab dieser Größe bedarf es anderer Kommunikationsmedien und -strukturen, um die Kommunikation aufrechtzuerhalten. Wenn nicht mehr jeder mit jedem gleichzeitig in Kontakt treten kann, muss entschieden werden, wer wann mit wem in Kontakt tritt. Und es muss eine Auswahl getroffen werden, mit wem über welches Thema in welcher Form kommuniziert wird. In diesen Entscheidungsnotwendigkeiten liegt die Wurzel der Entstehung von Organisationen. Es entstehen – meist per Selbstorganisation, manchmal auch geplant und gezielt – Kommunikationsmuster und -strukturen, die hochselektiv bestimmte Kommunikationen wahrscheinlich machen und andere unwahrscheinlich.

Um es ausnahmsweise einmal mit einer Metapher zu illustrieren: Es ist so, als ob in einer Landschaft Kanäle, Flüsse und Bäche gegraben oder sich eingraben würden. Wenn sie erst einmal ihren Lauf gefunden haben, dann wird es wahrscheinlich, dass sie ihn in Zukunft beibehalten. Daher fließt das Wasser nicht mehr überall, die Landschaft ist differenziert, es gibt Wasserläufe und Trockengebiete. Ganz analog gibt es in Organisationen Kommunikationskanäle, die den Informationsfluss bestimmen, und in manchen Gegenden sitzt man immer auf dem Trockenen.

Diese Differenzierung und Verfestigung von Strukturen fehlt bei der Gruppe: Sie gleicht eher einer ziemlich ebenen Wiese, die immer mal wieder überschwemmt wird. Der Informationsfluss ist nicht geordnet, er hängt eher von zufälligen Strömungen und Windverhältnissen ab. Auch hier ergeben sich Differenzierungen, aber sie sind flexibler, von Augenblicksentwicklungen bestimmt und nicht institutionalisiert.

Die Metapher der Kanäle, die für die selektive Verknüpfung von Kommunikationsteilnehmern steht, illustriert noch ein anderes, nun ja schon mehrfach angesprochenes Organisationsphänomen: die Konservativität organisatorischer Strukturen. Auch wenn ein Flussbett mal eine Zeit lang kein Wasser führen mag und einige Anlieger sich freuen mögen, dass sie nun trockene Keller haben, fließt alles wieder in alten Bahnen, sobald die erste Schneeschmelze kommt. Die Muster, die sich etabliert haben, stellen sich mit einer ziemlichen Wahrscheinlichkeit wieder her, wenn sie erst einmal etabliert sind, unabhängig davon, ob das jemand beschließt oder nicht. Wem das nicht passt, der muss etwas aktiv dagegen unternehmen und alternative Strukturen bauen. Er muss Staudämme errichten und Kanäle graben, um den Wirkungen der geschichtlich gewachsenen Strukturen entgegenzuwirken. Das ist der Grund, warum

Veränderungsprozesse in Organisationen solch eines kommunikativen Aufwandes und einer speziellen Architektur bedürfen. Eine Gruppe ist dagegen in ihrer Struktur viel leichter zu verändern. Sie ist weit weniger konservativ, da sie immer auf die Kommunikation unter Anwesenden angewiesen ist. Und wie *die* kommunizieren ist weit weniger von historisch bedingten Strukturen bestimmt als in der Organisation. Denn in der Gruppe stehen die Personen im Mittelpunkt der Kommunikation. Und diese konkreten Personen bestimmen, wie tatsächlich kommuniziert wird – nicht irgendwelche institutionalisierten Spielregeln.

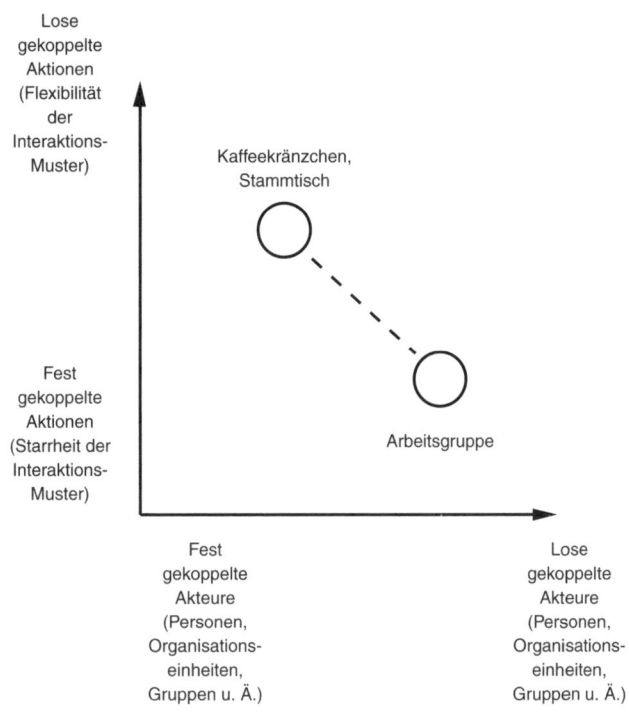

Abb. 13.1

Die Personen sind daher in der Gruppe nur begrenzt austauschbar. Jeder Einzelne hat einen bestimmenden Einfluss auf das, was tatsächlich passiert. Er ist dabei in seiner Individualität und in seiner Funktion unverwechselbar. Wenn einer geht und ein anderer kommt, ist es nicht mehr dieselbe Gruppe. Hier dürfte einer der wichtigsten Unterschiede zwischen Organisationen mit ihrer relativ losen Kopplung der Akteure und Gruppen liegen. Die Intimität der Beziehungen ihrer Mitglieder und die personenorientierte Kommunikation sorgen dafür, dass Gruppen einen familienartigen Charakter entwickeln.

Wenn es sich um eine Gruppe handelt, die keine sachlichen Ziele hat, wie etwa ein Kaffeekränzchen, so verstärkt dies ihre Familienartigkeit. Man ist aneinander als Personen interessiert, man trifft sich, unterhält sich mehr oder weniger gut, vertreibt sich die Zeit und redet über Persönliches – und sei es der Klatsch über die Missetaten der Kinder, der Kollegen oder der Nachbarn.

Ist die Gruppe jedoch aufgabenorientiert, wie etwa eine Arbeitsgruppe oder ein Team, so tritt das Interesse an der Person graduell in den Hintergrund, und an seine Stelle treten vermehrt Verfahrensweisen und Spielregeln der Kommunikation, die das Erreichen des gemeinsamen Ziels befördern sollen. Doch auch in diesem Fall spielt die Personenorientierung noch eine große Rolle, da sie die Flexibilität der Interaktionsmuster und Rollen sowie die Nutzung der individuellen Ressourcen am besten gewährleistet. Das einzelne Individuum ist also nicht gleichermaßen austauschbar wie in einer überwiegend durch Vorschriften gesteuerten Behörde. Die Person verschwindet nicht hinter der Funktion, sondern sie bleibt erkennbar.

Diese Familienartigkeit der Gruppe setzt ihr als spontan entstehendem sozialem System quantitative Grenzen. Die Beteiligten müssen noch jeder mit jedem face-to-face kommunizieren können.

13.3 Das Paradox der Grossgruppe

Stellt man diese Eigenarten von Gruppen in Rechnung, ist es nicht erstaunlich, dass die spontane Entstehung von Großgruppen in unseren zeitgenössischen Gesellschaftssystemen ein nur selten, wenn überhaupt zu beobachtendes Phänomen ist. Ja, man kann sogar die These aufstellen, dass der Begriff der Großgruppe schon auf ein

Paradox verweist. Denn die skizzierten, familienartigen Merkmale von Gruppen treffen auf Großgruppen zu und auch wieder nicht. Es handelt sich bei Großgruppen zwar um eine Ansammlung von Einzelpersonen, aber die Kommunikation ist nicht intim, nicht personenzentriert. Und auch wenn die Handlungen einer Vielzahl von Individuen koordiniert werden wie bei einer Organisation, so kommt es doch zu keiner Strukturierung bzw. der damit verbundenen Differenzierung von Prozessmustern. Es entsteht keine Vielzahl gegensätzlicher, sich ergänzender Funktionen und Rollen.

Wenn wir die Organisation mit einem System von Flüssen und Bächen verglichen haben und die Gruppe mit einem Tümpel, so ist die Großgruppe so etwas wie ein Überschwemmungsgebiet. Und überflutet fühlen sich auch meist die Teilnehmer an solch einem Ereignis. Da kaum jemand über ein Verhaltensrepertoire für solch eine Gemengelage verfügt, sind im Alltagsleben Großgruppen sehr flüchtige Phänomene: Man geht zu einem Empfang, steht dumm und orientierungslos herum, der Blick schweift, ob man nicht jemanden kennt, und innerhalb kürzester Zeit hat sich die Großgruppe in überschaubare, Angst reduzierende und Sicherheit spendende Kleingruppen zerbröselt.

Die Großgruppe produziert psychoseartige Effekte: Die Grenzen des Individuums scheinen sich aufzulösen, seine Orientierung geht verloren, die Komplexität steigt und mit ihr die Notwendigkeit, sie zu reduzieren. Und je weniger äußere Strukturen für die Fokussierung der Aufmerksamkeit sorgen, desto größer ist der Spielraum für die Konstruktion von Erklärungen für das ängstigende Geschehen. Mit anderen Worten, der Paranoia und dem Wahn sind Tür und Tor geöffnet. Dies ist Grund genug, warum die meisten Menschen Großgruppen meiden und, wenn sie doch einmal in solch ein Setting geraten, die Zuflucht in Kleingruppen suchen oder in die innere Emigration gehen.

Wenn wir unser Augenmerk auf die wenigen Gelegenheiten richten, in denen es in unserer Gesellschaft zur Bildung von Großgruppen kommt, so zeigt sich, dass sie allesamt einen hohen Ritualisierungsgrad aufweisen. Sie entstehen nicht spontan, sondern geplant, und wer sich auf sie einlässt, weiß, was ihn erwartet. Dies gibt ihm die Sicherheit, sich überhaupt darauf einzulassen. Wir finden sie daher auch nur in ganz speziellen, institutionalisierten

Kontexten: im Theater, bei Gesellschafterversammlungen, Vorträgen, Sportveranstaltungen, Parteitagen, Gottesdiensten usw. Was all diese Gelegenheiten miteinander verbindet, ist die klare Unterscheidung und Rollentrennung zwischen Akteuren und Zuschauern. Die Personenorientierung der Gruppe ist zwar auch hier gegeben, aber es ist die Selektivität der Kommunikation der Organisation hinzugekommen, d. h., im Fokus der allgemeinen Aufmerksamkeit stehen einige wenige Personen (man geht ins Burgtheater, um den Brandauer spielen zu sehen, in die Berliner Philharmonie, um Simon Rattle als Dirigenten zu erleben). Auf diese Weise kommt es zu einer Art Zweipersonenkommunikation zwischen einem oder wenigen Protagonisten und einer großen Masse von Zuschauern oder Zuhörern. Da diese Rollen festgelegt und nicht umkehrbar sind, kommt es zwar nicht zu einer vollständigen Einbahnkommunikation (die Zuschauer können klatschen, „Buh!" rufen, den Saal verlassen usw.), aber die Möglichkeiten, sich mitzuteilen oder Botschaften an die Menschheit zu senden, sind ungleich verteilt. Die Paradoxie der Großgruppe, als Gruppe personenorientiert zu kommunizieren und gleichzeitig aufgrund der Menge der Beteiligten dies nicht angemessen tun zu können, wird dadurch aufgelöst, dass die Beziehung zwischen den Kommunikationsteilnehmern asymmetrisch angelegt ist. Es stehen nicht alle auf der Bühne, sondern nur einige. Es zeigen sich nicht alle Akteure als Person, aber doch hinreichend, um dem Zuschauer das Gefühl der persönlichen Beziehung und Bekanntschaft zu vermitteln. Diese Art der sternförmigen Kommunikation lässt Stars entstehen.

Und dann kommt es zu solch merkwürdigen Begegnungen, wie sie jeder wohl schon erlebt hat: Sie treffen jemanden auf der Straße, von dem Sie sofort wissen, dass Sie ihn kennen. Sie überlegen, ob er wohl gekränkt sein mag, dass Sie ihn nicht gegrüßt haben oder nicht sofort zuordnen können. Nach einiger Zeit fällt Ihnen dann ein, dass Sie ihn nur aus dem Fernsehen oder dem Theater kennen, und Sie sind froh, dass Sie sich und ihm die Peinlichkeit erspart haben, ihn zu begrüßen und zu fragen, woher sie sich eigentlich kennen ...

13.4 Massenpsychologie

Alles, was die Dynamik von Großgruppen charakterisiert, ist in der sozialpsychologischen Literatur schon vor Jahrzehnten sehr gut beschrieben und analysiert worden, allerdings nicht unter dem Etikett „Großgruppe", sondern unter dem Titel „Masse" bzw. „Massenpsychologie" – angefangen bei Gustave LeBon, über Elias Canetti bis zu Erich Fromm.[181]

Großgruppen sind Massen. Sie weisen keine internen, organisatorischen Strukturen auf, und sie entwickeln sie in der Regel auch nicht. Sie entstehen durch die Zusammenballung von Individuen, die erst einmal nicht mehr miteinander verbinden muss, als zur selben Zeit am selben Ort zu sein. Wenn sie an diesem Ort bleiben – ob sie nun dorthin geströmt oder verschlagen worden sind –, ist das dadurch zu erklären, dass sie entweder nicht weg können, weil sie eingesperrt sind, oder aber, dass sie nicht weg wollen. Und wenn sie nicht weg wollen, so deswegen, weil sie erleben wollen, was auf der Bühne passiert. Dafür sind sie bereit, sogar Eintritt zu zahlen. Was sie integriert, ist nicht das Interesse aneinander, sondern die gemeinsame Fokussierung der Aufmerksamkeit auf einen Dritten oder etwas Drittes.

Die Koordination ihrer Handlungen unterscheidet sich von der in einer Organisation ganz grundlegend: Es werden nicht unterschiedliche Aktivitäten (Aktionen) zu einem übergeordneten, kooperativen und hochdifferenzierten Interaktions- oder Kommunikationsnetzwerk zusammengefügt, sondern es werden gleichartige Aktionen summiert. Und die Summe ist in diesem Fall *nicht* unbedingt mehr als die Teile, sondern erst einmal nur die Verstärkung dessen, was individuell getan wird. Und das wiederum hat mit dem zu tun, was sich psychisch bei den Teilnehmern abspielt.

In einer Organisation kann jedes einzelne Mitglied für sich die Komplexität der Situation reduzieren, indem es sich an Rollenvorgaben, Vorschriften und Erwartungen orientiert. Es kann sich in ein übergeordnetes System einfügen, ohne seine Individualität oder seine differenzierte Identität aufzugeben. Dabei kann seine Leistung für das soziale System gerade darin bestehen, etwas zu tun, was sonst keiner tut. Der Sinn seines Tuns, seine Nützlichkeit oder Nutzlosigkeit, ergibt sich erst aus der Einordnung seiner Aktivitäten in das Muster des Kommunikationsprozesses. Das ist ja der Grund, warum man Organisationen als Kognitionsprozesse verstehen kann – als Ausdruck interpersoneller Intelligenz. Hier entsteht im Idealfall ein übergeordnetes Ganzes, das mehr als die Summe der Teile „ist" bzw. zustande bringt.

Ganz anders ist die Situation bei Massen- oder Großgruppenphänomenen. Sie lassen sich als Ausdruck interpersoneller Emotionalität charakterisieren. Nicht Differenzierung ist dabei die Grundlage des sozialen Musters, sondern Entdifferenzierung, Gleichschaltung und Symmetrie. Was die Teilnehmer miteinander verbindet und sie in ihren Handlungen steuert, sind geteilte Gefühle, sei es nun Begeisterung oder Panik. Die Fähigkeit aller Beteiligten, emotional zu reagieren, bildet den kleinsten gemeinsamen Nenner, der individuelle und kollektive Aktionen miteinander verbindet. Wo es keine differenzierten Rollenvorgaben und Spielregeln gibt, die es dem Einzelnen ermöglichen, sich in der Unüberschaubarkeit der Welt zu orientieren, sind menschliche Individuen zwangsläufig auf ihre Gefühle verwiesen. Auch sie ermöglichen es, Komplexität zu reduzieren und handlungsleitende Entscheidungen zu treffen. Sie heißen ja nicht ohne Grund Emotionen: Sie setzen in Bewegung. Allerdings ordnen sie die Welt nach weit schlichteren und holzschnittartigeren Schemata als das logisch-diskursive Denken. Aber diese Einfachheit emotionaler Weltbilder mit ihren Entweder-oder-Unterscheidungen, ihrer harschen Gut-Böse-Bewertung und ihrer Aufteilung der Welt in „Wir und die anderen" ermöglicht dann auch das, was den unzweifelhaften Reiz von Großgruppenveranstaltungen ausmacht: das Erlebnis der Gemeinsamkeit, das Aufgehen in einer größeren sozialen Einheit; die Gleichschaltung der Gefühle einer großen Zahl von Menschen, die sich als zusammengehörig erleben, auch wenn sie sich gegenseitig gar nicht kennen; die Auflösung des abgetrennten, einsamen Selbst in einem allumfassenden Wir-Selbst.

Die Kehrseite der Angst vor Selbstaufgabe ist offenbar die Sehnsucht nach Teilhabe an etwas Großartigem, nach Verschmelzung in einem die eigenen Grenzen überschreitenden und Sinn stiftenden Wir.

So kann denn ein wenig der Größenwahn gelebt werden, nach dem sich jeder in seinem tiefsten Inneren zu sehnen scheint. Aufbruchstimmung, Optimismus und Selbstvertrauen sind die Nebenwirkung.

Dass dies attraktiv ist, zeigt ein seltsames Phänomen, das im Sommer 2003 erstmals in Manhattan zu beobachten war: die so genannten „Flash Mobs". So trafen sich zum Beispiel am 2. Juli etwa 200 Leute, die sich nicht kannten, scheinbar völlig überraschend im Food Court der Grand Central Station. Alle hatten ein Exemplar der *New York Review of Books* unter dem Arm. Und kurz nach 19 Uhr trafen sie sich dann in der Mezzanine-Ebene des Hyatt Hotels (direkt neben dem Bahnhof) und applaudierten 15 Sekunden lang. Danach verstreuten sie sich wieder in alle Winde. Ähnliches passierte einige Tage später, als sich eine größere Menge von Menschen im Spielzeugladen Toys-R-Us trafen und spontan ein gottesdienstartiges Ritual zur Verehrung des großen Stoffdinosauriers zelebrierten. Alle diese Versammlungen waren per E-Mail verabredet, und vor Ort gab es Instruktionen, was jeder Einzelne zu tun hatte (alle dasselbe). So viel zur Attraktivität von Versammlungen, bei denen der Einzelne in einer Masse untergehen oder – wie auch immer – mit ihr „verschmelzen" kann.

Beim einen oder anderen der üblichen Verdächtigen, z. B. bei Alt-68ern, herrscht natürlich Misstrauen gegenüber den Risiken, die mit solchen Prozessen verbunden sind: gegenüber der Verführung, die individuelle Verantwortung aufzugeben und sich in der Masse zu verstecken, gegenüber dem Mitschwimmen in der Menge, gegenüber der Gefahr, falschen Propheten zu folgen usw. Die Bilder von Reichsparteitagen in Nürnberg sind wohl den meisten noch in Erinnerung.

Aus einer systemtheoretischen Perspektive allerdings ergibt sich die Möglichkeit, solche Phänomene zunächst relativ neutral und ohne Bewertungen zu beschreiben und sie in ihrer Logik zu erklären. In einem zweiten Schritt kann dann überlegt werden, wozu sie – wenn sie nun schon mal möglich sind – genutzt werden können. Dass das geht, zeigen die in den letzten Jahren populär gewordenen Großgruppeninterventionen im Rahmen der Organisationsberatung. An ihrem Beispiel lässt sich illustrieren, wie solch ein Setting in die Architektur von größeren Veränderungsprozessen eingebaut werden kann.

13.5 Grossgruppen als Interventionsform

Als Erstes springt der Kontrast zwischen den Kommunikationsmustern von Organisationen mit ihren vorgeformten Kommunikationskanälen und der eher amorphen Ausgangssituation in einem Großgruppensetting ins Auge. Es sind zwei sich widersprechende Ordnungsprinzipien, die hier aufeinander treffen: Struktur trifft Strukturlosigkeit, hohe Selektivität der Kontakte und Beziehungen zwischen den Kommunikationsteilnehmern (aber auch den Kommunikationsinhalten) steht einer hohen Variabilität in beiden Bereichen gegenüber, Erwartbarkeit kollidiert mit Unerwartetem, Vorhersehbarkeit wird überrascht.

Am radikalsten wird dieses Prinzip beim so genannten Open Space realisiert. Obwohl diese Methode inzwischen vielen vertraut sein dürfte, hier eine kurze Skizze: Das Grundprinzip besteht darin, Form und Inhalt der Kommunikation radikal zu trennen. Das ganze beginnt in einem Großgruppensetting, die Zahl der Teilnehmer ist vom Prinzip her unbegrenzt. Die mit solch einer Ansammlung von Menschen, dem Massenerleben, verbundene Angst und Unsicherheit wird dadurch bewältigt, dass – ganz den dramaturgischen Erwartungen an solch eine Veranstaltungsform entsprechend – ein Leiter auftritt, der für alle sichtbar die Verantwortung für die Gestaltung des Prozesses übernimmt. Seine Sicherheit gebende und Angst reduzierende Funktion besteht in erster Linie darin, dass er Raum und Zeit strukturiert. Er legt eine Zeitstruktur für Arbeitsgruppen fest, lässt dies analog zu den aus anderen Kontexten bekannten Stundenplänen plakatieren. Ähnliches geschieht für die Zuordnung von Räumen, in denen sich Gruppen unterschiedlicher Größe treffen können. Wer weiß, in welchem Raum er zu welcher Zeit sein will, kann sich orientieren, da beides schriftlich festgelegt und veröffentlicht ist – auf Flipcharts oder Plakaten, die jedem zugänglich sind.

Was der einzelne Teilnehmer aber selbst entscheiden muss – und in dieser Hinsicht wird seine Erwartung an den Leiter radikal enttäuscht –, ist die Wahl der Inhalte, über die kommuniziert werden soll oder kann. Wer immer ein Thema vorgeben mag, über das er sich mit anderen auseinander setzen will, kann es verkünden, sich einen Raum und eine Zeit suchen und auch dies veröffentlichen. Er bringt es gewissermaßen auf den Markt der Möglichkeiten, und damit setzt er sich der Konkurrenz konkurrierender Inhalte aus. Jedes Thema ist legitim, jeder Teilnehmer hat seine eigene Wahl zu treffen, mit welcher Frage er sich beschäftigen will. Und bei all diesen Entscheidungen bleibt er unabhängig, nicht einmal gebunden durch frühere Entscheidungen. Wenn ihn ein Thema nicht mehr interessiert, hindert ihn keinerlei Konvention und keine Regel des guten Benehmens daran, ohne jede Begründung den Raum zu verlassen und seine Aufmerksamkeit auf irgendwen oder irgendetwas anderes zu richten. So sagt es zumindest die offizielle, vom Leiter verkündete Spielregel.

Der Witz an diesem Setting liegt in der Auflösung der Paradoxie der Großgruppe durch die radikale Trennung von Form und Inhalt. Auf der formalen Ebene gibt es einen hohen Organisationsgrad: Die Entscheidungen über den Raum, in dem jeder sich bewegen kann, und das Zeitraster, das die Koordination der individuellen Akteure gewährleistet, reduziert die Angst, den Anschluss zu verlieren und sich plötzlichen ausgegrenzt zu erleben. Die Sicherheit und Berechenbarkeit der Regeln ist gewährleistet. Es gibt eine verantwortliche Person, auf die sich die Aufmerksamkeit richten kann, eine Autorität, auf die im Notfall zurückgegriffen werden könnte. Aber meist ist das gar nicht nötig, da die Spielregeln der Interaktion für jeden durchschaubar sind.

Dieser formalen Strenge steht eine nahezu vollständige Freiheit auf der inhaltlichen und persönlichen Ebene gegenüber. Kein Thema ist ausgegrenzt, es gibt keine Tabus, und keiner der beteiligten Akteure ist verpflichtet, sich an ein Thema, einen Raum, einen Fokus der Aufmerksamkeit zu binden.

Während die Personen im Alltag der Organisation nur hochselektiv ihrer Funktion entsprechend in ihren Fähigkeiten und Interessen gefordert und in Anspruch genommen werden, kann durch diese Entkopplung von Person und Funktion ihr kreatives und intellektuelles Potenzial in die Kommunikation einfließen. Es können Personen und Funktionsträger miteinander ins Gespräch kommen, die sich sonst nie treffen würden. Es kommt zur freien Assoziation im buchstäblichen wie im übertragenen Sinn – nicht nur von Personen, sondern auch von Ideen, Gedanken und Gefühlen. Kreativität, die sonst durch die vorgegebenen formalen oder auch informellen Kanäle eingeschränkt ist, wird möglich.

Hohe Selektivität vs. hohe Variabilität

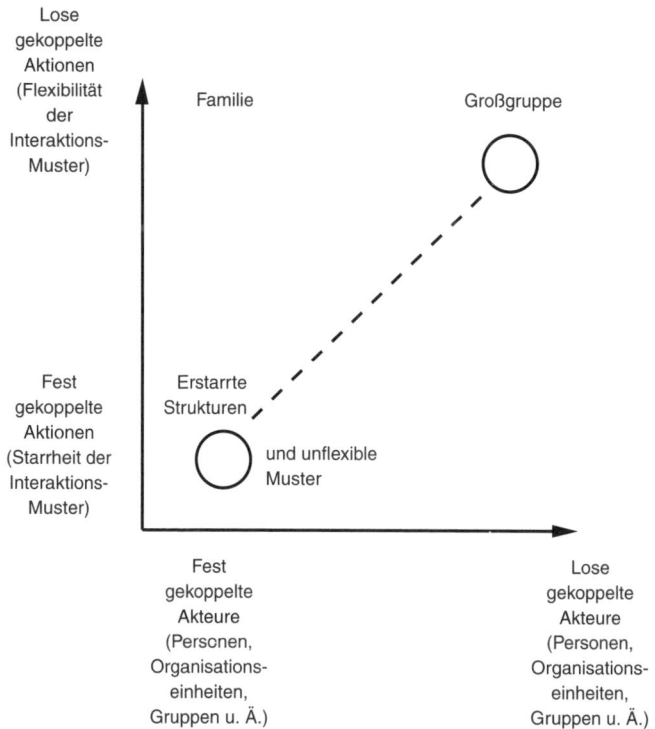

Abb. 13.2

Die Aufsplitterung in Kleingruppen, in denen Face-to-face-Kommunikation möglich wird, geschieht auch hier. Allerdings sind die Selektionskriterien der Bildung dieser Kleingruppen anders: Nicht Bekanntschaft oder Zufall, sondern inhaltliche Interessen bestimmen – vielleicht nicht nur, aber sicher auch – die Zusammensetzung.

Das Geniale an solch einem Setting besteht darin, dass es die Oszillation von wahrscheinlichen und unwahrscheinlichen sozialen Prozessen herbeiführen kann. Die Großgruppe ist „an sich" in einer Organisation eher unwahrscheinlich (außer bei Jubiläen und 100. Geburtstagen). Sie muss also angeordnet werden, was wiederum nur im Rahmen der Organisation möglich ist. Wenn sie erst einmal begonnen hat, wird die wahrscheinliche Tendenz genutzt, sie wieder in kleinere Einheiten aufzulösen. Aber die Prinzipien dieser Bildung werden beeinflusst, sodass auch hier wieder das spontan Unwahrscheinliche passiert: die Kommunikation von Menschen, die sich sonst nicht miteinander einlassen würden usw.

Stets geht es dabei um die Irritation sozialer und psychischer Muster, um Anregung und Störung eingefahrener Abläufe. Hier liegt das Potenzial derartiger Interventionsformen. Hinzu kommt die emotionale Wirkung: das Gefühl, an etwas Großartigem teilgenommen zu haben – und das, wiederum eine selten zu erfahrende Paradoxieauflösung, ohne als Individuum in der Masse untergegangen zu sein.

Was bei Großgruppeninterventionen in Organisationen geschieht, kann durch eine andere Metapher, die unser Fluss-Bach-Überschwemmungsbild ein wenig ausbaut, ganz gut illustriert werden. Die Kommunikation in einer Organisation hat in ihrer Selektivität große Ähnlichkeiten mit der des menschlichen Nervensystems. Impulse, die vom Großhirn an die große Zehe gesandt werden, erreichen – Gott sei Dank, muss man wohl hinzufügen – nicht das linke Ohr. Aber die Nervenleitung ist nicht die einzige Form der Kommunikation im Organismus. Es gibt auch noch die Hormonausschüttung. Sie kann alle Organe – und das auch noch nahezu gleichzeitig – erreichen und deren Funktionieren beeinflussen. Das ist gut und überlebenssichernd in Ausnahmesituationen wie einer außergewöhnlichen Gefahr oder Freude. Aber auf „Dauer" kann diese Wirkung nicht gestellt werden. Auch im Körper führen dauerhafte Alarmreaktionen zur Abstumpfung bzw. zu pathologischen Nebenwirkungen (z. B. Bluthochdruck bei Dauerstress).

Dementsprechend müssen Großgruppeninterventionen in ein umfassenderes Prozessdesign eingebettet werden. Zum Beispiel eignen sie sich, um am Anfang eines Veränderungsprozesses, wie er im vorigen Kapitel in seiner Architektur skizziert wurde, möglichst viele Mitarbeiter in die Suche nach Lösungswegen einzubeziehen. Dadurch werden sie nicht nur in die Verantwortung genommen, sondern die Organisation erhält auch Zugang zu ihrer individuellen wie kollektiven Kreativität. Als Einmalereignisse, die als Happening ohne langfristige Folgen auf der Stufe des Betriebsausfluges oder einer Incentiveveranstaltung konzipiert sind, können sie langfristig nur negative Wirkungen haben. Der Euphorisierung folgt die

Desillusionierung, der Motivation die Demotivation. Wer sich und seine mehr oder weniger guten Ideen für die Organisation zur Verfügung stellt, dann aber merkt, dass es keinen Unterschied macht und sein Engagement etwa ebenso bedeutungsvoll war wie das Umfallen eines Sacks Reis im fernen China, der wird eher in die innere Emigration getrieben als aktiviert.

Deswegen ist die Planung solcher Ereignisse, das Vorher wie das Nachher entscheidend. Dabei stellt sich vor allem die Frage nach dem richtigen Zeitpunkt. Außergewöhnliches bedarf außergewöhnlicher Anlässe oder Ziele. Nur wenn das der Fall ist, lohnt sich der Aufwand. Eine Großgruppe einzuberufen weist immer darauf hin, dass nicht mehr oder noch nicht mit alltäglichen Bordmitteln gearbeitet werden kann. Großgruppe ist ein Ausnahmezustand, er markiert daher so etwas wie eine Stufenfunktion, einen qualitativen Sprung in der Entwicklung der Organisation. Danach sollte zwar nicht alles, aber doch vieles anders weitergehen als vorher. Wer das nicht wünscht oder gar befürchtet, der sollte nicht einmal im Traum daran denken, sich auf Großgruppenprozesse einzulassen. Denn was ihre Chance ausmacht, ist auch ihr Risiko: Sie unterbrechen Routinen und stellen sie in Frage. Und auch hier zeigt sich wieder ihr paradoxer Gehalt: Wer will das schon und wer wünscht sich das nicht?

14. Mehr als nur eine Metapher: Manisch-depressive Märkte

14.1 WIE SINNVOLL SIND PSYCHIATRISCHE METAPHERN ZUR BESCHREIBUNG WIRTSCHAFTLICHER SACHVERHALTE UND PROZESSE?

Von einem Verständnis von Kommunikationsprozessen als Form interpersoneller Kognition („Mehr-Hirn-Denken") ist es nicht weit zur Frage, ob psychiatrische Diagnosen wie „Depression" zur Charakterisierung wirtschaftlicher Sachverhalte nicht tatsächlich angemessen sind. Dass sie als Metaphern seit Jahrzehnten populär sind, steht ja außer Frage. Um die Antwort gleich vorwegzunehmen: Sie sind es! Allerdings nur dann, wenn man genau untersucht, worin die Ähnlichkeiten und Übereinstimmungen zwischen den beiden Phänomenbereichen liegen, d. h. zwischen psychischen und ökonomischen Phänomenen. Sie können in der Organisation der „generierenden Mechanismen" der jeweils „Depression" genannten Zustände und Verhaltensweisen in beiden Bereichen gefunden werden. Die Hoffnung der folgenden Überlegungen ist, dass sich aus dieser Übereinstimmung der Logik der Entstehung auch Ideen für die „Therapie" in beiden Bereichen ableiten lassen.

Doch um bis zu diesem Punkt zu gelangen, bedarf es einer kurzen Einführung in die Erkenntnistheorie der Psychiatrie bzw. in einige erkenntnistheoretische Probleme, mit denen sich die Psychiatrie herumzuschlagen hat.

Ende 2002 konnte man im deutschen Fernsehen eine interessante Werbung beobachten: Gezeigt wurde ein Fenster mit einem heulenden Baby, die Kamera fuhr zurück, zu sehen war eine riesige Hauswand voller Fenster voller weinender Babys. Die Kamera zoomte in einer Gegenbewegung auf ein besonderes Fenster, das einzige, in dem ein tränenloses Baby zu sehen war. Es blickte entschlossen in die Kamera und kommandierte – mit der entsprechend entschlossenen Babystimme – an das fernsehende Volk: „Deutschland, hör auf zu flennen!" Es wurde nicht gesagt, für welches Produkt oder welche Firma dieser Spot werben sollte. Aber gut gemacht war er. Vor allem drückte er sehr prägnant die Seelenlage der Nation im Herbst 2002 aus: Sie war weinerlich und heulsusig, aber ob sie im psychiatrischen Sinne depressiv war, bedarf einer genaueren diagnostischen Klärung. Denn wer „richtig", d. h. im Sinne der eingeführten diagnostischen Kriterien, depressiv ist, heult nicht mal mehr.

Er sitzt mehr oder weniger handlungsunfähig in der Ecke, hat Angst, dass alles noch schlimmer wird, schreibt sich die Schuld für das Elend der Welt zu und starrt, wie das Kaninchen auf die Schlange, in eine vermeintlich desaströse Zukunft. Er kann keine Tränen mehr produzieren, so versteinert fühlt er sich oft. Wenn es ihm dann etwas besser geht und er wieder ein wenig Energie verspürt, nutzt er sie im schlimmsten Fall, um in einem ungeahnten Aktivitätsschub aus Hoffnungslosigkeit oder aus Sühne für seine vermeintlichen Sünden Selbstmord zu begehen.

Die Phänomene, das Verhalten von Märkten bzw. die Verhaltens- und Erlebensweisen von Marktteilnehmern, die mit dem Begriff Depression bezeichnet werden, sind wirklich recht ähnlich. Daher ein Blick auf die Frage, wie sich solche Zustände erklären lassen und welche therapeutischen Strategien sich aus dem Vergleich psychischer und ökonomischer Prozesse ableiten lassen.

Betrachtet man sie unter Anlegung einer systemtheoretischen Perspektive, so folgen psychische und wirtschaftliche Prozesse derselben übergeordneten Logik. Es ist die Logik von Beobachtungsprozessen, seien sie nun individueller oder kollektiver Natur, seien sie Elemente psychischer oder kommunikativer Systeme. In beiden Fällen wird im Medium Sinn operiert, d. h., es werden Bedeutungen konstruiert und prozessiert. Und diese Logik der Zuweisung von Bedeutung zu irgendwelchen Ereignissen folgt intrapsychisch denselben Gesetzmäßigkeiten wie in der Kommunikation.

Es sind nicht die Ereignisse „an sich", die Deutschland und andere Babys zum Heulen bringen, sondern die Bedeutung, die ihnen gegeben wird.

14.2 Depression als Beschreibung und Erklärung von Verhalten

Um Missverständnissen vorzubeugen: Es geht hier nicht darum, die Wirtschaft zu psychologisieren oder gar zu psychiatrisieren – obwohl sie ja wirklich ein ziemlich verrücktes System ist. Vorschläge, den Geschäftsklimaindex oder die Börsenkurse dadurch zu verbessern, dass dem Trinkwasser Antidepressiva oder Aufputschmittel zugesetzt werden – obwohl diese Idee eigentlich ökonomisch ganz interessant scheint –, sollte keiner erwarten. Ganz im Gegenteil, das Anliegen dieses Kapitels ist es, Depression und andere Zustandsbilder, mit denen der Psychiater konfrontiert ist, zu normalisieren (wenn auch nicht zu entpathologisieren). Sie lassen sich nämlich auch durch „ganz normale" Kommunikationsprozesse erklären. Dieser theoretische Ansatz hat in der Psychiatrie eine lange Tradition, entspricht aber nicht dem gegenwärtigen Mainstream – was allerdings zur Zeit eher als Qualitätsmerkmal zu bewerten ist.

Beginnen wir bei der psychiatrischen Verwendung des Begriffs Depression. Würden wir eine spontane Meinungsumfrage starten, so wäre wahrscheinlich die Antwort der meisten Leute: Depression bezeichnet einen seelischen Zustand, eine Gemütslage!

Doch stimmt das eigentlich? Wenn wir über jemanden sagen, er sei depressiv, woher sollten wir etwas über seinen Geistes- und Gemütszustand wissen? Was wir von außen beobachten können, ist allein sein Verhalten: Er hat eine versteinerte Miene, vergräbt sich in seinem Bett usw. (siehe u. a. die oben genannten Symptome).

Was die beobachtbaren Phänomene angeht, beschreiben wir mit dem Begriff Depression also keinen Gemütszustand, sondern ein Verhalten. Zur Psyche anderer Menschen hat niemand einen direkten Zugang. Da sie immer nur der Selbstbeobachtung offen ist, können wir nur durch Kommunikation etwas über das Erleben und Befinden eines anderen Menschen erfahren. Und wenn er uns erzählt, er komme morgens nicht aus dem Bett, weil er sich so schlecht fühle und niedergeschlagen sei, so nennen wir das Depression. Wenn er uns erzählt, er sei müde und habe Kopfschmerzen, weil er am Abend vorher so viel gesoffen habe, so nennen wir das Kater.

Um es auf den Punkt zu bringen: Mit dem Begriff Depression werden zum einen von außen beobachtbare Phänomene beschrieben (Verhalten, das von den Erwartungen des sozialen Umfelds abweicht und deshalb auffällt), und zum anderen wird eine Erklärung für dieses Verhalten konstruiert. Die Ursache für dieses Verhalten wird intraindividuellen, psychischen Ereignisse und Prozessen zugeschrieben, die nicht direkt beobachtbar sind.

14.3 Erklärungen in unterschiedlichen Phänomenbereichen

Diese Art der Kausalitätszuschreibung ist erkenntnistheoretisch höchst fragwürdig. Denn selbst wenn uns der Produzent des depressiven Verhaltens Auskunft über seinen Gemütszustand gibt, ist keineswegs gesagt, dass dies auch die Ursache für das Verhalten ist. Denn mit gleichem Recht ließe sich die Chose umdrehen. Man kann genauso gut die Ursache für die Seelenlage im Verhalten der Person sehen. „Weil ich so lange im Bette liege, fühle ich mich so depressiv. Weil ich mit versteinertem Gesicht in der Ecke sitze, habe ich keine Hoffnung usw."

Die therapeutischen Konsequenzen sind in beiden Fällen aber vollkommen gegensätzlich. Im ersten Fall wird der Therapeut versuchen, den seelischen Zustand zu verändern, im zweiten Fall wird er versuchen, das Verhalten zu beeinflussen.

Das Problem des ersten Ansatzes, Kausalität zu konstruieren, besteht darin, dass wir prinzipiell *nicht nur nicht* direkt in die Psyche eines anderen Menschen hineinschauen können, sondern *auch nicht* direkt in die Psyche intervenieren können. Wir verorten die Ursache in einem Phänomenbereich, auf den wir mit unseren therapeutischen Maßnahmen keinerlei direkten Einfluss haben.

Die biologische Psychiatrie, die heute kraft der ungeahnten finanziellen Möglichkeiten der Pharmaindustrie den psychiatrischen Mainstream kanalisiert, hilft sich aus dieser Notlage, indem sie in ihren Kausalitätskonstruktionen noch einen Schritt weitergeht: Sie begnügt sich nicht mit einer einfachen Erklärung, sondern beruft sich auf eine Erklärung der Erklärung – eine Erklärung zweiter Ordnung gewissermaßen. Sie sieht die Ursache für das als Symptom bewertete Verhalten in psychischen Prozessen – das ist die Erklärung erster Ordnung –, und sie erklärt diese psychischen Prozesse durch biologische Prozesse.

Damit hat sie sich wieder Handlungsmöglichkeiten eröffnet. Durch diesen Taschenspielertrick kann sie nun nämlich wieder kausale Therapie betreiben, indem sie in das biologische System interveniert und beispielsweise Medikamente verabreicht, die den Hirnstoffwechsel beeinflussen. Sie wendet das medizinische Krankheitsmodell an und versucht, die körperlichen Bedingungen geistiger Prozesse zu verändern.

Dass man mit derartigen Maßnahmen psychische Wirkungen erzielen kann, weiß jeder, der schon einmal seinen Kummer in Alkohol ertränkt oder sich einen Sexualpartner schöngesoffen hat. Trotzdem ist es höchst fragwürdig, aus dieser Wirkung auf Kausalität zu schließen. Es gibt auch gute Laune ohne Alkoholkonsum, ein sexuell auch für einen Nüchternen attraktiver Partner erspart den Einsatz von Betäubungsmitteln, und Kopfschmerzen sind kein Zeichen von Aspirinmangel.

14.4 Soziale Erklärungen

Einer etwas anderen Logik folgt die Erklärung, wie sie von Therapeuten vorgeschlagen wird, die sich auf die neuere Systemtheorie stützen. Sie sehen im beobachtbaren Verhalten eines Patienten das Element eines Kommunikationssystems. Dass jemand antriebslos in der Ecke sitzt, ist Teil eines Interaktionsmusters und durch die Spielregeln dieses Musters zu erklären.

Genauso wie das Verhalten eines Schachspielers oder Fußballspielers durch die Spielregeln des jeweiligen Spiels erklärt werden kann, kann die Tatsache, dass jemand antriebs-, hoffnungs- und lustlos in der Ecke sitzt, durch Spielregeln erklärt werden. Und zu diesem Spiel, genannt Depression, gehören mehrere Teilnehmer.

Das Elegante an diesem Ansatz ist, dass er seine Erklärungen in einem Bereich konstruiert, der von außen beobachtet werden kann: im Bereich der Interaktion und Kommunikation. Ein weiterer Vorteil ist, dass in diesen Bereich auch interveniert werden kann. Es ist nicht die Psyche und schon gar nicht der Organismus, der verändert werden muss, um beispielsweise das als depressiv bezeichnete Verhalten zu beeinflussen. Ändern sich die Spielregeln, ändern sich die Verhaltensweisen der Beteiligten.

Was heißt das nun für das Verhalten, das „Depression" genannt wird, bzw. für das Kommunikationsmuster, das mit dem so etikettierten und bewerteten Verhalten des identifizierten Patienten verbunden ist? Welches sind die Regeln dieses Spiels?

Diese Frage ist dann von besonderer Bedeutung, wenn wir nach Parallelen zwischen der individuellen Depression und der des Marktes suchen. Klar ist auf jeden Fall, dass die Psyche eines einzelnen Menschen nicht in einem geradlinig kausalen Sinne allein verantwortlich für solch ein Muster gemacht werden kann. Kommunikation ist ein Spiel, das man mindestens zu zweit spielen muss. Und klar dürfte auch sein, dass Kommunikationsmuster in der Lage sind, die Beteiligten in einen psychischen Zustand zu stürzen, der alle Merkmale einer Depression ausweist.

Wie bei anderen Spielen gewinnt man wenig Vorstellungen von den Regeln, wenn man nur Momentaufnahmen betrachtet. Der Torwart beim Elfmeter hechtet nach einem Ball – ein tolles Bild –, aber wenn man aus dieser sehr kurzen Sequenz auf die Regeln des Fußball schließen wollte, so sähe es aus, als bestünde es nur aus dem Elfmeterschießen. Das ganze Spiel ist variationsreicher, es hat einen bestimmten Aufbau, eine zeitliche Ordnung und eine charakteristische Dramaturgie.

Wenn wir dieser fußballphilosophischen Erkenntnis gemäß auf den Zeithorizont depressiver Prozesse blicken, so zeigt sich, dass wir es mit zwei unterschiedlichen Formen depressiver Muster zu tun haben: einem so genannten monopolaren und einem bipolaren.

14.5 Das manisch-depressive Muster

Beginnen wir mit dem zweiten Muster, weil es für unsere Fragestellung interessanter und wichtiger ist: dem manisch-depressiven Muster.

Dabei muss der Begriff Muster betont werden: Es handelt sich hier nicht um eine besondere Form der Depression, die „manische Depression", wie es Laien manchmal formulieren, sondern um zwei getrennte Phänomene: die Depression auf der einen Seite, die Manie auf der anderen. Sie ereignen sich nicht gleichzeitig, sondern nacheinander. Entweder man ist manisch oder man ist depressiv, manchmal weder das eine noch das andere. Und erst wenn der Beobachtungszeitraum lang genug ist, wird das Muster in seiner zeitlichen Ordnung deutlich. Über die Zeit wechseln sich zwei sehr unterschiedliche Zustandsbilder ab, die beide als pathologisch bewertet werden: ein manischer und ein depressiver Zustand. Boom and bust.

Wenn der betreffende Akteur – in der Psychiatrie ist es der Patient – über einen hinreichend langen Zeitraum beobachtet wird, dann wird deutlich, dass es sich um eine Oszillation handelt.

Die Manie ist durch ein Verhalten des Patienten gekennzeichnet, das im extremen Kontrast zum depressiven Verhalten steht: Sein Antrieb und seine Initiative sind gesteigert, er strotzt vor Energie und sieht die Zukunft so rosig, dass es den Leuten in seiner Umgebung als vollkommen unrealistisch erscheint. Das Geld sitzt locker, und er investiert in fragwürdige Projekte. Alte Damen, die eine Wohnung von 40 Quadratmeter Größe besitzen, kaufen sich 500 m Gardinenstoff für das Küchenfenster, ungelernte Hilfsarbeiter bestellen den feuerroten Ferrari. Das Selbstgefühl und -vertrauen der betreffenden Personen ist gesteigert und nicht zu beeinträchtigen. Das alles führt zu Entscheidungen, die den meisten Mitmenschen als uneinfühlbar erscheinen, weil sie so radikal – manchmal auch asozial – sind (wenn man die Maßstäbe des Durchschnittsmenschen anlegt). Aber, das sollte nicht verschwiegen werden, manisch oder submanisch zu sein, ist die beste Voraussetzung dafür, um in unserem Wirtschaftssystem Karriere zu machen. 19 Stunden am Tag zu arbeiten ist angesichts des reduzierten Schlafbedürfnisses kein Problem, und großartige Zukunftsentwürfe und Visionen zu produzieren gehört zur Symptomatik. Viele erfolgreiche Menschen sind sich bewusst, dass sie ihren Erfolg ihren manischen oder submanischen Phasen verdanken (sie sagen es allerdings meist nur in der Therapie, und der Therapeut darf es nicht weitersagen). Ted Turner, der Gründer von CNN, ist beispielsweise seit zig Jahren wegen seiner manischen Phasen in Behandlung.

Wenn ein Mensch solch ein Verhalten zeigt und er sich in einer Umgebung befindet, die dies als nicht erwünscht oder krankhaft bewertet, dann reagieren die Mitmenschen in der Regel mit Kontrollversuchen auf solch ein Verhalten. Dies umso mehr, als solch ein Verhalten sehr egozentrisch und egoistisch erscheint und von kaum einer sozialen Gemeinschaft auf Dauer ertragen werden kann (außer vielleicht, man wird dafür bezahlt, wie die Mitarbeiter solch manischer Unternehmensgründer).

Zunächst manifestieren sich die Kontrollversuche der Mitmenschen in gutem Zureden, moralischen Appellen und Ähnlichem. Dies hilft jedoch nicht. Denn der Betreffende fühlt sich ja nicht krank, sondern hat das Gefühl, es könne ihm gar nicht besser gehen. Er genießt seine Autonomie, die ihm jetzt als einer der höchsten Werte erscheint. Er fühlt sich frei, lässt alle Bindungen hinter sich, verlässt den Partner und taucht ein ins volle Menschenleben.

Doch solch ein Verhalten erscheint seinen Mitmenschen als unkontrolliert. Da er offensichtlich nicht fähig ist, die zu einem ordentlichen und sozial akzeptierten Leben notwendige Selbstkontrolle aufzubringen, wird versucht, von außen Kontrolle auszuüben. Doch das wird von ihm als Bedrohung der gerade gewonnenen und genossenen Autonomie erlebt. So kommt es zur Eskalation.

Die Kontrollversuche führen zu genau dem, was sie verhindern sollten: Der Patient steigert sein (subjektiv als Zeichen der Autonomie erlebtes) Verhalten, das von seinen Mitmenschen als Kontrollverlust kategorisiert wird. Sie steigern – scheinbar logisch – die Kontrollversuche. Der identifizierte Patient versucht der Kontrolle zu entgehen und steigert das Verhalten, durch das er sich seine Autonomie beweist, und so weiter ...

Früher oder später kommt die Entwicklung an einen Punkt, wo sich die Möchtegernkontrolleure hilflos fühlen und eine *höhere Macht* einbeziehen: das Gesundheitsamt, eine staatliche Einrichtung. Der Patient gefährdet die öffentliche Ordnung und wird deshalb aus dem Verkehr gezogen. Der Amtsarzt, in Begleitung einiger dicker, großer Männer in weißen Kitteln, fängt ihn schließlich ein und sperrt ihn in eine geschlossene Anstalt. Wer bei seinen Mitmenschen den Eindruck erweckt, er könne sich nicht selbst in angemessener Weise kontrollieren, wird in eine Institution gesteckt, die ihn in seiner Handlungs- und Kommunikationsfreiheit einschränkt. Im Extremfall wird er unter Pflegschaft gestellt oder entmündigt, ihm wird die Geschäftsfähigkeit aberkannt.

Das Kommunikationsmuster oder die Spielregeln bestehen also aus mindestens zwei Rollen und Positionen mit gegensätzlichen, sich aber ergänzenden Funktionen und Aufgaben, die üblicherweise in der Familie verteilt sind: Auf der einen Seite steht jemand, der ein Potpourri von Verhaltensweisen zeigt, die als „manisch" bewertet werden können. Er scheint ein Weltbild zu realisieren, das ihn jede Hemmung ablegen lässt. Die Expansion kennt keine Grenzen. Auf der anderen Seite stehen seine Angehörigen, die eine andere Einschätzung der Welt haben und sich Sorgen um die Zukunft des Manikers und nicht zuletzt um das Familienvermögen machen. Die Arbeitsteilung ist radikal: Eine Person gibt die Kontrolle über sich und ihr Verhalten auf, eine oder mehrere andere versuchen, die Kontrolle über sie zu erlangen.

Um es auf eine Formel zu bringen: Für ein unauffälliges („normales", „gesundes") Leben heute bedarf es der Selbstkontrolle; wird ein unkontrolliertes Verhalten gezeigt, so übernehmen Akteure der Umwelt die Kontrolle. Im Falle eines abweichenden Verhaltens, wie es in der Manie gezeigt wird, wird die Ambivalenz zwischen Kontrolle und Kontrollaufgabe auf zwei Rollen aufgeteilt. Der Patient braucht den Konflikt zwischen den „zwei Seelen" in seiner Brust nicht zu erleben und nicht zu durchleben. Die beiden Seiten des Konfliktes sind auf zwei ambivalenz- und konfliktfreie Akteure aufgeteilt: ihn selbst, der unbegrenzt seinen Impulsen und Trieben folgt, ohne an die sozialen Folgen zu denken, und den Kontrolleur, der diese Impulse einzudämmen versucht, weil er an die Folgen denkt (nicht zuletzt die Folgen für den Patienten, der offenbar nicht weiß, was er tut).

Diese Regel gilt auch für die andere Seite des bipolaren Musters: die Depression. Denn wie die Blasen am Kapitalmarkt platzen auch diese manischen Phasen. Eine weiche Landung gelingt nur manchmal, oft kommt es zum Kippen in die Depression. Dieses Schwanken zwischen den Extremen zeigt sich in der Terminologie, mit der professionelle Beobachter das Verhalten manisch-depressiver Patienten charakterisieren: Sie sprechen davon, er oder sie sei „über dem Strich" oder „unter dem Strich". Dazwischen gibt es (wenn auch nicht immer) depressions- oder maniefreie Zwischenphasen.

Betrachten wir das Kommunikationsmuster, das sich um dieses Verhalten herum bildet oder das dieses Verhalten hervorbringt – das ist im Prinzip nicht entscheidbar –, so haben wir auch hier wieder eine charakteristische Rollenverteilung. Die eine Partei ist inaktiv, energielos und gehemmt, die andere versucht, sie zu animieren und ihr Lebensgeister und Optimismus zu injizieren – allerdings nur mit begrenztem Erfolg. Die Depression lässt sich nicht durch Schönfärberei beseitigen, ganz im Gegenteil: Sie wird dann oft noch schlimmer. Das Gefühl, nicht verstanden zu werden, steigt. So erweisen sich die gut gemeinten Hilfs- und Unterstützungsversuche, die den gesunden Menschenverstand auf ihrer Seite zu haben scheinen, als kontraproduktiv, ja, oft genug als paradoxe Interventionen, die genau zu dem Führen, was verhindert werden soll: zur Verschlechterung der Stimmungslage, zur Hoffnungslosigkeit bis hin zum Selbstmord.

Um es noch einmal in Erinnerung zu rufen: Diese so gegensätzlichen Verhaltensweisen werden von denselben Personen gezeigt. Der Maniker wird depressiv und der Depressive wird manisch. Das Muster besteht aus beidem, nacheinander. Das eine ist nicht losgelöst vom anderen zu verstehen und zu erklären. Sie bilden eine Einheit. Und nur wenn sie in all ihrer Gegensätzlichkeit als Einheit betrachtet werden, wird ihre Funktionalität deutlich. Sie stellen eine Möglichkeit dar, mit großer Ambivalenz, mit einem starken Konflikt, umzugehen. Der Zwiespalt, dass die Welt bei genauer Betrachtung weder im positiven noch im negativen Sinne ideal ist, eröffnet jedem Beobachter die Möglichkeit, eher die eine oder die andere Seite wahrzunehmen. Normalerweise kommt dabei gefühlsmäßig irgendein mittelmäßiger Mischmasch heraus. Man ist hin- und hergerissen, weder nur und immer euphorisch noch nur und immer niedergeschlagen. Denn für beides gibt es in der Regel gute Gründe und Gegengründe. Daher ist der Normalzustand – das, was man auch psychische Gesundheit nennen kann – die *Ambivalenz*. Momente der Euphorie mag es immer mal wieder geben, ausgelöst durch welch freudige Ereignisse auch immer (bestandene Examina, erreichte Ziele, erfüllte Wünsche usw.), aber sie sind (leider) kein Dauerzustand. Und auch Momente der Niedergeschlagenheit gehören zum Leben, da wohl jeder mit Verlusten, Niederlagen und Enttäuschungen konfrontiert ist. Aber auch hier gilt, dass sie in der Regel vorübergehen, bewältigt werden und nicht zum Bestandteil einer dauerhaften Selbstdefinition werden.

Folgt man als Individuum jedoch einer zweiwertigen, d. h. ambivalenzfreien Logik in seinem Fühlen, so kann man entweder nur das eine oder das andere sein: entweder *euphorisch* oder *niedergeschlagen*. Wenn man die beiden Seiten nacheinander lebt, so kommt unter dem Strich – als Summe gewissermaßen – auch wieder der uneindeutige Mischmasch der Ambivalenz heraus. In der aktuellen Manie oder der aktuellen Depression ist dafür aber kein Raum, d. h., es kann aktuell ambivalenzfrei entschieden und gehandelt werden.

Im Bereich der Wirtschaft haben wir ein analoges Muster beim New-Economy-Hype gesehen. Am Aktienmarkt ist offenbar ein ähnlich geformter Zyklus von Boom und Bust zu beobachten.

14.6 Das depressive Muster

Vom manisch-depressiven Muster muss das monopolar depressive Muster unterschieden werden. Hier kann nicht die andere Seite der Ambivalenz kompensatorisch in der Manie ausgelebt werden. Die Oszillation ist weniger auffällig, da sie sich zwischen unauffällig und depressiv bewegt. Die „Normalität" ist bei realen Patienten oft mit körperlichen Symptomen verbunden, durch die bei ihnen die andere Seite des Konfliktes gelebt wird. Wer körperlich krank ist, kann in unserer Gesellschaft legitimerweise Zuwendung finden, darf sich auf sich selbst zentriert und passiv zeigen usw., d. h. viele der Verhaltensweisen produzieren, die auch für ein depressives Zustandsbild charakteristisch sind. Während der Maniker die Ambivalenz zwischen Nähe und Distanz nacheinander lebt und in der manischen Phase all die Aggressionen ausdrücken kann, die er im „normalen" Alltag für sich behält und in der depressiven Phase gegen sich selbst richtet, richtet der monopolar depressive Mensch oft die aggressiven Impulse in zwei Formen gegen sich selbst: entweder in Form der depressiven Symptome oder aber auf körperlicher Ebene durch psychosomatisch erklärbare, körperliche Symptome. Solche Patienten kommen auf Dauer wirklich zu kurz, und sie können einem Leid tun. Und das tun sie auch. Sie lösen bei ihren Mitmenschen Hilfeimpulse aus.

Sie sind so etwas wie die Fleisch gewordene Flutkatastrophe. So entsteht um sie herum meist ein Muster der dauerhaften Aufbauhilfe und Unterstützung. Ihre eingeschränkte Leistungsfähigkeit erfordert einen Partner, der längerfristig eine Helfer- oder Animatorfunktion übernimmt. Und darin liegt auch ihre Attraktivität für alle, die an eine zweigeteilte Welt glauben, in der es Täter und Opfer, die Starken und die Schwachen gibt, Menschen, die Hilfe brauchen, und andere, die sie geben können.

Wenn wir nach einer Analogie im Wirtschaftsleben suchen, so scheint der Zustand der neuen Bundesländer und ihre Interaktion mit dem alten Westen am ehesten diesem depressiven Muster zu entsprechen.

Schauen wir auf die Rollen- und Funktionsverteilung in beiden Mustern, so stellen wir fest, dass immer zwei Rollen kooperieren oder zusammenspielen: die des Patienten und die des Kodepressiven oder Komanikers. Es entsteht eine Kollusion, bei der die Ambiva-

**Zwei Oszillationsmuster:
bipolar (manisch-depressiv) und
monopolar (depressiv)**

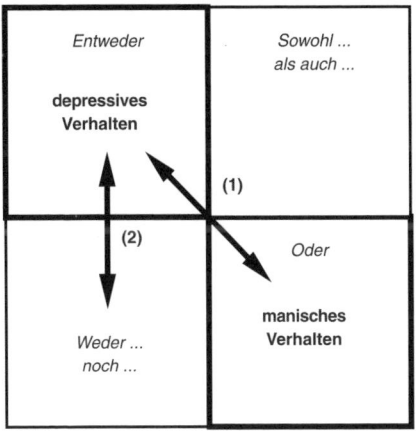

Abb. 14.1

lenz auf zwei Rollen aufgeteilt wird: Der eine lebt die Aktivität, der andere die Passivität. Einer leidet und der andere tut – fast unvermeidlich – das, was ihm der gesunde Menschenverstand als hilfreich diktiert. Doch leider hat es fast nie die entsprechende Wirkung – ganz im Gegenteil, häufig ist die Wirkung der vermeintlichen Hilfe nur symptomverstärkend.[182]

14.7 ZAHLUNGEN = ANERKENNUNG (NARZISSTISCHE ZUFUHR)

Wenn man das Wirtschaftssystem mit einem psychischen System vergleicht, so muss man sehr genau prüfen, wo und inwiefern es Isomorphien gibt und wo sie ihre Grenzen finden. Denn die Wirtschaft ist ja ein weit weniger komplexer Typ System als die Psyche. Das liegt daran, dass sich im Rahmen der gesellschaftlichen Ausdifferenzierung unterschiedlich spezialisierte soziale Subsysteme entwickelt haben, die sich jeweils hochselektiv an spezifischen Leitunterscheidungen orientieren.

In der Wirtschaft geht es, wenn man der Konzeptualisierung Niklas Luhmanns[183] folgt, um Zahlungen, die entweder geleistet oder erhalten werden. Diese Leitdifferenz bestimmt die möglichen Positionen der beteiligten Akteure, sei es nun der jeweiligen Individuen oder der Unternehmen. Damit es zu solch einer Transaktion kommt, mag es hochkomplexer Prozesse und aufwendiger Organisationen bedürfen, doch am Schluss wird bilanziert, ob sich das Verhältnis geleisteter und erhaltener Zahlungen „rechnet". Wenn das langfristig nicht der Fall ist, dann ist das ökonomische Überleben der jeweiligen wirtschaftlichen Überlebenseinheit in Frage gestellt, wer zahlungsunfähig wird und bleibt, hat seine Existenz verwirkt. Wo die lebenserhaltenden Zahlungen herkommen, spielt im Prinzip keine Rolle. Ob es sich dabei um Subventionen oder Erträge handelt, ist erst einmal ohne Bedeutung.

Als Analogon auf psychischer Ebene kann das betrachtet werden, was im Psychologenlatein als „narzisstische Zufuhr" bezeichnet wird. Jeder Mensch bedarf offenbar der kommunikativen Bestätigung und Anerkennung seiner Person und Identität. Er muss wahrnehmen, dass er wahrgenommen wird. Er misst zu einem guten Teil – ob er will oder nicht – seinen Selbstwert daran, wie er und sein Verhalten, seine Leistungen, sein Dasein „an sich" von anderen bewertet werden. Sein Verhalten ist das Analogon zu den Produkten oder Dienstleistungen eines Unternehmens. Nur dass er – außer im professionellen Bereich – in der Regel nicht durch Geld dafür honoriert wird, sondern durch das Verhalten seiner Mitmenschen. Interaktion erfolgt dabei nach den Regeln des Tauschmarktes. Und auf diesem Markt ist soziale Aufmerksamkeit und Anerkennung, d. h. narzisstische Zufuhr, das knappe Gut, das gehandelt wird.

Den meisten Menschen gelingt es, eine Nische, eine Art geschützten Marktsegments zu finden, in dem sie bzw. ihr Verhalten honoriert werden: ihre Familie und ihren Arbeitsplatz. In der Familie haben sie mehr oder weniger eine Monopolposition, bei der Arbeit hängt dies von ihren Kompetenzen, Rollen und Funktionen ab. In beiden Systemen – auf beiden Märkten – wird der erlebte individuelle Wert der Person davon abhängen, inwieweit sie in den von ihnen übernommenen Funktionen austauschbar sind. Das ist das Schöne an der großen Liebe, dass man sich gegenseitig die Einzigartigkeit, d. h. die Nichtaustauschbarkeit bestätigt.

Doch das ist ja leider die große Ausnahme, denn auch im Privatleben kann es zu Situationen kommen, in denen die Rechnung nicht aufgeht, in denen eine Person mehr gibt, als sie erhält. Ihre Arbeit und Leistung – und damit sie selbst – wird nicht in verdientem Maße wahrgenommen und honoriert.

Wer zu viel narzisstische Zufuhr bekommt, hebt ab und gerät in Gefahr, manisch zu werden und „über den Strich" zu geraten, wer zu wenig erhält ist gefährdet, „unter den Strich" zu geraten und depressiv zu werden (sehr vereinfacht dargestellt). Nur dass im psychischen Bereich das Zuviel oder Zuwenig nicht objektivierbar ist, weil intern definiert ist, wie viel Bestätigung von außen ein Individuum zum Erhalt seines Selbstwertes benötigt (mancher kommt mit wenig aus, während andere unersättlich immer mehr zu brauchen scheinen).

Wenn eine ökonomische Überlebenseinheit mehr Zahlungen erhält, als sie zu leisten hat, so ist sie in einer Verfassung, die als analog zu expansiven Gefühlen bei einem Individuum betrachtet werden kann. Das Extrem solch eines „Hoch"-Gefühls, das mancher kennt, der schon einmal Erfolg erlebt hat, ist die Euphorie, das Größengefühl der eigenen Unbesiegbarkeit, schließlich die Manie.

Beim Unternehmen entspricht dem eine hohe Profitabilität, es kann expandieren und wachsen, und wenn auch das Gewinn bringt,

Zahlungsmuster

„Tief":	„Risiko":
Es sind mehr Zahlungen zu leisten, als erhalten werden.	Es ist unentscheidbar, ob mehr Zahlungen zu leisten sind oder erhalten werden.
„Gleichgewicht":	„Hoch":
Es werden weder mehr Zahlungen geleistet noch erhalten.	Es werden mehr Zahlungen erhalten, als zu leisten sind.

Abb. 14.2

so steigt der Wert der Firma. Analog dazu steigt bei einem erfolgreichen Individuum das Selbstwertgefühl, wenn es längerfristig in seinem Umfeld „narzisstische Zufuhr", Bewunderung, Anerkennung und Bestätigung erhält.

Erfolg und Wertsteigerung sind aber noch keine Manie, denn das Hochgefühl ist ja hier aufgrund von „Fundamentaldaten" gerechtfertigt. Mit einer Manie hätten wir es erst zu tun, wenn der Realitätsbezug verloren geht, das heißt, wenn mehr Geld ausgegeben wird, als realistischerweise an Gewinnen erwartet werden kann. Das Problem dabei ist allerdings, dass immer erst im Nachhinein entschieden werden kann, welche Gewinnerwartungen realistisch waren. Erst nach dem Zusammenbruch, dem Bankrott, kann gesagt werden, dass sie es nicht waren.

Ein Beispiel für solch ein „manisches" Verhalten lieferte der Baulöwe Schneider oder auch die Firma Flowtex, die – was durchaus zum Muster passt – schließlich mit Hilfe krimineller Aktionen versucht haben, den Schein der eigenen Profitabilität aufrechtzuerhalten – von den kreativen Buchführungskünsten von Enron, Worldcom, Parmalat und wahrscheinlich vielen anderen mal ganz abgesehen.

Da das Investitionsverhalten von Unternehmen nicht systematisch daraufhin beobachtet wird (außer von Analysten vielleicht), ob die damit verbundenen Gewinnerwartungen realistisch sind (und wer könnte das auch endgültig beurteilen), wird die Diagnose „Manie" in diesem Zusammenhang gewöhnlich nicht gestellt. Vielmehr wird hier eher mit unternehmerischer Blödheit argumentiert. Obwohl manche Investitionsentscheidung dem außen stehenden Beobachter ja durchaus mit dem Kaufen von 500 m Gardinenstoff für die Küche einer Zweizimmerwohnung vergleichbar erscheinen.

14.8 MANISCH-DEPRESSIVE MÄRKTE

Doch all dies – das „Hoch" oder „Tief" eines speziellen Unternehmens wie eines Individuums – ist ein Einzelphänomen, das nicht die Dynamik von Märkten erklären kann. Dessen Funktionsprinzip beruht ja darauf, dass an jeder Transaktion zwei Akteure beteiligt sind: einer, der zahlt, und einer, der die Zahlung erhält. Aufgrund der Vielzahl unterschiedlicher, unabhängig voneinander durchgeführter Transaktionen ist es wahrscheinlich, dass es statistisch zu einer Normalverteilung zwischen Marktteilnehmern kommt, die größere oder kleinere Gewinne oder Verluste erwirtschaften. Sie sorgen für eine unkoordinierte, normal verteilte Gemengelage. Die meisten Firmen sind hinreichend profitabel und werthaltig, dass ihre Existenz nicht gefährdet ist, es gibt aber auch Firmen, die am Rande des Abgrunds dahinschrappen, andere, die überdurchschnittlich profitabel sind, und eine beträchtliche Anzahl von Firmen geht Pleite. Dies ist das „normale" Marktgeschehen, ein „gesunder" Markt.

Zum manisch-depressiven Markt wird das Ganze, wenn es zur *Koordination,* zur *Gleichschaltung* des Verhaltens der Marktteilnehmer kommt. Wenn eine große Zahl, ja, wenn fast alle dasselbe tun, dann kommt es zu Manie oder Depression, zu „boom and bust", zur Blase und ihrem Platzen.

Die Dynamik ist der in Massenveranstaltungen ähnlich, nur dass es sich um keine Kommunikation unter Anwesenden handelt und die Zahl der Beteiligten noch viel größer ist. Es kommt zur Gleichschaltung psychischer Prozesse, zur „Gefühlsansteckung" und im schlimmsten Fall zu einer Art der Massenpsychose. Einzelne depressive oder manische Patienten verkraftet eine Gesellschaft; sie schafft sich Institutionen und Professionen, die für deren Betreuung zuständig sind. Wenn die überwiegende Zahl der Bevölkerung depressiv oder manisch würde, dann bräche aber der normale Alltag zusammen, weil die Aktivitäten zum Erhalt der gesellschaftlichen Normalität nicht aufrechterhalten werden könnten. Nicht einmal die Rollen von Helfern und Hilfsbedürftigem könnten verteilt werden, wenn die emotionalen Reaktionen der meisten Menschen längerfristig gleichgeschaltet wären. Solche Phänomene sind massenpsychologisch zwar gelegentlich zu beobachten (kurzfristig: wenn die Nationalmannschaft eine Weltmeisterschaft gewinnt; längerfristig: Nazi-Deutschland), aber eher die Ausnahme. Doch an Märkten, vor allem dem Aktienmarkt, scheinen sie sich ungewöhnlich häufig zu ereignen (was als Hinweis auf einen Konstruktionsfehler des Kapitalmarktes gedeutet werden kann).

Erklärbar ist die Gleichschaltung der Marktteilnehmer dadurch, dass sie in ihren Entscheidungen *zu wenig* ambivalent sind. Es ist der Wahn der Eindeutigkeit der Welt, die Gleichschaltung der Weltbilder, der Zukunftserwartungen – seien sie nun unrealistisch *hoffnungsvoll* oder unrealistisch *hoffnungslos*.

Wenn alle davon ausgehen, dass ihre Transaktionen dasselbe Ergebnis haben und zu mehr Einnahmen als Ausgaben führen, wenn das Risiko nicht wahrgenommen wird, dann kommt es zu der scheinbar paradoxen Situation, dass die große Mehrheit der Beteiligten mehr Zahlungen leistet, als sie erhält, weil sie denkt, dass sie dadurch in der Zukunft mehr Zahlungen erhalten wird, als sie leistet. Die Entscheidungen einer Vielzahl von Akteuren laufen dann koordiniert in dieselbe Richtung. Jeder denkt, er könne nur und ausschließlich gute Geschäfte machen. Wer das annimmt, hat ein Weltbild, das nicht zur Welt passt. Er hat, wie man so schön sagt, den Bezug zur Realität verloren. Denn es machen nicht alle gute Geschäfte, sondern alle denken, dass sie gute Geschäfte machen. Das ist der Zustand, den man wohl zu Recht als maniformen, vielleicht sogar als manischen Markt bezeichnen kann.

Der Boom am Aktienmarkt zeigt deutlicher als andere Märkte, wie Blasen entstehen und wieder platzen. Untersucht man die tatsächlich geleisteten Zahlungen, so haben ja die meisten Käufer von Aktien immer erst einmal mehr bezahlt, als sie bekommen haben. Das ist das Grundprinzip von Investitionen aller Art. Eigentlich ist das – unserer bisher verwendeten Definition nach – ja eine Situation, die eigentlich als Depression erlebt werden könnte, sollte, müsste ...

Interessanterweise wird diese Situation von den Beteiligten aber aktiv gesucht, und es stellt sich die Frage, warum sie das tun. Die Erklärung dafür liefert der Faktor Zeit. Die Beobachtung der jeweiligen Entscheider ist nicht auf die Gegenwart, d. h. die aktuelle Bilanz von Geben und Nehmen, von Zahlungen, die geleistet und erhalten werden, gerichtet, sondern es wird eine Einheit aus Gegenwart und Zukunft konstruiert, bei der vorweggenommen, fiktiv, hoffnungsvoll – und eben oft genug unrealistisch und „wahnhaft" – künftige Gewinne gegen die aktuellen Zahlungen gerechnet werden. Die Paradoxie, dass mehr Zahlungen geleistet als erhalten werden, um mehr Zahlungen zu erhalten, als geleistet werden, wird durch die Einführung der Zeit aufgehoben. Das Prinzip gilt auch für jede andere Investitionsentscheidung. Manche erweisen sich als realistisch, manche nicht. Da dies immer erst die Zukunft zeigt, bleibt über lange Zeit unentscheidbar, wie ein Investment zu bewerten ist.

Problematisch wird das Ganze *nur* dann, wenn die überwiegende Zahl der Akteure dieselbe Art von Kalkulation mit derselben optimistischen Zukunftsprognose vornimmt. Wenn solch eine kollek-

Dynamik des Booms

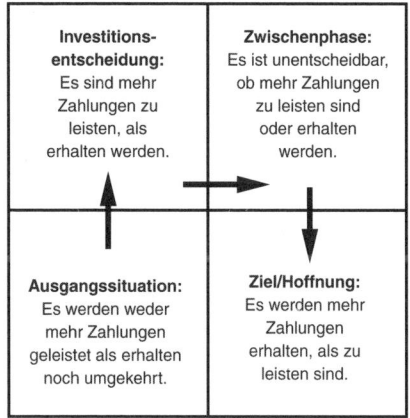

Abb. 14.3

tive Fiktion des Erfolges die Entscheidungen bestimmt, dann wird aus einem unorganisierten System wie dem Markt ein hoch integriertes, organisiertes System. Und Integration heißt immer, dass der Freiraum der beteiligten Akteure eingeengt ist. Daher sind die Aktionen der einzelnen Teilnehmer nicht mehr als unabhängige Variable zu betrachten und mit Mitteln der Statistik zu beschreiben, sondern die Gesamtheit der Marktteilnehmer agiert gewissermaßen wie ein einziges Subjekt. Sie koppeln ihre Aktionen fest aneinander, aber nicht so wie in einer Organisation, dass unterschiedliche Aktionen zu einem größeren Muster verbunden werden, sondern so, dass gleichartige Aktionen multipliziert und gleichgeschaltet werden. Daraus resultiert, dass sich die widersprüchlichen Handlungsrichtungen nicht mehr gegenseitig ausbalancieren, sondern im Sinne des Entweder-oder-Prinzips eindeutig in die eine Richtung entwickeln: Es kommt zum Hype.

Aber die Überintegration ist auch in der anderen Richtung zu beobachten, bei der Depression nach dem Platzen der Blase. Auch hier kommt es zu einer unangemessenen Gleichschaltung der Weltbilder. Und wiederum zeichnen sie sich dadurch aus, dass sie ambivalenzfrei sind – nur eben jetzt im Sinne der Hoffnungslosigkeit. Nach der Investition kommt auch hier zunächst die Zeit der Unentscheidbarkeit, doch plötzlich ändert sich die Zukunft – oder besser gesagt: die Sicht der Zukunft. Die Hoffnung auf zukünftige Gewinne zerplatzt, die Bewertung der Investition verändert sich – auch unter Einbeziehung der Zukunftsperspektive – hin zu einer Bilanzierung, nach der mehr gezahlt worden ist, als Zahlungen zu erwarten sind. Jeder Einzelne hat guten Grund, depressiv zu sein, und zwar deswegen, weil alle anderen auch Grund dazu haben. Zahlungen sind immer asymmetrisch. Der Markt funktioniert, weil in der Summe die Zahlenden und Kassierenden sich in etwa die Waage halten. Wenn die Zahlungsströme synchronisiert sind (überintegriert), dann überwiegt die Zahl derer, die mehr zahlen, als sie erhalten. Es bleibt im Extremfall keiner mehr, der zahlten könnte, die Depression des Marktes als Gesamtsystem ist die Folge.

Wenn wir die Metaphorik der Depression ernst nehmen, so gelangen wir fast zwangsläufig zu Fragen der Therapie und zuvor – zwangsläufig – zur Frage der „Gesundheit".

Auch hier mag es hilfreich sein, nach Isomorphien psychischer und sozialer Systeme zu suchen. Bezogen auf Manie und Depression lässt sich feststellen, dass die Ambiguitätsintoleranz als einer der symptomatischen wie pathogenen Faktoren zu erachten ist. Wer ein Weltbild hat, das in seiner Struktur der zweiwertigen Logik folgt,

**Nach dem Platzen
der Blase**

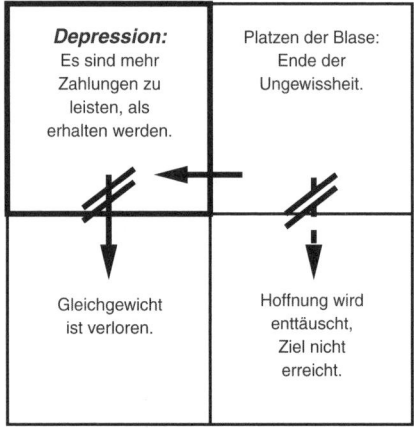

Abb. 14.4

kommt recht schnell zu einem Schwarz-Weiß-Bild der Welt, zu einem Entweder-oder-Muster. Doch die Welt, das Leben – auch das Wirtschaftsleben – funktioniert nicht nach diesem Prinzip. Wirklichkeitskonstruktionen, die einer zweiwertigen Logik folgen, sind ein Beobachterphänomen, d. h., sie sagen etwas über den Beobachter aus, aber nicht über die Realität. Es sind Speisekartenphänomene, und nicht alles, was man auf eine Speisekarte schreiben kann, kann man auch kochen – geschweige denn genießen.

Wer versucht, sein Verhalten solch einem Schwarz-Weiß-Weltbild anzupassen, wird immer in Schwierigkeiten geraten. Alle Psychosen lassen sich, wenn man sie so betrachtet, als Resultate dieser Verwechslung von Speisekarte und Speise erklären.

Ambivalenzfreiheit, so lässt sich zusammenfassen, liefert die Grundlage psychotischer (d. h. für den Durchschnittsbürger nicht einfühlbarer) Symptombildung. Aufgrund der Vorannahme, dass alles klar und die Zukunft vorhersehbar sei, wird zu schnell, ohne hinreichende Reflexion und Abwägung, entschieden. Doch das heißt nicht, dass Ambivalenz an sich „gesund" sei. Denn auch sie kann zur Wurzel von Pathologie werden, wenn keine Entscheidungen mehr getroffen werden können. Im Extremfall steht ein Zustand der Bewegungslosigkeit und Lähmung. Funktionell („gesund") für ein Individuum ist aus psychiatrischer Sicht die Offenheit, auf der einen Seite Ambiguität, Ambivalenz, Uneindeutigkeit und Unentscheidbarkeit aushalten zu können und zu ertragen, aber auf der anderen Seite auch Entscheidungen für die eine oder andere Seite des jeweiligen Konfliktes treffen, d. h. handeln zu können.

Solch eine Offenheit zu erzielen muss dann das therapeutische Bemühen sein. Diese Strategie gilt es – wenn wir den Implikationen des skizzierten Depressions- und Maniemodells folgen –, auch im Bereich der Wirtschaft umzusetzen.

14.9 Interventionen ohne kausale Erklärungen ...

Der Charme systemtheoretisch begründeter Therapie- und Beratungsmodelle liegt darin, dass die Frage nach der Kausalität der beobachtbaren Muster überflüssig wird. Die Frage, ob die Spielregen der Interaktion und Kommunikation durch die psychischen Prozesse der Beteiligten oder die psychischem Prozesse durch die Kommunikationsmuster verursacht werden, lässt sich nicht objektiv entscheiden. Beide sind zirkulär miteinander verknüpft, das eine bedingt das andere, das andere das eine. Und sie braucht auch nicht entschieden zu werden, um handeln zu können. Therapeutisch wichtig ist nicht, die „wirkliche" Ursache zu beseitigen, sondern diesen selbststabilisierenden Zirkel zu unterbrechen. Es muss nicht die Henne gekillt oder das Ei aufgeschlagen werden, sondern – wie auch immer – der Anschluss unterbrochen, das Muster gestört werden.

Damit nähern wir uns wieder dem Gebiet, das für Ökonomen von Bedeutung ist: der Intervention in Märkte bzw. den Ideen, die aus therapeutischen Erfahrungen dafür gewonnen werden können.

Nehmen wir noch einmal den Aktienmarkt als Beispiel, so müsste zunächst entschieden werden, wer denn als Therapeut fungieren könnte, wenn der Markt der Patient ist, der entweder manisch oder depressiv reagiert. Es müsste ein anderes gesellschaftliches Subsystem sein, wenn auch noch nicht klar ist, welches das sein könnte. Hier bedarf es sicher einer weiteren Analyse und Diskussion, um pragmatische Konsequenzen ziehen zu können. Klar ist auf jeden Fall, dass dessen Aufgabe darin bestehen müsste, Ambivalenz in die Selbstbeschreibung des Marktes einzuführen, um die Gleichschaltung des Verhaltens der Marktteilnehmer zu unterbrechen. Seine Aufgabe wäre es, um es klar zu sagen, Unordnung herzustellen, da die Ordnung, die mangelnde Differenzierung der Sichtweisen und Entscheidungsrichtungen das Problem von „boom and bust" kreiert.

In der Psychiatrie verpasst man tiefst depressiven Patienten gelegentlich einen Stromstoß durch das Hirn. Und es hat hinreichend oft therapeutische, d. h. depressionslösende, Wirkungen (nicht ohne gravierende Nebenwirkungen allerdings). Kein Mensch der Welt sollte annehmen, dass dadurch irgendein konstruktiver Prozess im Gehirn ausgelöst werde. Ganz im Gegenteil, die Überintegration der neuronalen Funktionen wird aufgelöst, es wird Chaos erzeugt, da es wahrscheinlich ja die unangemessene Ordnung ist, die zur Symptombildung führt.

An diesem Punkt ist es wichtig, sich von der Analogie zwischen Psyche und Markt zu lösen. Denn anders als bei einem Individuum, in dessen Psyche man nicht direkt intervenieren kann, kann man in Kommunikationssysteme, d. h. auch in Märkte direkt, intervenieren. Man kann Geld ausgeben und Zahlungen leisten oder erhalten.

Man kann Aktionen setzen, welche die Depression verstärken oder verringern.

Hier könnte wohl der Staat ins Spiel kommen – aber wohl weniger als Regulator, der den Kontext des Marktes verändert, sondern eher als Marktteilnehmer. Wenn wir wiederum die Mitglieder der Familie eines Depressiven oder des Manikers bzw. die therapeutischen Institutionen zum Vergleich heranziehen, so wäre die Beschränkung auf eine regulatorische Funktion des Staates nicht nur nicht ausreichend, sondern kontraproduktiv. Denn beim Maniker oder Depressiven ist es ja so, dass wichtige selbstregulatorische Funktionen externalisiert sind. Statt der Selbstkontrolle übernimmt ein Angehöriger oder ein dicker Pfleger im weißen Kittel die Kontrollfunktion. Statt der Selbstmotivation und der Selbstaufwertung übernimmt ein Außenstehender die Rolle des Zuwendungsgebers. Solche Muster liefern für den Betreffenden wenig Anreiz zur Veränderung, da er durch diese Externalisierung in seinem ambivalenzfreien Selbst- und Fremdbild verharren kann. Er selbst und die Menschen in seiner Umgebung sind entweder aktiv oder passiv, stark oder schwach, gut oder böse. Und zwischen diesen Schwarz-Weiß-Positionen gibt es nichts. Wenn also der Helfer stark ist, so bleibt derjenige, dem geholfen werden soll, schwach usw.

Ein Staat, der sich regulatorisch in den Markt einmischt, geht in die Rolle des Komanikers oder Kodepressiven. Und das hat eher chronifizierende Wirkungen. Was der Staat aber kann – und das liegt auf einer anderen logischen Ebene –, er kann sich als Teilnehmer auf den Markt begeben und mit seiner geballten Finanzkraft Geschäfte realisieren, die antizyklisch wirken und Unordnung in die übergroße Ordnung des Marktes bringen. Er kann das, weil er – anders als die anderen Marktteilnehmer – nicht „rational" im Sinne der Profitmaximierung oder auch nur der Kostendeckung handeln muss. Er ist keine ökonomische Einheit, die auf dem Markt überleben muss. Seine Aufgabe besteht darin, Kontexte für Marktprozesse zu schaffen, den Irrationalitäten dieser Art sozialen Systems Rechnung zu tragen und eventuell durch entsprechende Kontextveränderungen (z. B. Wettbewerbssicherung) für deren Funktionieren zu sorgen. Die Rationalität seiner Aktionen muss sich hier daher im Sinne der Unterbrechung von „manischen" und „depressiven" Mustern bewerten lassen. Solch gleichgeschaltete Muster kann er dadurch am einfachsten unterbrechen, dass er sich an ihrer Störung beteiligt und Geschäfte macht, die der allgemein akzeptierten Logik des Geschäftemachens zuwiderlaufen. Er muss investieren, wenn keiner investiert, sparen, wenn keiner spart ... (alte ökonomische Lehrbuchweisheiten, die leider vergessen zu sein scheinen). Als ökonomische Überlebenseinheit, die zwar pleite sein, aber nicht Pleite gehen kann, kann er es sich leisten, paradox zu intervenieren, d. h. Ausgaben mit dem Ziel zu tätigen, weniger Zahlungen zu erhalten, als er leistet. Er macht dann genau das, was die Marktteilnehmer in der Depression nicht mehr tun, weil sie es bislang getan haben. Er hat so eine realistische Chance, das selbstverstärkende Muster zu unterbrechen, d. h., er führt Ambivalenz in das System ein.

Paradox kann solch eine Form der Intervention deshalb genannt werden, weil der Staat hier als Marktteilnehmer seine Wirksamkeit entfalten kann, ohne als externalisierte Steuerungsinstanz zum Kodepressiven oder Komaniker zu werden. Er mischt sich in einer der Logik des Marktes zuwiderlaufenden Weise in das Marktgeschehen ein, und erst dadurch kann es ihm paradoxerweise gelingen, den Markt in seiner Funktionsfähigkeit wiederherzustellen und zu stabilisieren.

15. De-Konstruktion und Re-Konstruktion der Autorität von Management und Beratung

15.1 DER MYTHOS DER KONTROLLE

Kehren wir zum Anfang unseres Irrweges zurück, zu unseren Wanderern auf dem Berg, unserem Spähtrupp in den verschneiten Alpen bzw. der Rolle von Führung und Management, und versuchen wir, eine Art Resümee zu ziehen.

Für lange Zeit hat das Ideal der rationalen Steuerung die Managementtheorie beherrscht. An diesem Bild hat sich auch das Management gemessen, und weil Manager sich darum bemühen, einen rationalen und kontrollierten Eindruck zu erwecken, erscheinen manche Betriebswirtschaftsstudenten manchen attraktiven, jungen Frauen als langweilige „Normalos".

Doch wenn man sich genauer anschaut, was tatsächlich in den Unternehmen geschieht, so wird schnell deutlich, dass die vorgebliche Rationalität der Entscheidungen ein Mythos ist. Das sollte nach allem, was in diesem Buch beschrieben ist, nicht erstaunen.

Das traditionelle Managementmodell geht stillschweigend von der Vorstellung aus, Unternehmen seien so etwas wie „triviale Maschinen"[184]. Mechanische Apparate und Maschinen sind das Vorbild für diesen Typ System. Sie können durch die Beobachtung von Input-Output-Reaktionen analysiert werden. Wer alle möglichen Inputs kennt und die damit gekoppelten Outputs, kann Regeln beschreiben, nach denen Inputs in Outputs transformiert werden. Wenn man alle Inputs und Outputs katalogisiert hat, kann man solch eine Maschine zielgerichtet steuern. Je nachdem, welchen Output man wünscht, wählt man den Input. Getränkeautomaten funktionieren nach diesem Prinzip: Man wirft ein Geldstück ein, drückt auf die Taste mit dem Coca-Cola-Logo, und nach ein paar Sekunden klackert unten die Flasche in das Ausgabefach. Die Maschine erfüllt zielgerichtet Wünsche.

Nach diesem Analyseschema arbeiten auch die „harten" (Natur-)Wissenschaften. Die Methode funktioniert gut, wenn es um unbelebte, mechanische oder chemische Systeme geht. Man stellt seinen Fernsehapparat an, und er zeigt ein mehr oder weniger triviales Bild und den nicht minder trivialen Ton (deswegen heißen solche Apparate wahrscheinlich triviale Maschinen). Man kann nicht nur mit ihrem Funktionieren rechnen, sondern auch damit, dass der Fernsehapparat nicht plötzlich und unerwartet ganz anders reagiert (und sich etwa einfallen lässt, Staub zu saugen).

Wenn solch eine triviale Maschine einmal nicht funktioniert, dann kann man Erklärungen in unterschiedlichen Phänomenbereichen konstruieren, die unterschiedliche Handlungskonsequenzen haben.

Als Erstes liegt es nahe, die internen Mechanismen zu untersuchen, die normalerweise dafür sorgen, dass die Maschine funktioniert (generierende Mechanismen für das erwünschte Verhalten). Die Leithypothese ist dann, dass es zu einem Defekt in diesen Mechanismen gekommen ist, der repariert werden muss. Man schraubt die Rückwand des Fernsehapparats auf, sucht nach dem kaputten Teil, tauscht es aus und schraubt alles wieder zusammen. Wenn solch eine Reparatur erfolgreich durchgeführt ist, sollte die Maschine wieder das alte, lieb gewonnene, berechenbare Verhalten zeigen. All dies entspricht den Kontrollwünschen und Erwartungen, mit denen man sich den Fernsehtechniker ins Haus geholt hat.

Der zweite Phänomenbereich, in dem man nach einer Erklärung für das Nichtfunktionieren des Fernsehers suchen kann, ist die Umwelt des Apparats. Zum Beispiel könnte es zu einem Stromausfall in der ganzen Gegend gekommen sein. In diesem Fall wäre es wenig nützlich, die Rückwand des Fernsehgeräts abzuschrauben und in seinem Inneren nach defekten Teilen zu suchen. Der Diagnostiker muss die generierenden Mechanismen für das Nichtfunktionieren des Apparats in dessen Umwelt lokalisieren. Und wenn er seinen Zustand verändern will, muss er in ein anderes System intervenieren, in die Umwelt des Apparats (das Stromnetz).

Die dritte mögliche Erklärung für das Nichtfunktionieren des Geräts kann „innerhalb" des Beobachters konstruiert werden. Wenn er beispielsweise nicht weiß, wie der Apparat einzuschalten ist, weil die Fernbedienung so kompliziert ist, dass es dazu eines Hochschulstudiums bedarf, so wird er nicht den erwünschten Output erhalten. Konsequenz ist, dass er wohl mehr über das zu bedienende System lernen muss, wenn er ein erfolgreicher TV-Konsument werden will (zumindest mit diesem Apparat). Er kann dazu die Versuch-Irrtum-Methode verwenden oder sich Rat holen. Er kann Experten fragen, Wissenschaftler, Techniker oder andere Berater, die für derartige Fragen als kompetent gehandelt werden. Wenn sie ihm sagen können, welchen Knopf er drücken muss, so erhält unsere fiktive Testperson die Kontrolle über die Maschine. Sie kann sie für ihre Zwecke nutzen (die Sportschau sehen).

Als Experte für triviale Systeme hat man das Wissen über die Mechanismen, die zu den erwünschten Zielen führen, sodass man auch Hypothesen über die auftretenden Defekte erstellen kann. Wer über das Wissen verfügt, wie man einen Fernsehapparat repariert, gewinnt mit der Zeit die Reputation, ein guter Fernsehmechaniker zu sein. Man spricht darüber. Diese Reputation kann der betreffende Mechaniker nicht selbst herstellen, denn es sind die Menschen, die durch Mund-zu-Mund-Propaganda solch einen Ruf erzeugen. Wenn niemand weiß, wie gut ein „Experte" in seinem Fachgebiet ist, oder es nicht weitererzählt wird, so wird er nicht zur akzeptierten Autorität in seinem Feld. Wenn man hingegen die Reputation als Fachmann hat, dann fragen andere um Rat, ja, sie akzeptieren den Betreffenden manchmal sogar als Führer und folgen seinen Anweisungen (zur Erinnerung: das Zahlenmuster, bei dem diejenigen, die im Spiel sind, immer besser ins Spiel kommen).

In Organisationen, die in erster Linie mit dieser Art „harten", wissenschaftlichen Wissens zu tun haben, hängt die Karriere des Einzelnen zu einem großen Teil von seinem Wissen der harten Fakten und der dazugehörigen Tools ab. So wurden beispielsweise in Krankenhäusern die Chefärzte über lange Zeit auch die Leiter der Organisation mit den entsprechenden Managementaufgaben, für die sie in keiner Weise qualifiziert waren. In der chemischen Industrie war es über Jahrzehnte selbstverständlich, dass die Vorstandsvorsitzenden gestandene (d. h. in der Regel promovierte) Chemiker waren, obwohl sie in ihrem Alltagsgeschäft keine Chance mehr hatten, irgendwelche Stoffe zusammenzumixen.

Die weit verbreitete Idee wissenschaftlicher Managementmethoden ist sehr eng mit dem hier skizzierten Expertenmodell verwandt. Das Unternehmen und der Markt werden als Objekte betrachtet, über die man Daten gewinnen kann, und wenn man nur die richtigen Tools verwendet, dann können die richtigen Entscheidungen getroffen werden. Das (un)heimliche Ideal ist, das Unternehmen „in den Griff" zu bekommen und zu kontrollieren. Auf der einen Seite ist diese Form der Expertise (erworben z. B. durch ein MBA-Training) ein Mittel, um im Unternehmen Karriere zu machen, und auf der anderen Seite bewirkt die erfolgreiche Karriere eines Managers, dass ihrem Inhaber die entsprechende Expertise zugeschrieben wird. Diese zirkuläre Beziehung schafft die Autorität und Reputation des Topmanagements im Unternehmen. Ihm wird das Wissen zugeschrieben, wie das Unternehmen zu managen ist. Je höher die Position einer Person in der Hierarchie ist, desto größeres oder besseres Wissen wird ihr zugeschrieben. Die Metapher der „höheren Position" wird wörtlich genommen: Wer oben ist, sieht mehr und weiter. Aber das ist ein Mythos, eine unpassende Metapher, denn Management hat in der Regel nichts mit geographischen Problemen zu tun.

Die Kontrollideen des Managements sind Idealisierungen, die eng gebunden sind an die Idealisierung der Naturwissenschaften. All dies setzt die Trennung von Beobachter und beobachtetem Gegenstand voraus, die Objektivität von Wissen, die im Wirtschaftsleben nicht gegeben ist. Denn hier verändert das vermeintliche Wissen das, worüber etwas „gewusst" wird. Der Markt bleibt nicht derselbe, wenn er beforscht wird, und ein Unternehmen, das sich selbst beobachtet, verändert sich. Astronomen können die nächste Sonnenfinsternis vorhersagen, kein Wirtschaftsexperte kann mit auch nur annähernd ähnlicher Sicherheit sagen, wie in einem Jahr die Wirtschaftslage sein wird ...

15.2 Autorität des Beraters versus Autorität des Managers

Auch wenn die Idee des wissenden Managers ein bloßer Mythos ist, so neigen doch die meisten Menschen dazu, den Erfolg oder das Scheitern des Managements nach dem dargestellten Modell zu erklären. Wenn ein Unternehmen in Schwierigkeiten gerät, so sehen sie es durch Veränderungen der Umwelt (Märkte, politische Verhältnisse usw.), irgendwelche organisationsinternen Defizite oder aber durch mangelndes Wissen des Managements verursacht. Und solche Erklärungen werden nicht nur von außen stehenden Beobachtern konstruiert, sondern auch von den Betroffenen selbst, d. h. dem Management.

Wenn das Management mit Problemen konfrontiert ist, für die es keinen Masterplan oder keine Lösung parat hat, so sucht es nach Beratern, die über die Reputation verfügen, das objektive Wissen und die Tools zu besitzen, um das Problem zu lösen. Sie suchen nach einer Autorität, die sie um Rat fragen können.

Dies ist nicht nur die übliche Vorgehensweise des Managements in schwierigen Zeiten, sondern etwas, was wir alle alltäglich tun. Mit den Worten von James March[185] gesprochen: „Ob wir wissen wollen, wie man Schuhe herstellt, (...) wie man Geld anlegt, Brücken baut oder Liebe macht, der beste Weg, unsere Fähigkeiten zu verbessern, besteht normalerweise darin, die Technologien anderer zu imitieren, die damit erfolgreich Erfahrungen gesammelt haben."

Der riesige Erfolg der traditionellen Unternehmensberatungsgesellschaften beruht auf der Vorannahme, der Berater wüsste, was der Manager nicht weiß. So ist die Autorität solcher Berater immer mit der Dekonstruktion der Autorität des Managers verbunden. Man kann hier fast von einer Summenkonstanz der Autorität ausgehen: Was der Berater an Autorität gewinnt, verliert der Manager.

"Thank God! A panel of experts!"

Abb. 15

Die Vorannahme ist, der Berater (und sei es auch einer, der gerade von der Hochschule kommt und nur kurz angelernt wurde) habe irgendwelch neueres, besseres, sophisticatederes, wissenschaftlicheres oder sonst wie überlegenes Wissen. Dies schafft eine asymmetrische Beziehung, in welcher der Berater in die Expertenrolle gelangt, während sein Kunde in die unterlegene Nichtexpertenposition gerät.

Doch die Autorität des Beraters oder seiner Firma bleibt nicht unangetastet. Ihre analytischen Tools sind hoch standardisiert. Andernfalls ließe sich aus der Beratung kein Geschäftsmodell entwickeln, das mit unerfahrenen Universitätsabsolventen als Junior Consultants arbeitet, die nach einem kurzen Training auf alte und erfahrene Mitarbeiter eines Unternehmens losgelassen werden.

Eine der Konsequenzen dieses Ansatzes ist, dass die Probleme des zu beratenden Unternehmens so umgedeutet werden müssen, dass sie zu den Methoden des Beraters passen.

Es ist so, als ob man einen Schneider engagierte, um sich einen Anzug machen zu lassen. Er nimmt Maß und beginnt seine Arbeit. Wenn man dann den Anzug abholt, dann merkt man bei der Anprobe, dass man den linken Arm ganz weit vorstrecken und den rechten anwinkeln muss, damit beide Hände gleichzeitig aus den zu langen Ärmeln herausreichen können. Außerdem gibt es auch ein paar Problemchen mit der Hose. Da ein Hosenbein kürzer ist als das andere, muss der Träger des Anzugs in die Hocke gehe und ein Bein weit nach hinten ausstrecken und es nachziehen, während das andere angewinkelt bleibt. Wer den stolzen Besitzer solch eines Anzugs sieht, wie er halb hockend, halb hinkend-hüpfend den Schneiderladen verlässt, wird voller Bedauern und Mitgefühl für ihn sein und voller Bewunderung für den Anzug: „Schrecklich, solch eine Behinderung! Aber einen tollen Schneider hat der Mann!"

Allerdings ist der Kunde, der diesen Anzug verpasst bekommt, in der Regel nicht so glücklich. Er versucht, das Ding so schnell wie möglich loszuwerden. Im besten Fall hängt er es in den Schrank, weil es so teuer war. In jedem Fall versucht er, es schnell zu vergessen.

Ganz analog enden die Berichte der McKinseys und Co. in vielen Fällen in irgendwelchen Schubladen. Das dürfte auch der Hintergrund für die augenblickliche Krise der großen traditionellen

Unternehmensberatungsfirmen sein. Die schon angeheuerten Hochschulabgänger werden nicht eingestellt, und wenn man nach denen fragt, die schon länger dabei sind, hört man immer wieder, sie seien „at the beach".

Das zugrunde liegende Problem dieses Typs von Beratung entspricht dem des Managements. Die Ratschläge und Entscheidungen führen nicht zu den beabsichtigten (und versprochenen) Resultaten. Es ergeben sich Schwierigkeiten bei der „Implementierung", wie es so schön heißt. Die Leute machen einfach nicht das, was ihnen gesagt wird, sondern was ihnen sinnvoll erscheint. Die Autorität des Beraters wird auf diese Weise genauso dekonstruiert wie zuvor die des Managements.

Aus einer systemtheoretischen Perspektive lässt sich dies damit erklären, dass der Unterschied zwischen trivialen und nichttrivialen Systemen deutlich wird. Unternehmen als nichttriviale Systeme sind lernfähig, d. h., sie verändern aufgrund des Inputs ihre internen Strukturen (zumindest können sie das). Sie funktionieren daher in einer Weise, die es dem Beobachter prinzipiell nicht erlaubt, aufgrund der Analyse von Input-Output-Korrelationen das Verhalten des Systems vorherzusagen. Was immer ein Manager oder Berater sagt oder tut, er hat nie Kontrolle über das System, er hat es nie „im Griff".

15.3 Systemische Management- und Beratungsmodelle

Hier kommen nun systemische Management- und Beratungskonzepte ins Spiel. Ihre Grundlage ist ein Verständnis von Wirtschaftswissenschaft als Sozialwissenschaft. Sie sehen Unternehmen und Märkte als nichttriviale, soziale Systeme, d. h. als Kommunikationssysteme. Das Unternehmen als autopoietisches System folgt charakteristischen Organisationsprinzipien in der Logik seiner Prozesse. Mit ihnen kann gerechnet werden, ohne dass deshalb das Unternehmen zu einem berechenbaren System würde. Vor allem aber: Das Wissen des Unternehmens ist nicht in den Köpfen seiner Mitglieder lokalisiert oder gelagert, sondern es ist implizit in den Prozessen, die das Unternehmen als abgegrenzte Überlebenseinheit erhalten. Und eine lernende Organisation ist keine Organisation, deren Mitglieder lernen, sondern eine, die in der Lage ist, ihre Spielregeln, ihre Kommunikationsmuster und internen Strukturen zu verändern, um ihre Ziele zu erreichen. Um dies zu erreichen, muss sie ihre eigenen Spielregeln daraufhin beobachten und bewerten können, ob das in ihnen implizite Wissen noch angemessen ist. Sie muss sich ihrer eigenen, alltäglich praktizierten Regeln und Strukturen bewusst werden, d. h. des praktizierten, impliziten Wissens und der Erwartungen, die das Verhalten ihrer Mitglieder leiten.

Der systemische Manager oder Berater führt dazu alternative Beobachtungsschemata in die Kommunikation des Unternehmens ein und fokussiert die Aufmerksamkeit auf die Beziehung zwischen dem Unternehmen als System und den für sein Überleben relevanten Umwelten. Auf diese Weise kann er als Beobachter andere Beobachter beim Beobachten beeinflussen und damit faktisch eine Leitungsfunktion ausüben.

Er wird sich dabei stets der Tatsache bewusst sein, dass er in einer anderen Rolle ist als der technische Experte, der einen Fernsehapparat zu reparieren hat. Beide verbindet, dass sie Diagnosen darüber erstellen, was mit dem jeweiligen System nicht in Ordnung ist. Und sie werden auch beide Hypothesen darüber entwickeln, was getan werden kann oder muss, um die zukünftige „Performance" des Systems zu verbessern. Aber nur der Techniker ist in der Lage, sein Kundensystem (den Fernsehapparat) zu reparieren. Er kann die defekten Teile austauschen. In einem Unternehmen kann aber kein Manager oder Berater die defekten Elemente austauschen, denn diese Elemente sind Kommunikationen. Sie werden stets von mehreren Akteuren gemeinsam produziert. Daher ist jeder, der dies verändern will, auf die Kooperation anderer angewiesen. Er mag zwar die Macht haben, diejenigen Personen, die gemeinsam dysfunktionale Kommunikationsstrukturen am Leben erhalten und zu keiner Veränderung bereit oder fähig sind, rauszuwerfen (lose Kopplung der Akteure), aber wenn er alternative Strukturen und Muster etablieren will, dann braucht er Kooperationspartner, die etwas Neues tun ...

Die Rolle des systemischen Beraters unterscheidet sich von der des Managers oder jeder anderen Person, die innerhalb eines Unternehmens eine hierarchische Position einnimmt. Seine Expertise erstreckt sich auf Kommunikationsprozesse und -strukturen. Er kann Verfahrensweisen und Spielregeln vorschlagen, welche die Chance erhöhen, dass Lösungen gefunden werden. Und er kann vor dysfunktionalen Strukturen warnen. Aber er kann nicht die Verantwortung für die Entscheidungen des Kundensystems übernehmen. Es ist Aufgabe und Risiko des Managers, dafür die Verantwortung zu übernehmen. Die Rolle des Beraters ist es, systemische Perspektiven und Kriterien in den Entscheidungsbildungsprozess einzubringen. Er hilft, den Fokus der Aufmerksamkeit auf die Aspekte zu lenken, die aus systemtheoretischer Sicht relevant für das Überleben oder den Erfolg des Unternehmens bzw. das Erreichen des Beratungsziels sind. Was kann ungestraft weggedacht werden? Was muss auf jeden Fall mitbedacht werden?

Wenn er dies tut, so eröffnet er einen Weg, die Komplexität, die das Unternehmen bewältigen muss, in einer zielorientierten und – soweit das überhaupt geht – der Nichtvorhersagbarkeit der Zukunft angemessenen Weise zu reduzieren. Dies hilft den Verantwortlichen erfahrungsgemäß, zu Entscheidungen zu finden. Aber es ist nicht der Berater, der diese Entscheidungen trifft. Es ist das Kundensystem, das sich in einen Kommunikationsprozess begeben hat, der zu Entscheidungen und ihrer Umsetzung führt (siehe Kap. 12, „Gezielte Veränderung").

Wenn ein Manager solch einen Prozess erlaubt oder herbeiführt, so wird er neue Autorität gewinnen, denn das Ergebnis dieses Prozesses wird (zu Recht) ihm zugeschrieben. Er war in der Lage, das intellektuelle Potenzial und die Intelligenz des Kommunikationsprozesses nutzbar zu machen. Und dazu braucht er eine andere Art des Wissens oder, besser gesagt, der Kompetenz: mit Nichtwissen (der Zukunft, aber auch vieler Aspekte der Gegenwart) umgehen und trotzdem zu Entscheidungen kommen zu können.

Aus einer systemischen Perspektive ist dies der beste, wenn nicht der einzige Weg, seine Autorität zu rekonstruieren. Sie beruht auf seiner systemischen Kompetenz, d. h. der Fähigkeit, das implizite Wissen und die Kreativität des Unternehmens nutzbar zu machen. Die Paradoxie von Management und Führung besteht darin, dass sie verantwortlich für das Zustandekommen von Entscheidungen sind, die keine Person allein sachgerecht treffen kann, und für Veränderungen, die niemand unter Kontrolle hat oder gar allein realisieren könnte. Aber diese Paradoxie kann aufgelöst werden, wenn Führung als Organisation der Selbstorganisation verstanden wird – wenn die Mechanismen der Selbstorganisation sozialer Systeme genutzt werden, um zielgerichtete Lösungen zu produzieren. So kann sich die Intelligenz des Unternehmens als überlebenssichernd in manchmal ziemlich blöden Märkten erweisen.

Dazu bedarf es intelligenter Manager ... und dann ist (wahrscheinlich) nichts spannender als Wirtschaft, obwohl ...

Anmerkungen

1 Vgl. Piaget 1970.
2 Aus *Frankfurter Rundschau*, 20.4.1985.
3 Zweidimensionale Wiedergabe der Augenbewegungen nach Yarbus (1967): Eye Movements and Vision, New York, gefunden bei Negt u. Kluge 1981, S. 17.
4 Caplan 1983, S. 256.
5 Maturana 1970, S. 39.
7 Vgl. Luhmann 1984.
8 Vgl. für den Bereich der Wissenschaften die Untersuchung von R. Merton (1965, S. 80), der gezeigt hat, dass Autoren, die viel zitiert werden, immer mehr zitiert werden, während diejenigen, die wenig zitiert werden, irgendwann gar nicht mehr zitiert werden.
9 Eine Geschichte, die 1995 sinngemäß von Bert Hellinger während einer Podiumsdiskussion anlässlich des Kongresses „Science/Fiction. Zwischen Fundamentalismus und Beliebigkeit" in Heidelberg erzählt wurde (siehe auch Simon 1997, S. 143).
10 Zit. nach Weick 1987, S. 222.
11 Collins 2001, S. 65 ff.
12 Rudolf Wagner, Inhaber des Lehrstuhls für Sinologie, Universität Heidelberg, pers. Mitteilung.
13 Carroll 1966, S. 556 f.
14 Gernhardt et al. 1979, S. 124.
15 Aus *The New Yorker*
16 Vgl. Maturana 1975, Maturana u. Varela 1975, Luhmann 1984.
17 Vgl. Bateson 1979.
18 Aus *Frankfurter Rundschau*, 5. 7.1985.
19 Vgl. von Foerster 1988.
20 Von Foerster 1993, S. 73.
21 Diese wunderbare Formulierung habe ich mehrfach gehört, leider weiß ich nicht, wer sie erstmals in die Welt gesetzt hat, sodass ich ihm oder ihr nicht meine bewundernde Referenz erweisen kann ...
22 Aus *The New Yorker*, 7.8.1995.
23 Vgl. Maturana 1978.
24 Vgl. Lakoff u. Johnson 1980.
25 Zitiert nach von Foerster 1993, S. 62.
26 Vgl. G. H. von Wright 1963.
27 Die Idee zu diesem Experiment verdanke ich dem Kurzfilm „Balance" der Brüder Christoph und Wolfgang Lauenstein, die

dafür mit einem Oscar ausgezeichnet wurden.
28 Maturana 1975.
29 Vgl. Wickler u. Seibt 1977.
30 Siehe Rifkin 1992, S. 120.
31 Vgl. Luhmann 1988.
32 Vgl. Soros 1998, S. 178 ff.
33 Vgl. Simon u. CONECTA 1992, S. 40 ff.
34 Geld als „symbolisch generalisiertes Kommunikationsmedium", vgl. Luhmann 1988, S. 230 ff.
35 Vgl. Simon 2001, S. 237 ff., Simon 2002a.
36 Maturana 1978, S. 243.
37 Lowe 2001, S. 141.
38 O'Boyle 1998, S. 58 ff.
39 O'Boyle 1998, S. 29.
40 Studie der Internationalen Arbeitsorganisation (ILO), zitiert nach Spiegel online, 1.9.2003.
41 Wimmer 2002.
42 Beatles 2000, S. 41.
43 Wimmer et al. 1996, S. 18.
44 USA Today, 22.1.2001.
45 Vgl. Packard 1996.
46 Von Foerster 1988.
47 Vgl. Angel 2002.
48 Business 2.0 vom 19.1.2001.
49 Simon 2002b, S. 370f.
50 Vgl. Simon u. CONECTA 1992, S. 114.
51 Die folgende Darstellung folgt der Festschrift anlässlich des 150-jährigen Jubiläums der Firma Freudenberg im Jahre 1999. Mein besonderer Dank gilt Dr. Reinhart Freudenberg, der die folgende Darstellung auf ihre sachliche Richtigkeit hin überprüft hat.
52 Freudenberg 1999, S. 58.
53 Reinhart Freudenberg, persönliche Mitteilung.
54 Freudenberg 1999, S. 71 f.
55 Freudenberg 1999, S. 73 f.
56 Reinhart Freudenberg, persönliche Mitteilung.
57 Freud 1900.
58 Simon 1982a, b, 1983, 1984.
59 Wimmer 1998.
60 Vgl. Bennis u. Biederman 1997.
61 Singer 1995.
62 McNamara 1995.
63 Siehe dazu ausführlich Simon 2001, S. 106 ff.
64 Luhmann 1973, 1975.
65 Collins 2002, S. 17 ff.
66 Wynne et al. 1958.
67 Als symbolisch generalisiertes Kommunikationsmedium, vgl. Luhmann 1988, S. 230 ff.
68 Wittgenstein 1952, §§ 7, 23, 75, 216.
69 Devereux, G. 1970.
70 Vgl. Osgood et al. 1972.
71 Simon 1990.
72 Goleman 1995.
73 Vgl. Simon u. CONECTA 1992
74 Calvino 1980.
75 Bateson 1979, Schapp 1953.
76 Vgl. Gardner 1995, Simon 1997, 2001.
77 Collins 2002.
78 Bateson 1951.
79 Siehe Simon 2001, S. 82 ff.
80 Simon 2002a.
81 Collins 2002, S. 39 f.
82 O'Boyle 1998, S. 27.
83 Welch 2001.
84 Ebd., S. 14.
85 Ebd., S. 34.
86 Ebd., S. 49.
87 Ebd., S. 57.
88 Ebd., S. 57.
89 Ebd., S. 223.
90 Ebd., S. 233.
91 Ebd., S. 312.
92 Ebd., S. 391.
93 Ebd., S. 343.

94 Ebd., S. 393.
95 Ebd., S. 390.
96 Ebd., S. 14 f.
97 Ebd., S. 49.
98 Vgl. ebd., S. 39.
99 Vgl. ebd., S. 44.
100 Ebd., S. 44.
101 Ebd., S. 20.
102 Ebd., S. 64.
103 Ebd., S. 46.
104 Ebd., S. 46.
105 Ebd., S. 57.
106 Ebd., S. 58.
107 Ebd., S. 106.
108 Ebd., S. 110.
109 Vgl. ebd., S. 111.
110 Ebd., S. 61.
111 Ebd., S. 62.
112 Vgl ebd., S. 151.
113 Vgl. ebd., S. 152.
114 Vgl. ebd., S. 120.
115 Ebd., S. 244.
116 Ebd., S. 71.
117 Ebd., S. 65.
118 Ebd., S. 66.
119 Ebd., S. 66.
120 Ebd., S. 67.
121 Ebd., S. 67.
122 Ebd., S. 77.
123 Vgl. ebd., S. 108.
124 Ebd., S. 109.
125 Ebd., S. 67.
126 Ebd., S. 108.
127 Ebd., S. 68, siehe auch S. 171 ff.
128 Vgl. ebd., S. 6.
129 Ebd., S. 68.
130 Ebd., S. 79.
131 Ebd., S. 97/98.
132 Ebd., S. 150.
133 Ebd., S. 171.
134 Ebd., S. 177 f.
135 Ebd., S. 179.
136 Ebd., S. 172.
137 Ebd., S. 173.
138 Vgl. ebd., S. 176
139 Vgl. ebd., S. 173
140 Ebd., S. 174.
141 Ebd., S. 175.
142 Vgl. ebd., S. 183.
143 Ebd., S. 97.
144 Ebd., S. 119.
145 Ebd., S. 120.
146 Vgl. ebd., S. 127.
147 Ebd., S. 142.
148 Ebd., S. 143.
149 Ebd., S. 139.
150 Ebd., S. 439 f.
151 Ebd., 201 ff.
152 Vgl. ebd., S. 118.
153 Ebd., S. 185.
154 Ebd., S. 186.
155 Ebd., S. 189.
156 Ebd., S. 197.
157 Ebd., S. 197 f.
158 Ebd., S. 198.
159 Ebd., S. 217.
160 Vgl. Simon et al. 1992, S. 114.
161 Welch 2001, S. 364.
162 Ebd., S. 402.
163 Ebd., S. 392.
164 Ebd., S. 438.
165 Ebd., S. 454.
166 Ebd., S. 456.
167 Vgl. ebd., S. 205.
168 Ebd., S. 208.
169 Gimein 2000.
170 Lowe 2001, S. 238.
171 Geertz 1973, S. 14.
172 Vgl. Baecker 2000, S. 37 f., 44, 47 ff.
173 Hall 1959, S. 59 ff.
174 Vgl. G. Roth 1994, S. 185; LeDoux 1996. S. 179 ff.
175 O'Boyle 1998, S. 49.
176 Aus „Alice im Wunderland" von Lewis Carroll 1973, S. 67.
177 Wimmer 1998.
178 Vgl. auch Nagel u. Wimmer 1998.
179 Vgl. den ausführlichen Überblick bei Holman u. Devane 2002.

180 Wittgenstein 1952, §§ 30, 43.
181 LeBon 1895, Canetti 1960, Fromm 1941.
182 Siehe zu diesen Mustern ausführlich Simon 1988/92, 1990, Retzer u. Simon 2001.
183 Luhmann 1988, S. 17 ff.
184 Von Foerster 1971.
185 March 1991, S. 27

Literatur

Angel, K. (2002): Inside Yahoo! Reinvention and the Road Ahead. New York (John Wiley).
Baecker, D. (2000): Wozu Kultur? Berlin (Kadmos).
Bateson, G. (1951): Kommunikation und das System der „Checks and Balances". In: Ruesch, G. Bateson (1951): Kommunikation. Die soziale Matrix der Psychiatrie. Heidelberg (Carl-Auer) 1995, S. 171–189.
Bateson, G. (1972): Steps to an Ecology of Mind. New York (Ballantine).
Bateson, G. (1979): Geist und Natur. Eine notwendige Einheit. Frankfurt (Suhrkamp) 1982.
Beatles (2000): The Beatles Anthology. München (Ullstein).
Bennis, W., P. W. Biederman (1997): Organizing Genius. The Secrets of Creative Collaboration. Reading, MA (Addison-Wesley).
Canetti, Elias (1960): Masse und Macht. Frankfurt (Fischer TB-Verlag) 1999, 25. Aufl.
Calvino, I. (1980): Die Karten der Welt. In: ders. (1984): Kybernetik und Gespenster. München (Hanser), S. 198–206.
Caplan, N. (1983): Knowledge Conversion and Utilization: In: B. Holzner, K. D. Knorr, H. Strasser (Hrsg.): Realizing Social Science Knowledge – The Political Realization on Social Science Know-ledge and Research: Toward New Scenarios. Wien/Würzburg (Physika), S. 255–264.
Carroll, L. (1966): Sylvie and Bruno concluded: The Man in the Moon. In: The Complete Works of Lewis Carroll. London (Nonsuch) [dt. (1994): Sylvie und Bruno. Die Geschichte einer Liebe. Darmstadt (Häusser).]
Carroll, Lewis (1973): Alice im Wunderland. Frankfurt (Insel).
Collins, Jim (2001): Good To Great. Why Some Companies Make the Leap and Others Dont't. New York (Harper Business).
Devereux, G. (1970): Die ethnische Identität. Ihre logischen Grundlagen une ihre Dysfunktionen. In: G. Devereux (1972): Ethnopsychoanalyse. Die komplementaristische Methode in den Wissenschaften vom Menschen. Frankfurt (Suhrkamp) 1978, S. 131–169.
Foerster, H. von (1971): Perception of the Future and the Future of Perception. In: H. von Foerster (1981): Observing Systems. Seaside, CA (Intersystems) 2nd Ed. 1984.

Foerster, H. von (1988): Abbau und Aufbau. In: F.B. Simon (Hrsg.) (1988): Lebende Systeme. Frankfurt (Suhrkamp), S. 32–51.
Foerster, H. von (1993): KybernEthik. Berlin (Merve).
Freud, S. (1900): Die Traumdeutung. Gesammelte Werke, Bd. 2/3. Frankfurt (S. Fischer).
Freudenberg (1999): 150 Jahre Freudenberg. Die Entwicklung eines Familienunternehmens von der Gerberei zur internationalen Firmengruppe. Weinheim (o. Verlag).
Fromm, E. (1941): Die Furcht vor der Freiheit. In: E. Fromm (1980): Gesamtausgabe, Bd. 1. Stuttgart (DVA), S. 217–394.
Gardner, H. (1995): Leading Minds. New York (Basic Books).
Geertz, C. (1973):Dichte Beschreibung. Bemerkungen zu einer deutenden Theorie von Kultur. In: ders. (1983): Dichte Beschreibung. Beiträge zum Verstehen kultureller Systeme. Frankfurt (Suhrkamp), S. 7–43.
Gernhardt, R., F. W. Bernstein, F. K. Waechter (1979): Welt im Spiegel 1964–1976. Frankfurt (Zweitausendeins)
Goleman, D. (1995): Emotionale Intelligenz. München (Hanser) 1996.
Gimein, M. (2000): Has Tom Peters Gone Crazy? *Fortune*, Nov. 13, 2000, S. 175.
Hall, E. T. (1959): The Silent Language. New York (Anchor) 1990.
Holman, R., T. Devane (Hrsg.) (2002): Change Handbook. Zukunftsorientierte Großgruppen-Methoden. Heidelberg (Carl-Auer).
Lakoff, G., M. Johnson (1980): Leben in Metaphern. Heidelberg (Carl-Auer) 4. Aufl. 2004.
LeBon, A. (1895): Psychologie der Massen. Stuttgart (Kröner) 1964.
Lowe, J. (2001): Welch. An American Icon. New York (John Wiley).
Luhmann, N. (1973): Vertrauen. Stuttgart (Enke).
Luhmann, N. (1975): Macht. Stuttgart (Enke).
Luhmann, N. (1984): Soziale Systeme. Frankfurt (Suhrkamp).
Luhmann, N. (1988): Die Wirtschaft der Gesellschaft. Frankfurt (Suhrkamp).
Luhmann, N. (1988): Sozialsystem Familie. *System Familie* 1: 75–91.
MacNamara, R. S. (1995): In Retrospect. The Tragedy and Lessons of Vietnam. New York (Vintage Books)
March, J. (1991): Organizational consultants and organizational research. *Journal of Applied Communication Research:* 20–31.
Maturana, H. (1970): Biologie der Kognition. In: ders. (1982): Erkennen: die Organisation und Verkörperung von Wirklichkeit. Braunschweig (Vieweg), S. 32–80.
Maturana, H. (1975): Die Organisation des Lebendigen: eine Theorie der lebendigen Organisation. In: ders. (1982): Erkennen: Die Organisation und Verkörperung von Wirklichkeit. Braunschweig (Vieweg), S. 136–156.
Maturana, H. (1982): Erkennen: die Organisation und Verkörperung von Wirklichkeit. Braunschweig (Vieweg).
Maturana, H. (1978): Repräsentation und Kommunikation. In: Maturana, H. (1982): Erkennen: Die Organisation und Verkörperung von Wirklichkeit. Braunschweig (Vieweg) S. 272–296.

Maturana, H. (1978): Biologie der Sprache: Die Epistemologie der Realität. In: ders. (1982): Erkennen: Die Organisation und Verkörperung von Wirklichkeit. Braunschweig (Vieweg) S. 236–271.
Merton, R. K. (1965): Auf den Schultern von Riesen. Frankfurt (Suhrkamp) 1980.
LeDoux, J. (1996): The Emotional Brain. The Mysterious Underpinnings of Emotional Life. New York (Simon & Schuster).
Nagel, R., R. Wimmer (2002): Systemische Strategieentwicklung. Stuttgart (Klett-Cotta).
Negt, O., A. Kluge (1981): Geschichte und Eigensinn. Frankfurt (Zweitausendeins).
O'Boyle, T. (1998): Jack Welch. Im Hauptquartier des Shareholder Value. Stuttgart (DVA) 1998.
Osgood, C., W. May, M. Mison (1972): Cross-cultural Universals of Affective Meaning. Urbana (Univ. of Illinois Press).
Packard, D. (1996): Die Hewlett-Packard-Story. Wie Bill Hewlett und ich unser Unternehmen aufbauten. München (Heyne) 1998.
Piaget, J. (1970): Abriß der genetischen Epistemologie. Olten (Walter) 1974.
Retzer, A., F. B. Simon (2001): Systemische Therapie manisch-depressiver Psychosen. In: F. Schwarz, C. Maier (Hrsg.) (2001): Psychotherapie der Psychosen. Stuttgart (Thieme) S. 230–240.
Roth, G. (1994): Das Gehirn und seine Wirklichkeit. Frankfurt (Suhrkamp).
Rifkin, J. (1992): Beyond Beef. The Rise and Fall of the Cattle Culture. New York (Plume). [dt. (1994): Das Imperium der Rinder. Frankfurt (Campus).]
Schapp, A. (1953): In Geschichten verstrickt. Leer (Rautenberg) 1959.
Singer, M. (1995): Sekten. Heidelberg (Carl-Auer) 1997.
Simon, F. B. (1982a): Semiotische Aspekte von Traum und Sprache. Stukturierungsprinzipien subjektiver und intersubjektiver Zeichensysteme. *Psyche* 36: 673–699.
Simon, F. B. (1982b): Präverbale Strukturen der Logik. *Psyche* 36: 139–170.
Simon, F. B. (1983): Die Evolution unbewußter Strukturen. *Psyche* 37: 520–554.
Simon, F. B. (1984): Der Prozeß der Individuation. Über den Zusammenhang von Vernunft und Gefühlen. Göttingen (Vandenhoeck & Ruprecht).
Simon, F. B. (1990): Meine Psychose, mein Fahrrad und ich. Zur Selbstorganisation der Verrücktheit. Heidelberg (Carl-Auer) 10. Aufl. 2004.
Simon, F. B. und CONECTA-Autorengruppe (1998): Radikale Marktwirtschaft. Die Grundlagen des systemischen Managements. Heidelberg (Carl-Auer) 4. Aufl. 2001.
Simon, F. B. (1997): Die Organisation der Selbstorganisation. In: ders. (1997): Die Kunst, nicht zu lernen. Und andere Paradoxien in Psychotherapie, Management, Politik … Heidelberg (Carl-Auer) 3. Aufl. 2002.
Simon, F. B. (1999): Organisationen und Familien als soziale Systeme unterschiedlichen Typs. *Soziale Systeme* 5: 181–200.
Simon, F. B. (2001): Tödliche Konflikte. Zur Selbstorganisation privater und öffentlicher Kriege. Heidelberg (Carl-Auer). 2. erw. [u. korr.] Aufl. 2004.

Simon, F. B. (2002a): Was ist Terrorismus? Versuch einer Definition. In: Baecker, D., P. Krieg, F. B. Simon (Hrsg.) (2002): Terror im System. Der 11. September 2002 und die Folgen. Heidelberg (Carl-Auer), S. 13–31.

Simon, F. B. (Hrsg.) (2002b): Die Familie des Familienunternehmens. Ein System zwischen Gefühl und Geschäft. Heidelberg (Carl-Auer).

Soros, G. (1998): Die Krise des globalen Kapitalismus. Berlin (Alexander Fest Verlag).

Spencer-Brown, G. (1969): Laws of Form. New York (Dutton). (2nd Edition 1979).

Weick, Karl E. (1987): Substitutes for Corporate Strategy. In: D. J. Teece (ed.): The Competitive Challenge – Strategies for Industrial Innovation and Renewal. Cambridge, MA (Ballinger), S. 221–233.

Welch, J. (mit J. A. Byrne) (2001): Was zählt. Die Autobiographie des besten Managers der Welt. München (Econ).

Wickler, W., U. Seibt (1977): Das Prinzip Eigennutz. Ursachen und Konsequenzen sozialen Verhaltens. München (Piper).

Wimmer, R., E. Domeyer, M. Oswald, G. Vater (1996): Familienunternehmen – Auslaufmodell oder Erfolgstyp? Wiesbaden (Gabler).

Wimmer R. (1998): Das Team als besonderer Leistungsträger in komplexen Organisationen. In: Ahlemeyer, H. W., R. Königswieser (Hrsg.): Komplexität managen. Wiesbaden (Gabler), S. 105-130.

Wimmer, R. (2002): Aufstieg und Fall des Shareholder-Value-Konzepts. *Organisationsentwicklung* 4/02, S. 70-83.

Wittgenstein, L. (1952): Philosophische Untersuchungen. Frankfurt (Suhrkamp) 1971.

Wright, G. H. von (1963): Norm und Handlung. Eine logische Untersuchung. Königstein (Scriptor) 1979.

Wynne, L. C., I. M. Ryckoff, J. Day, S. I. Hirsch (1958): Pseudomutuality in the family relations of schizophrenics. *Psychiatry* 21: 205–220.

Yarbus, A. L. (1967): Eye Movements and Vision. New York (Plenum Press).

Über den Autor

Fritz B. Simon, Dr. med. habil., Professor für Führung und Organisation am Institut für Familienunternehmen der Universität Witten/Herdekke. Systemischer Organisationsberater, Psychiater, Psychoanalytiker und systemischer Familientherapeut. Geschäftsführender Gesellschafter der Management Zentrum Witten GmbH und der Simon, Weber and Friends, Systemische Organisationsberatung GmbH. Autor bzw. Herausgeber von ca. 200 wissenschaftlichen Fachartikeln und 20 Büchern, die in 10 Sprachen übersetzt sind, darunter „Radikale" Marktwirtschaft (zusammen mit der Autorengruppe CONECTA), Die Familie des Familienunternehmens (als Hrsg.) und Mehr-Generationen-Familienunternehmen (zusammen mit Rudolf Wimmer und Torsten Groth).

Fritz B. Simon | Rudolf Wimmer | Thorsten Groth

Mehr-Generationen-Familienunternehmen

Erfolgsgeheimnisse von Oetker, Merck, Haniel u. a.

254 Seiten, 14 Abb., 23 Fotos
Gb, 2005
ISBN 3-89670-481-8

Die Autoren konnten „Familienoberhäupter", Gesellschafter und/oder Vorstände bekannter und erfolgreicher Familienunternehmen wie Oetker, Merck, C&A, Haniel u. a. für ein ungewöhnliches gemeinsames Forschungsprojekt gewinnen: Aus der Insiderperspektive wird analysiert, wie es in den jeweiligen Unternehmen gelingt, die Paradoxien und Konflikte, die aus dem Zusammenwirken von Familie und Unternehmen entstehen, zu meistern und in Erfolgsstrategien umzusetzen. Die Autoren arbeiten diese Bewältigungsstrategien als Schlüssel zur Langlebigkeit der Unternehmen heraus und beschreiben unterschiedliche Formen, in denen die gemeinsame Entwicklung von Unternehmen und Familie organisiert werden kann.
   Am Ende steht eine Sammlung der Erfolgsbedingungen für Langlebigkeit und Erfolg. Dabei zeigt sich, dass börsennotierte Unternehmen gegenüber Familienunternehmen – ganz im Gegensatz zur öffentlichen Wahrnehmung – einen Wettbewerbsnachteil haben, weil ihnen die Familie als stabiler Partner auf der Eigentümerseite fehlt. In der neu entbrannten Kapitalismusdiskussion sind Familienunternehmen ein hervorragendes Beispiel für die „andere Art" des Kapitalismus.

Rudi Wimmer

Organisation und Beratung

Systemtheoretische Perspektiven für die Praxis

336 Seiten, Gb, 2004
ISBN 3-89670-296-3

Die Branche der Organisationsberatung steckt in einer Phase tiefgreifender Umorientierung: Hochgepuschte Managementmoden sind verblasst, herkömmliche Berateraufgaben sind obsolet geworden, es herrschen Ernüchterung und Ratlosigkeit vor. Von der Organisationsberatung wird verlangt, dass sie stärker zur Steigerung von Produktivität beiträgt. Für die Berater bedeutet das, dass sie – neben den Feldern Kommunikation und soziales Miteinander – auch in anderen Businessthemen Kompetenz beweisen müssen.

Rudolf Wimmer zeigt in diesem Buch Möglichkeiten und Grenzen der Organisationsberatung auf und wirft Fragen auf, die für die Zukunft der Organisationsberatung entscheidend sind. Seine Antworten machen das Buch zum Kompass für Berater in unwegsamem Gelände.

www.carl-auer.de

Fritz B. Simon

Die Familie des Familienunternehmens

Ein System zwischen Gefühl und Geschäft

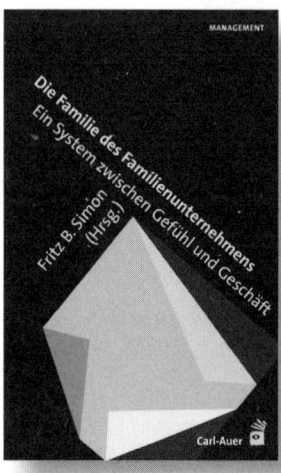

383 Seiten, 14 Abb., Gb
2. Aufl. 2005
ISBN 3-89670-474-5

Dieses Buch schließt eine Forschungslücke zwischen Wirtschaftswissenschaft und Familienforschung, indem es die Eigengesetzlichkeiten sowohl in der Familie als auch im Unternehmen von Familienunternehmen besonders berücksichtigt und analysiert. Im Zentrum der Beiträge stehen die besonderen ökonomischen wie emotionalen Herausforderungen, Chancen und Risiken dieser weit verbreiteten Unternehmensform.

„Pointierte Erläuterung der besonderen ökonomischen und emotionalen Herausforderungen, Chancen und Risiken, mit denen Unternehmerfamilien täglich konfrontiert sind."

unternehmermagazin 1/2-2003

 www.carl-auer.de